DG 电工成才三部曲

电工技能现场全能通

杨清德　李小琼　主　编
张　良　周永革　副主编

化学工业出版社
·北京·

图书在版编目（CIP）数据

电工技能现场全能通（精通篇）/杨清德，李小琼主编．北京：化学工业出版社，2017.1
（电工成才三部曲）
ISBN 978-7-122-28729-8

Ⅰ.①电… Ⅱ.①杨… ②李… Ⅲ.①电工技术 Ⅳ.①TM

中国版本图书馆 CIP 数据核字（2016）第 312389 号

责任编辑：高墨荣　　文字编辑：孙凤英
责任校对：王　静　　装帧设计：刘丽华

出版发行：化学工业出版社（北京市东城区青年湖南街 13 号　邮政编码 100011）
印　　刷：北京永鑫印刷有限责任公司
装　　订：三河市宇新装订厂
787mm×1092mm　1/16　印张 18　字数 444 千字　2017 年 3 月北京第 1 版第 1 次印刷

购书咨询：010-64518888（传真：010-64519686）　售后服务：010-64518899
网　　址：http://www.cip.com.cn
凡购买本书，如有缺损质量问题，本社销售中心负责调换。

定　　价：58.00 元

FOREWORD 前言

近年来，随着电工技术的进步，新技术、新材料、新设备、新工艺层出不穷，电气系统的先进性、稳定性、可靠性、灵敏性、安全性越来越高，这就要求电气工作人员必须具有熟练的专业技能。技术全面、强（电）弱（电）精通、懂得管理的电气工作人员已成为用人单位的第一需求，为此，我们组织编写了“电工成才三部曲”丛书。

编写本丛书的目的，主要在于帮助读者能够在较短时间内基本掌握电气工程现场施工的各项实际工作技术、技能，能够解决工程实际安装、调试、运行、维护、维修，以及施工组织、工程质量管理与监督、成本控制、安全生产等技术问题，即：看（能识别各种电工元器件，能看懂图纸，会分析线路的基本功能及原理）；算（能根据用户和图纸的要求，计算或估算器件、线路的各种电气参数，为现场施工提供参考数据）；选（合理且科学地选择电工元器件，以满足施工的实际需要）；干（能实际动手操作接线、调试，并能排除电路故障）；管（能够协助工程负责人参与电气设备管理、生产管理、质量管理、运行管理等工作）。

本丛书根据读者身心发展的特点，遵循由浅入深、循序渐进、由易到难的原则，强化方法指导，注重总结规律，激发读者的主动意识和进取精神。在编写过程中，我们特别注重牢固夯实基础，对内容进行合理编排，使读者分层次掌握必备的基本知识和操作技能，能够正确地在现场进行操作，提高对设备故障诊断和维修的技术水平，减少相应的维修时间。

本丛书共三个分册，即：《电工技能现场全能通（入门篇）》、《电工技能现场全能通（提高篇）》和《电工技能现场全能通（精通篇）》。

本书为《电工技能现场全能通（精通篇）》，主要讲述电工现场计算和估算、常用电工公式的应用，电力电子元器件及应用电路，工业计算机网络、现场总线、触摸屏等工业电气控制技术的应用，企业生产现场管理基础知识，以及多种电气控制电路解析及应用等内容。

本书由杨清德、李小琼担任主编，张良、周永革担任副主编。其中，第1章由李小琼、张强、丁秀艳、顾怀平编写，第2章由郑汉声、吴荣祥、冷汶洪编写，第3章由周永革、杨伟、孙红霞编写，第4章由张良、林兰、高杰编写，第5章由葛争光、陈海容、徐海涛编写，全书由杨清德统稿。

本书内容丰富、深入浅出，具有很强的实用性，便于读者学习和解决工程现场的实际问题，以达到立竿见影的良好效果。本书适合于职业院校电类专业师生阅读，也适合于电气工程施工的技术人员、管理人员、维修电工阅读。本书既适合初学者使用，又适合有一定经验的读者使用。

由于水平有限，书中不妥之处在所难免，敬请广大读者批评指正。信函请发至主编的电子邮箱：yqd611@163.com，来信必复。

编　者

CONTENTS 目录

第1章 电工现场计算

第2章 电力电子技术及应用

第5章 电气控制常用电路简析

第1章 电工现场计算

1.1 电力线路现场计算

1.1.1 线路损失的估算

(1) 口诀

线路损失概算法

铝线压损要算快，输距流积除截面，
三相乘以一十二，单相乘以二十六。
功率因数零点八，十上双双点二加，
铜线压损较铝小，相同条件铝六折。

(2) 口诀解说

380/220V 低压架空线路的线路损失可根据以下公式计算。

$$\Delta U_{3+\mathrm{N}}\%=\frac{PL}{CA}\times 100\%=\frac{0.6I_{\mathrm{m}}L\times 10^3}{50A}=12I_{\mathrm{m}}L/A$$

$$\Delta U_{1+\mathrm{N}}\%=\frac{PL}{CA}\times 100\%=\frac{0.22I_{\mathrm{m}}L\times 10^3}{8.4A}=26I_{\mathrm{m}}L/A$$

式中 $\Delta U_{3+\mathrm{N}}\%$——三相四线制 380/220V 线路电压损失百分数；
$\Delta U_{1+\mathrm{N}}\%$——单相 220V 线路电压损失百分数；
I_{m}——测得相线的电流，A；
L——线路输距，km；
A——线路导线截面积，mm^2；
C——常数（三相时，取 50；单相时，取 8.4）；
P——线路输送的有功功率，kW。

① 对于感性负载，功率因数小于 1，压损要比电阻性负载大一些，它与导线截面积大小及线间距离有关。对于 $10\mathrm{mm}^2$ 及以下导线影响较小，可以不再考虑。当 $\cos\varphi=0.8$ 时，$16\mathrm{mm}^2$ 及以上导线，压损可按 $\cos\varphi=1$ 算出后，再按线号顺序，两个一组增加 0.2 倍。即 $16\mathrm{mm}^2$、$25\mathrm{mm}^2$ 导线按 $\cos\varphi=1$ 算出后，再乘 1.2 倍；$35\mathrm{mm}^2$、$50\mathrm{mm}^2$ 导线按 $\cos\varphi=1$ 算出后，再乘 1.4 倍，依此类推。这就是"功率因数零点八，十上双双点二加"的意思。

② 若低压架空线路采用TJ型铜绞线架设，其电压损失较相同条件（同截面积、同负载等）下铝绞线要小一些。对此可用以上计算铝线压损的方法计算出来，然后再乘以0.6，就是铜绞线线路的电压损失，即口诀“铜线压损较铝小，相同条件铝六折”。

比较严格的说法是：电压损失以用电设备的额定电压为准（如380/220V），允许低于额定电压的5%。但是配电变压器低压侧母线端的电压规定又比额定电压高5%（400/230V），因此从配电变压器开始至用电设备的整个线路中，理论上共可损失5%+5%=10%，但通常却只允许7%~8%。这是因为还要扣除变压器内部的电压损失以及变压器功率因数低的影响。

一般来说，低压架空线路上电压损失达7%~8%质量就不好了。7%~8%指从配电变压器低压侧开始至计算的那个用电设备为止的全部线路。

1.1.2 低压电缆的估算

(1) 负荷电流的估算

① 口诀：

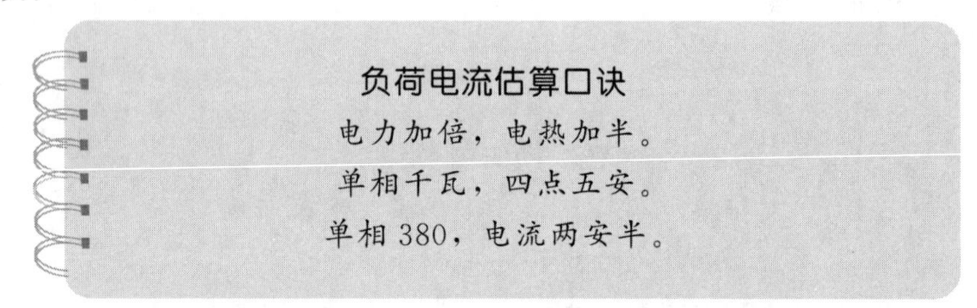

② 口诀解说　电流的大小直接与功率有关，也与电压、相别、力率（又称功率因数）等有关，一般有公式可供计算。由于工厂常用的都是380/220V三相四线系统，因此，可以根据功率的大小直接算出电流。

本口诀以380/220V三相四线系统中的三相设备的功率（kW或kV·A）为准，计算每千瓦的安数。对于某些单相或电压不同的单相设备，其每千瓦的安数，口诀另外作了说明。

a. 口诀中的“电力”专指电动机。在380V三相时（功率因数0.8左右），电动机每千瓦的电流约为2A，即将“千瓦数加一倍”（乘2）就是电流（A），此电流也称电动机的额定电流。例如：

- 6kW电动机按“电力加倍”算得电流为12A。
- 30kW水泵电动机按“电力加倍”算得电流为60A。

b. 口诀中的“电热”指用电阻加热的电阻炉等。三相380V的电热设备，每千瓦的电流为1.5A，即将“千瓦数加一半”（乘1.5）就是电流（A）。例如：

- 3kW电加热器按“电热加半”算得电流为4.5A。
- 15kW电阻炉按“电热加半”算得电流为22.5A。

“电热加半”不仅仅专指电热，对于照明也适用。虽然照明的灯泡是单相而不是三相，但对照明供电的三相四线干线仍属三相，只要三相大体平衡也可这样计算。此外，以千伏安为单位的电器（如变压器或整流器）和以千乏为单位的移相电容器（提高力率用）也都适用。也就是说，这句口诀虽然说的是电热，但包括所有以千伏安、千乏为单位的用电设备，以及以千瓦为单位的电热和照明设备。例如：

- 12kW的三相（平衡时）照明干线按“电热加半”算得电流为18A。

- 30kV·A 的整流器按“电热加半”算得电流为45A（指380V三相交流侧）。
- 320kV·A 的配电变压器按“电热加半”算得电流为480A（指380/220V低压侧）。
- 100kvar 的移相电容器（380V三相）按“电热加半”算得电流为150A。

c. 在380/220V三相四线系统中，单相设备的两条线，一条接相线而另一条接零线的（如照明设备）为单相220V用电设备。这种设备的功率因数大多为1，因此，口诀便直接说明“单相千瓦，四点五安”。计算时，只要“将千瓦数乘4.5”就是电流（A）。同上面一样，它适用于所有以千伏安为单位的单相220V用电设备，以及以千瓦为单位的电热及照明设备，而且也适用于220V的直流。例如：

- 500V·A（0.5kV·A）的行灯变压器（220V电源侧）按“单相千瓦，四点五安”算得电流为2.3A。
- 1000W 投光灯按“单相千瓦，四点五安”算得电流为4.5A。

d. 对于电压更低的单相，口诀中没有提到。可以取220V为标准，看电压降低多少，电流就反过来增大多少。比如36V电压，以220V为标准来说，它降低到了1/6，电流就应增大到6倍，即每千瓦的电流为6×4.5＝27A。例如36V、40W的行灯每个电流为0.04×27＝1.08A。

e. 在380/220V三相四线系统中，单相设备的两条线都是接到相线上的，习惯上称为单相380V用电设备（实际是接在两相上）。这种设备当以千瓦为单位时，功率因数大多为1，口诀也直接说明：“单相380，电流两安半”。它也包括以千伏安为单位的380V单相设备。计算时，只要“将千瓦或千伏安数乘2.5”就是电流（A）。例如：

- 32kW 钼丝电阻炉接单相380V，按“电流两安半”算得电流为80A。
- 2kV·A 的行灯变压器，初级接单相380V，按“电流两安半”算得电流为5A。
- 21kV·A 的交流电焊变压器，初级接单相380V，按“电流两安半”算得电流为53A。

(2) 根据电流来选导线截面积

我们通常是根据电流大小来选电缆截面积的。导线的安全载流量是根据所允许的线芯最高温度、冷却条件、敷设条件来确定的。一般铜导线的安全载流量为5～8A/mm^2，铝导线的安全载流量为3～5A/mm^2。

各种导线的载流量通常可以从手册中查找。也可以利用下面介绍的口诀直接算出，不必查表。

① 口诀：

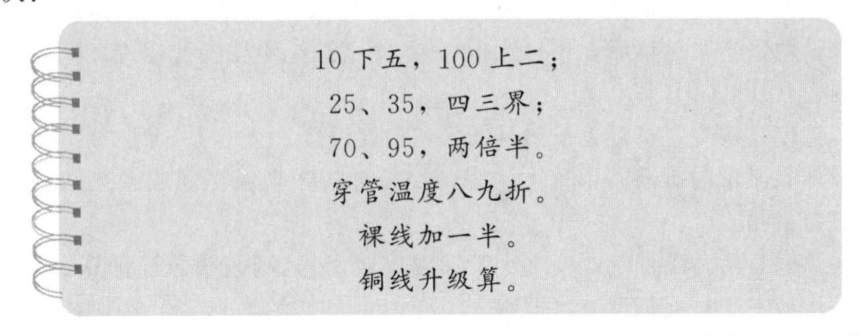

② 口诀解说　本口诀以铝芯绝缘线、明敷在环境温度25℃的条件为准。若条件不同，口诀另有说明。绝缘线包括各种型号的橡胶绝缘线或塑料绝缘线。

口诀对各种截面积的载流量（电流，A）不是直接指出，而是用“截面积乘上一定倍数”来表示。为此，应当先熟悉导线截面积（mm^2）的排列方式：

1、1.5、2.5、4、6、10、16、25、35、50、70、95、120、150、185、……

生产厂制造铝芯绝缘线的截面积通常从 2.5mm^2 开始，铜芯绝缘线则从 1mm^2 开始；裸铝线从 16mm^2 开始，裸铜线则从 10mm^2 开始。

a.“10 下五，100 上二；25、35，四三界；70、95，两倍半”这句口诀指出：铝芯绝缘线载流量（A），可以按“截面积的多少倍”来计算。口诀中阿拉伯数字表示导线截面积（mm^2），汉字数字表示倍数。

“10 下五”指面积从 10mm^2 以下，载流量都是载面积的五倍。“100 上二”指截面积 100mm^2 以上，载流量都是截面积的二倍。截面积 25 与 35 是四倍和三倍的分界处，这就是口诀“25、35，四三界”，即 16mm^2 和 25mm^2，载流量是截面积的 4 倍；35mm^2 和 50mm^2 是截面积的 3 倍。截面积 70mm^2、95mm^2 则为截面积的 2.5 倍。

从上面导线截面积的排列可以看出：除 10mm^2 以下及 100mm^2 以上之处，中间的导线截面积是每每两种规格属同一种倍数。常用铝芯绝缘导线载流量与截面积的倍数关系见表 1-1。

表 1-1 铝芯绝缘导线载流量与截面积的倍数关系

截面积/mm^2	1	1.5	2.5	4	6	10	16	25	35	50	70	95	120
倍数	9	9	9	8	7	6	5	4	3.5	3	3	2.5	2.5
电流/A	9	14	23	32	48	60	90	100	123	150	210	238	300

下面以明敷铝芯绝缘线，环境温度为 25℃举例说明：

- 6mm^2 的绝缘铝芯线，按“10 下五”算得载流量为 30A。
- 150mm^2 的绝缘铝芯线，按“100 上二”算得载流量为 300A。
- 70mm^2 的绝缘铝芯线，按“70、95 两倍半”算得载流量为 175A。

从上面的排列还可以看出：倍数随截面积的增大而减小。在倍数转变的交界处，误差稍大些。比如截面积 25 与 35 是四倍与三倍的分界处，25 属四倍的范围，但靠近向三倍变化的一侧，它按口诀是四倍，即 100A，但实际不到四倍（按手册为 97A），而 35 则相反，按口诀是三倍，即 105A，实际则是 117A，不过这对使用的影响并不大。当然，若能“胸中有数”，在选择导线截面积时，25 的不让它满到 100A，35 的则可以略为超过 105A 便更准确了。同样，2.5mm^2 的导线位置在五倍的最始（左）端，实际便不止五倍（最大可达 20A 以上），不过为了减少导线内的电能损耗，通常都不用到这么大，手册中一般也只标 12A。

b.“穿管温度八九折”，从这以下，口诀便是对条件改变的处理。若是穿管敷设（包括槽板等敷设，即导线加有保护套层，不明露的），按口诀“10 下五，100 上二；25、35，四三界；70、95，两倍半”计算后，再打八折（乘 0.8）。若环境温度超过 25℃，计算后再打九折（乘 0.9）。

关于环境温度，按规定指夏天最热月的平均最高温度。实际上，温度是变动的，一般情况下，它对导体载流量的影响并不很大。因此，只对某些高温车间或较热地区超过 25℃较多时，才考虑打折扣。

还有一种情况是两种条件都改变（穿管又温度较高），则按明敷设计算后打八折，再打九折。或者简单地一次打七折计算（即 $0.8\times0.9=0.72$，约为 0.7）。例如：

- 10mm^2 的绝缘铝芯线，穿管（八折），40A（$10\times5\times0.8=40$）；高温（九折），45A（$10\times5\times0.9=45$）；穿管又高温（七折），35A（$10\times5\times0.7=35$）。

• 95mm^{2}的绝缘铝芯线，穿管（八折），190A（95×2.5×0.8=190）；高温（九折），214A（95×2.5×0.9=213.8）；穿管又高温（七折），166A（95×2.5×0.7=166.3）。

c. 对于裸铝线的截流量，口诀指出“裸线加一半”，即按口诀“10下五，100上二；25、35，四三界；70、95，两倍半”计算后再一半（乘1.5）。这是指同样截面积的铝芯绝缘芯与裸铝线比较，载流量可加一半。例如：

• 16mm^{2}裸铝线，96A（16×4×1.5=96），高温时86A（16×4×1.5×0.9=86.4）。

• 35mm^{2}裸铝线，158A（35×3×1.5=157.5）。

• 120mm^{2}裸铝线，360A（120×2×1.5=360）。

d. 对于铜导线的载流量，口诀指出“铜线升级算”，即将铜导线的截面积按截面积排列顺序提升一级，再按相应的铝线条件计算。例如：

• 35mm^{2}裸铜线25℃，升级为50mm^2，再按50mm^{2}裸铝线，25℃计算为225A（50×3×1.5=225）。

• 16mm^{2}铜芯线25℃，按25mm^{2}铝绝缘线的相同条件，计算为100A（25×4=100）。

• 95mm^{2}铜芯线25℃穿管，按120mm^{2}铝绝缘线的相同条件，计算为192A（120×2×0.8=192）。

【提示】

用电流估算截面积的适用于近电源（负荷离电源不远）。

对于电缆，口诀中没有介绍。一般直接埋地的高压电缆，大体上可采用口诀“10下五，100上二；25、35，四三界；70、95，两倍半”中的有关倍数直接计算。例如：

• 35mm^{2}高压铠装铝芯电缆埋地敷设的载流量约为105A（35×3=105）。

• 95mm^{2}的高压铠装铝芯电缆埋地敷设约为238A（95×2.5=237.5）。

下面这个估算口诀和上面的有异曲同工之处：

> 二点五下乘以九，往上减一顺号走。
> 三十五乘三点五，双双成组减点五。
> 条件有变加折算，高温九折铜升级。

该口诀对各种绝缘线（橡胶和塑料绝缘线）的载流量（安全电流）不是直接指出，而是用“截面积乘上一定的倍数”来表示，通过计算而得。倍数随截面积的增大而减小。

“二点五下乘以九，往上减一顺号走”说的是2.5mm^{2}及以下各种截面积的铝芯绝缘线，其载流量约为截面积的9倍。如2.5mm^{2}导线，载流量为2.5×9=22.5A。4mm^{2}及以上导线的载流量和截面积的倍数关系是顺着线号往上排，倍数逐次减1，即4×8、6×7、10×6、16×5、25×4。

“三十五乘三点五，双双成组减点五”，说的是35mm^{2}的导线载流量为截面积的3.5倍，即35×3.5=122.5A。50mm^{2}及以上的导线，其载流量与截面积之间的倍数关系变为两个两个线号成一组，倍数依次减0.5。即50mm^2、70mm^{2}导线的载流量为截面数的3倍；95mm^2、120mm^{2}导线的载流量是其截面积的2.5倍，依次类推。

“条件有变加折算，高温九折铜升级”。上述口诀是铝芯绝缘线、明敷在环境温度25℃的条件下而定的。若铝芯绝缘线明敷在环境温度长期高于25℃的地区，导线载流量可按上述口诀计算方法算出，然后再打九折即可；当使用的不是铝线而是铜芯绝缘线，它的载流量要比同规格铝线略大一些，可按上述口诀方法算出比铝线加大一个线号的载流量，如 $16mm^2$ 铜线的载流量，可按 $25mm^2$ 铝线计算。

(3) 根据荷矩选择导线截面积

① 口诀：

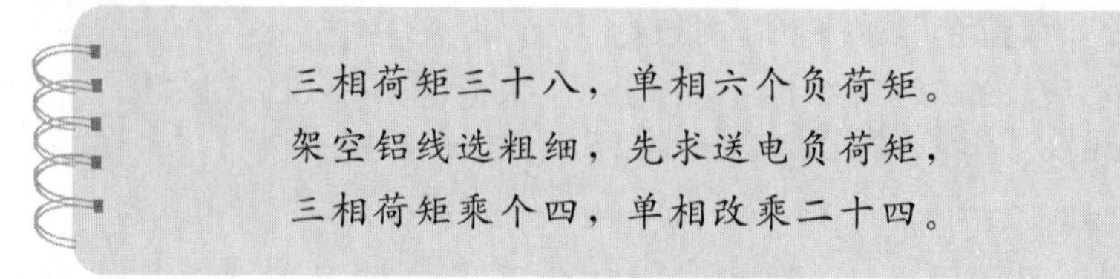

注：三相荷矩指的是三相送电负荷矩。所谓负荷矩就是负荷（kW）乘上线路长度［线路长度指导线敷设长度（m），即导线走过的路径，不论线路的导线根数］，单位是“kW·m 千瓦·米”。

② 口诀解说　低压架空线路采用裸铝绞线供电时，为保证电压降不低于 5%，三相送电负荷矩（M）38kW·km；单相负荷矩（M）为 6kW·km。

导线截面积的选择，一般按允许电压损耗确定，同时满足发热条件和机械强度的要求。还应根据负荷情况留有发展的裕度。

架空线路导线截面积 S（单位为 mm^2）计算选择，三相截面积 $S=4M$；单相截面积 $S=6M$。

例如，新建一条 380V 三相架空线，长 850m，输送功率 10kW，允许损失电压 5%。则导线截面积

$$S=4M=4\times10\times0.85=34\text{(按导线规格选}35mm^2\text{)}$$

又例如，某村需架一条 220V 的单相线路，照明负荷为 5kW，线路长 290m，允许电压损失 5%。则导线截面积

$$S=24M=24\times5\times0.29=34.8\text{(选导线规格为}35mm^2\text{)}$$

按照有关规定，为了确保线路运行质量和安全，要求 10kV 线路及 0.4kV 主干线路截面积不小于 $35mm^2$，三相四线的零线截面积不宜小于相线截面积的 50%，其余 0.4kV 分支线、接户线均按实际用电设备容量具体确定。

(4) 零线截面积的估算

① 口诀：

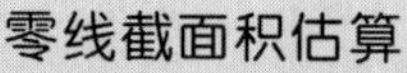

三相四线制线路，零线截面积估算：
相线铝线小七十，零相导线同规格。
相线铝线大七十，零选相线一半值。
线路架设铜绞线，相线三十五为界，
小于零相同规格，大于零取一半值。

② 口诀解说　在三相四线制低压配电线路中，由于单相负载占一定的比例，且加上用电时间的差异，各相负载经常处于不平衡状态，所以中性线（零线）上常有电流通过。如果零线的截面积过小，就很容易发生烧断事故。因此，一般情况下，零线截面积应不小于相线截面积的 50%。有条件的话，最好使零线的截面积与相线截面积相同，这样可保证回路畅通，有利于安全使用。

在三相四线制线路中，负载平衡时，零线电流的矢量和等于零。当使用三相晶闸管调压器后，在不同的相位触发导通时（全导通除外），零线的电流矢量和不为零。如果在某一相中使用单相晶闸管调压器而其余两相未使用时，由于其中一相在不同相位触发，产生的电流波形是断续截波而非连续的正弦波，所以零线的电流矢量和也不可能是零。在某些相位触发条件下，有时零线的电流还会大于相线电流。

口诀中将规定三相四线制的零线截面积不宜小于相线截面积的50%具体化，即确定零线截面积时，既要看相线粗和细，还要看导线的材质。以相线截面积为铝绞线（含钢芯铝绞线）$70mm^2$和铜绞线$35mm^2$为界线，在界线以下时，零线和相线的型号规格相同；在界线以上时，零线截面积可取相线截面积数值的1/2及以上的同材质导线。例如，某条架空线路选LJ-70型铝绞线架设，其零线可选定为LJ-35型铝绞线。某条低压架空线路选TJ-35型铜绞线架设，其零线可选定用TJ-25型铜绞线。由此可见，用本口诀速算零线截面积，其数值完全能满足架空导线最小截面积的规定（裸铝绞线为$16mm^2$，裸铜绞线为$6mm^2$）。

选择零线截面积时，如果是三相设备，正常工作时零线上的电流比较小，从节约有色金属和投资方面考虑，零线截面积可减半；若是单相设备，因流过火线和零线的电流相等，火线和零线就必须等截面积。

1.1.3 架空线路的计算

(1) 架空导线载流量的估算

① 口诀：

低压架空铝绞线，知道电流好架设。
架空铝线流估算，二五裸线一百安，
逐级增加五十算，百五导线四百安。
铜线铝算升一级，环温高时九折算。

② 口诀解说　有经验的电工只要站在架空线路的下边，一般都能说出导线的粗细，即可说出裸绞线的标称截面积，能很快地回答出导线的安全载流量。

架空铝导线规格级别，是按导线的截面积（mm^2）而定的。导线安全载流量计算是以$25mm^2$、100A为基准，每增加一个规格级别加50A，反之减50A。

例如，$16mm^2$为50A，$35mm^2$导线为150A，$50mm^2$为200A，$70mm^2$为250A……

在实际应用时，对于高压线最关心的是机械强度；对于低压线则注重的是载流量。

架空线路一般最大铝线为$150mm^2$时，其载流为400A。因为再大截面积的导线架设比较困难，通常只有在高压线路中采用。由此可见，低压线路（380/220V）送电的容量和距离都比较小。

低压架空线路的铝绞线，最小截面积规定为$16mm^2$。口诀中没有提到它，这是因为导线截面积为$25mm^2$以上，电流才刚好从100A开始按50A递增；$16mm^2$铝绞线一般可载负荷电流96A，若距离按100m计算，仍可载负荷80A左右。这比50A大，若对它取得安全些，也可参加到“逐级增加五十算”的行列，也就是说$16mm^2$铝绞线可按载流量50A考虑。

架空线路采用的是铜绞线，其安全载流量可按铝线升一级（即大一个线号）计算。如$16mm^2$的铜绞线，可视为$25mm^2$的铝绞线，即安全载流量为100A。

上述导线安全载流量，均是在环境温度25℃的情况下计算的。若架空线路的环境温度长期高于25℃，计算出结果后再乘以0.9，就是导线的安全载流量。

(2) 水泥电杆埋设深度的计算

① 口诀：

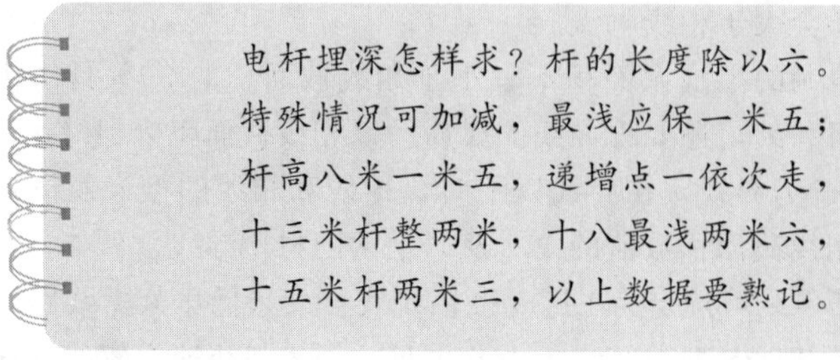
电杆埋深怎样求？杆的长度除以六。
特殊情况可加减，最浅应保一米五；
杆高八米一米五，递增点一依次走，
十三米杆整两米，十八最浅两米六，
十五米杆两米三，以上数据要熟记。

② 口诀解说　环形钢筋混凝土电杆俗称水泥电杆，在城镇、工矿、农村遍地皆是，其杆长分为8～18m多个等级。关于电杆的埋深数据，不同的土壤、地势、气候、接线方式等均会使埋深有一些不同。

电杆埋设深度应根据电杆的长度、承受力的大小和土质情况来确定，一般为杆长的1/6，即口诀“杆的长度除以六”，但最浅不得小于1.5m；变台杆不应小于2m。具体电力施工的深度还得看下现场的需求而定。一般有经验的电工都会以六分之一的杆长为基准来确定埋设深度。

挖好的杆坑，其深度不可避免地会存在一定的偏差，但该偏差值要符合下列要求：单杆坑深的允许偏差为+10mm。

(3) 拉线设定的估算

① 口诀：

拉线角度放多大，45度为标准，
若受地形来限制，不小于30度打角拉。
30度坑位咋放定，垂高除以根号3，
直角拉长1.5倍算，30度坑距两倍拉。

② 口诀解说　平衡张力杆装设的拉线一般角度选45°，这种垂直等边拉线稳定性好，又省材料，这是最佳拉线角度。

当地形受限时，可打撑杆、自身拉或高桩跨越拉，若能打30°拉线，这也是允许的。30°拉线放定，计算公式为：∠30°拉线 $a=b/\sqrt{3}$（b 为接线包箍至地面距离，由实测可得），拉线长度 $C=2a$（a 为杆根至接线坑的距离）。

∠45°拉线 $a=b$，拉线长度 $C=1.414a$ 或 b（1.414近似1.5倍）。

拉线采用钢绞线时，固定可采用直径为3.2mm的铁线缠绕。缠绕应整齐、紧密，其长度不小于表1-2的数值。

表1-2　拉线缠线长度的最小值　　mm

镀锌钢绞线截面积/mm²	上端	中端(有绝缘子时的上、下端)	与拉线棒连接处		
			下端	花缠	上端
25	200	200	150	350	80
35	250	250	200	300	80
50	300	300	250	250	80

(4) 抱箍直径与重心的估算

① 口诀：

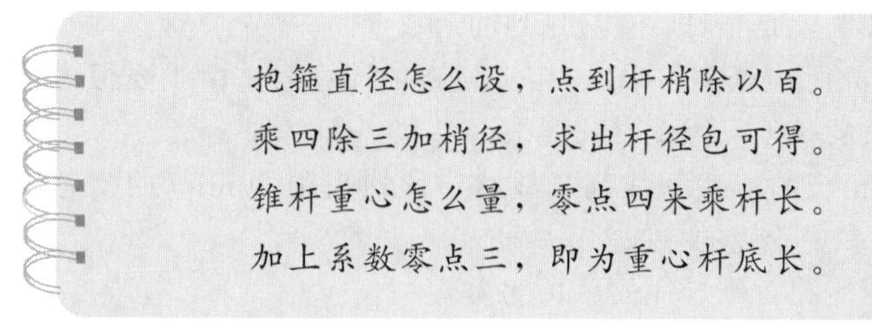

② 口诀解说

a. 锥形电杆直径的计算方法为

$$d=\frac{L}{100}\times\frac{4}{3}+d_1$$

例如：一电杆长（L）12m，杆梢径（d_1）为190mm，求距杆梢0.8m处的直径。

根据公式得：$d=\frac{L}{100}\times\frac{4}{3}+d_1=0.8\div100\times4\div3+0.19=0.2\text{m}$。

即距杆梢顶0.8m处，直径为200mm。据此，可确定抱箍直径。

b. 锥形（又称拔杆）电杆在起吊搬运过程中要掌握起吊点（一般选用锥形电杆重心），锥形电杆重心计算方法为

$$L_2=0.40L_1+0.3$$

例如：8m锥形电杆，求其重心距离杆底（根）的长度L_2。

根据公式得：$L_2=0.40L_1+0.3=0.40\times8+0.3=3.5\text{m}$。

即该锥形电杆重心距离杆底的长度为3.5m。

(5) 架空线路每千米导线的质量估算

① 口诀：

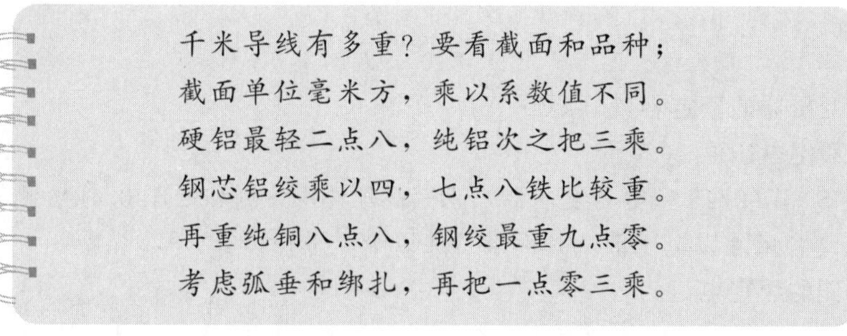

② 口诀解说　在进行架空线路导线质量m(kg)的估算时，主要应考虑的是导线的截面积、长度，并结合导线的材质的密度，其计算结果可以作为设计用量也可以作为施工用量的参考，即

$$m=SL\rho$$

式中　m——导线的质量，kg；

S——导线的截面积，mm²；

L——导线的长度，km；

ρ——导线所用材料的密度，kg/m³。

实际上，查阅不同导线的密度比较麻烦，口诀中的系数（该系数与导线的品种有关，具体系数在口诀中已经给出）相当于导线所用材料的密度，这样计算就方便了。例如“硬铝最轻二点八”，这里的“2.8”就是估算时要应用到的系数。

“考虑弧垂和绑扎，再把一点零三乘”。在实际施工计算时，由于要考虑架空线路的弧垂、绑扎等需要增加导线的长度，因此总长度乘以1.03，即增加3%。

例如：假设一条2km长的三相三线高压线路，计划采用$50mm^2$的钢芯铝绞线（型号LGJ-50）。请问需要购买多少千克的导线？

由于是三相三线高压线路，则导线的总长度为

$$3\times 2km=6km$$

根据口诀“考虑弧垂和绑扎，再把一点零三乘”得实际总长度为

$$1.03\times 6km=6.18km$$

根据口诀“钢芯铝绞乘以四”，则每千米导线的质量为

$$50\times 4=200kg$$

6.18km导线的总质量为

$$6.18\times 200=1236kg$$

1.2 电力设备现场计算

1.2.1 电力变压器的估算

(1) 已知变压器容量，求各电压等级侧额定电流

① 口诀：

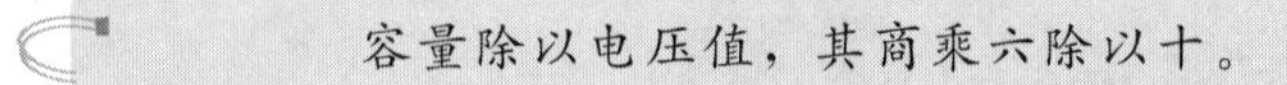

容量除以电压值，其商乘六除以十。

② 口诀解说 本口诀适用于任何电压等级的变压器，可以以下速算公式表示：

$$I=\frac{P}{U}\times\frac{6}{10}=\frac{P}{U}\times 0.6$$

式中 P——变压器的额定容量，kV·A；

U——额定电压值，kV。

例如：某S9-1000/10型电力变压器，求其高压10kV侧和低压0.4kV侧的额定电流？

根据口诀“容量除以电压值，其商乘六除以十”进行计算。

a. 10kV侧的额定电流为

$$I=\frac{P}{U}\times 0.6=\frac{1000}{10}\times 0.6=60A$$

b. 0.4kV侧的额定电流为

$$I=\frac{P}{U}\times 0.6=\frac{1000}{0.4}\times 0.6=1500A$$

实际上，10kV侧的实际电流为57.7A；0.4kV侧的实际电流为1443.4A。

(2) 已知变压器容量，求一、二次熔断体的电流值

① 口诀：

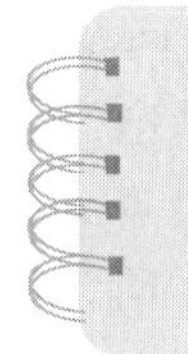

配变高压熔断体，容量电压相比求。
配变低压熔断体，容量乘以一点八。
得出电流单位安，再靠等级减或加。

② 口诀解说　正确选用熔断体对变压器的安全运行关系极大。按照有关规定，电力变压器的高、低压侧均要用熔断体作为保护措施。因此，熔体的正确选用更为重要。

"配变高压熔断体，容量电压相比求"用于估算变压器高压熔断体的电流值，可用以下公式进行估算：

$$I=\frac{P}{U}$$

式中　P——变压器的额定容量，kV·A；

U——额定电压值，kV。

"配变低压熔断体，容量乘以一点八"用于估算变压器低压熔断体的电流值，可用以下公式进行估算：

$$I=P\times1.8$$

"得出电流单位安，再靠等级减或加"。由于按照本口诀计算电流得出的结果不一定刚好为熔断体应有的电流规格，所以可以加一点或者减一点使其接近熔断体电流规格的额定值。

例如：某型号 S7-315/6 的电力变压器，求其一、二次熔断体的电流值。

该电力变压器高压侧的额定容量为 315kV·A，高压侧的额定电压为 6kV，低压侧的额定电压为 0.4kV，根据口诀"配变高压熔断体，容量电压相比求。配变低压熔断体，容量乘以一点八"，计算出高压侧（一次侧）熔断体的额定电流为

$$315\div6=52.5\text{A}$$

低压侧（二次侧）熔断体的额定电流为

$$315\times1.8=567\text{A}$$

根据口诀"得出电流单位安，再靠等级减或加"，结合熔断体的电流规格，一次侧的熔断体的电流值选用 50A，二次侧的熔断体的电流值选用 500A。

(3) 已知电力变压器二次侧电流，求其所载负荷容量

① 口诀：

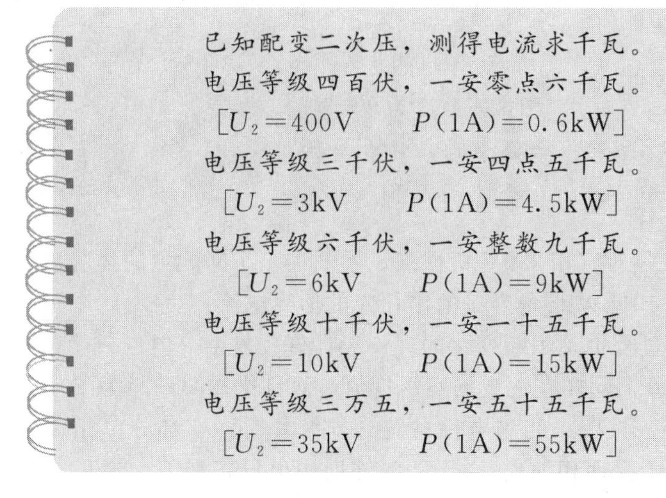

已知配变二次压，测得电流求千瓦。
电压等级四百伏，一安零点六千瓦。
[U_2=400V　　P(1A)=0.6kW]
电压等级三千伏，一安四点五千瓦。
[U_2=3kV　　P(1A)=4.5kW]
电压等级六千伏，一安整数九千瓦。
[U_2=6kV　　P(1A)=9kW]
电压等级十千伏，一安一十五千瓦。
[U_2=10kV　　P(1A)=15kW]
电压等级三万五，一安五十五千瓦。
[U_2=35kV　　P(1A)=55kW]

② 口诀解说　电工在日常工作中，常会遇到上级部门、管理人员等问及电力变压器运行情况，负荷是多少，电工本人也常常需知道变压器的负荷是多少，负荷电流易得知，直接看配电装置上设置的电流表，或用相应的钳形电流表测知，可负荷功率是多少，不能直接看到和测知。这就需靠本口诀求算，否则用常规公式来计算，既复杂又费时间。

"电压等级四百伏，一安零点六千瓦"。我们只要测量到电力变压器二次侧（电压等级400V）负荷电流，安培数值乘以系数0.6便得到负荷功率千瓦数。

例如：测得某电力变压器二次侧（电压等级400V）的负荷电流为500A，根据"电压等级四百伏，一安零点六千瓦"，得负荷功率为

$$500\times0.6=300\text{kW}$$

(4) 已知电力变压器容量，求算其二次侧自动断路器瞬时脱扣器整定电流值

① 口诀：

配变二次侧供电，最好配用断路器；
瞬时脱扣整定值，三倍容量千伏安。
笼型电动机较大，配变容量三倍半。

② 口诀解说　当采用断路器作为电力变压器二次侧供电线路开关时，断路器脱扣器瞬时动作整定值，一般可以按照"三倍容量千伏安"来估算，即

$$I_z=3P(\text{kV}\cdot\text{A})$$

当断路器用在100kV·A及以下小容量的变压器二次侧供电线路上时，若其负荷主要是笼型电动机，最大一台电动机的容量又与电力变压器容量接近时，可以将断路器脱扣器瞬时动作整定值放大一些，取3.5倍变压器容量，即

$$I_z=3.5P(\text{kV}\cdot\text{A})$$

1.2.2 车间电气的估算

(1) 车间常用电力设备电流负荷的估算

根据车间内用电设备容量（kW）的大小，估算电流负荷（A）的大小，可作为选择供电线路的依据。

① 口诀：

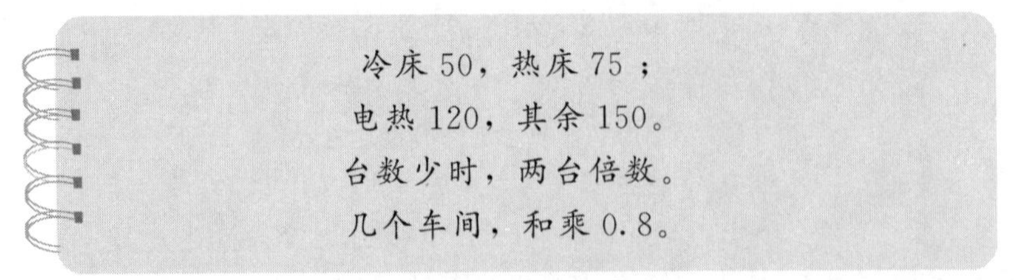

② 口诀解说　本口诀是对三相380V机械工厂不同加工车间配电的经验数据，按车间内不同性质的工艺设备，每100kW设备容量给出相应的估算电流。

车间负荷电流在生产过程中是不断变化的，一般计算较复杂，但也只能得出一个近似的数据。因此，利用口诀估算，同样有一定的实用价值，而且比较简单。为了使方法简单，口诀所指的设备容量（kW），只按工艺用电设备统计（统计时，不必分单相、三相，千瓦或千伏安等，可以统统看成千瓦而相加）。对于一些辅助用电设备如卫生通风机、照明以及吊

车等允许忽略，因为在估算的电流中已有适当裕度，可以包括这些设备的用电。有时，统计资料已包括了这些辅助设备，那也不必硬要扣除掉。因为它们参加与否，影响不大。口诀估出的电流，是三相或三相四线供电线路上的电流。

“冷床 50”指一般车床、刨床等冷加工的机床，每 100kW 设备容量估算电流负荷约 50A。

“热床 75”指锻、冲、压等热加工的机床，每 100kW 设备容量估算电流负荷约 75A。

“电热 120”（读“电热百二”）指电阻炉等电热设备，也可包括电镀等整流设备，每 100kW 设备容量估算电流负荷约 120A。

“其余 150”（读“其余百五”）指压缩机、水泵等长期运转的设备，每 100kW 设备容量估算电流负荷约 l50A。

口诀用于估算一条干线的负荷电流时，若干线上用电设备台数很少时，估算电流应以满足其中最大两台设备的电流为好。这就是口诀中提出“台数少时，两台倍数”的原因。即对于设备台数较少的情况，可取其中最大两台容量的千瓦数加倍（千瓦数乘 2），作为估算的电流负荷。

“几个车间，和乘 0.8”，指当一条干线供两个及以上的车间时，可将各个车间估算出的电流负荷相加之后，再乘 0.8，就是这条干线上的电流负荷。

例如：机械加工车间机床容量等共 240kW，则估算电流负荷为 $240\div100\times50=120$A；锻压车间空气锤及压力机等共 180kW，则估算电流负荷为 $180\div100\times75=135$A。

又如：热处理车间各种电阻炉共 280kW，则估算电流负荷为 $280\div100\times120=336$A。电阻炉中有一些是单相用电设备，而且有的容量很大，一般应平衡分布在三相线路中，如果无法平衡（最大相比最小相大一倍以上），则应改变设备容量的统计方法，即取最大相的千瓦数乘 3，以此数值作为车间的设备容量，再按口诀估算其电流。例如某热处理车间三相电阻炉共 120kW（平均每相 40kW），另有一台单相 50kW，无法平衡，使最大的一相负载达到 $50+40=90$kW，这比负荷小的那相大一倍以上。因此，车间的设备容量应改为 $90\times3=270$kW，再估算电流负荷为 $(270\div100)\times120=324$A。

再如：空压站压缩机容量共 225kW，则估算电流负荷为 $(225\div100)\times150=338$A。对于空压站、泵房等装设的备用设备，一般不参加设备容量统计。某泵房有 5 台 28kW 的水泵，其中一台备用，则按 $4\times28=112$kW 计算电流负荷为 168A。估算出电流负荷后，再选择它送电给这个车间的导线规格及截面积。这口诀对于其他工厂的车间也适用。其他生产性质的工厂大多是长期运转设备，一般可按“其余 150”的情况计算。也有些负荷较低的长期运转设备，如运输机械（皮带）等，则可按“电热 120”采用。

机械工厂中还有些电焊设备，对于其他车间的少数容量不大的设备，同样可看作辅助设备而不参加统计。若是电焊车间或大电焊工段，则可按“热床 75”处理，不过也要注意单相设备引起的三相不平衡，这可同前面电阻炉一样处理。

(2) 已知三相电动机容量，求其额定电流

① 通用口诀：

> 容量除以千伏数，商乘系数点七六。

该口诀可以用以下公式来表述：

$$I=\frac{P}{U}\times 0.76$$

式中 P——电动机容量，kW；

U——额定电压等级，kV；

I——估算电动机额定电流，A。

口诀中的系数 0.76 是考虑电动机功率因数和效率等计算而得的综合值。功率因数为 0.85，效率为 0.9，计算得出的综合值为 0.76。

口诀适用于任何电压等级的三相电动机额定电流计算。由公式及口诀均可说明容量相同电压等级不同的电动机的额定电流是不相同的，即电压千伏数不一样，去除以相同的容量，所得“商数”显然不相同，不相同的商数去乘相同的系数 0.76，所得的电流值也不相同。

② 专用口诀　若把以上口诀称为通用口诀，则可推导出计算 220kV、380kV、660kV、3kV、6kV 电压等级电动机的额定电流专用计算口诀。用专用计算口诀计算某台三相电动机额定电流时，容量千瓦与电流安培关系直接倍数化，省去了容量除以千伏数，商数再乘系数 0.76，即

低压二百二电机，千瓦三点五安培。

[电机 220V：I(1kW)=3.5A]

低压三百八电机，一个千瓦两安培。

[电机 380V：I(1kW)=2A，这是最常用电动机]

低压六百六电机，千瓦一点二安培。

[电机 660V：I(1kW)=1.2A]

高压三千伏电机，四个千瓦一安培。

[电机 3000V：I(4kW)=1A]

高压六千伏电机，八个千瓦一安培。

[电机 6000V：I(8kW)=1A]

高压十千伏电机，十三千瓦一安培。

[电机 10000V：I(13kW)=1A]

③ 口诀解说　使用上述口诀时，容量单位为千瓦（kW），电压单位为千伏（kV），电流单位为安（A）。

口诀“容量除以千伏数，商乘系数点七六”比较适用于几十千瓦以上的电动机，对常用的 10kW 以下的电动机则其估算值稍微偏大一点，按照估算的电动机额定电流值来选择开关、电线、接触器等影响较小。

在计算电流时，当电流达十多安或几十安时，则不必算到小数点以后，可以四舍而五不入，只取整数，这样既简单又不影响使用。对于较小的电流也只要算到一位小数即可。

例如：估算额定电压为 3kV，额定功率为 110kW 的三相电动机的额定电流。

根据口诀“高压三千伏电机，四个千瓦一安培。”可计算出该电动机的额定电流为

$$I=\frac{110}{4}=27.5\text{A}$$

按照“四舍而五不入”的方法，额定电流为27A。

(3) 已知三相电动机容量，求算其空载电流

① 口诀：

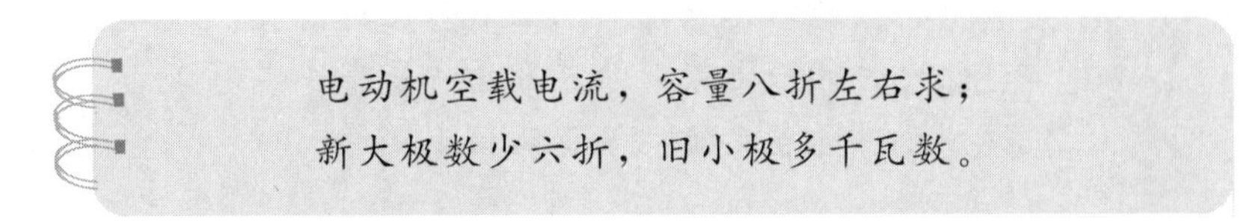

② 口诀解说　异步电动机空载运行时，三相绕组中通过的电流称为空载电流。绝大部分的空载电流用来产生旋转磁场，称为空载励磁电流，是空载电流的无功分量。还有很小一部分空载电流用于产生电动机空载运行时的各种功率损耗（如摩擦、通风和铁芯损耗等），这一部分是空载电流的有功分量，因占的比例很小，可忽略不计。因此，空载电流可以认为都是无功电流。从这一观点来看，它越小越好，这样电动机的功率因数提高了，对电网供电是有好处的。如果空载电流大，因定子绕组的导线截面积是一定的，允许通过的电流是一定的，则允许流过导线的有功电流就只能减小，电动机所能带动的负载就要减小，电动机出力降低，带过大的负载时，绕组就容易发热。但是，空载电流也不能过小，否则又要影响到电动机的其他性能。一般小型电动机的空载电流为额定电流的30%～70%，大中型电动机的空载电流为额定电流的20%～40%。具体到某台电动机的空载电流是多少，在电动机的铭牌或产品说明书上，一般不标注。可电工常需知道此数值是多少，以此数值来判断电动机修理的质量好坏，能否使用。

口诀是现场快速求算电动机空载电流具体数值的口诀，它由众多的测试数据而得，符合“电动机的空载电流一般是其额定电流的1/3”。同时它符合实践经验“电动机的空载电流，不超过容量千瓦数便可使用”的原则（指检修后的旧式、小容量电动机）。

口诀“容量八折左右求”指一般电动机的空载电流值是电动机额定容量千瓦数的80%左右。中型、4或6极电动机的空载电流，就是电动机容量千瓦数的80%；新系列、大容量、极数偏小的2级电动机，其空载电流计算按“新大极数少六折”；对旧的、老式系列、较小容量、极数偏大的8极以上电动机，其空载电流，按“旧小极多千瓦数”计算，即空载电流值近似等于容量千瓦数，但一般是小于千瓦数。

运用口诀计算电动机的空载电流，计算值与电动机说明书标注的实测值有一定的误差，但口诀计算值完全能满足电工日常工作所需求。

(4) 已知电动机空载电流，求算其额定容量

① 口诀：

无牌电机的容量，测得空载电流值；
乘十除以八求算，近靠等级千瓦数。

② 口诀解说　口诀是对无铭牌的三相异步电动机，不知其容量千瓦数是多少，可按通过测量电动机空载电流值，估算电动机容量千瓦数的方法。一般电动机的空载电流是电动机额定容量千瓦数的80%左右，即

$$P = I_{空载} \times \frac{10}{8} (\mathrm{kW})$$

(5) 已知三相电动机容量，求其过载保护热继电器元件额定电流和整定电流

① 口诀：

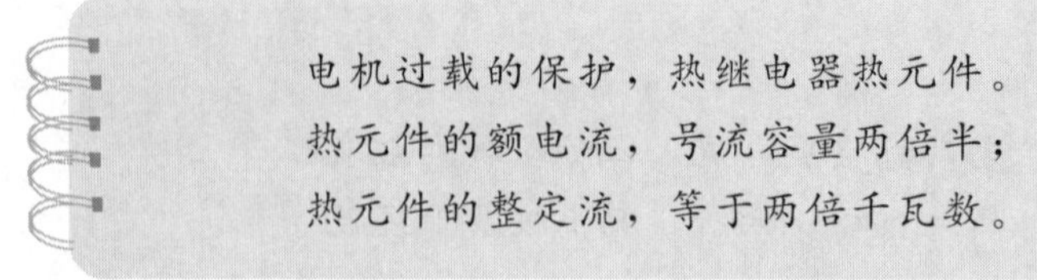

② 口诀解说　容易过负荷的电动机，由于启动或自启动条件严重而可能启动失败，或需要限制启动时间的，应装设过载保护。长时间运行无人监视的电动机或 3kW 及以上的电动机，也宜装设过载保护。过载保护装置一般采用热继电器或断路器的延时过电流脱扣器。目前我国生产的热继电器适用于轻载启动、长时期工作或间断长期工作的电动机过载保护。

热继电器过载保护装置，结构原理均很简单，可选调热元件却很微妙，若等级选大了就得调至低限，常造成电动机偷停，影响生产，增加了维修工作。若等级选小了，只能向高限调，往往电动机过载时不动作，甚至烧毁电动机。

正确算选 380V 三相电动机的过载保护热继电器，尚需弄清同一系列型号的热继电器可装用不同额定电流的热元件。同一系列的热继电器有不同的电流等级（如 NR2-25 有 25A，36A 等电流等级），有不同的额定整定电流规格（比如 NR2-25 规格有 0.1～0.16A，4～6A，17～25A 等整定电流规格）。在选用热继电器时，可根据被保护设备（电动机）的额定电流来选择热元件的编号，并通过调节旋钮的调节达到其整定电流所需的数值。

热继电器热元件的整定电流按“两倍千瓦数整定”；热继电器热元件的额定电流按“号流容量两倍半”算选；热继电器的型号规格，即其额定电流值应大于或等于热元件额定电流值。即

$$I_{额定}=I_e(电动机)\times 2.5$$

$$I_{整定}=P(电动机)\times 2$$

(6) 已知小型三相笼型电动机容量，求其负荷开关、熔断器的电流值

① 口诀：

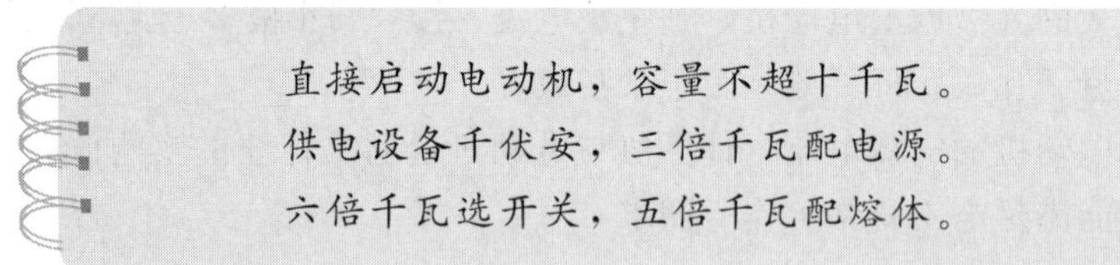

② 口诀解说　口诀“直接启动电动机，容量不超十千瓦”指小型 380V 笼型三相电动机启动电流很大（一般是额定电流的 4～7 倍），用负荷开关直接启动的电动机容量最大不应超过 10kW，一般以 4.5kW 以下为宜。开启式负荷开关（胶盖瓷底隔离开关）一般用于 5.5kW 及以下的小容量电动机作不频繁的直接启动；封闭式负荷开关（铁壳开关）一般用于 10kW 以下的电动机作不频繁的直接启动。两者均需有熔体作短路保护，而且电动机功率不大于供电变压器容量的 30%。口诀“三倍千瓦配电源”，即电源容量为电动机额定功率的 3 倍。

熔断器的额定电流与熔体的额定电流不同，某一额定电流等级的熔断器中可以装入几个不同额定电流等级的熔体。所以选择熔断器为线路和设备的保护时，首先要明确选用熔体的规格，然后再根据熔体去选定熔断器。

负荷开关均由简易隔离开关闸刀和熔断器或熔体组成。为了避免电动机启动时的大电流，负荷开关的额定电流（A）以及作短路保护的熔体额定电流（A）应分别按“六倍千瓦选开关，五倍千瓦配熔体”来算选。

用口诀估算出来的电流值，还需要靠近开关规格。熔断体也应按照产品规格来选择。

(7) 已知笼型电动机容量，求算其断路器脱扣器整定电流

① 口诀：

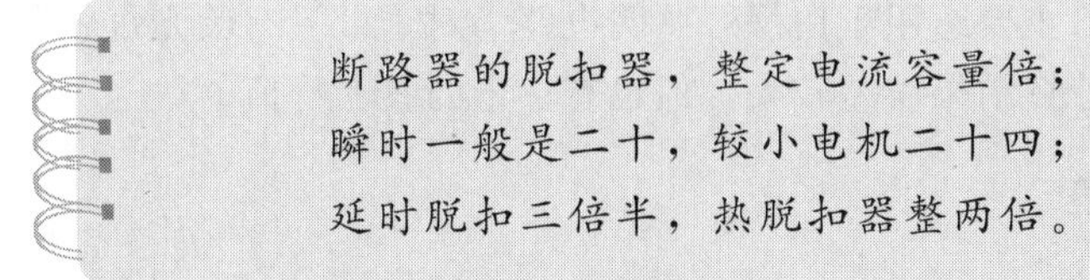

② 口诀解说　断路器常用在对笼型电动机供电的线路上作不经常操作的开关使用。如果操作频繁，可加串一个接触器来操作。断路器利用其中的电磁脱扣器（瞬时）作短路保护，利用其中的热脱扣器（或延时脱扣器）作过载保护。断路器的脱扣器整定电流值计算是电工常遇到的问题，口诀给出了整定电流值和所控制的笼型电动机容量千瓦数之间的倍数关系。

“瞬时一般是二十，较小电机二十四”说的是断路器作短路保护时，瞬时脱扣器的整定电流一般为电动机容量的20倍；容量较小的电动机选择瞬时脱扣器的整定电流可以取电动机容量的24倍。即

$$I_S = 20P$$

$$I_M = 24P$$

“延时脱扣三倍半”说的是作为过载保护的断路器，其延时脱扣器的电流整定值可按所控制电动机额定电流的1.7倍选择，即3.5倍千瓦数选择：

$$I_Y = 3.5P$$

“热脱扣器整两倍”说的是热脱扣器电流整定值，应等于或略大于电动机的额定电流，即按电动机容量千瓦数的2倍选择：

$$I_R = 2P$$

(8) 照明设施负荷的估算

① 口诀：

照明电压二百二，一安二百二十瓦。

② 口诀解说　照明供电线路指从配电盘向各个照明配电箱的线路，照明供电干线一般为三相四线，负荷为4kW以下时可用单相。照明配电线路指从照明配电箱接至照明器或插座等照明设施的线路。

在220V单相照明电路中，负载的电功率可根据以下公式计算：

$$P = UI = 220I$$

式中　P——220V照明电路所载负荷容量，W；

U——220V电压；

I——实测电流。

不论是供电还是配电线路，只要用钳形电流表测得某相线电流值，然后乘以系数220，

积数就是该相线所载负荷容量。

例如，采用钳形电流表从配电箱处测量某照明电路相线的电流为21A，根据口诀，该电路此时所载的照明负荷量

$$P=220V\times21A=4620W$$

测电流求线路的负荷容量数，可帮助电工迅速调整照明干线三相负荷容量不平衡问题，可帮助电工分析配电箱内保护熔体经常熔断的原因，配电导线发热的原因等。

本口诀介绍的估算方法主要适用于白炽灯照明电路。对于设置有荧光灯、节能灯及其他家用电器的照明电路，其计算结果误差较大，但也有一定的参考价值。

1.2.3 电器配线的估算

(1) 电动机配线的估算

① 口诀：

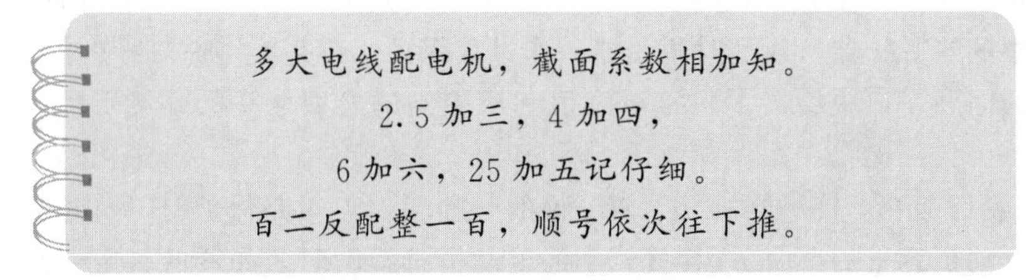

② 口诀解说　此口诀是对三相380V电动机配线的，导线为铝芯绝缘线（或塑料线）穿管敷设。为了理解本口诀，先要了解一般电动机容量（kW）的排列。

旧的容量（kW）排列为：0.6、1、1.7、2.8、4.5、7、10、14、20、28、40、55、75、100、125、……

新的容量（kW）排列为：0.8、1.1、1.5、2.2、3、4、5.5、7.5、10、13、17、22、30、40、55、75、100、……

“多大电线配电机，截面系数相加知”，即用该导线截面积再加上一个系数，是它所能配电动机的最大千瓦数。

“2.5加三”表示2.5mm^{2}的铝芯绝缘线穿管敷设，能配“2.5加三”千瓦的电动机，即最大可配备5.5kW的电动机。

“4加四”是4mm^{2}的铝芯绝缘线穿管敷设，能配“4加四”千瓦的电动机，即最大可配8kW（产品只有相近的7.5kW）的电动机。

“6加六”是说铝芯绝缘线从6mm^{2}开始，以后都能配“加大六”千瓦的电动机，即6mm^{2}可配12kW，10mm^{2}可配16kW，16mm^{2}可配22kW。

“25加五”是说从25mm^{2}开始，加数由六改变为五了，即25mm^{2}可配30kW，35mm^{2}可配40kW，50mm^{2}可配55kW，70mm^{2}可配75kW。

“百二反配整一百，顺号依次往下推”是说电动机大到100kW，导线截面积便不是以“加大”的关系来配电动机，而是120mm^{2}的铝芯绝缘线只能配100kW的电动机。顺着导线截面规格号和电动机容量顺序排列，依次类推。

例如：7kW电动机配截面积为4mm^{2}的铝芯绝缘线（按“4加四”）。

17kW电动机配截面积为16mm^{2}的铝芯绝缘线（按“6加六”）。

28kW电动机配截面积为25mm^{2}的铝芯绝缘线（按“25加五”）。

以上配线稍有裕度，因此即使容量虽不超过但环境温度较高也都可使用，但大截面积的导线，当环境温度较高时，仍以改大一级为宜，比如 70mm^2 本体可配 75kW，若环境温度较高则以改大为 95mm^2 为宜，而 100kW 则改配 150mm^2 为宜。

(2) 吊车配线的估算

① 口诀：

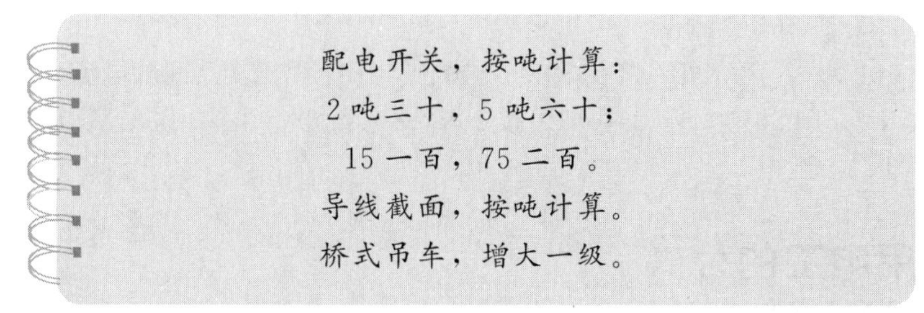

配电开关，按吨计算：
2 吨三十，5 吨六十；
15 一百，75 二百。
导线截面，按吨计算。
桥式吊车，增大一级。

② 口诀解说　本口诀适用于工厂中一般使用的电压为 380V 三相吊车配线的计算。

口诀"配电开关，按吨计算：2 吨三十，5 吨六十；15 一百，75 二百"说的是按吨位决定吊车配电开关额定电流的大小（A），前面的阿拉伯数字表示吊车的吨位，后面的汉字数字表示相应的开关大小（A），即：2t 及以下吊车配开关的额定电流为 30A；5t 吊车配开关的额定电流为 60A；15t 吊车配开关的额定电流为 100A；75t 吊车配开关的额定电流为 200A。

上述吨位中间的吊车，如 10t 吊车，可按相近的大吨位的开关选择，即选 100A。

"导线截面，按吨计算"，这口诀表示按吨位决定供电导线（穿于管内）截面积的大小。即按吊车的吨位数选择相近（或稍大）规格的导线。

例如：3t 吊车可选相近的 4mm^2 的导线，5t 吊车可取 6mm^2 的导线。

"桥式吊车，增大一级"说的是 5t 桥式吊车则不取 6mm^2 的导线，而宜取 10mm^2 的导线。

以上选择的导线都比吊车电动机按"对电动机配线"的口诀应配的导线小些。如 5t 桥式吊车，电动机约 23kW，按口诀"6 后加六"，应配 25mm^2 或 16mm^2 的导线，而这里只配 10mm^2 的导线。这是因为吊车通常使用的时间短，停车的时间较长，属于反复短时工作制的缘故。类似的设备还有电焊机，用电时间更短的还有磁力探伤器等。对于这类设备的配线，均可以取小些。

(3) 电焊机配线的估算

① 口诀：

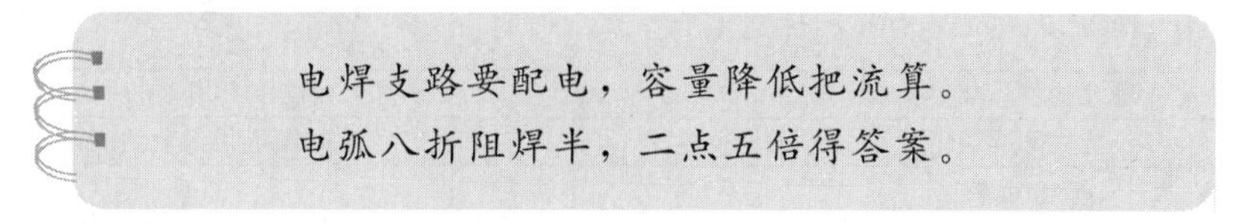

电焊支路要配电，容量降低把流算。
电弧八折阻焊半，二点五倍得答案。

② 口诀解说　电焊机属于反复短时工作负荷，决定了电焊机支路配电导线可以比正常持续负荷小一些。而电焊通常分为电弧焊和电阻焊两大类，电弧焊是利用电弧发出的热量，使被焊零件局部加热达到熔化状态而得到焊接的一种方法；电阻焊则是将被焊的零件接在焊接机的线路里，通过电流达到焊接温度时，把被焊的地方压缩而达到焊接的目的，电阻焊可分为点焊、缝焊和对接焊，用电时间更短些。所以，利用电焊机容量计算其支路配电电流时，先把容量降低来计算。

一般估算方法是：电弧焊机类将容量打八折，电阻焊机类打对折（即乘 0.5），这就是“电弧八折阻焊半”的意思，然后再按改变的容量乘 2.5 倍即为该支路电流。

该口诀适用于接在 380V 电源上的焊机。

例如：32kV·A 交流弧焊机，接在 380V 电源上，求电焊机支路配电电流。

按“弧焊八折”，则 32×0.8＝25.6，即配电时容量可改为 26kV·A。当接用 380V 电源时，可按 26×2.5＝65A 配电。

又例如：50kV·A 阻焊机，接在 380V 电源上，求电焊机支路配电电流。

按“阻焊半”，则 50×0.5＝25，即可按 25kV·A 配电。当接用 380V 电源时，按 25×2.5＝62.5，即 63A 配电。

1.3 常用电工的公式

1.3.1 电工最常用公式

电工常用公式汇总见表 1-3。

表 1-3 电工常用公式汇总

名　称	公　式	单位	说　明
有功功率公式	$P=UI\cos\varphi$	W	P 是有功功率，U 是电压，I 是电流，$\cos\varphi$ 是功率因数，W 是瓦特。此公式用于交流电路里
视在功率公式	$S=UI$ 或者 $S=P/\cos\varphi$	V·A 或者 kV·A	S 是视在功率，U 是电压，I 是电流，P 是有功功率，$\cos\varphi$ 是功率因数。这是交流电路里用的公式
功率公式（有功功率）	$P=UI$	W	直流电路里用此公式计算，因为它的电压、电流相位差等于零，功率因数等于 1；交流电负载是纯电阻也可用此公式
	$P=\frac{U^2}{R}$	W	P 是功率，U^2 是电压的平方，R 是电阻。这是直流电路里用的公式
	$P=I^2R$	W	P 是功率，I^2 是电流的平方，R 是电阻。这是直流电路里用的公式
无功功率公式	①$Q=IU\sin\varphi$ ②$Q=W_{总}-W_{有}$	var	Q 是无功功率，$\sin\varphi$ 是正弦的相角差
额定功率公式	额定功率≈$S\times0.8$	V·A	S 是视在功率，要求一天用 12h
功率因数公式	$\cos\varphi=\frac{P}{S}$		φ 是相角差，P 是有功功率，S 是视在功率
最大功率公式	最大功率≈额定功率×1.25 倍		12h 内限于用 1h
经济功率公式	经济功率≈额定功率×(0.5～0.75)		这时发电机最节约能源
效率公式	$\eta=\frac{输出功率}{输入功率}\times100\%$		η 是效率，公式也可用 $\eta=\frac{W_{有}}{W_{总}}\times100\%$
用电量公式	用电量＝功率(kW)×使用时间(h)	kW·h（度）	1kW·h＝1 度电
变压器绕组匝数与输出电压、电流的关系的公式	$E_1=N_1\frac{\Delta\Phi_m}{\Delta T}$ $E_2=N_2\frac{\Delta\Phi_m}{\Delta T}$	V·A 或 W	$\Delta\Phi_m$ 是磁通的变化量，ΔT 是变化的时间，E_1、E_2 是初、次级绕组的感应电动势，N_1、N_2 是初、次级绕组的匝数。因 $E_1=U_1$、$E_2=U_2$

续表

名　称	公　式	单位	说　明
变压器绕组匝数与输出电压、电流的关系的公式	$\frac{U_1}{U_2}=\frac{N_1}{N_2}$		U_1、U_2是初、次级线圈绕组的电压，N_1、N_2是初、次级线圈绕组的匝数
	$\frac{I_1}{I_2}=\frac{U_2}{U_1}$		I_1、I_2是初、次级线圈绕组的电流，U_2、U_1是次级、初级线圈绕组的电压
	$\frac{U_1}{U_2}=\frac{N_1}{N_2}=\frac{I_2}{I_1}$		
全电路欧姆定律公式	$I=\frac{E}{R+r}$	A	I 是电流，E 是电动势，R 是外电阻，r 是内电阻。此公式用于直流纯电阻的电路里
欧姆定律公式	$I=\frac{U}{R}$	A	I 是电流，U 是电压，R 是电阻，A 是电流的单位安培
频率公式	$f=\frac{1}{2\pi\sqrt{LC}}$	Hz	f 是频率，$\pi=3.14159\cdots$，L 是电感，C 是电容
周期公式	$T=\frac{1}{f}$	s	T 是周期，f 是频率
波长公式	$\lambda=\frac{c}{f}$	m	λ 是波长，c 是波速 3×10^5km/s、f 是频率
容抗公式	$X_C=\frac{1}{2\pi fC}$	Ω	X_C是容抗，$\pi=3.14159\cdots$，f 是频率，C 是电容，电容单位是 F
感抗公式	$X_L=2\pi fL$	Ω	X_L是感抗，$\pi=3.14159\cdots$，f 是频率，L 是电感
电感量公式	$L=\frac{\Psi}{I}=\frac{N\Phi}{I}$	H	L 是电感量，Ψ 是磁链，I 是电流，N 是匝数，Φ 是磁通量，H 是亨利，有毫亨(mH)、微亨(μH)
磁通量公式	$\Phi=BS$	Wb	Φ 是磁通量，B 是磁感应强度，S 是面积，此公式用于 B 的磁感线方向与面积 S 垂直的场合
	$\Phi=BS\cos\theta$	Wb	Φ 是磁通量，B 是磁感应强度，S 是面积，θ 是夹角，B 的磁感线方向与面积 S 存在夹角时用此公式
电感串联公式	$L_{总}=L_1+L_2+L_3+\cdots+L_n$	H	$L_{总}$ 是总电感量，H 是亨利，有毫亨(mH)、微亨(μH)。电感串联公式计算，电感与电感之间不互相干扰才比较准确
电感并联公式	$\frac{1}{L_{总}}=\frac{1}{L_1}+\frac{1}{L_2}+\frac{1}{L_3}+\cdots+\frac{1}{L_n}$	H	$L_{总}$ 是总电感量，H 是亨利，有毫亨(mH)，微亨(μH)。电感并联公式计算，电感与电感之间不互相干扰才比较准确
电容量公式	$C=\frac{Q}{U}$ 或者 $C=\frac{\varepsilon_r\varepsilon_0 S}{d}$	F	F 是电容的单位叫法拉，1 法拉(F)$=1\times10^6$微法拉(μF)$=1\times10^{12}$皮法拉(pF)；Q 为任一极板的所带电量；U 为两极板间电压；ε_0 为真空中的介电常数，$\varepsilon_0=8.85\times10^{-12}$F/m；$\varepsilon_r$ 为物质的相对介电常数；$\varepsilon_0\varepsilon_r=\varepsilon$，$\varepsilon$ 称为某种物质的介电常数；C 表示电容器的电容，F；d 表示两极板间的距离，m；S 表示两极板的正对面积，m^2
电容串联公式	①$\frac{1}{C_{总}}=\frac{1}{C_1}+\frac{1}{C_2}+\frac{1}{C_3}+\cdots+\frac{1}{C_n}$ ②$Q=Q_1=Q_2=Q_3$ ③$U=U_1+U_2+U_3=Q\left(\frac{1}{C_1}+\frac{1}{C_2}+\frac{1}{C_3}\right)$ ④$U_1:U_2:U_3=\frac{1}{C_1}:\frac{1}{C_2}:\frac{1}{C_3}$		C 是电容，Q 是电量，U 是电压

续表

名称	公式	单位	说明
电容并联公式	①$C_{总}=C_1+C_2+C_3+\cdots+C_n$ ②$Q=Q_1+Q_2+Q_3$ ③$Q_1:Q_2:Q_3=C_1:C_2:C_3$ ④$U=U_1=U_2=U_3$		C 是电容，Q 是电量，U 是电压
电阻公式	$R=\rho\dfrac{L}{S}$	Ω	R 是电阻，电阻的单位叫欧姆，简称“欧”，符号为 Ω； ρ 是电阻率，由导体的材料决定，单位为欧·米，符号为 Ω·m； L 是导体的长度，单位为米，符号为 m； S 是导体的横截面积，单位平方米，符号为 m^2
电阻串联公式	①$R_{总}=R_1+R_2+R_3+\cdots+R_n$ ②$I=I_1=I_2=I_3=\cdots I_n$ ③$U=U_1+U_2+U_3+\cdots+U_n$ ④$U_1:U_2:U_3:\cdots:U_n$ $=R_1:R_2:R_3:\cdots:R_n$ ⑤$P_1:P_2:P_3:\cdots:P_n=R_1:R_2:R_3:\cdots:Rn$	Ω	R 是电阻，U 是电压，P 是功率，I 是电流
电阻并联公式	①$\dfrac{1}{R_{总}}=\dfrac{1}{R_1}+\dfrac{1}{R_2}+\dfrac{1}{R_3}+\cdots+\dfrac{1}{R_n}$ 特例：a. 两个电阻并联时的等效电阻值为 $R=\dfrac{R_1R_2}{R_1+R_2}$ b. 3个电阻并联，则等效电阻值为 $R=\dfrac{R_1R_2R_3}{R_1R_2+R_1R_3+R_2R_3}$ ② $I=I_1+I_2+\cdots+I_n$ ③ $U=U_1=U_2=\cdots U_n$ ④$I_1:I_2:\cdots:I_n=\dfrac{1}{R_1}:\dfrac{1}{R_2}:\cdots:\dfrac{1}{R_n}$ ⑤$R_1P_1=R_2P_2=\cdots=R_nP_n=RP$	Ω	R 是电阻，U 是电压，P 是功率，I 是电流
电池串联公式	$E_{串}=E_1+E_2+E_3+E_n$ $r_{串}=r_1+r_2+r_3+\cdots+r_n$		E 是电池的电动势，单位为伏特(V)；r 是电池的内阻，单位是欧姆(Ω)
电池并联公式	$E_{并}=E_1=E_2=E_3=\cdots=E_n$ $\dfrac{1}{r_{总}}=\dfrac{1}{r_1}+\dfrac{1}{r_2}+\dfrac{1}{r_3}+\cdots+\dfrac{1}{r_n}$		E 是电池的电动势，单位伏特(V)；r 是电池的内阻，单位是欧姆(Ω)

1.3.2 交流电动机的计算

(1) 电动机电流的计算

在三相四线供电线路中，电动机一个绕组的电压就是相电压，导线的电压是线电压（指A相、B相、C相之间的电压），一个绕组的电流就是相电流 I_Φ，导线的电流是线电流 I_L。

① 当电动机星形连接时：

$$I_L=I_\Phi$$

$$U_L=\sqrt{3}U_\Phi$$

三个绕组的尾线相连接时，电动势为零，所以绕组的电压是220V。

② 当电动机三角形连接时：

$$I_L=\sqrt{3}I_\Phi$$

$$U_L = U_\Phi$$

绕组直接与380V电源连接，流过导线的电流是两个绕组电流的矢量之和。

③ 电动机的启动电流不是一个定值（一般是一个平均值）。不同的电动机、不同的负荷、不同的启动方式，启动所需的时间是不相同的，其平均电流就有很大区别。

三相电动机直接启动时，启动电流为额定电流（电动机铭牌上面有注明）的4～7倍。

用星-三角减压启动时的电流是直接启动电流的1/3（一般为额定电流的2.4倍左右），即

$$I_Y = \frac{1}{3} I_\Delta$$

(2) 电动机功率、效率及功率因数的计算

电动机从电源得到的电功率称为输入功率，用 P_1 表示；拖动负载的机械功率，称为输出功率或额定功率，用 P_N 表示。

① 电动机输入功率计算公式：

$$P_1 = \sqrt{3} U_L I_L \cos\varphi$$

式中 P_1——电动机的额定输出功率；
U_L——额定线电压；
I_L——额定线电流；
$\cos\varphi$——电动机的功率因数，指电动机消耗的有功功率占视在功率的比值。

② 电动机额定功率计算公式：

$$P_N = P_1 - \Delta P$$

式中 ΔP——损耗量，包括电动机运行时定子和转子绕组中的铜损、铁芯中的铁损、机械损耗以及附加损耗等。

③ 电动机效率计算公式 电动机效率指额定功率与输入功率之比的百分数，即

$$\eta = \frac{P_N}{P_1} \times 100\%$$

【提示】

效率高，说明损耗小，节约电能。一般异步电动机在额定负载下其效率为75%～92%。

④ 电动机功率因数计算公式 电动机属于既有电阻又有电感的电感性负载。电感性负载的电压和电流的相量间存在着一个相位差，通常用相位角 φ 的余弦 $\cos\varphi$ 来表示。$\cos\varphi$ 称为功率因数，又叫力率，其值为输入的有功功率 P_1 与视在功率 S 之比，即

$$\cos\varphi = \frac{P_1}{S}$$

【提示】

电动机应避免空载运行，防止“大马拉小车”现象。当电动机在额定负载下运行时，功率因数达到最大值，一般为0.7～0.9。

(3) 电动机转速、转矩、极对数的计算

① 异步电动机转速的计算公式：

$$n = \frac{60f}{P}$$

式中 n——转速，r/min；

f——电源频率，Hz；

P——旋转磁场的磁极对数。

② 转差率的计算公式　异步电动机的同步转速 n_1 与转子转速 n_2 之差叫做转速差。它与同步转速之比，叫做异步电动机的转差率，用 s_n 表示，即

$$s_n = \frac{n_1 - n_2}{n_1} \times 100\%$$

【提示】

转差率可以表明异步电动机的运行速度，其变化范围为：$0 < s_n \leqslant 1$。

为了便于计算异步电动机转子的转速，转差率公式也可改写为

$$n_2 = (1 - s_n)n_1 = (1 - s_n)\frac{60f}{P}$$

③ 电磁转矩的计算公式　电动机电磁转矩简单地说就是转动的力量的大小，为电动机的基本参数之一，其计算公式为

$$T_N = 9550\frac{P_N}{n_N}$$

式中　T_N——电磁转矩，N·m；

P_N——电动机的电磁功率，kW；

n_N——电动机的额定转速，r/min。

第2章

电力电子技术及应用

在电力电子电路中，能实现电能的变换和控制的半导体电子器件称为电力电子器件。电力半导体器件是现代电力电子设备的核心，在本质上它们是大容量的无触点电流开关，因在电气传动中主要用于开关工作状态而得名。它们以开关阵列的形式应用于电力变流器中，把相同频率或不同频率的电能进行交-直（整流器）、直-直（斩波器）、直-交（逆变器）和交-交变换。

电力电子器件的基本性能要求是能承受较大的工作电流、较高的阻断电压和开关频率，正是实际应用中对这三者提出了越来越高的要求，才推动了电力电子器件的发展。

开关模式的电力电子变换具有较高的效率，不足之处是由于开关的非线性而同时在电源端和负载端产生谐波，它们都具有导通和开关损耗。

2.1 电力半导体元器件及应用

电力半导体元器件大多是以开关方式工作为主、对电能进行控制和转换的电力电子器件。如可关断晶闸管（英文缩写：GTO）、电力晶体管（GTR）、功率场效应晶体管（Power Mosfet）、绝缘栅双极型晶体管（IGBT）、静电感应晶体管（SIT）、静电感应晶闸管（SITH）、MOS晶闸管（MCT）等。

电力半导体器件可直接用于处理电能的主电路中，实现电能的变换或控制，主要用于整流器、逆变器、斩波器、交流调压器等方面，广泛用于工农业生产、国防、交通等各个领域。

2.1.1 电力二极管

电力二极管又称为功率二极管，其基本结构和工作原理与信息电子技术中的二极管一样，都是以半导体PN结为基础，是通过扩散工艺制作的，但是电力二极管功耗较大，在应用时存在着一定的区别。

(1) 电力二极管的结构及特性

电力二极管由一个PN结加上相应的电极引线和管壳构成，由P区引出的电极称为阳极或正极，用字母A表示；由N区引出的电极称为阴极或负极，用字母K表示。

电力二极管由一个面积较大的PN结和两端引线以及绝缘封装组成，从外形上看，主要有螺栓型和平板型两种。电力二极管的外形、结构及符号如图2-1所示。

PN结是构成电力二极管的核心器件，由于PN结具有单向导电性，所以，二极管也具有单向导电性。

(a) 常见外形

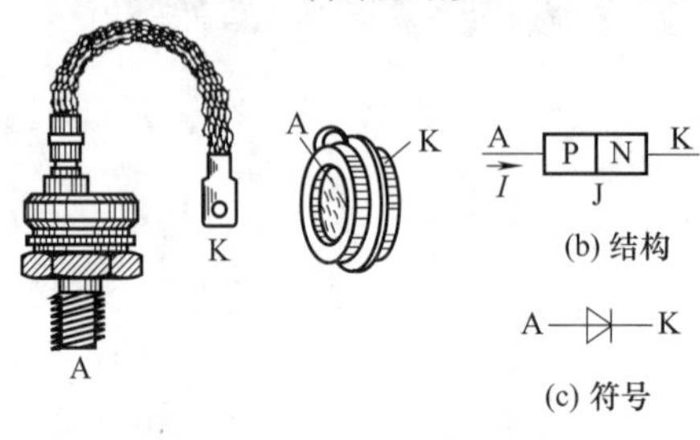

(b) 结构

(c) 符号

图 2-1 电力二极管的外形、结构及符号

(2) 电力二极管的伏安特性及应用

电力二极管的伏安特性曲线如图 2-2 所示。曲线中横轴是电压（U），即加到二极管两极引脚之间的电压，正电压表示二极管正极电压高于负极电压，负电压表示二极管正极电压低于负极电压；纵轴是电流（I），即流过二极管的电流，正方向表示从正极流向负极，负方向表示从负极流向正极。

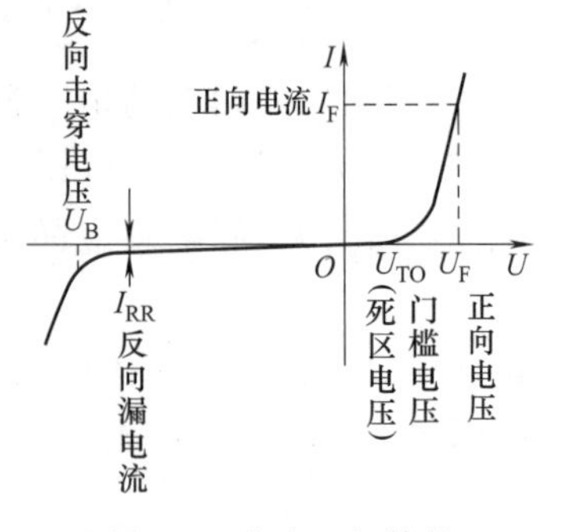

图 2-2 电力二极管的伏安特性曲线

① 正向特性 当电力二极管承受的正向电压大到一定值（门槛电压 U_{TO}）时，正向电流才开始随外加正向电压增加而明显增加，处于稳定导通状态。与正向电流 I_F 对应的电力二极管两端的电压 U_F 即为其正向电压降（1V 左右）。

② 反向特性 当电力二极管承受反向电压时，只有“少子”引起的微小而数值恒定的反向漏电流（I_{RR}）。

电力二极管具有单向导电性，共有两种工作状态：导通和截止。电力二极管导通和截止有一定的条件。

二极管导通的条件有两个：一是二极管加正向偏置电压；二是正向偏置电压必须大到一定程度（锗二极管 0.6V 左右，硅二极管 0.2V 左右）。

只要给二极管加反向电压，二极管中就没有电流流动，如果加的反向电压太大，二极管会击穿，电流将从负极流向正极，此时二极管已经损坏。

综上所述，要使二极管导通必须给二极管加一个正向偏置电压，如果所加正向电压达不到足够大的程度，二极管只能处于微导通状态；如果所加的是反向电压（负极电压高于正极电压），二极管不能导通，处于截止状态。

(3) 电力二极管的开关特性

电力二极管的开关特性是反映通态和断态之间的转换过程的特性，如图 2-3 所示。

① 关断特性 电力二极管由正向偏置的通态转换为反向偏置的断态过程。须经过一段

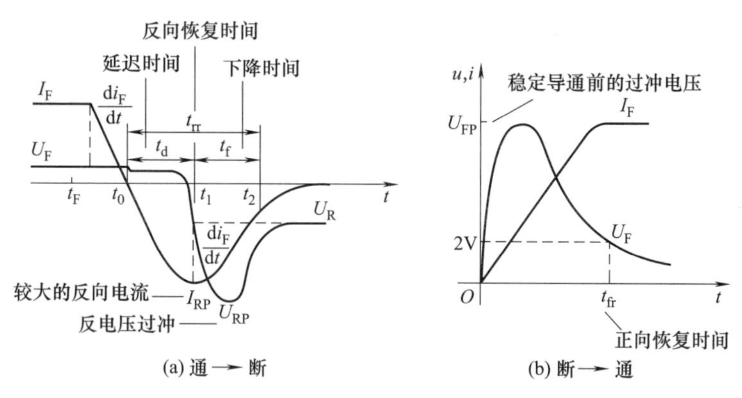

图 2-3 电力二极管的开关特性

短暂的时间才能重新获得反向阻断能力，进入截止状态。在关断之前有较大的反向电流出现，并伴随有明显的反向电压过冲。

② 开通特性 电力二极管由零偏置转换为正向偏置的通态过程。电力二极管的正向压降先出现一个过冲 U_{FP}，经过一段时间才趋于接近稳态压降的某个值（1～2V），这一动态过程时间被称为正向恢复时间 t_{fr}。电导调制效应起作用需一定的时间来储存大量少子，达到稳态导通前管压降较大；正向电流的上升会因器件自身的电感而产生较大压降。电流上升率越大，U_{FP} 越高。

(4) 二极管工作状态的判断

分析二极管电路时，重要一环是分析二极管的工作状态，是导通还是截止，表 2-1 是二极管工作状态的识别方法。表图中的＋、－表示加到二极管正极和负极上的偏置电压极性，符号“＋”表示正极性电压，“－”表示负极性电压。

表 2-1 二极管工作状态的识别方法

电压极性及状态		工作状态说明
正极+ 负极−	正向偏置电压足够大	二极管正向导通，两引脚之间内阻很小
	正向偏置电压不够大	二极管不足以正向导通，两引脚之间内阻还比较大
正极− 负极+	反向偏置电压不太大	二极管截止，两引脚之间内阻很大
	反向偏置电压很大	二极管反向击穿，两引脚之间内阻很小，二极管无单向导电特性，二极管损坏

(5) 电力二极管的主要类型

在电力电子电路中，电力二极管有广泛的应用，它可以作为整流、续流以及电压隔离、钳位、保护等元件。在应用时，要按实际中的要求选择不同类型的电力二极管。电力二极管的主要类型见表 2-2。

表 2-2 电力二极管的主要类型

类型	符号	说 明
普通二极管	PD	普通二极管又称整流管(Rectifier Diode)，多用于开关频率在 1kHz 以下的整流电路中，其反向恢复时间在 5μs 以上，额定电流达数千安，额定电压达数千伏以上

续表

类型	符号	说明
快恢复二极管	FRD	恢复过程很短，特别是反向恢复时间很短（5μs以下）的二极管称为快恢复二极管（Fast Recovery Diode，简称FRD），简称快速二极管，它采用了掺金工艺。 快恢复二极管从性能上可分为快速恢复和超快速恢复二极管。前者反向恢复时间为数百纳秒以上，后者则在100ns以下，其容量可达1200V/200A的水平，多用于高频整流和逆变电路中
肖特基二极管	SBD	肖特基二极管（Schottky Barrier Diode，简称SBD）是一种金属同半导体相接触形成整流特性的单极型器件，其导通压降的典型值为0.4～0.6V，而且它的反向恢复时间短，为几十纳秒（10～40ns），但反向耐压在200V以下，反向漏电流较大且对温度敏感。它常被用于高频低压开关电路或高频低压整流电路中

(6) 电力二极管的主要参数

电力二极管的主要参数有额定正向平均电流、反向重复峰值电压、最高允许结温和反向恢复时间，其参数含义及选用见表2-3。

表2-3　电力二极管主要参数含义及选用

技术参数	参数含义	选用
额定正向平均电流或额定电流	在规定壳温和散热条件下，二极管额定发热所允许通过的最大正弦半波电流的平均值。在此电流下，二极管由于电压引起的损耗造成结温升高不会超过最高允许结温。由此可见，正向平均电流也就是电流的有效值	应用中应按有效值相等条件选取二极管额定电流
反向重复峰值电压	反向重复峰值电压又称为二极管的额定电压。注意该峰值是瞬时值的峰值，通常取为反向击穿电压的2/3	使用时应按照2倍的安全余量选取此参数
最高允许结温	结温是整个PN结的平均温度，最高结温指PN结不致损坏的前提下所能承受的最高平均温度	通常在125～175℃之间
反向恢复时间	指二极管正向电流过零到反向电流下降到峰值10%时的时间间隔	使用时，反向恢复时间值越小越好

(7) 电力二极管的检测

电力二极管与信息电子技术中的普通二极管的检测方法是一样的。

① 不在路检测二极管　一般用万用表R×1k挡测量二极管的正、反向电阻，比较两次电阻值的大小。通过两次测量，看电阻值小的那一次表笔的位置，与黑表笔接触的那个电极是正极，与红表笔接触的那个电极是负极，如图2-4所示。

在正常情况下，普通二极管的正向电阻值为5kΩ左右，反向电阻值为无穷大。

在正常情况下，对于普通二极管，若正向测量时，二极管导通（指针大幅度偏转，阻值为5kΩ左右），而反向测量时，二极管不通（指针不偏转，阻值为无穷大），则说明二极管良好。若正向测量或反向测量时，二极管的阻值均为0，则说明二极管已击穿。若正向测量或反向测量时，二极管的阻值均为无穷大，则说明二极管已开路。若正向电阻和反向电阻比较接近，则说明二极管失效。

② 在路检测二极管　在路检测法指不将连接在电路中的二极管取出来，在电路中直接检测，其检测方法有两种：一种是电阻法，另一种是电压法。

电阻法同于上述好坏检测法，但要注意与二极管并联的电阻及其他电路对测量结果的影响。有时不能有效地鉴定其好坏，必要时还需要将其拆下进一步鉴定。

电压法是在电路加电的情况下，测量二极管的正向压降。我们已知道，二极管的正向压降为0.5～0.7V。如果在电路加电的情况下，二极管两端正向电压远远大于0.7V，该二极管肯定开路损坏。具体方法是：用万用表电压1V挡，用红表笔接二极管的正极，黑表笔接

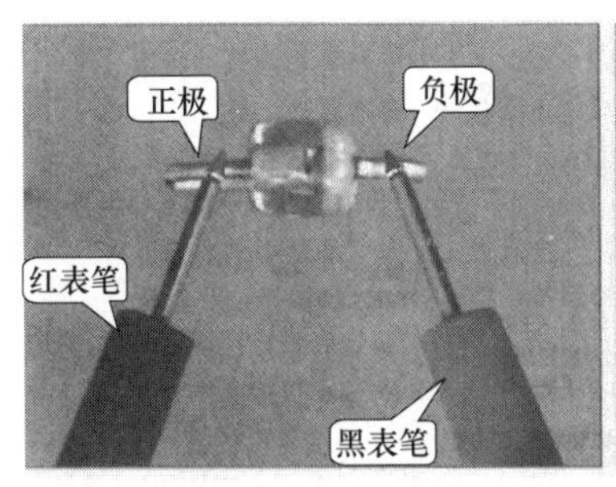

(a) 检测二极管正向电阻值

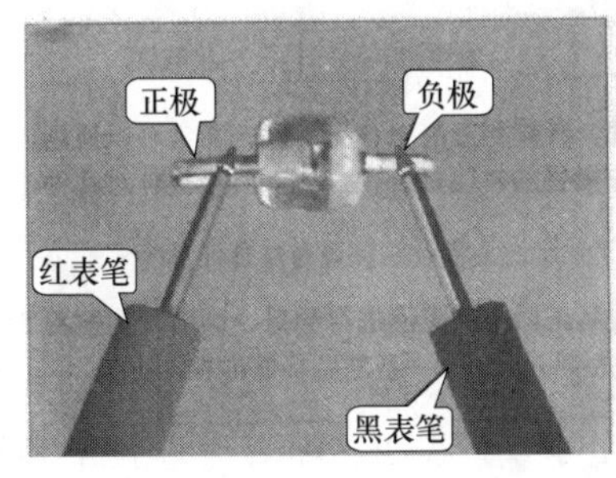

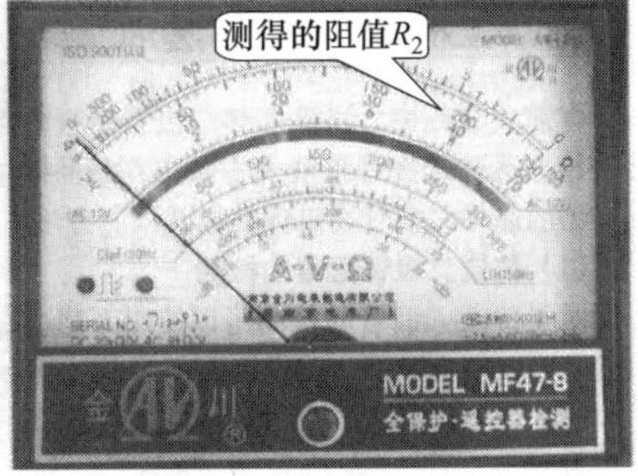

(b) 检测二极管反向电阻值

图 2-4 普通二极管的检测

二极管的负极（指针式万用表与数字万用表相同）进行测量，测得的电压值即为二极管上的正向电压降。根据测得的正向电压降即可对二极管的好坏进行分析，其方法见表 2-4。

表 2-4 二极管上正向电压降分析

二极管类型及正向电压降		说 明
硅二极管	0.6V	二极管工作正常，处于正向导通状态
	远大于 0.6V	二极管没有处于导通状态，如果电路中的二极管处于导通状态，那么二极管有故障
	接近 0V	二极管处于击穿状态，二极管所在回路电流会增大许多
锗二极管	0.2V	二极管工作正常，并且二极管处于正向导通状态
	远大于 0.2V	二极管处于截止状态或二极管有故障
	接近 0V	二极管处于击穿状态，二极管所在回路电流会增大许多，二极管无单向导电特性

2.1.2 电力晶闸管

电力晶闸管包括：普通晶闸管（SCR）、快速晶闸管（FST）、双向晶闸管（TRIAC）、逆导晶闸管（RCT）、可关断晶闸管（GTO）和光控晶闸管（LTT）等。

由于普通晶闸管面世早（1957 年），应用极为广泛，因此在无特别说明的情况下，本节所述的晶闸管均指普通晶闸管。普通晶闸管过去称为可控硅整流管，简称 SCR。SCR 具有电流容量大、耐电压高和开通的可控性（目前生产水平已达到 4500A/8000V），已被广泛应用于相控整流、逆变、交流调压、直流变换等领域，成为特大功率、低频（200Hz 以下）装置中的主要器件。

(1) 电力晶闸管的封装

晶闸管的外形封装形式可分为小电流塑封式、小电流螺旋式、大电流螺旋式和大电流平板式，如图 2-5（a）、(b)、(c)、(d) 所示。

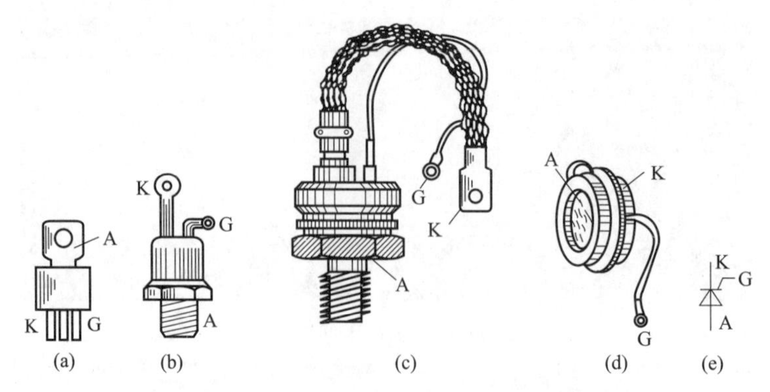

图 2-5 晶闸管的外形封装形式和图形符号

由图 2-5 可知，晶闸管的外形分为螺栓型和平板型两大类。螺栓型结构更换元件很方便，用于 100A 以下的元件。平板型结构散热效果比较好，用于 200A 以上的元件。

从图 2-5（e）所示的电力晶闸管的图形符号可以看出，它和电力二极管一样是一种单方向导电的器件，关键是多了一个控制极 G，这就使它具有与电力二极管完全不同的工作特性。电力晶闸管是可以处理耐高压、大电流的大功率器件，随着设计技术和制造技术的进步，越来越大容量化。

(2) 电力晶闸管的散热器

电力晶闸管是大功率器件，工作时产生大量的热，因此必须安装散热器。

① 螺旋式晶闸管紧拴在铝制散热器上，采用自然散热冷却方式，如图 2-6（a）所示。

② 平板式晶闸管由两个彼此绝缘的散热器紧夹在中间，散热方式可以采用风冷或水冷，以获得较好的散热效果，如图 2-6（b）、（c）所示。

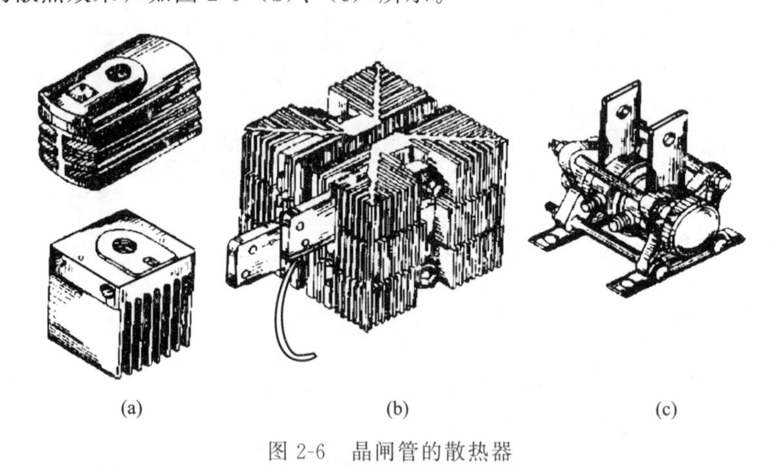

图 2-6 晶闸管的散热器

(3) 晶闸管的工作原理

电力晶闸管是由四层半导体构成的，它由单晶硅薄片 P_1、N_1、P_2、N_2 四层半导体材料叠成，形成三个 PN 结。晶闸管是四层三结三端结构，其内部结构和等效电路如图 2-7 所示。

电力晶闸管具有可控单向导电性，其导通条件为阳极正偏，且门极加正向触发电流。

① 导通　电力晶闸管阳极施加正向电压时，若给门极 G 也加正向电压 U_g，门极电流 I_g 经三极管 VT_2 放大后成为集电极电流 I_{c2}，I_{c2} 又是三极管 VT_1 的基极电流，放大后的集

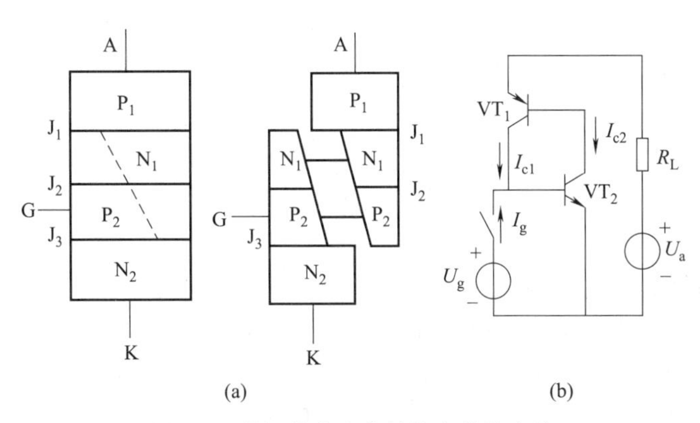

图 2-7 晶闸管的内部结构和等效电路

电极电流 I_{c1} 进一步使 I_g 增大且又作为 VT_2 的基极电流流入。重复上述正反馈过程，两个三极管 VT_1、VT_2 都快速进入深度饱和状态，使晶闸管阳极 A 与阴极 K 之间导通。此时若撤除 U_g，VT_1、VT_2 内部电流仍维持原来的方向。因此只要满足阳极正偏的条件，晶闸管就一直导通。

② 阻断　当晶闸管 A、K 间虽承受正向电压，而门极电流 $I_g=0$ 时，上述 VT_1 和 VT_2 之间的正反馈不能建立起来，晶闸管 A 、K 间只有很小的正向漏电流，它处于正向阻断状态。

【提示】

① 晶闸管导通条件是阳极正偏，同时门极也要正偏。

② 晶闸管一旦导通后，门极失去了控制作用，因此门极所加的触发电压一般为脉冲电压。门极触发电流通常只有几十毫安到几百毫安，而晶闸管导通后，可以通过几百安、几千安的电流。

③ 要使导通的晶闸管关断，只有设法使阳极电流 I_A 小于维持电流 I_H，才能使晶闸管关断。

④ 如果给晶闸管阳极加反向电压，无论有无门极电压 U_g，晶闸管都不能导通。

(4) 电力晶闸管的伏安特性

电力晶闸管的伏安特性如图 2-8 所示。

① 反向特性　电力晶闸管上施加反向电压时，伏安特性类似电力二极管的反向特性，在第三象限。晶闸管处于反向阻断状态时，只有很小的反相漏电流流过。当反向电压超过反向击穿电压 U_{RO} 后，外电路若无限制措施，则反向漏电流急剧增大，会导致晶闸管反向击穿，造成晶闸管永久性损坏。

② 正向特性　在 $I_g=0$ 时，给器件两端施加正向电压，器件处在正向阻断状态，只有很小的正向漏电流流过，正向电压继续增大，当超过临界极限即正向转折电压 U_{BO} 时，则正向漏电流急剧增大，器件导通。靠

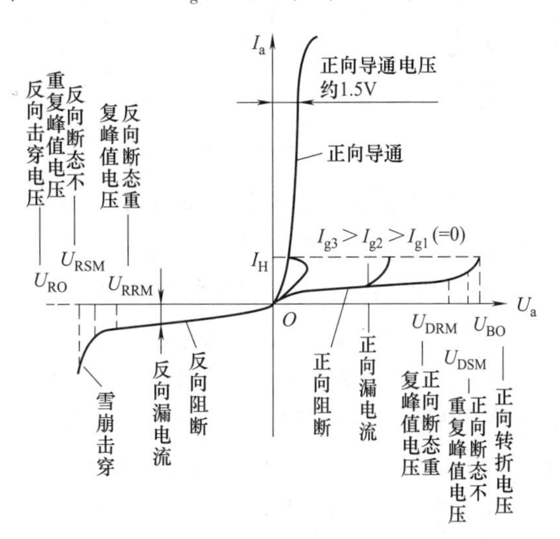

图 2-8 电力晶闸管的伏安特性

这种方式使器件导通称之为“硬导通”。注意多次“硬导通”会使晶闸管损坏。随着门极电流 I_g 幅值的增大，正向转折电压 U_{BO} 降低。

导通后的晶闸管特性和二极管的正向特性相仿。

晶闸管导通后本身的压降很小，在 1V 左右。导通期间，如果门极电流为零，并且阳极电流降至接近于零的某一数值（I_H）以下，则晶闸管又回到正向阻断状态。I_H 称为维持电流。

(5) 电力晶闸管的开关特性

电力晶闸管的开关特性包括开通过程和关断过程，如图 2-9 所示。

① 开通过程　如图 2-9 所示，电力晶闸管在满足导通条件之后，由于管子内部的正反馈建立需要时间（包括延迟时间 t_d、上升时间 t_r 和开通时间 t_{gt}），阳极电流不会马上增大，而要延迟一段时间。

普通电力晶闸管的开通时间 t_{gt} 约为 6μs。开通时间与触发脉冲的陡度与电压大小、结温以及主回路中的电感量等有关。

② 关断过程　关断过程包括反向阻断恢复时间 t_{rr} 和正向阻断恢复时间 t_{gr}，如图 2-10 所示。在正向阻断恢复时间内如果重新对晶闸管施加正向电压，晶闸管会重新正向导通。实际应用中，应对晶闸管施加足够长时间的反向电压，使晶闸管充分恢复其对正向电压的阻断能力，电路才能可靠工作。

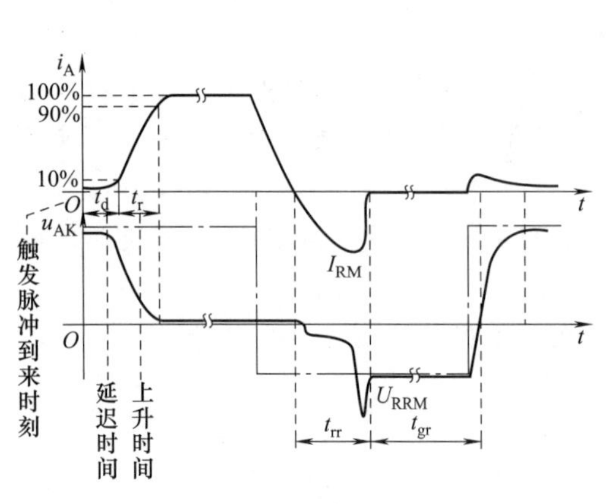

图 2-9　电力晶闸管的开通过程

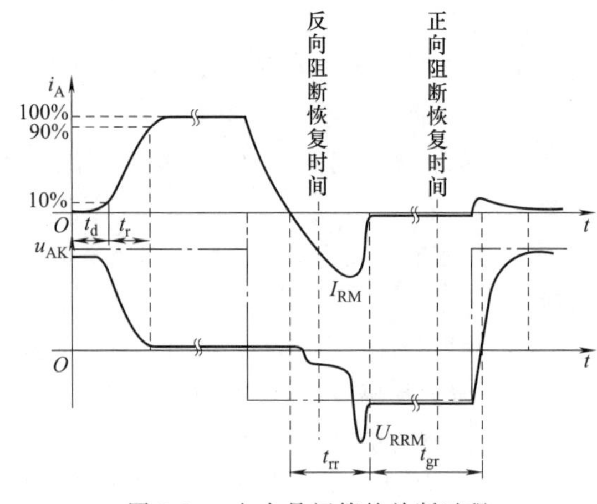

图 2-10　电力晶闸管的关断过程

普通电力晶闸管的关断时间为几十到几百微秒。关断时间与元件结温、关断前阳极电流的大小以及所加反向电压的大小有关。

(6) 电力晶闸管的主要特性参数

① 重复峰值电压——额定电压

a. 正向重复峰值电压 U_{DRM}。门极断开（$I_g=0$），元件处在额定结温时，正向阳极电压为正向阻断不重复峰值电压 U_{DSM}（此电压不可连续施加）的 80％所对应的电压（此电压可重复施加，其重复频率为 50Hz，每次持续时间不大于 10ms）。

b. 反向重复峰值电压 U_{RRM}。元件承受反向电压时，阳极电压为反向不重复峰值电压 U_{RSM} 的 80％所对应的电压。

c. 晶闸管铭牌标注的额定电压通常取 U_{DRM} 与 U_{RRM} 中的最小值。选用时，额定电压要留有一定余量，一般取额定电压为正常工作时晶闸管所承受峰值电压的 2～3 倍。晶闸管额定电压的等级与额定电压见表 2-5。

表 2-5 晶闸管额定电压的等级与额定电压

级　别	额定电压/V	说　明
1、2、3、…、10	100、200、300、…、1000	1000V 以下，每增加 100V，级别加 1
12、14、16、…	1200、1400、1600、…	1200V 以上，每增加 200V，级别加 2

② 额定通态平均电流——额定电流 $I_{T(AV)}$　在环境温度为 40℃ 和规定的冷却条件下，晶闸管在电阻性负载且导通角不小于 170°的单相工频正弦半波电路中，当结温稳定且不超过额定结温时所允许的最大通态平均电流。

在选用晶闸管额定电流时，根据实际最大的电流计算后至少还要乘以 1.5～2 的安全系数，使其有一定的电流余量。

③ 通态电流临界上升率 di/dt　晶闸管能承受而没有损害影响的最大通态电流上升率称通态电流临界上升率 di/dt。

门极流入触发电流后，晶闸管开始只在靠近门极附近的小区域内导通，随着时间的推移，导通区域才逐渐扩大到 PN 结的全部面积。如果阳极电流上升率 di/dt 很大，就会在较小的开通结面上通过很大的电流，引起局部结面过热使晶闸管烧坏，因此在晶闸管导通过程中对 di/dt 也要有一定的限制。

④ 断态电压临界上升率 du/dt　把在规定条件下，不导致晶闸管直接从断态转换到通态的最大阳极电压上升率，称为断态电压临界上升率 du/dt。

晶闸管的结面在阻断状态下相当于一个电容，若突然加一正向阳极电压，便会有一个充电电流流过结面，该充电电流流经靠近阴极的 PN 结（J_3 结）时，产生相当于触发电流的作用，如果这个电流过大，将会使元件误触发导通。

(7) 普通电力晶闸管的检测

① 判别引脚　万用表置于 R×10 或 R×1 挡，测量晶闸管任意两脚间的电阻，当指示为低阻值时，黑表笔所接的是控制极 G，红表笔所接的是阴极 K，余下的一个脚为阳极 A，其他情况下阻值均应为无穷大，否则该管可能是坏的。

② 触发检测　万用表置于 R×10 或 R×1 挡，将黑表笔接阳极 A，红表笔接阴极 K，万用表应指示为不通（零偏）；此时如果让控制极 G 接触一下黑表笔，万用表应指示导通（接近满偏）；即使断开控制极 G，只要阳极 A 和阴极 K 保持与表笔接触，就能一直维持导通状态。如果上述测量过程不能顺利进行，说明该管是坏的。

注意：大功率普通电力晶闸管由于其触发电流和维持电流较大，超出万用表欧姆挡输出的电流值，因此不能触发。可在表外串联一节 1.5V 电池，再按上法测量，一般可以触发。

【提示】

普通电力晶闸管可以根据其封装形式来判断出各电极。

① 螺栓型普通晶闸管的螺栓一端为阳极 A，较细的引线端为门极 G，较粗的引线端为阴极 K。

② 平板型普通晶闸管的引出线端为门极 G，平面端为阳极 A，另一端为阴极 K。

③ 金属壳封装（TO-3）的普通晶闸管，其外壳为阳极 A。

④ 塑封（TO-220）的普通晶闸管的中间引脚为阳极 A，且多与自带散热片相连。

2.1.3 晶闸管派生器件

(1) 快速晶闸管（FST）

快速晶闸管是为提高工作频率，缩短开关时间，而采用特殊工艺制造的器件，其工作频率在400Hz以上。

快速晶闸管包括常规的快速晶闸管（工作频率在400Hz以上，简称KK管）和工作频率更高的高频晶闸管（工作频率在10kHz以上，简称KG管）两种。它们的外形、电气图形符号、基本结构、伏安特性都与普通晶闸管相同。

快速晶闸管的开通时间和关断时间比普通晶闸管短，一般开通时间为1～2μs，关断时间为几到几十微秒；允许使用频率为几十到几千赫兹。

快速晶闸管使用注意事项如下：

① 快速晶闸管为了提高开关速度，其硅片厚度做得比普通晶闸管薄，因此承受正反向阻断重复峰值电压较低，一般在2000V以下，大多数器件在700～900V之间。

② 快速晶闸管的断态电压临界上升率（$\mathrm{d}u/\mathrm{d}t$）耐量较差，使用时必须注意产品铭牌上规定的额定开关频率下的$\mathrm{d}u/\mathrm{d}t$，当开关频率升高时，$\mathrm{d}u/\mathrm{d}t$耐量会下降。

(2) 双向晶闸管（TRIAC）

① 双向晶闸管的外形与结构　双向晶闸管是把一对反并联的晶闸管集成在同一硅片上，只用一个门极控制触发的组合器件。双向晶闸管的外形与普通晶闸管类似，有塑封式、螺栓式、平板式，其内部是一种NPNPN五层结构、三端引线的器件，有两个主电极T_1、T_2，一个门极G。其中$P_1N_1P_2N_2$称为正向晶闸管，$P_2N_1P_1N_4$称为反向晶闸管，且这两个晶闸管的触发导通都由同一个门极G来控制。双向晶闸管的结构、等效电路及符号如图2-11所示。

双向晶闸管具有正反向对称的伏安特性，如图2-12所示。正向部分位于第1象限，反向部分位于第3象限，是一种半控交流开关器件。

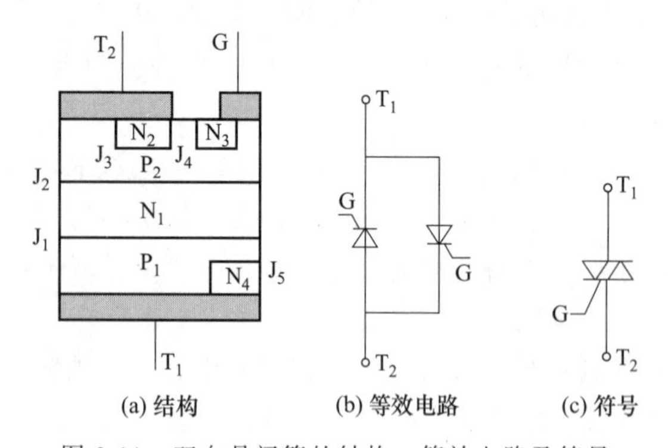

图2-11　双向晶闸管的结构、等效电路及符号

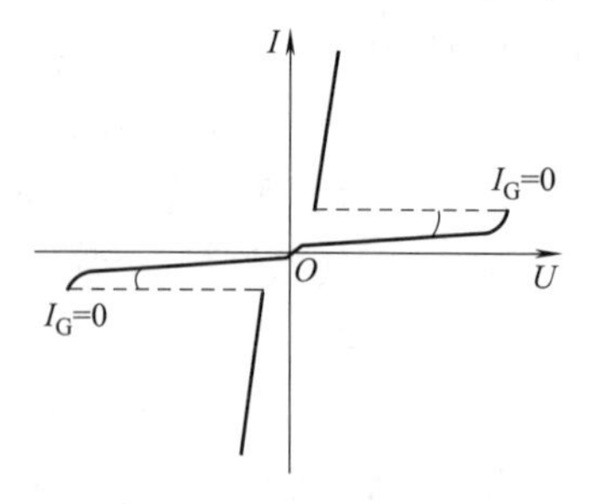

图2-12　双向晶闸管的伏安特性

双向晶闸管的主要参数中只有额定电流与普通晶闸管有所不同，其他参数定义相似。由于双向晶闸管工作交流电路中，正反向电流都可以流过，所以它的额定电流不是用平均值而是用有效值（方均根值）来表示的。

双向晶闸管可广泛用于工业、交通、家用电器等领域，实现交流调压、交流电机调速、交流开关、路灯自动开启与关闭、温度控制、台灯调光、舞台调光等多种功能，它还被用于固态继电器（SSR）和固态接触器电路中。

② 双向晶闸管的检测

a. 判别引脚：万用表置于 R×10 或 R×1 挡，测量晶闸管任意两脚间的电阻，其中正反向都导通时，两个被测引脚分别为 G、T_2，另一个引脚为 T_1，T_1 与 G 或 T_2 之间，应该是正反向都不通，否则该管可能是坏的。G 与 T_2 要通过导通后电阻值的大小来识别，即分别测量 G 与 T_2 之间的正反向电阻，在阻值较小的一次测量中，红表笔所接的是控制极 G。

b. 触发检测：万用表置于 R×10 或 R×1 挡，将黑表笔接 T_1，红表笔接 T_2，万用表应指示为不通（零偏）；此时如果让控制极 G 接触一下 T_1（黑表笔），万用表应指示导通（接近满偏）；即使断开控制极 G，只要 T_1 和 T_2 保持与表笔接触，就能一直维持导通状态；调换黑红表笔，重复上述测量，注意此时 G 仍要接触 T_1（红表笔），如果上述测量过程不能顺利进行，说明该管是坏的。

注意，大功率双向晶闸管由于其触发电流和维持电流较大，超出了万用表欧姆挡输出的电流值，因此不能触发。可在表外串联一节 1.5V 电池，再按上法测量，一般可以触发。

(3) 逆导晶闸管（RCT）

① 逆导晶闸管的结构及特性　逆导晶闸管也称为反向导通晶闸管，是由一个晶闸管和一个反向并联的二极管集成在同一硅片内的电力半导体复合器件，其阳极与阴极的发射结均呈短路状态。由于这种特殊电路结构，逆导晶闸管具有耐高压、耐高温、关断时间短、通态电压低等优良性能。例如，逆导晶闸管的关断时间仅几微秒，工作频率达几十千赫，优于快速晶闸管（FST）。逆导晶闸管的内部结构、等效电路、图形符号及伏安特性如图 2-13 所示。

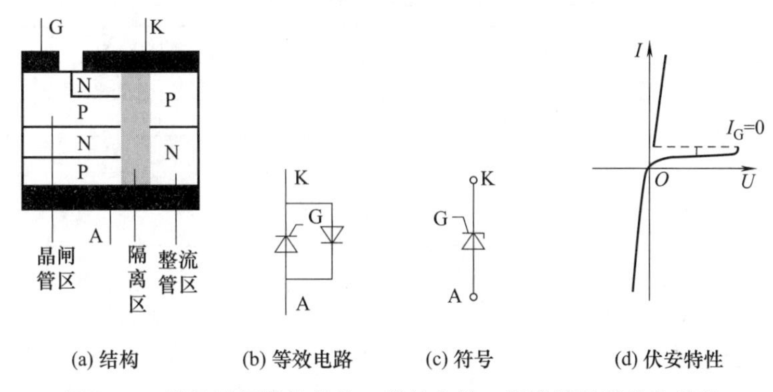

图 2-13　逆导晶闸管的结构、等效电路、图形符号及伏安特性

逆导晶闸管主要应用在直流变换（调速）、中频感应加热和一些逆变电路中。例如用于开关电源、UPS 不间断电源中，一个 RCT 即可代替晶闸管和续流二极管各一个，不仅使用方便，而且能简化电路设计。

【提示】

① 逆导晶闸管的正向伏安特性与普通晶闸管相同，反向特性如同一个二极管的正向特性。根据逆导晶闸管的伏安特性可知，它的反向击穿电压很低，因此只能适用于反向不需承受电压的场合。

② 与普通晶闸管相比，逆导晶闸管具有正向压降小、关断时间短、高温特性好、额定结温高等优点。

③ 逆导晶闸管存在着晶闸管区和整流管区之间的隔离区，防止误触发晶闸管，造成换流失败。

④ 逆导晶闸管的额定电流分别以晶闸管和整流管的额定电流表示。例如300/300A、300/150A等；晶闸管电流列于分子，整流管电流列于分母，两者的比值为1～3，由于晶闸管与整流管的载流量的比值是固定的，因而也限制了对它的灵活应用。

② 逆导晶闸管的检测　利用万用表和绝缘电阻表可以检查逆导晶闸管的好坏，测试内容主要分以下三项。

a. 检查逆导性。选择万用表R×1挡，黑表笔接K极，红表笔接A极，电阻值应为5～10Ω，如图2-14（a）所示。若阻值为零，证明内部二极管短路；电阻为无穷大，说明二极管开路。

b. 测量正向直流转折电压$U_{(BO)}$。如图2-14（b）所示接好电路，再按额定转速摇绝缘电阻表，使RCT正向击穿，由直流电压表上读出$U_{(BO)}$值。

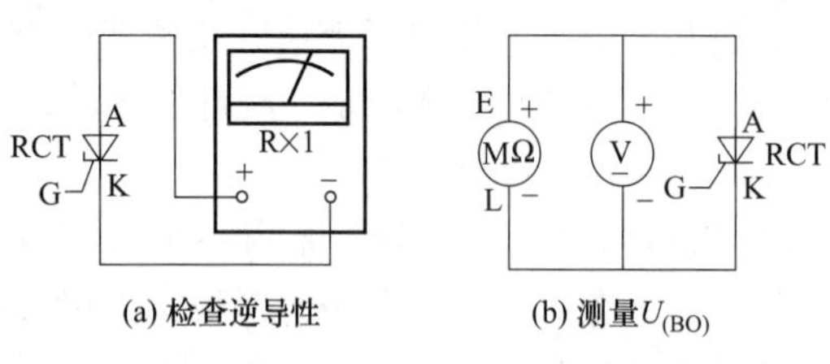

(a) 检查逆导性　(b) 测量$U_{(BO)}$

图2-14　逆导晶闸管的检测

c. 检查触发能力。例如，用500型万用表和ZC25-3型500V绝缘电阻表测量一个S3900MF型逆导晶闸管。依次选择R×1k、R×100、R×10和R×1挡测量A-K极间反向电阻，同时用读取电压法求出内部二极管的反向导通电压U_{TR}（实际是二极管正向电压U_F），再用绝缘电阻表和万用表500VDC挡测得$U_{(BO)}$值，全部数据整理成表2-6，由此证明被测RCT质量良好。

表2-6　S3900MF型逆导晶闸管测试结果

万用表	绝缘电阻表	电阻值/Ω	n'/格	U_{TR}/V	$U_{(BO)}$/V
R×1k	—	2.6k	10	0.3	—
R×100	—	360	13	0.39	—
R×10	—	52	17	0.51	—
R×1	—	8	22	0.66	—
—	ZC25-3	10M	—	—	320

注：$U_{TR}=0.03n'$（V）。

（4）光控晶闸管（LTT）

① 光控晶闸管的结构及特性　光控晶闸管又称光触发晶闸管，也是一种PNPN四层半导体器件，是利用一定波长的光照信号触发导通的晶闸管。它与普通晶闸管的不同之处在于其门极区集成了一个光电二极管，利用光激发使之导通，即在光的照射下，光电二极管漏电流I_j增加，此电流成为门极触发电流使晶闸管导通。

光控晶闸管的内部结构、等效电路、图形符号和伏安曲线如图2-15所示。

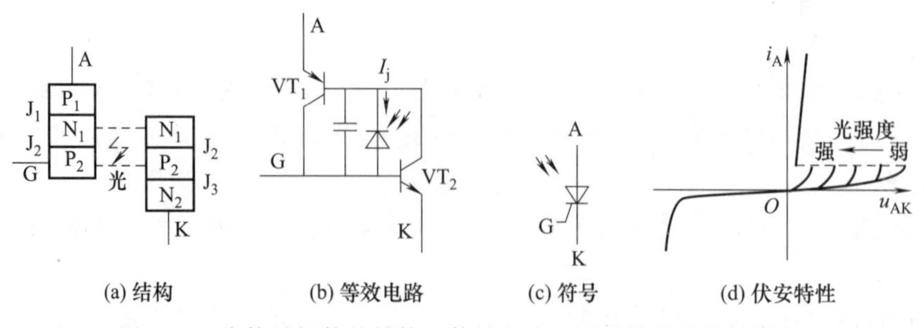

(a) 结构　(b) 等效电路　(c) 符号　(d) 伏安特性

图2-15　光控晶闸管的结构、等效电路、图形符号和伏安特性

【提示】

① 小功率光控晶闸管只有阳极和阴极两个端子。

② 大功率光控晶闸管门极带有光缆，光缆上装有作为触发光源的发光二极管或半导体激光器。

③ 光触发保证了主电路与控制电路之间的绝缘，且可避免电磁干扰的影响，因此目前应用在高压大功率场合，如高压直流输电和高压核聚变装置中。

② 光控晶闸管的检测 用万用表检测小功率光控晶闸管时，可将万用表置于 R×1 挡，在黑表笔上串接 1～3 节 1.5V 干电池，测量两引脚之间的正、反向电阻值，正常时均应为无穷大。

然后，再用小手电筒或激光笔照射光控晶闸管的受光窗口，此时应能测出一个较小的正向电阻值，但反向电阻值仍为无穷大。在较小电阻值的一次测量中，黑笔接的是阳极 A，红表笔接的是阴极 K。

(5) 可关断晶闸管（GTO）

可关断晶闸管简称 GTO，它是晶闸管的派生器件之一，具有普通晶闸管的全部优点，如耐压高、电流大等。同时它又是全控型器件，即在门极加正脉冲电流使其触发导通，在门极加负脉冲电流使其关断。

GTO 在兆瓦级以上的大功率场合应用较多，如用于电力机车的逆变器、大功率直流斩波调速装置等。

可关断晶闸管仍然由 PNPN 四层半导体材料构成，三个电极分别为阳极 A、阴极 K 和控制极（或控制板）G，其结构及符号如图 2-16 所示。它与普通晶闸管的不同点：GTO 是一种多元胞的功率集成器件，内部包含数十个甚至数百个共阳极的小 GTO 元，这些 GTO

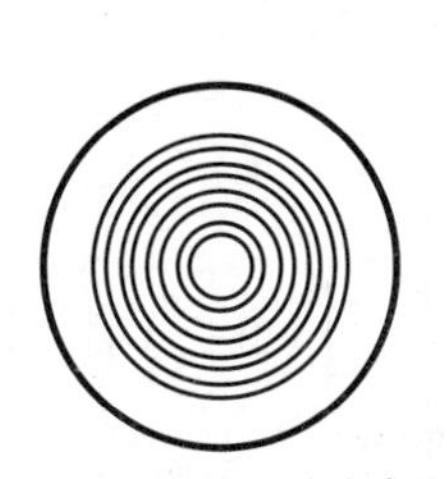

(a) 小GTO单元的阴极与门极间隔排列图

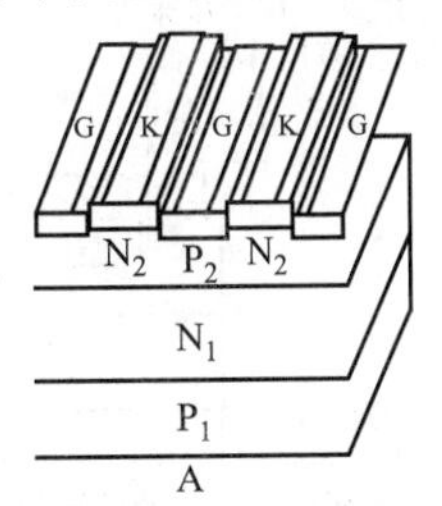

(b) 并联单元结构断面示意图

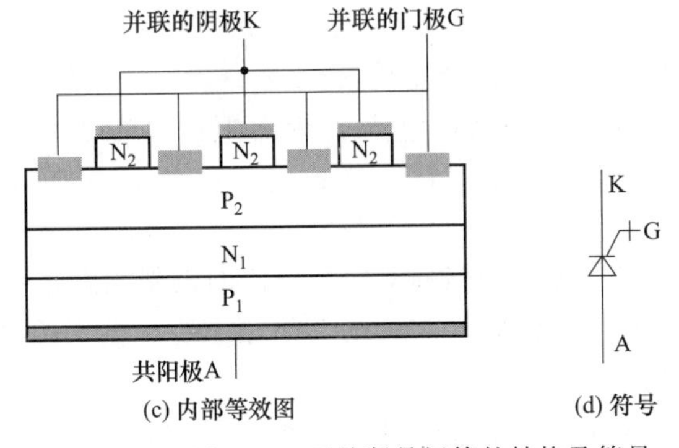

(c) 内部等效图 (d) 符号

图 2-16 可关断晶闸管的结构及符号

元的阴极和门极在器件内部并联在一起，使器件的功率可以达到相当大的数值。

可关断晶闸管在导通方面的条件与普通单向晶闸管一样（即 GTO 的导通机理与 SCR 是相同的）。GTO 一旦导通之后，门极信号是可以撤除的，但在制作时采用特殊的工艺使管子导通后处于临界饱和，而不像普通晶闸管那样处于深饱和状态，这样可以用门极负脉冲电流破坏临界饱和状态使其关断。

GTO 在关断机理上与 SCR 是不同的。门极加负脉冲即从门极抽出电流（即抽取饱和导通时储存的大量载流子），强烈正反馈使器件退出饱和而关断。

2.1.4 电力晶体管

电力晶体管也称巨型晶体管（GTR），是一种双极型、大功率、高反压电力电子器件。GTR 和 GTO 一样具有自关断能力，属于电流控制型自关断器件。GTR 可通过基极电流信号方便地对集电极-发射极的通断进行控制，并具有饱和压降低、开关性能好、电流较大、耐压高等优点。GTR 已实现了大功率、模块化、廉价化。

GTR 从 20 世纪 80 年代以来，在中、小功率范围内的不间断电源、中频电源和交流电动机调速等电力变流装置中逐渐取代了晶闸管，但目前又大多被 IGBT 和电力 MOSFET 取代。

(1) 电力晶体管的结构及类型

电力晶体管的结构和工作原理都与信息电子技术中的小功率晶体管非常相似。GTR 由三层半导体、两个 PN 结组成，有 PNP 和 NPN 两种类型，GTR 通常多用 NPN 结构。GTR 的结构、电气图形符号和内部载流子的流动如图 2-17 所示。

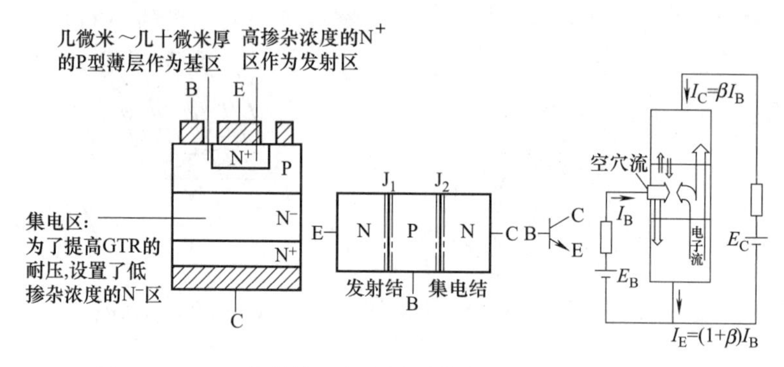

图 2-17 GTR 的结构、电气图形符号和内部载流子的流动

(2) GTR 的工作原理

在电力电子技术中，GTR 主要工作在开关状态。

GTR 一般采用共发射极接法，利用基极电流 I_B 对集电极电流 I_C 进行控制。当 $U_{BE}<0.7V$ 或为负电压时，GTR 处于关断状态，I_C 为零；当 $U_{BE}\geqslant 0.7V$ 时，GTR 处于开通状态，I_C 达到最大为饱和电流。

GTR 的电流放大系数 β 反映了基极电流对集电极电流的控制能力。单管 GTR 的 β 值比信息电子技术中的三极管小得多，一般小于 10，通常采用至少由两个晶体管按达林顿接法组成的单元结构来增大电流增益。

当考虑到集电极和发射极间的漏电流 I_{CEO} 时，I_C 和 I_B 的关系为

$$I_C=\beta I_B+I_{CEO}$$

产品说明书中通常给出直流电流增益 h_{FE}（直流工作情况下集电极电流与基极电流之比），一般可认为 $\beta \approx h_{FE}$。

(3) GTR 的特点

① 输出电压　可以采用脉宽调制方式，故输出电压的幅值等于直流电压的强脉冲。

② 载波频率　由于电力晶体管的开通和关断时间较长，故允许的载波频率较低，大部分变频器的上限载波频率为 1.2～1.5kHz。

③ 电流波形　因为载波频率较低，故电流的高次谐波成分较大。这些高次谐波电流将在硅钢片中形成涡流，并使硅钢片相互间因产生电磁力而振动，并产生噪声。又因为载波频率处于人耳对声音较为敏感的区域，故电动机的电磁噪声较强。

④ 输出转矩　因为电流中高次谐波的成分较大，故在 50Hz 时，电动机轴上的输出转矩与工频运行时相比，略有减小。

(4) 电力晶体管的特性

① GTR 共射电路输出特性　GTR 共射电路输出特性如图 2-18 所示，它包括截止区（又叫阻断区）、线性放大区、准饱和区（临界饱和区）和深饱和区 4 个区域。

a. 截止区：$I_B<0$（或 $I_B=0$），$U_{BE}<0$，$U_{BC}<0$，GTR 承受高电压，只有很小的穿透电流流过，类似于开关的断态。

b. 线性放大区：$U_{BE}>0$，$U_{BC}<0$，$I_C=\beta I_B$，GTR 应避免工作在线性区，以防止大功耗损坏 GTR。

c. 准饱和区：随着 I_B 的增大，此时 $U_{BE}>0$，$U_{BC}>0$，但 I_C 与 I_B 之间不再呈线性关系，β 开始下降，曲线开始弯曲。

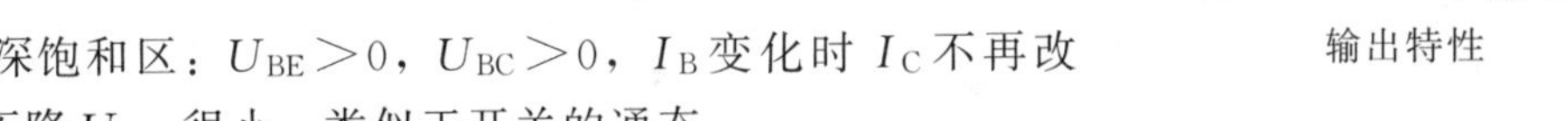

图 2-18　GTR 共射电路输出特性

d. 深饱和区：$U_{BE}>0$，$U_{BC}>0$，I_B 变化时 I_C 不再改变，管压降 U_{CES} 很小，类似于开关的通态。

由此可看出：电力电子技术中的 GTR 主要工作在开关状态。

② GTR 的开关特性　GTR 的开关时间在几微秒以内，比 SCR 和 GTO 都短很多。

GTR 在关断时漏电流很小，导通时饱和压降很小。因此，GTR 在导通和关断状态下损耗都很小，但在关断和导通的转换过程中，电流和电压都较大，所以开关过程中损耗也较大。当开关频率较高时，开关损耗是总损耗的主要部分。因此，缩短开通和关断时间对降低损耗、提高效率和提高运行可靠性很有意义。

(5) GTR 的主要参数

① 电压定额

a. 集基极击穿电压 $U_{(BR)CBO}$：发射极开路时，集基极能承受的最高电压。

b. 集射极击穿电压 $U_{(BR)CEO}$：基极开路时，集射极能承受的最高电压。

为确保安全，实际应用时的最高工作电压 $U_{TM}=(1/3～1/2)U_{(BR)CEO}$。

② 电流定额

a. 集电极电流最大值 I_{CM}：一般把 β 值下降到额定值的 1/2～1/3 时的 I_C 值定为集电极最大允许电流 I_{CM}。

b. 基极电流最大值 I_{BM}：规定为内引线允许通过的最大电流，通常取 $I_{BM}\approx(1/2～1/6)I_{CM}$。

③ 饱和压降 U_{CES}　指 GTR 工作在深饱和区时，集射极间的电压值。如图 2-19 所示，U_{CES}随 I_C增加而增加，在 I_C不变时，U_{CES}随管壳温度 T_C的增加而增加。

GTR 的特点是导通压较低。

④ 共射直流电流增益 β

$$\beta=I_C/I_B$$

式中　β——GTR 的电流放大能力，高压大功率 GTR（单管）一般 $\beta<10$。

(6) GTR 的一次、二次击穿

① 一次击穿　当集电极反偏电压升高至击穿电压时，I_C 迅速增大，出现雪崩击穿，此时集电极的电压 U_{CE}基本保持不变，称为一次击穿。

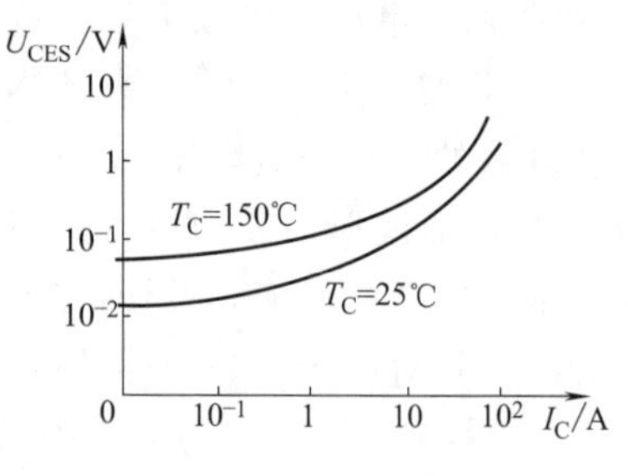

图 2-19　GTR 的饱和压降特性曲线

发生一次击穿时，只要 I_C 不超过限度（利用外接电阻限制 I_C增大），GTR 一般不会损坏，工作特性也不变。

② 二次击穿　一次击穿发生时，若不采取措施，使 I_C 增大到某个临界点时会突然急剧上升，并伴随电压的陡然下降，即出现负阻效应，这一现象被称二次击穿，如图 2-20 所示。

二次击穿常常立即导致器件的永久损坏，或者工作特性明显衰变。

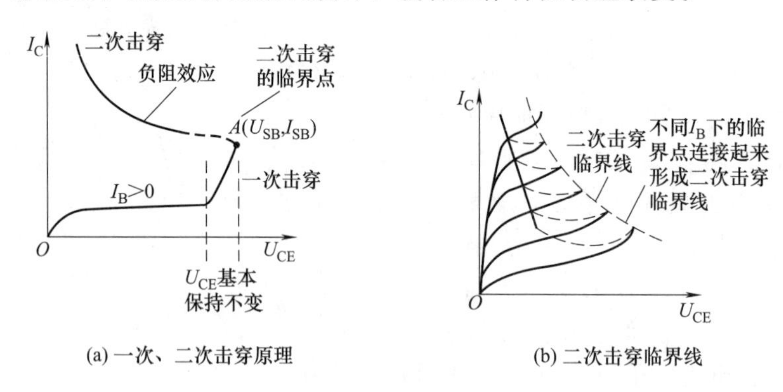

图 2-20　一次击穿和二次击穿

【提示】

一般工作在正常开关状态下的 GTR 是不会发生二次击穿的。

2.1.5　电力场效应晶体管

电力场效应晶体管分为两种类型，结型场效应晶体管（JFET）和绝缘栅场效应晶体管（IGFET）。

绝缘栅场效应晶体管中也包含了许多种，其中，绝缘栅金属-氧化物-半导体场效应晶体管（MOSFET）用得最多。通常所说电力场效应晶体管是指绝缘栅型中的 MOS 型，简称为电力 MODFET。

电力场效应晶体管的特点是：输入阻抗高（可达 40MΩ 以上）、开关速度快、工作频率高（开关频率可达 1000kHz）、驱动电路简单、需要的驱动功率小、热稳定性好、无二次击穿问题、安全工作区（SOA）宽；电流容量小，耐压低，一般只适用功率不超过 10kW 的电力电子装置。

(1) 电力场效应管的结构及原理

① 电力场效应管的结构　早期的电力场效应管采用水平结构（PMOS），器件的源极 S、栅极 G 和漏极 D 均被置于硅片的一侧（与小功率 MOS 管相似），存在通态电阻大、频率特性差和硅片利用率低等缺点。

20 世纪 70 年代中期将 LSIC 垂直导电结构应用到电力场效应管的制作中，出现了 VMOS 结构，大幅度提高了器件的电压阻断能力、载流能力和开关速度。

20 世纪 80 年代以来，采用二次扩散形成的 P 型区和 N^+ 型区在硅片表面的结深之差来形成极短沟道长度（1～2μm），研制成了垂直导电的双扩散场控晶体管，简称为 VDMOS。

目前生产的 VDMOS 中绝大多数是 N 沟道增强型，这是由于 P 沟道器件在相同硅片面积下，其通态电阻是 N 型器件的 2～3 倍。因此今后若无特别说明，均指 N 沟道增强型器件。

N 沟道 VDMOS 管元胞结构与电气符号如图 2-21 所示。

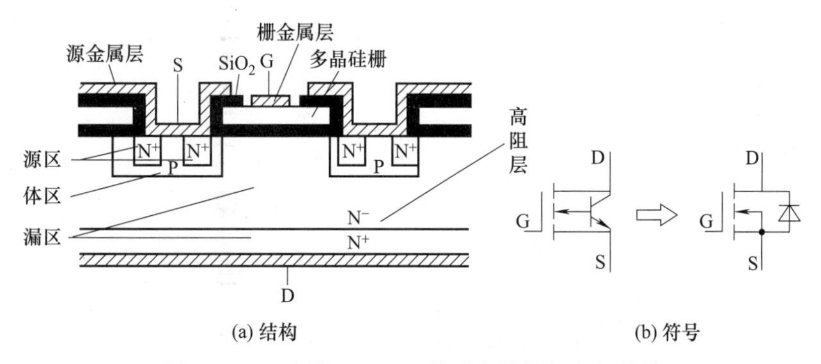

图 2-21　N 沟道 VDMOS 管元胞结构与电气符号

VDMOS 管元胞结构的特点如下：

a. 垂直安装漏极（D），实现垂直导电，这不仅使硅片面积得以充分利用，而且可获得大的电流容量。

b. 设置了高电阻率的 N^- 区，以提高电压容量。

c. 短沟道（1～2μm）降低了栅极下端 SiO_2 层的栅沟本征电容和沟道电阻，提高了开关频率。

d. 载流子在沟道内沿表面流动，然后垂直流向漏极，便于高度集成化。通常一个 VDMOS 管由许多元胞并联组成。

由于在源极与漏极间形成了一个寄生二极管，所以 VDMOS 无法承受反向电压。

② 电力场效应管的工作原理

a. 截止。如图 2-22 所示，栅源电压 $U_{GS} \leqslant 0$ 或 $0 < U_{GS} \leqslant U_T$（U_T 为开启电压，又叫阈值电压）时，漏极（D）与源极（S）之间相当于两个反向串联的二极管，不能形成导电沟道，所以 $I_D = 0$，VDMOS 是关断的。

b. 导通。如图 2-23 所示，当 $U_{GS} > U_T$ 时，栅极下面的 P 型体区发生反型而形成导电沟道。若加至漏极电压 $U_{DS} > 0$，则会产生漏极电流 I_D，VDMOS 开通。

c. 漏极电流 I_D。VDMOS 的漏极电流 I_D 受控于栅压 U_{GS}。

(2) 电力场效应晶体管的静态输出特性

在不同的 U_{GS} 下，漏极电流 I_D 与漏极电压 U_{DS} 间的关系曲线族称为 VDMOS 的输出特性曲线，如图 2-24 所示，它可以分为四个区域。

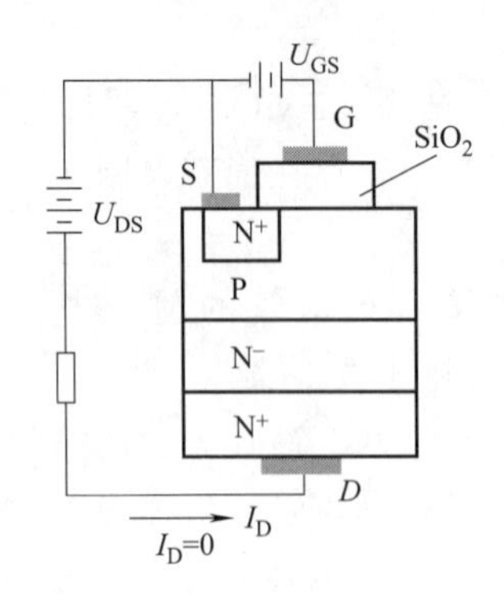

图 2-22 VDMOS 的截止

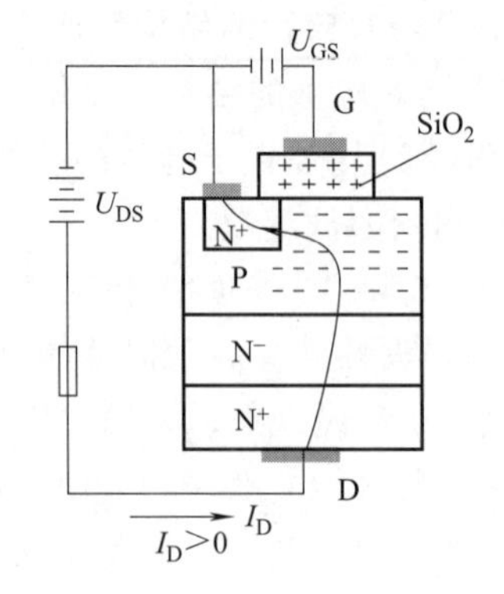

图 2-23 VDMOS 的导通

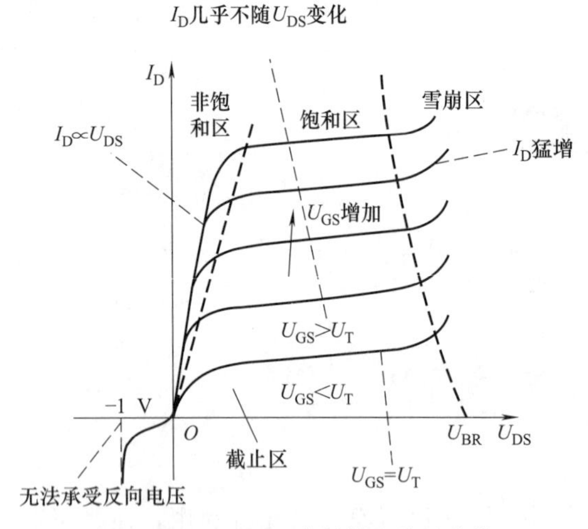

图 2-24 VDMOS 管的输出特性曲线

① 截止区：当 $U_{GS}<U_T$（U_T的典型值为 2～4V）时，$I_D\approx 0$，VDMOS 截止。

② 线性（导通）区（即非饱和区）：当 $U_{GS}>U_T$，且 U_{DS}很小时，I_D和 U_{DS}几乎成线性关系，又叫欧姆工作区。

③ 饱和区（又叫有源区）：在 $U_{GS}>U_T$，且 U_{DS}较大时，随着 U_{DS}的增大，I_D几乎不变。

④ 雪崩区：当 $U_{GS}>U_T$，且 U_{DS}增大到一定值时，漏极 PN 结反偏电压过高，发生雪崩击穿，I_D突然增加，造成器件损坏。

(3) 电力场效应晶体管的主要参数

① 通态电阻 R_{on}　在确定的栅压 U_{GS}下，VDMOS 由可调电阻区进入饱和区时漏极至源极间的直流电阻称为通态电阻 R_{on}。R_{on}是影响最大输出功率的重要参数。

在相同条件下，耐压等级越高的器件其 R_{on}值越大。另外，R_{on}随 I_D的增加而增加，随 U_{GS}的升高而减小。

② 阈值电压 U_T　沟道体区表面发生强反型所需的最低栅极电压称为 VDMOS 管的阈值电压。一般情况下将漏极短接条件下，$I_D=1$mA 时的栅极电压定义为 U_T。实际应用时，$U_{GS}=(1.5\sim2.5)U_T$，以利于获得较小的沟道压降。

U_T 还与结温 T_J有关，T_J升高，U_T将下降（大约 T_J每增加 45℃，U_T下降 10%，其温度系数为−6.7mV/℃）。

③ 跨导 g_m　跨导 g_m 定义为：

$$g_m=\frac{\Delta I_D}{\Delta U_{GS}}$$

跨导表示 U_{GS}对 I_D的控制能力的大小。实际中高跨导的管子具有更好的频率响应。

④ 漏源击穿电压 βU_{DS}　βU_{DS}决定了 VDMOS 的最高工作电压，它是为了避免器件进入雪崩区而设立的极限参数。

⑤ 栅源击穿电压 βU_{GS}　βU_{GS}是为了防止绝缘栅层因栅源间电压过高而发生介电击穿而

设立的参数。一般$\beta U_{GS}=\pm20V$。

⑥ 最大漏极电流 I_{DM}　I_{DM}表征器件的电流容量。当$U_{GS}=10V$，U_{DS}为某一数值时，漏源间允许通过的最大电流称为最大漏极电流。

⑦ 最高工作频率 f_m　定义为：

$$f_m=\frac{g_m}{2\pi C_{IN}}$$

式中　C_{IN}——器件的输入电容。

⑧ 开关时间 t_{on}与 t_{off}

a. 开通时间：

$$t_{on}=t_d+t_r$$

延迟时间 t_d：对应输入电压信号上升沿幅度为 $10\%U_{im}$到输出电压信号下降沿幅度为 $10\%U_{om}$的时间间隔。

上升时间 t_r：对应输出电压幅度由 $10\%U_o$变化到 $90\%U_{om}$的时间，这段时间对应于 U_i向器件输入电容充电的过程。

b. 关断时间：

$$t_{off}=t_s+t_f$$

存储时间 t_s：对应栅极电容存储电荷的消失过程。

下降时间 t_f：在 VDMOS 管中，t_{on}和 t_{off}都可以控制得比较小，因此器件的开关速度相当高。

VDMOS 的开通时间和关断时间均为数十纳秒左右。VDMOS 开关过程电压波形图如图 2-25 所示。

(4) 电力场效应管的安全工作区

VDMOS 的开关频率高，常处于动态过程，它的安全工作区分为三种情况。

① 正向偏置安全工作区（FBSOA）　如图 2-26 所示，在正向偏置安全工作区有四条边界极限，其导通时间越短，最大功耗耐量越高。

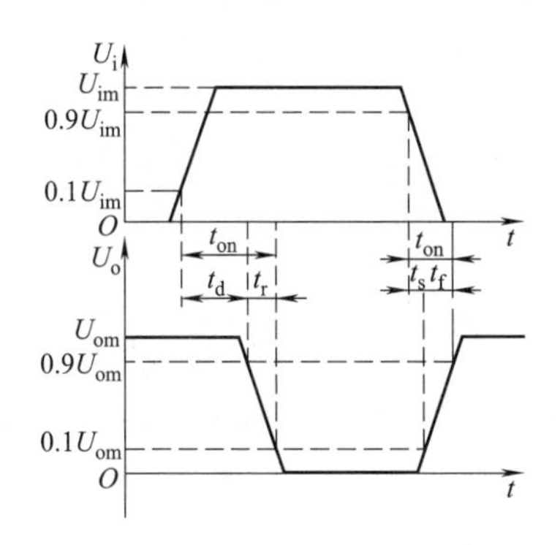

图 2-25　VDMOS 开关过程电压波形图

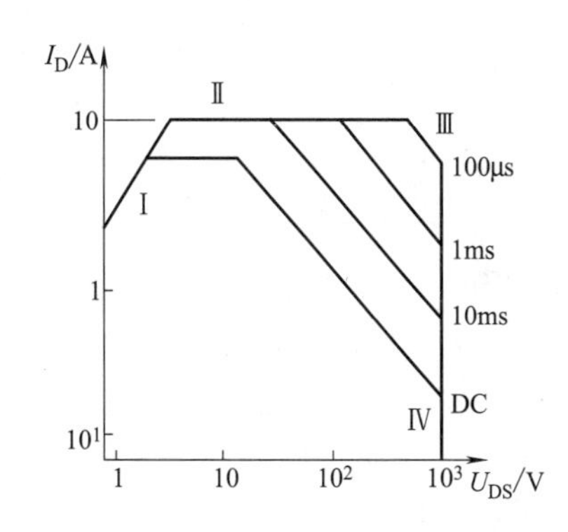

图 2-26　VDMOS 的 FBSOA 曲线

a. 漏源通态电阻限制线Ⅰ（由于通态电阻 R_{on}大，因此器件在低压段工作时要受自身功耗的限制）。

b. 最大漏极电流限制线Ⅱ。

c. 最大功耗限制线Ⅲ。

d. 最大漏源电压限制线Ⅳ。

② 开关安全工作区（SSOA） 开关安全工作区（SSOA）反应VDMOS在关断过程中的参数极限范围，它由最大峰值漏极电流 I_{DM}、最小漏源击穿电压 βU_{DS} 和最高结温 T_{JM} 所决定。

VDMOS的SSOA曲线如图2-27所示，曲线的应用条件是：结温 $T_J<150℃$，t_{on} 与 t_{off} 均小于1μs。

③ 换向安全工作区（CSOA） 换向安全工作区（CSOA）是器件寄生二极管或集成二极管反向恢复性能所决定的极限工作范围。如图2-28所示，在换向速度（寄生二极管反向电流变化率）一定时，CSOA由漏极正向电压 U_{DS}（即二极管反向电压 U_R）和二极管的正向电流的安全运行极限值 I_{FM} 来决定。

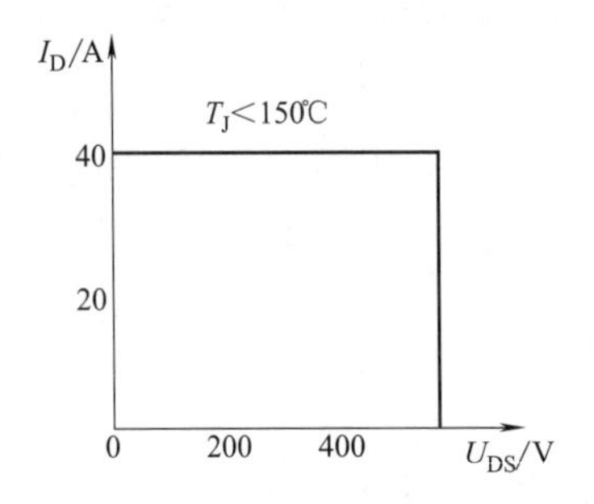

图2-27 VDMOS的SSOA曲线

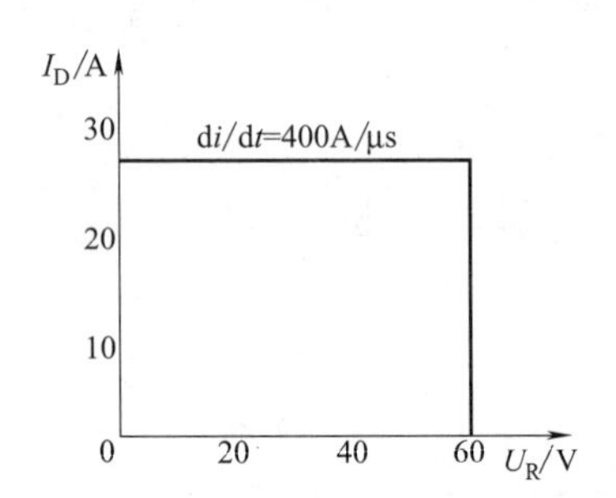

图2-28 VDMOS的CSOA曲线

2.1.6 绝缘栅双极型晶体管

绝缘栅双极型晶体管（IGBT）是兼具功率MOSFET高速开关特性和GTR的低导通压降特性两者优点的一种复合器件。由于IGBT的等效结构既具有GTR模式又有MOSFET的特点，所以称之为绝缘栅双极型晶体管。

IGBT于1982年开始研制，1986年投产，是发展最快而且很有前途的一种混合型器件。目前IGBT产品已系列化，最大电流容量达1800A，最高电压等级达4500V，工作频率达50kHz。

在电机控制、中频电源、各种开关电源以及其他高速低损耗的中小功率领域，IGBT取代了GTR和一部分MOSFET的市场。

（1）IGBT的结构

IGBT是在VDMOS管结构的基础上再增加一个 P^+ 层，形成了一个大面积的 P^+N^+ 结 J_1，和其他结 J_2、J_3 一起构成一个相当于是以GTR为主导器件、VDMOS为驱动器件的复合管，即一个相当于由VDMOS驱动的厚基区PNP型GTR。IGBT有三个电极：集电极C、发射极E和栅极G。IGBT的结构、简化等效电路及电气符号如图2-29所示。

（2）IGBT的工作原理

IGBT也属于场控器件，其驱动原理与电力MOSFET基本相同，是一种由栅极电压 U_{GE} 控制集电极电流 I_C 的栅控自关断器件（即场控全控型器件）。IGBT的伏安特性如图2-30所示。

① 导通 当所加的栅极电压 U_{GE} 为正并大于开启电压 $U_{GE(TH)}$ 时，MOSFET内形成导电沟道，并为等效的PNP型GTR提供基极电流，则IGBT导通。

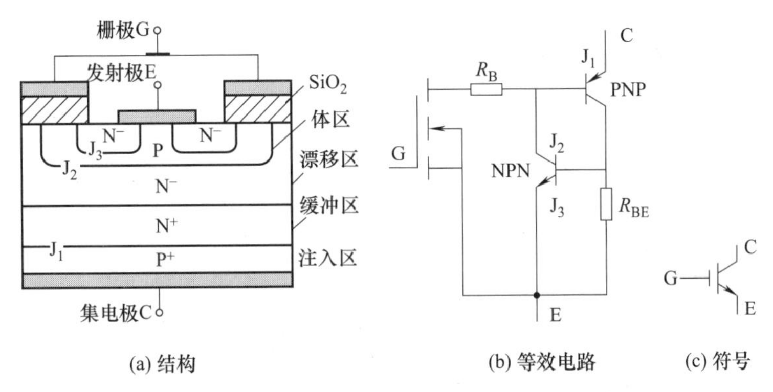

(a) 结构 (b) 等效电路 (c) 符号

图 2-29 IGBT 的结构、简化等效电路及电气符号

导通压降：电导调制效应使得调制电阻 R_B减小，使通态压降小（IGBT 的管压降是 P-MOSFET 的 1/10）。

② 关断 栅射极间施加反向电压或不加电压时，MOSFET 内管的导电沟道消失，GTR 无基极电流，则 IGBT 关断。

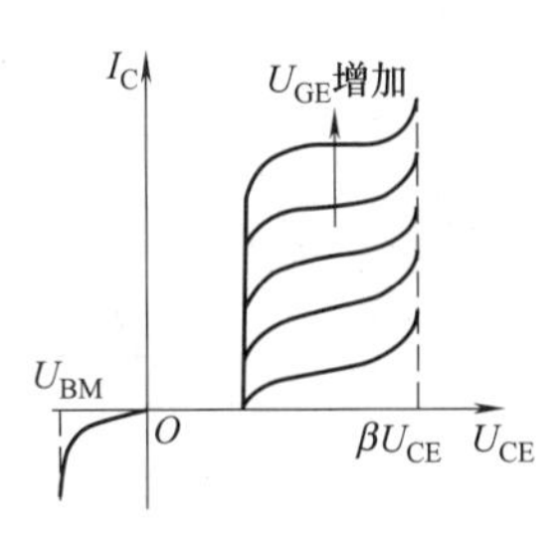

图 2-30 IGBT 的伏安特性

【提示】

以上介绍的 PNP 型晶体管与 N 沟道 MOSFET 组合而成的 IGBT 称为 N 沟道 IGBT，记为 N-IGBT。对应的还有 P 沟道 IGBT，记为 P-IGBT。N-IGBT 和 P-IGBT 统称为 IGBT。实际应用中以 N 沟道 IGBT 居多，如图 2-31 所示。

(a) IGBT

(b) IGBT模块外形

图 2-31 IGBT 及其模块外形

(3) IGBT 的特性

① IGBT 的伏安特性 IGBT 的伏安特性是反映在一定的栅射极电压 U_{GE}作用下，器件输出端电压 U_{CE}与电流 I_C 的关系。

IGBT 的伏安特性可分为截止区、有源放大区、饱和区和击穿区，如图 2-32 所示。在电力电子电路中，IGBT 是在正向阻断区和饱和区之间来回转换的。

② IGBT 的转移特性

a. IGBT 开通。$U_{GE}>U_{GE(TH)}$（开启电压，是 IGBT 实现电导调制而导通的最低栅射电压，一般为 3～6V）时，其输出电流 I_C 与驱动电压 U_{GE}基本呈线性关系。

b. IGBT 关断。$U_{GE}<U_{GE(TH)}$时，IGBT 关断。

IGBT 的转移特性曲线如图 2-33 所示。

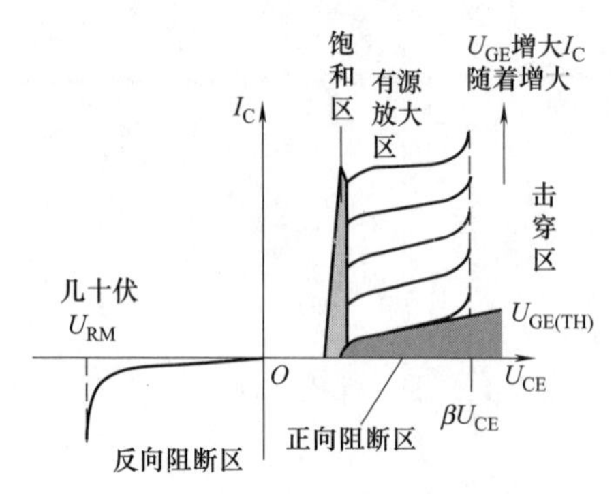

图 2-32　IGBT 的伏安特性

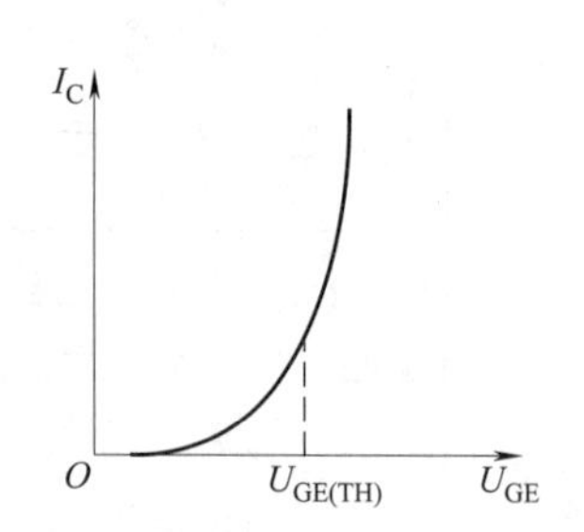

图 2-33　IGBT 的转移特性曲线

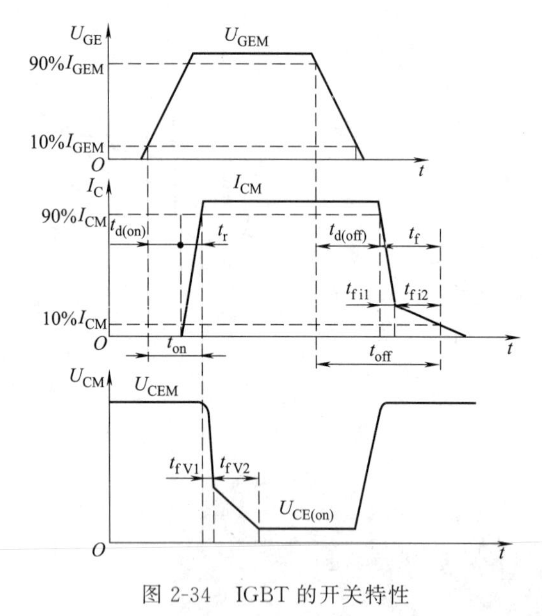

图 2-34　IGBT 的开关特性

③ IGBT 的开关特性　IGBT 的开关特性如图 2-34 所示。IGBT 的开关时间是 GTR 的 1/10。

a. IGBT 的开通过程。从正向阻断状态转换到正向导通的过程，称为 IGBT 的开通过程。

开通延迟时间 $t_{d(on)}$：I_C 从 $10\%U_{GEM}$ 到 $10\%I_{CM}$ 所需的时间。

电流上升时间 t_r：I_C 从 $10\%I_{CM}$ 上升至 $90\%I_{CM}$ 所需的时间。

开通时间 t_{on}：$t_{on}=t_{d(on)}+t_r$。

b. IGBT 的关断过程。IGBT 的关断过程是从正向导通状态转换到正向阻断状态的过程。

关断时间 t_{off}：$t_{off}=t_{d(off)}+t_f$。

关断延迟时间 $t_{d(off)}$：从 U_{GE} 后沿下降到其幅值 90%的时刻起，到 I_C 下降至 $90\%I_{CM}$ 所需的时间。

电流下降时间 t_f：I_C 从 $90\%I_{CM}$ 下降至 $10\%I_{CM}$ 所需的时间。

电流下降时间又可分为 t_{fi1} 和 t_{fi2}。t_{fi1} 为 IGBT 内部的 MOSFET 的关断过程，I_C 下降较快；t_{fi2} 为 IGBT 内部的 PNP 晶体管的关断过程，I_C 下降较慢。

（4）IGBT 的主要参数

① 最大集射极间电压 U_{CEM}：IGBT 在关断状态时集电极和发射极之间能承受的最高电压（最高可达 4500V 以上）。

② 通态压降（管压降）：指 IGBT 在导通状态时集电极和发射极之间的管压降（与电力 MOSFET 相比，IGBT 的通态压降小得多，1000V 的 IGBT 有 2～5V 的通态压降）。

③ 集电极电流最大值 I_{CM}：IGBT 的 I_C 增大，可致器件发生擎住效应，此时为防止发生擎住效应，规定了集电极电流最大值 I_{CM}。

④ 最大集电极功耗 P_{CM}：正常工作温度下允许的最大功耗。

(5) IGBT 的检测

① 引脚极性判别 首先将万用表拨在 R×1k 挡，测量时，若某一极与其他两极阻值为无穷大，调换表笔后该极与其他两极的阻值仍为无穷大，则判断此极为栅极（G）。其余两极再用万用表测量，若测得阻值为无穷大，调换表笔后测量阻值较小。在测量阻值较小的一次中，则判断红表笔接的为集电极（C），黑表笔接的为发射极（E）。

② IGBT 管好坏的判别 将万用表拨在 R×10k 挡，用黑表笔接 IGBT 的集电极（C），红表笔接 IGBT 的发射极（E），此时万用表的指针在零位。用手指同时触及一下栅极（G）和集电极（C），这时 IGBT 被触发导通，万用表的指针摆向阻值较小的方向，并能稳定指示在某一位置。然后再用手指同时触及一下栅极（G）和发射极（E），这时 IGBT 被阻断，万用表的指针回零，此时即可判断 IGBT 是好的。

【提示】

指针式万用表均可用于检测 IGBT。注意判断 IGBT 好坏时，一定要将万用表拨在 R×10k 挡，因 R×1k 挡以下各挡万用表内部电池电压太低，检测好坏时不能使 IGBT 导通，而无法判断 IGBT 的好坏。

上述方法同样也可以用于检测功率场效应晶体管（P-MOSFET）的好坏。

2.1.7 静电感应晶体管

静电感应晶体管（SIT）是一种多子导电的单极型器件，具有输出功率大、输入阻抗高、开关特性好、热稳定性好、抗辐射能力强等优点，广泛用于高频感应加热设备（例如 200kHz、200kW 的高频感应加热电源），并适用于高音质音频放大器、大功率中频广播发射机、电视发射机、差转机微波以及空间技术等领域。

(1) SIT 的结构及种类

SIT 为三层结构，其元胞结构图如图 2-35（a）所示，三个电极分别为栅极 G、漏极 D 和源极 S，其表示符号如图 2-35（b）所示。

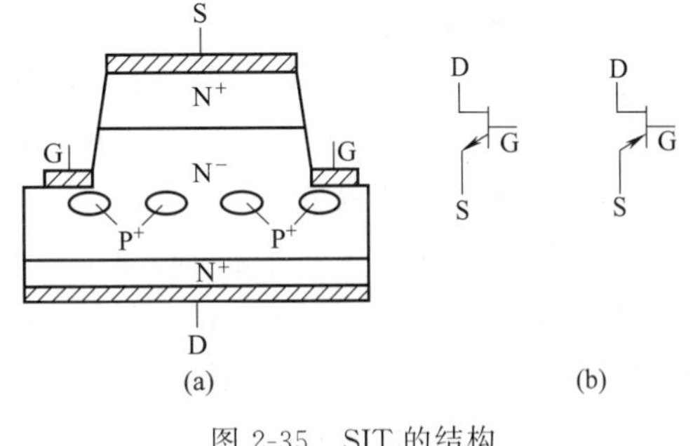

图 2-35 SIT 的结构

SIT 分 N 沟道、P 沟道两种，箭头向外的为 N-SIT，箭头向内的为 P-SIT。

(2) SIT 的工作原理

SIT 为常开器件，即栅源电压为零时，两栅极之间的导电沟道使漏极 D-S 之间导通，则 SIT 导通；当加上负栅源电压 U_{GS} 时，栅源间 PN 结产生耗尽层。随着负偏压 U_{GS} 的增加，其耗尽层加宽，漏源间导电沟道变窄。当 $U_{GS}=U_P$（夹断电压）时，导电沟道被耗尽层夹断，则 SIT 关断。

SIT 的漏极电流 I_D 不但受栅极电压 U_{GS} 控制，同时还受漏极电压 U_{DS} 控制。

SIT 采用垂直导电结构，其导电沟道短而宽，适应于高电压、大电流的场合。

SIT 是短沟道多子器件，无电荷积累效应，它的开关速度相当快，适应于高频场合。

(3) SIT 的特性

N 沟道 SIT 的静态伏安特性曲线如图 2-36 所示。

① 当栅源电压 U_{GS} 一定时，随着漏源电压 U_{DS} 的增加，漏极电流 I_{DS} 也线性增加，其大小由 SIT 的通态电阻所决定。

② SIT 的漏极电流具有负温度系数，可避免因温度升高而引起的恶性循环。

③ SIT 的漏极电流通路上不存在 PN 结，一般不会发生热不稳定性和二次击穿现象，其安全工作区范围较宽，如图 2-37 所示。

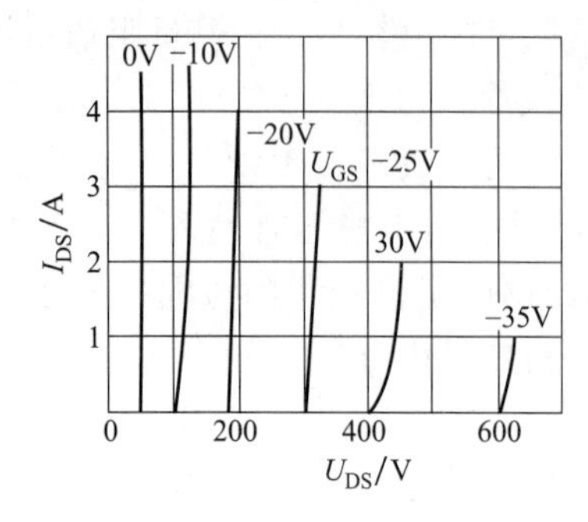

图 2-36　N-SIT 的静态伏安特性曲线

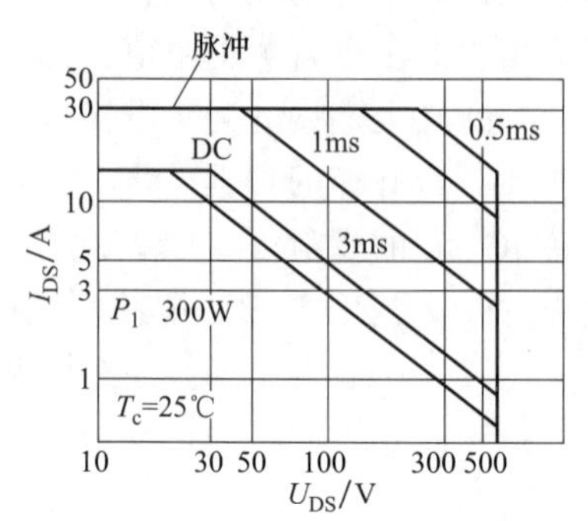

图 2-37　SIT 的安全工作区

④ SIT 的栅极驱动电路比较简单，关断 SIT 需加数十伏的负栅压$-U_{GS}$，使 SIT 导通，也可以加 5～6V 的正栅偏压$+U_{GS}$，以降低器件的通态压降。

2.1.8　静电感应晶闸管

静电感应晶闸管 SITH 与 GTO 相比，SITH 具有通态电阻小、通态压降低、开关速度快、损耗小及耐量高等优点，可应用在直流调速系统、高频加热电源和开关电源等领域。

(1) SITH 的结构

在 SIT 的结构的基础上再增加一个 P^+ 层即形成了 SITH 的元胞结构，如图 2-38（a）所示。SITH 有三个电极：阳极 A、阴极 K、栅极 G，如图 2-38（b）所示。

(2) SITH 的工作原理

栅极开路，在阳极和阴极之间加正向电压，有电流流过 SITH，即 SITH 导通。

在栅极 G 和阴极 K 之间加负电压，G-K 之间 PN 结反偏，在两个栅极区之间的导电沟道中出现耗尽层，A-K 间电流被夹断，SITH 关断。

栅极所加的负偏压越高，可关断的阴极电流也越大。

(3) SITH 的特性

SITH 的静态伏安特性曲线如图 2-39 所示。

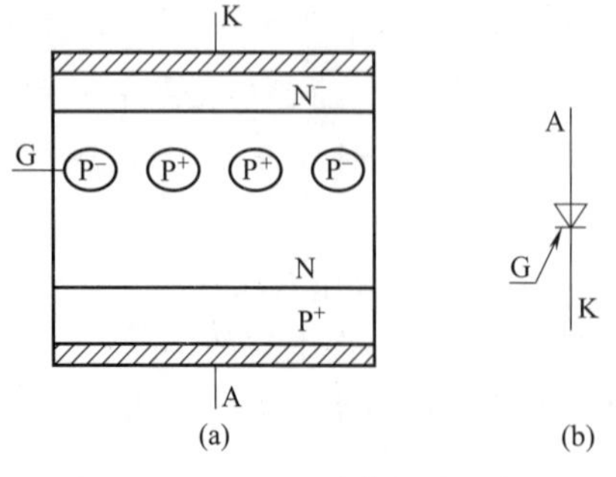

图 2-38　SITH 元胞结构其及符号

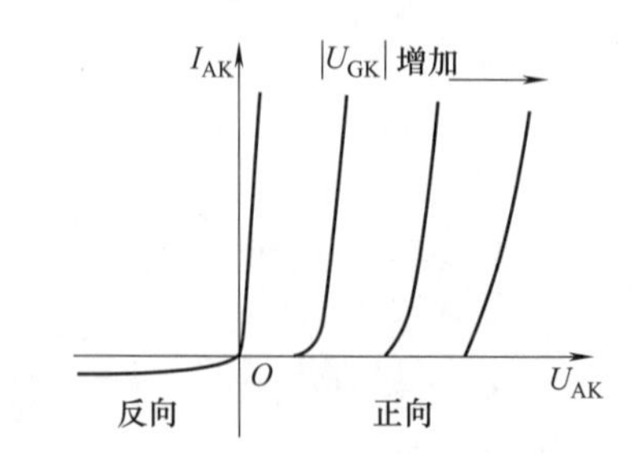

图 2-39　SITH 的静态伏安特性曲线

特性曲线的正向偏置部分与 SIT 相似。栅极负压$-U_{GK}$可控制阳极电流关断，已关断的 SITH，A-K 间只有很小的漏电流存在。

SITH 为场控少子器件，其动态特性比 GTO 优越。SITH 的电导调制作用使它比 SIT 的通态电阻小、压降低、电流大；但因器件内有大量的存储电荷，所以它的关断时间比 SIT 要长、工作频率要低。

2.1.9 MOS 控制晶闸管

(1) MOS 控制晶闸管（MCT）的结构

MCT 是在 SCR 结构中集成一对 MOSFET 构成的，通过 MOSFET 来控制 SCR 的导通和关断。使 MCT 导通的 MOSFET 称为 ON-FET，使 MCT 关断的 MOSFET 称为 OFF-FET。三个电极称为栅极 G、阳极 A 和阴极 K。

MCT 的元胞有两种结构类型，一种为N-MCT，另一种为 P-MCT。如图 2-40（a）所示为 P-MCT 的典型结构，图 2-40（b）为其等效电路，图 2-40（c）是它的表示符号（N-MCT 的表示符号箭头反向）。

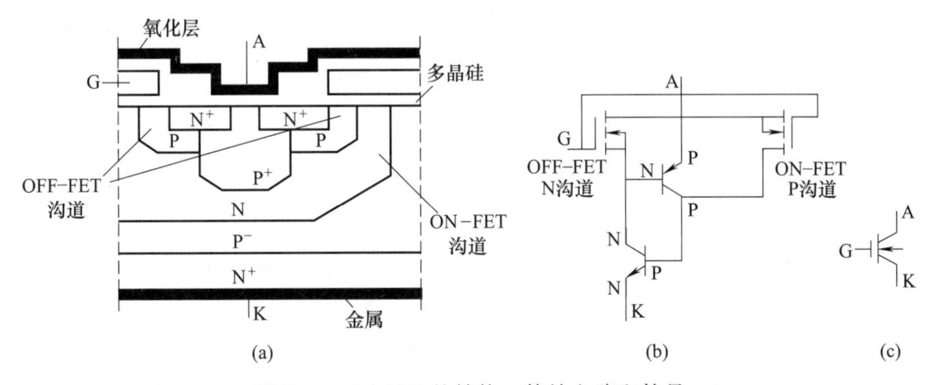

图 2-40 P-MCT 的结构、等效电路和符号

【提示】

对于 N-MCT 管，要将图 2-40 中各区的半导体材料用相反类型的半导体材料代替，并将上方的阳极变为阴极，而下方的阴极变为阳极。

(2) P-MCT 的工作原理

① 控制信号：用双栅极控制，栅极信号以阳极为基准。

② 导通：当栅极相对于阳极加负脉冲电压时，ON-FET 导通，其漏极电流使 NPN 晶体管导通。NPN 晶体管的导通又使 PNP 晶体管导通且形成正反馈触发过程，最后导致 MCT 导通。

③ 关断：当栅极相对于阳极施加正脉冲电压时，OFF-FET 导通，PNP 晶体管基极电流中断，PNP 晶体管中电流的中断破坏了使 MCT 导通的正反馈过程，于是 MCT 被关断。

a. 导通的 MCT 中晶闸管流过主电流，而触发通道只维持很小的触发电流。

b. 使 P-MCT 触发导通的栅极相对阳极的负脉冲幅度一般为－5～－15V，使其关断的栅极相对于阳极的正脉冲电压幅度一般为＋10V。

对于 N-MCT 管，其工作原理刚好相反。

(3) MCT 的特性

MCT 兼有 MOS 器件和双极型器件的优点。

① 阻断电压高（达 3000V）、峰值电流大（达 1000A）、最大可关断电流密度为 $6000A/cm^2$。

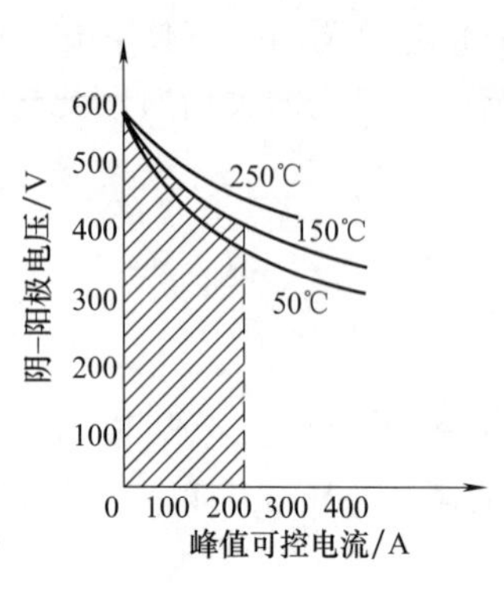

图 2-41 MCT 反偏安全工作区

② 通态压降小（为 IGBT 的 1/3，约 2.1V）。

③ 开关速度快、损耗小，工作频率可达 20kHz。

④ 极高的 du/dt 和 di/dt 耐量（du/dt 耐量达 20kV/μs，di/dt 耐量达 2kA/μs）。

⑤ 工作允许温度高（达 200℃以上）。

⑥ 驱动电路简单。

⑦ 安全工作区：MCT 无正偏安全工作区，只有反偏安全工作区 RBSOA，如图 2-41 所示。

RBSOA 与结温有关，反映 MCT 关断时电压和电流的极限容量。

⑧ 保护装置：MCT 可用简单的熔断器进行短路保护。因为当工作电压超出 RBSOA 时器件会失效，但当峰值可控电流超出 RBSOA 时，MCT 不会像 GTO 那样损坏，只是不能用栅极信号关断。

2.1.10 功率模块与功率集成电路

(1) 功率模块

20 世纪 80 年代中后期开始，电力电子器件出现了模块化趋势。

功率电子电力器件是将多个器件按一定的功能组合再灌封成一个模块，称为功率模块。

功率模块可缩小装置体积，降低成本，提高可靠性。对工作频率高的电路，采用功率模块可大大减小线路电感，从而简化对保护和缓冲电路的要求。

智能功率模块（Intelligent Power Module，IPM）是以 IGBT 为内核的先进混合集成功率部件，由高速低功耗管芯（IGBT）和优化的门极驱动电路，以及快速保护电路构成。IPM 内的 IGBT 管芯都选用高速型的，而且驱动电路紧靠 IGBT，驱动延时小，所以 IPM 开关速度快，损耗小。IPM 内部集成了能连续检测 IGBT 电流和温度的实时检测电路，当发生严重过载甚至直接短路，以及温度过热时，IGBT 将被有控制地软关断，同时发出故障信号。此外 IPM 还具有桥臂对管互锁、驱动电源欠压保护等功能。尽管 IPM 价格高一些，但由于集成的驱动、保护功能使 IPM 与单纯的 IGBT 相比具有结构紧凑、可靠性高、易于使用等优点。

(2) 功率集成电路

功率集成电路是指将高压功率器件与信号处理系统及外围接口电路、保护电路、检测诊断电路等集成在同一芯片上的集成电路，简称 PIC。以往，一般将其分为智能功率集成电路和高压集成电路两类。但随着 PIC 的不断发展，两者在工作电压和器件结构上都难以严格区分，已习惯于将它们统称为智能功率集成电路或功率 IC。PIC 是实现机电一体化的关键接口电路，它将信息采集、处理与功率控制合一，是引发第二次电子革命的关键技术。

类似功率集成电路的还有许多名称，但实际上各有侧重。

高压集成电路：High Voltage IC，简称 HVIC，一般指横向高压器件与逻辑或模拟控制电路的单片集成。

智能功率集成电路：Smart Power IC，简称 SPIC，一般指纵向功率器件与逻辑或模拟控制电路的单片集成。

智能功率模块：Intelligent Power Module，简称 IPM，专指 IGBT 及其辅助器件与其保护和驱动电路的单片集成，也称智能 IGBT。

2.2 电力电子器件驱动电路及应用

2.2.1 SCR 的触发电路

(1) 带隔离变压器的 SCR 触发电路

如图 2-42 所示，当控制系统发出的高电平驱动信号加至三极管放大器后，变压器 TR 输出电压经 VD_2 输出脉冲电流触发 SCR 导通。当控制系统发出的驱动信号为零后，VD_1、VZ 续流，TR 的原边电压迅速降为零，防止变压器饱和。

(2) 光耦隔离的 SCR 驱动电路

如图 2-43 所示，当控制系统发出驱动信号到光耦输入端时，光耦输出电路中 R 上的电压产生脉冲电流 I_G 触发 SCR 导通。

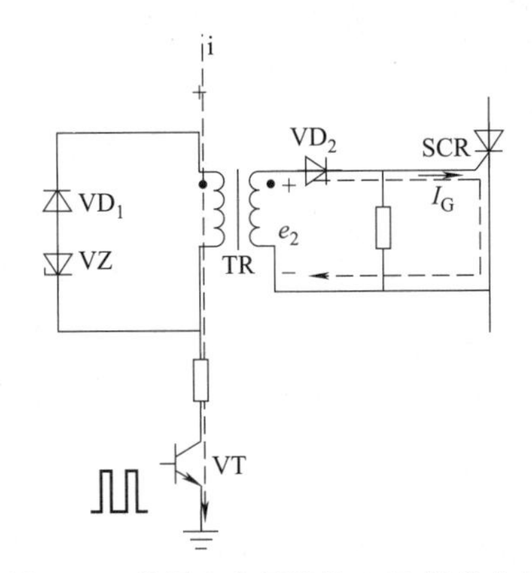

图 2-42 带隔离变压器的 SCR 触发电路

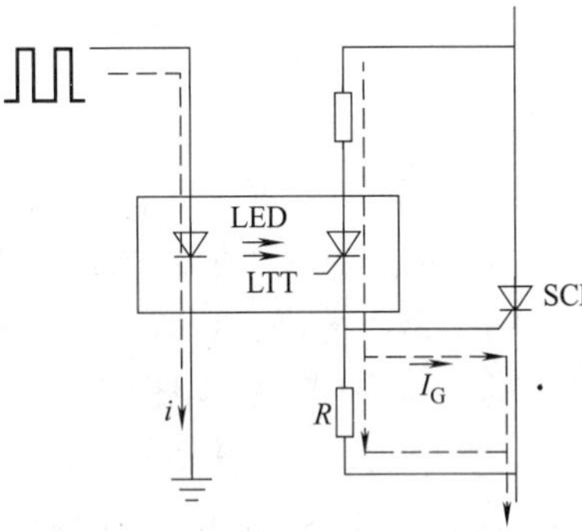

图 2-43 光耦隔离的 SCR 驱动电路

(3) 单结晶体管触发电路

如图 2-44 所示，经 VD_3～VD_6 整流后的直流电源 U_{DZ}，一路经 R_2、R_1 加在单结晶体管 VT 两个基极 b_2、b_1之间，另一路通过 R_e 对电容 C 充电、通过单结晶体管 VT 放电，以控制 VT 的导通、截止；在电容上形成锯齿波振荡电压，在 R_1 上得到一系列前沿很陡的触发尖脉冲 u_g。

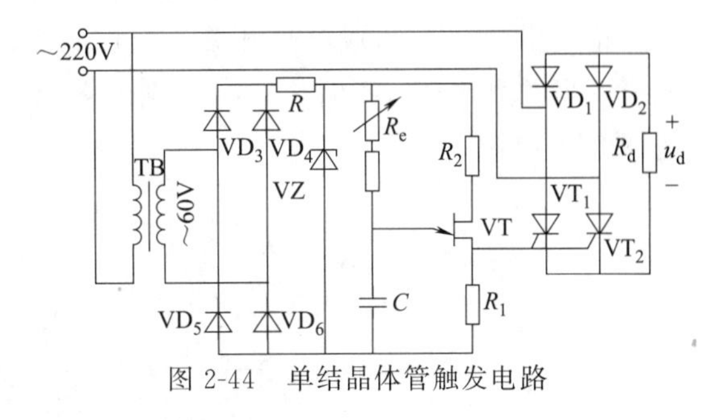

图 2-44 单结晶体管触发电路

调节 R_e，可调节振荡频率。当 R_e 增大时，单结晶体管发射极（U_e 或 U_c）充电到峰点电压 U_p 的时间增大，第一个脉冲出现的时刻推迟，即控制角 α 增大，实现了移相。一般采用脉冲变压器输出。

(4) KC04 集成移相触发器

KC 系列（国产）集成触发器具有品种多、功能全、可靠性高、调试方便等特点。KC04 移相触发器主要采用单相或三相全控桥式晶闸管整流电路作触发电路。KC04 移相触发电路由同步电路、锯齿波形成电路、移相电路、脉冲形成电路、脉冲输出电路等组成，如图 2-45 所示。

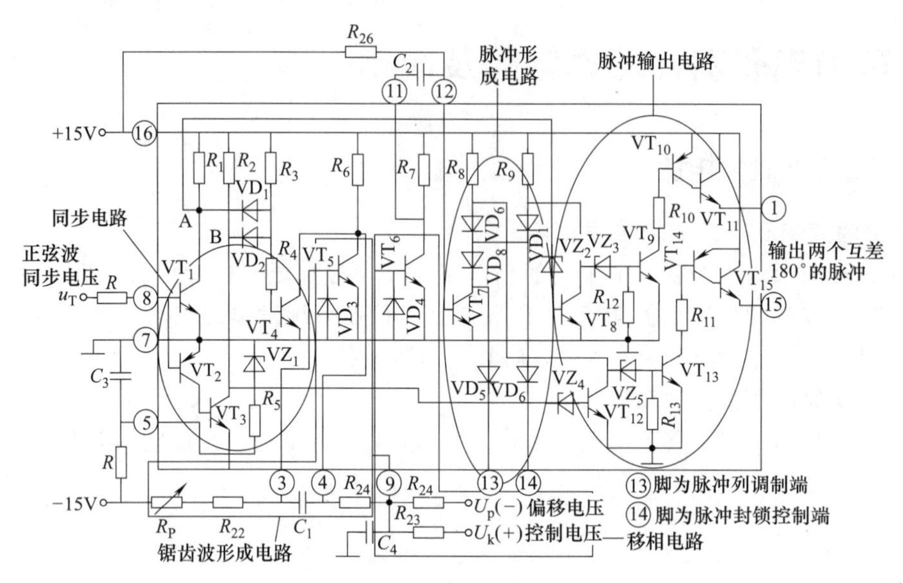

图 2-45　KC04 组成的移相式触发电路

其主要技术参数如下。

电源电压：DC±15V（允许波动 5%）；电源电流：正电流≤15mA，负电流≤8mA；脉冲宽度：400μs～2ms；脉冲幅值：≥13V；移相范围：<180°（同步电压 u_T＝30V 时，为 150°）；输出最大电流：100mA；环境温度：－10～＋70℃。

KC04 的典型应用电路如图 2-46 所示。

(5) 六路双脉冲发生器 KC41C

六路双脉冲发生器 KC41C（国产），①～⑥脚是六路脉冲输入端（如三片 KC04 的六个输出脉冲），每路脉冲由输入二极管送给本相和前相，再由 VT_1～VT_6 组成的六路电流放大器分六路输出。VT_7 组成电子开关，当控制端⑦脚接低电平时，VT_7 截止，⑩～⑮脚有脉冲输出。当⑦脚接高电平时，VT_7 导通，各路输出脉冲被封锁。KC41C 原理图及其外部接线图如图 2-47 所示。

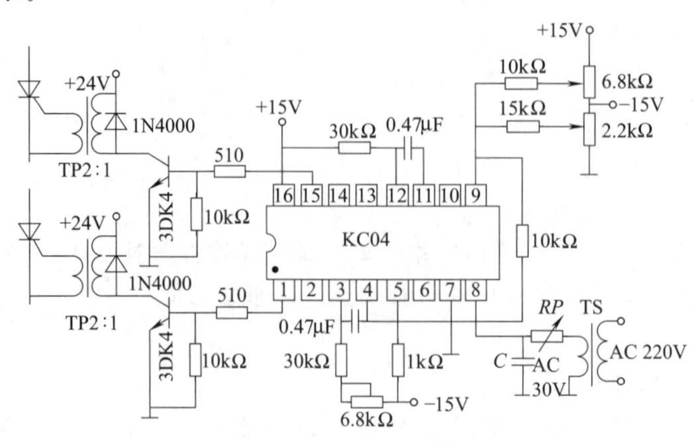

图 2-46　KC04 的典型应用电路

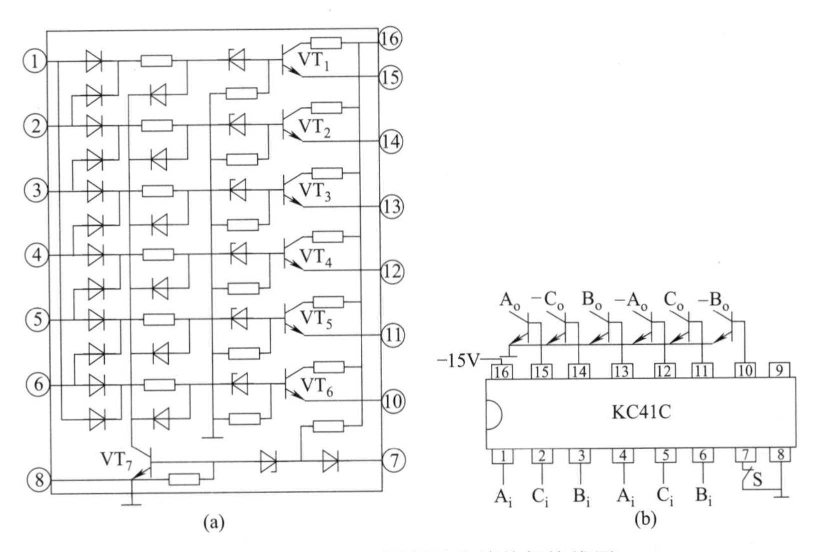

图 2-47 KC41C 原理图及其外部接线图

2.2.2 GTR 的驱动电路

(1) 双电源驱动电路

GTR 双电源驱动电路如图 2-48 所示。

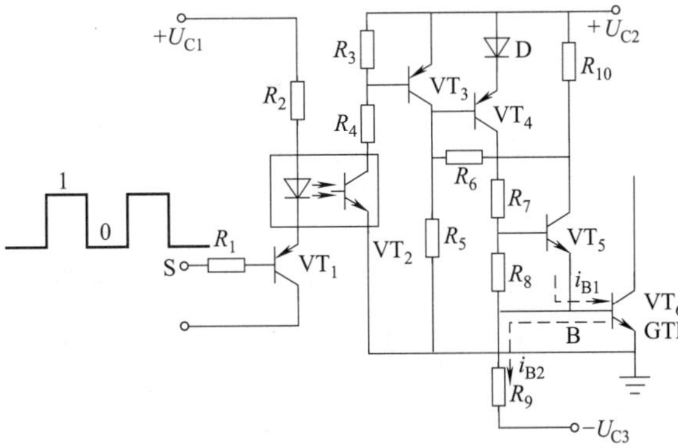

当控制端 S 为高电平时，$VT_1 \sim VT_3$ 截止，VT_4、VT_5 导通，B 点的电位为正值，GTR 的基极流过正向电流，GTR 导通。

当控制端 S 为低电平时，$VT_1 \sim VT_3$ 导通，VT_4、VT_5 截止，B 点的电位为负值，给 GTR 的基极提供反向基极电流，GTR 关断。

图 2-48 GTR 双电源驱动电路

(2) 由 UAA4002 组成的 GTR 驱动电路

UAA4002 可对 GTR 实现过流保护、退饱和保护、最小导通时间限制、最大导通时间限制、正反向驱动电源电压监控以及自身过热保护。

UAA4002 容易扩展，可通过外接晶体管以驱动各种型号和容量的 GTR，也可驱动电力 MOSFET。

UAA4002 作为启动电路对供电电源的要求并不十分严格，可由电源变压器的交流电压直接整流得到。UAA4002 组成的 GTR 驱动电路如图 2-49 所示，其中，GTR 的容量为 8A/400V。

对于不同的系统，有不同的控制要求，UAA4002 外围器件的参数整定也有所不同，视具体情况而定。

UAA4002 各引脚的功能见表 2-7。

2.2.3 MOSFET 和 IGBT 的驱动电路

由于 IGBT 的输入特性几乎和 MOSFET 相同（阻抗高，呈容性），所以要求的驱动功率小，电路简单，用于 IGBT 的驱动电路同样可以用于 MOSFET。

表 2-7 UAA4002 各引脚的功能

引脚	功 能
1	反向基极电流输出端
2	电源负端(−5V)
3	输出脉冲封锁端，为“1”封锁输出信号，为“0”解除封锁
4	输入选择端，为“1”选择电平输入，为“0” 选择脉冲输入
5	驱动信号 u_i 输入端
6	经 R 外接负电源；若直接接地，则无此功能
7	通过电阻 R_T 接地，R_T 值决定最小导通时间
8	通过电容 C_T 接地，决定最大导通时间；若直接接地，则不限制导通时间
9	接地端
10	由 R_D接地
11	由 R_{SD}接地，完成退饱和保护。当从⑬脚引入的管压降 $U_{CE}>U_{RSD}$时退饱和保护动作；若⑪脚接负电源，则无退饱和保护
12	过电流保护端，接 GTR 射极的电流互感器，若电流大于设定值时，则过流保护动作，关断 GTR。若⑫脚接地，则无此功能
13	通过抗饱和二极管接到 GTR 的集电极
14	电源正端(10～15V)
15	通过电阻 R 接正电源，调节 R 大小可改变正向基极驱动电流 I_{B1}
16	正向基极电流输出端 I_{B1}

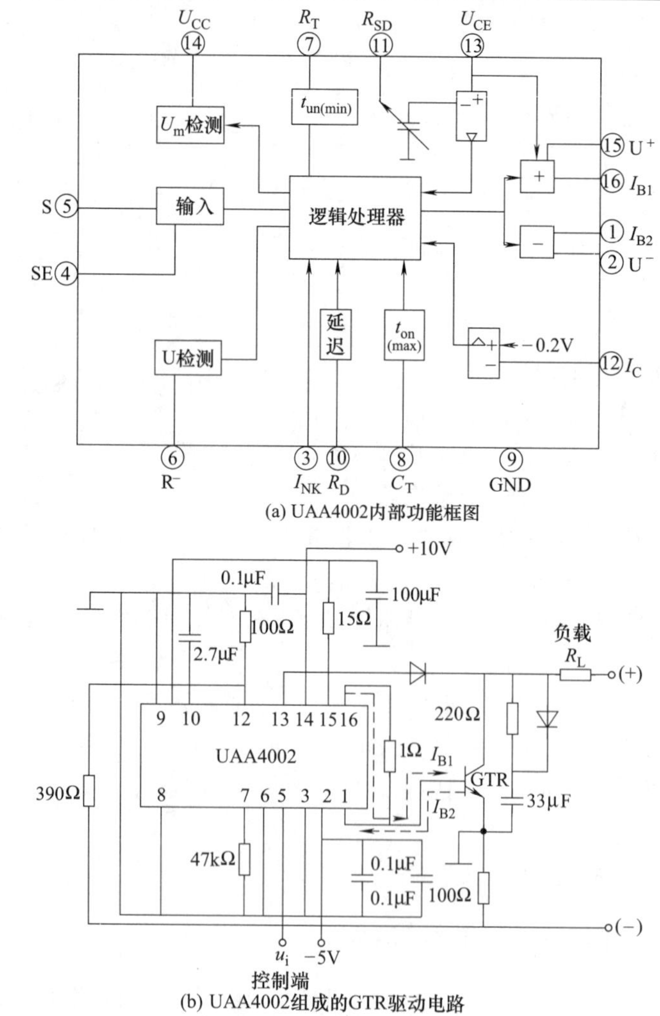

图 2-49 UAA4002 内部功能框图（a）及 UAA4002 组成的 GTR 驱动电路（b）

(1) 采用脉冲变压器隔离的栅极驱动电路

采用脉冲变压器隔离的 IGBT 栅极驱动电路如图 2-50 所示。

(2) 推挽输出栅极驱动电路

推挽输出 IGBT 栅极驱动电路如图 2-51 所示。

① 当控制脉冲为高电平时，光耦合器导通，输出高电平，使 VT_1 导通、VT_2 截止，U_{CC}、VT_1、R_G 产生的正向驱动电压使 IGBT 导通。VZ_2 起稳压限幅作用，保护 IGBT。

② 当控制脉冲为低电平时，光耦合器关断，输出低电平，使 VT_1 截止、VT_2 导通，IGBT 在 VZ_1 的反偏作用下关断。

(3) M57962L 组成的 IGBT 驱动电路

M57962L 是由日本三菱电气公司为驱动 IGBT 而设计的厚膜集成电路。在驱动模块内部装有 2500V 高隔离电压的光电耦合器、过流保护电路和过流保护输出端子，具有封闭性短路保护功能。

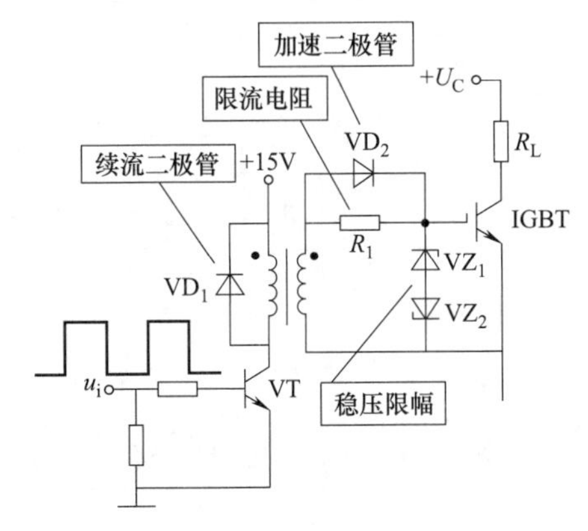

图 2-50　采用脉冲变压器隔离的 IGBT 栅极驱动电路

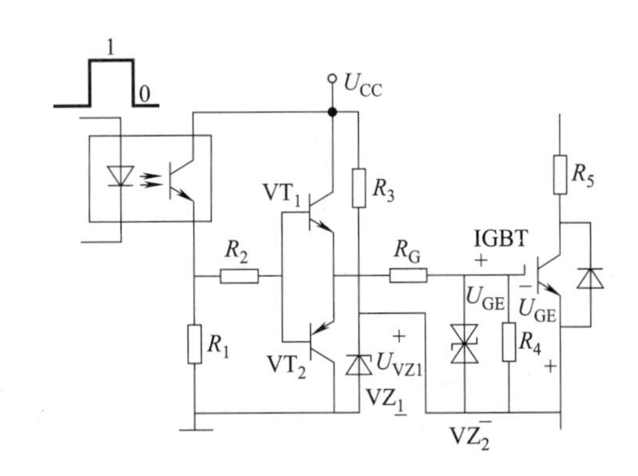

图 2-51　推挽输出 IGBT 栅极驱动电路

由 M57962L 组成的驱动电路是一种混合集成电路，将 IGBT 的驱动和过流保护集于一身，能驱动电压为 600V 和 1200V 系列电流容量不大于 400A 的 IGBT。

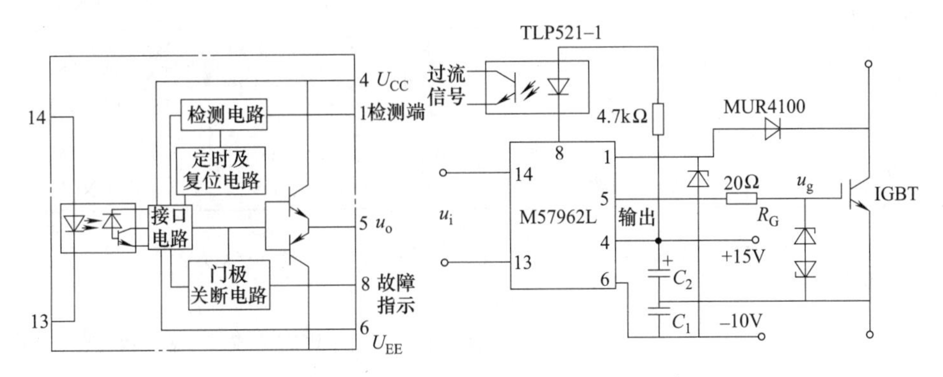

图 2-52　M57962L 组成的 IGBT 驱动电路

如图 2-52 所示，输入信号 u_i 与输出信号 u_g 彼此隔离。当 u_i 为高电平时，u_g 也为高电平，此时 IGBT 导通；当 u_i 为低电平时，u_g 为－10V，IGBT 截止。

该驱动电路通过实时检测集电极电位来判断 IGBT 是否发生过流故障。当 IGBT 导通时，如果驱动模块的 1 脚电位高于其内部基准值，则其 8 脚输出为低电平，通过光耦发出过流信号，与此同时使输出信号 u_g 变为 $-10V$，关断 IGBT。

2.3 整流电路及应用

2.3.1 二极管不可控整流电路

电力二极管最典型的应用是用于整流电路。不可控整流电路使用的元件为电力二极管，按输入交流电源的相数不同分为单相整流电路、三相整流电路和多相整流电路。

(1) 二极管单相整流电路

二极管单相整流电路有单相半波整流电路和单相全波整流电路，见表 2-8。

表 2-8 二极管单相整流电路性能比较

比较项目 \ 电路名称	单相半波整流电路	变压器中心抽头式全波整流电路	单相桥式全波整流电路
电路结构			
整流电压波形			
负载电压平均值 U_o	$U_o=0.45U_2$	$U_o=0.9U_2$	$U_o=0.9U_2$
负载电流平均值 I_o	$I_o=0.45U_2/R_L$	$I_o=0.9U_2/R_L$	$I_o=0.9U_2/R_L$
通过每个整流二极管的平均电流 I_V	$I_V=0.45U_2/R_L$	$I_V=0.9U_2/R_L$	$I_V=0.9U_2/R_L$
整流管承受的最高反向电压 U_{RM}	$U_{RM}=\sqrt{2}U_2$	$U_{RM}=2\sqrt{2}U_2$	$U_{RM}=\sqrt{2}U_2$
优缺点	电路简单，输出整流电压波动大，整流效率低	电路较复杂，输出电压波动小，整流效率高，但二极管承受反压高	电路较复杂，输出电压波动小，整流效率高，输出电压高
适用范围	输出电流不大，对直流稳定度要求不高的场合	输出电流较大，对直流稳定度要求较高的场合	输出电流较大，对直流稳定度要求较高的场合

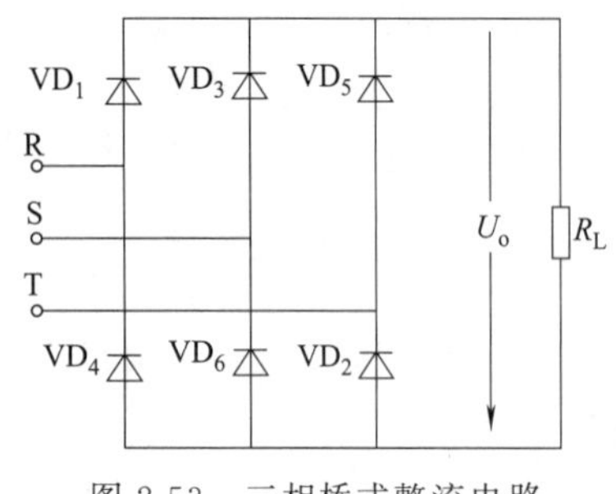

图 2-53 三相桥式整流电路

(2) 二极管三相桥式整流电路

三相桥式整流电路如图 2-53 所示。

三相桥式整流电路共有 6 个整流二极管，其中 VD_1、VD_3、VD_5 三个管子的阴极连接在一起，称为共阴极组；VD_4、VD_6、VD_2 三个管子的阳极连接在一起，称为共阳极组。共阴极组三个二极管 VD_1、VD_3、VD_5 在 t_1、t_3、t_5 换流导通；共阳极组三个二极管 VD_2、VD_4、VD_6 在 t_2、t_4、t_6 换流导通。一个周期内，每个二极管

导通 1/3 周期，即导通角为 120°。通过计算可得到负载电阻 R_L 上的平均电压为

$$U_o=2.34U_2$$

三相桥式电路的电压波形如图 2-54 所示。

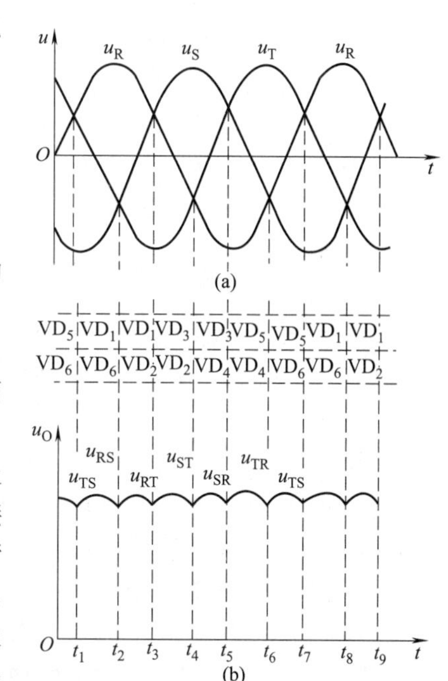

图 2-54 三相桥式电路的电压波形

2.3.2 晶闸管可控整流电路

晶闸管的典型应用是构成可控整流电路，常用的有单相桥式整流电路和三相桥式整流电路。

(1) 晶闸管单相桥式整流电路

单相桥式整流电路包括阻性负载和大电感负载两种应用情况，如图 2-55 所示。

单相桥式整流电路在大电感负载时若不接续流二极管，可能会发生失控现象。消除失控现象的措施是并接续流二极管，如图 2-55（b）所示。当接上续流二极管后，当 u_2 电压降到 0 时，负载电流经续流二极管续流，整流桥输出端只有不到 1V 的压降，迫使晶闸管与二极管串联电路中的电流降到晶闸管的维持电流以下，使晶闸管关断，这样就不会出现失控现象了。

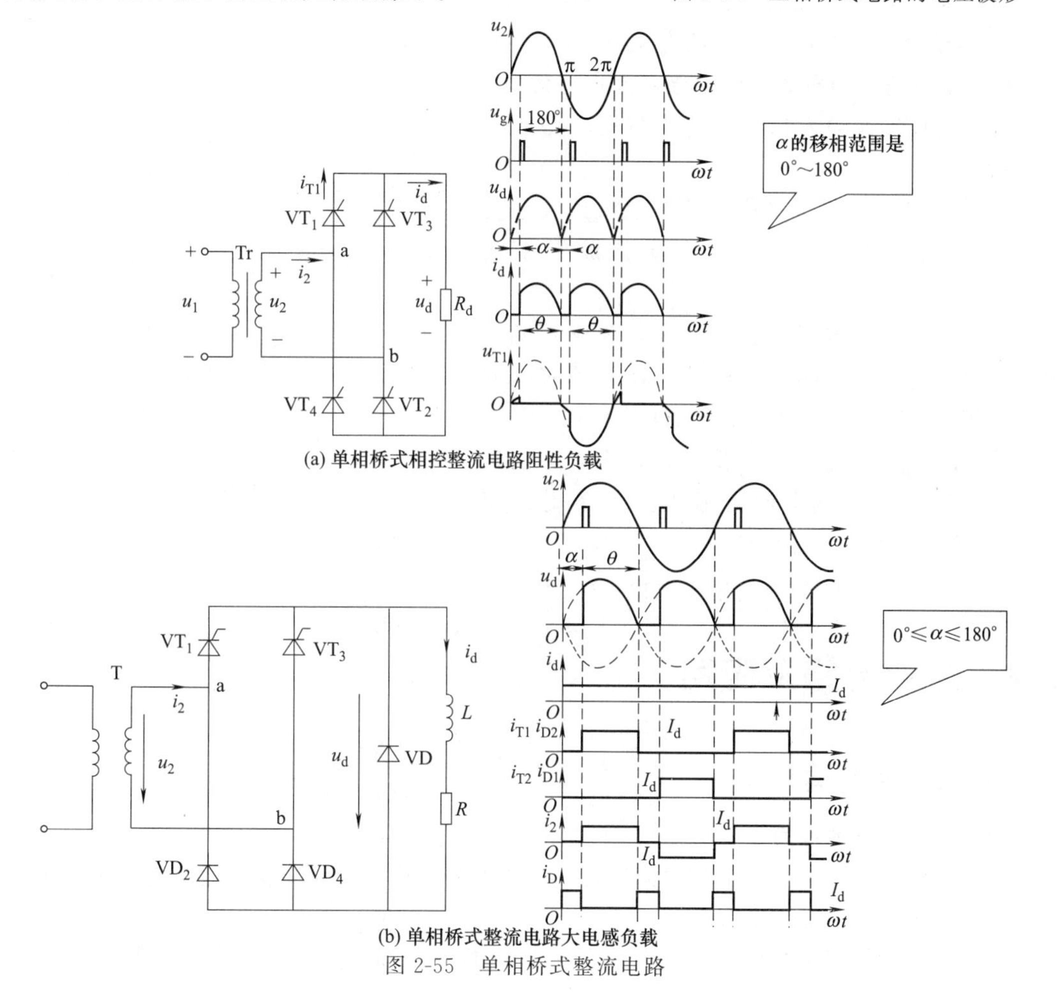

(a) 单相桥式相控整流电路阻性负载

(b) 单相桥式整流电路大电感负载

图 2-55 单相桥式整流电路

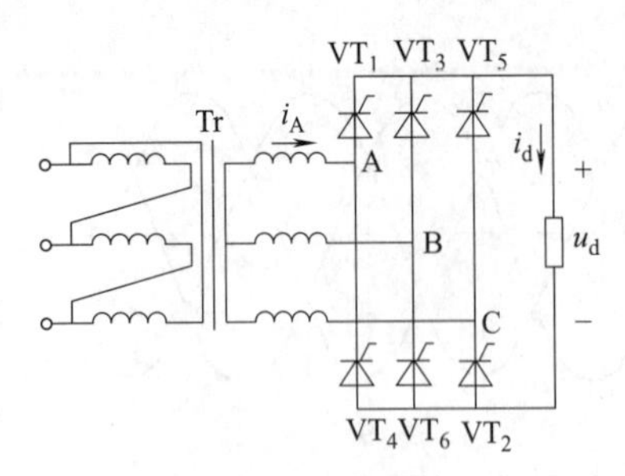

图 2-56　三相桥式整流电路带电阻负载

(2) 晶闸管三相桥式整流电路带电阻负载

晶闸管三相桥式整流电路带电阻负载如图 2-56 所示。

① 每个时刻均需 2 个不同组的晶闸管同时导通，形成向负载供电的回路，其中一个晶闸管是共阴组的，另一个是共阳极组的，且不能为同一相的晶闸管。

② 对触发脉冲的要求：6 个晶闸管的触发脉冲（相位依次差 60°）分别触发晶闸管 $VT_1 \rightarrow VT_2 \rightarrow VT_3 \rightarrow VT_4 \rightarrow VT_5 \rightarrow VT_6$；共阴极组 VT_1、VT_3、VT_5 的触发脉冲依次相差 120°，共阳极组 VT_2、VT_4、VT_6 的触发脉冲也依次差 120°，同一相的上下两个桥臂，即 VT_1 与 VT_4、VT_3 与 VT_6、VT_5 与 VT_2 脉冲相差 180°。

③ 全控桥触发脉冲类型有以下两种：

a. 宽脉冲触发——使脉冲宽度大于 60°（一般取 80°～100°）。

b. 双脉冲触发（常采用）——用两个窄脉冲代替宽脉冲，两个窄脉冲的前沿相差 60°，脉宽一般为 20°～30°。

④ 带电阻负载时三相桥式全控整流电路 α 的移相范围是 120°。

⑤ 晶闸管承受的最大正、反向电压为 $U_{TM}=\sqrt{6}U_2$。

⑥ 由于是电阻性负载，负载电流波形与负载电压波形相同。

(3) 晶闸管三相桥式整流电路带大电感负载

带大电感负载的三相全控桥式整流电路如图 2-57 所示。

① 在 $0° \leqslant \alpha \leqslant 90°$ 范围内，负载电流连续，负载上承受的是线电压；而线电压超前于相电压 30°。

② 在三相全控桥式整流电路中，晶闸管换流只在本组内进行，每隔 120°换流一次，即在电流连续的情况下，每个晶闸管的导通角 $\theta_T=120°$。

③ 当整流变压器采用星形接法，带电感性负载时，变压器二次侧电流波形为正负半周各宽 120°、前沿相差 180°的矩形波。

④ 晶闸管承受的最大电压为 $\sqrt{6}U_2$。

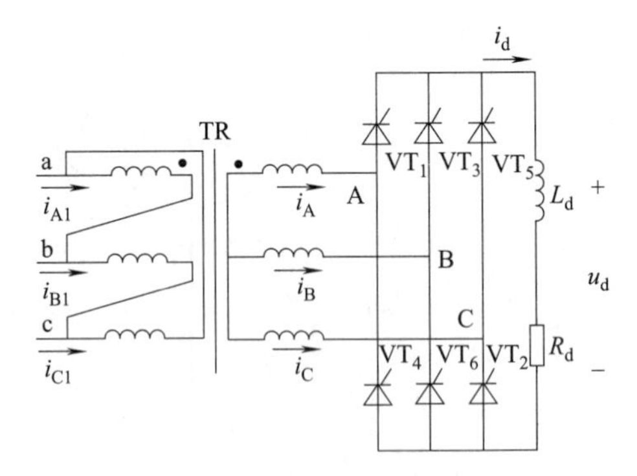

图 2-57　晶闸管三相桥式整流电路带大电感负载

2.4 逆变电路及应用

2.4.1 逆变电路简介

(1) 逆变电路的作用

相对于整流而言，逆变是它的逆过程，一般习惯于称整流为顺变，则逆变的含义就十分明显了，即把直流电变成交流电。

逆变电路的应用非常广泛。在已有的各种电源中，蓄电池、太阳能电池等都是直流电源，当需要这些电源向交流负载供电时，就需要逆变电路。另外，交流电机调速用变频器、不间断电源、感应加热电源等电力电子装置，其电路的核心部分都是逆变电路。

逆变电路的基本作用是在控制电路的控制下将中间直流电路输出的直流电源转换为频率和电压都任意可调的交流电源。

(2) 逆变电路的种类

为了满足不同用电设备对交流电源性能参数的不同要求，已开发了多种逆变电路，并大致可按以下方式分类。

① 按输出电能的去向，可分为有源逆变电路和无源逆变电路。前者输出的电能返回公共交流电网，后者输出的电能直接输向用电设备。

② 按直流电源性质，可分为由电压型直流电源供电的电压型逆变电路和由电流型直流电源供电的电流型逆变电路。

③ 按主电路的器件分，可分为由具有自关断能力的全控型器件组成的全控型逆变电路、由无关断能力的半控型器件（如普通晶闸管）组成的半控型逆变电路。半控型逆变电路必须利用换流电压以关断退出导通的器件。若换流电压取自逆变负载端，称为负载换流式逆变电路。这种电路仅适用于容性负载；对于非容性负载，换流电压必须由附设的专门换流电路产生，称自换换流式逆变电路。

④ 按电流波形分，可分为正弦逆变电路和非正弦逆变电路。前者开关器件中的电流为正弦波，其开关损耗较小，宜工作于较高频率。后者开关器件电流为非正弦波，因其开关损耗较大，故工作频率较正弦逆变电路低。

⑤ 按输出相数，可分为单相逆变电路和多相逆变电路。

2.4.2 有源逆变电路

有源逆变电路是将直流电能转换为50Hz（或60Hz）的交流电能并馈入公共电网的逆变电路。

(1) 有源逆变技术的应用

随着电力电子技术的飞速发展和各行各业对电气设备控制性能要求的提高，有源逆变技术在许多领域获得了越来越广泛的应用，下面列举的是其主要的应用。

① 光伏发电　有源逆变一般用于大型光伏发电站（>10kW）的系统中，很多并行的光伏组串被连到同一台集中逆变器的直流输入端，一般功率大的使用三相的IGBT功率模块，功率较小的使用场效应晶体管，同时使用DSP转换控制器来改善所产出电能的质量，使它非常接近于正弦波电流。最大特点是系统的功率高，成本低。但受光伏组串的匹配和部分遮影的影响，导致整个光伏系统的效率和电产能不高，同时整个光伏系统的发电可靠性受某一光伏单元组工作状态不良的影响。最新的研究方向是运用空间矢量的调制控制，以及开发新的逆变器的拓扑连接，以获得部分负载情况下的高的效率。

② 不间断电源系统（UPS）　UPS（Uninterruptible Power Supply）的全称是不间断电源系统，顾名思义，UPS是一种能为负载提供连续的不间断电能供应的系统设备。越来越多的重要数据、图像、文字由计算机处理和存储，如果在工作中间突然停电，必然导致随机存储器中的数据和程序丢失或损坏；更严重的是，如果此时计算机的读写磁头正在工作的话，极易造成磁头或磁盘的损坏；假如这些数据是在银行清算系统或是证券交易等系统中丢失的话，后果更将不堪设想。不间断电源的核心技术就是将蓄电池中的直流电能逆变为交流

电能的逆变技术。

③ 电动机制动再生能量回馈　在变频调速系统中，电动机的减速和停止都是通过逐渐减小运行频率来实现的，在变频器频率减小的瞬间，电动机的同步转速随之下降，而由于机械惯性的原因，电动机的转子转速未变，或者说，它的转速变化是有一定时间滞后的，这时会出现实际转速大于给定转速，从而产生电动机反电动势高于变频器直流端电压的情况，这时电动机就变成了发电机，非但不消耗电网电能，反而可以通过变频器专用型能量回馈单元向电网送电，这样既有良好的制动效果，又将动能转变化为电能，向电网送电而达到回收能量的效果。

交流电动机和直流电动机在制动过程中都会处于发电状态而使直流母线电压泵生。采用有源逆变系统将能量回馈到交流电网而代替传统的电阻能耗制动，既节约了电能，又提高了安全性能。回馈制动采用的是有源逆变技术，将再生电能逆变为与电网同频率同相位的交流电回送电网，从而实现制动。

④ 直流输电　由于交流输电架线复杂、损耗大、电磁波污染环境，所以直流输电是一个发展方向。直流输电目前主要用于以下几个方面：

a. 远距离大功率输电；

b. 联系不同频率或相同频率而非同步运行的交流系统；

c. 作网络互联和区域系统之间的联络线（便于控制，又不增大短路容量）；

d. 以海底电缆作跨越海峡送电或用地下电缆向用电密度高的大城市供电；

e. 在电力系统中采用交、直流输电线的并列运行，利用直流输电线的快速调节，控制、改善电力系统的运行性能。首先把交流电整流成高压直流再进行远距离输送，然后再逆变成交流电供给用户。随着电力电子技术的发展，大功率晶闸管制造技术的进步、价格下降、可靠性提高，换流站可用率的提高，直流输电技术的日益成熟，直流输电在电力系统中必然得到更多的应用。当前，研制高压直流断路器、研究多端直流系统的运行特性和控制、发展多端直流系统、研究交直流并列系统的运行机理和控制，受到了广泛的关注。

许多科学技术学科的新发展为直流输电技术的应用开拓了广阔的前景，多种新的发电方式——磁流体发电、电气体发电、燃料电池和太阳能电池等产生的都是直流电，所产生的电能要以直流方式输送，并用逆变器变换送入交流电力系统；极低温电缆和超导电缆也更适宜于直流输电，等等。今后的电力系统必将是交、直流混合的系统。

以上分别介绍了在城市供电、电气传动、交通运输、通信、电力系统等领域中的主要应用，此外在工业生产（如化学电源）、医疗设备（如医用电源）、家用电器、航空逆变器、舰船逆变器、变频电源及充电机等中都会用到有源逆变技术。总之，有源逆变技术已经涉及各行各业，以及各种领域的电源设备。

（2）单相桥式有源逆变电路

如图 2-58（a）所示是以单相交流电源供电的桥式全控电动机负载电路，当电路的触发延迟角 α 的移相范围在 $0\sim\pi/2$ 之间时为整流状态；变流器在交流电压 u_2 的正半周，VT_1、VT_4 触发导通，VT_2、VT_3 因承受反向电压截止，U_d 上正下负，电动机电动势也上正下负，电源向电动机输送能量，电动机处于整流状态。

（3）三相半波有源逆变电路

如图 2-59（a）所示为以三相交流电源供电的电动机负载电路。与单相桥式变流电路一样，当触发延迟角 α 的移相范围为 $0\sim\pi/2$ 时为整流状态；电路的触发延迟角 α 的移相范围

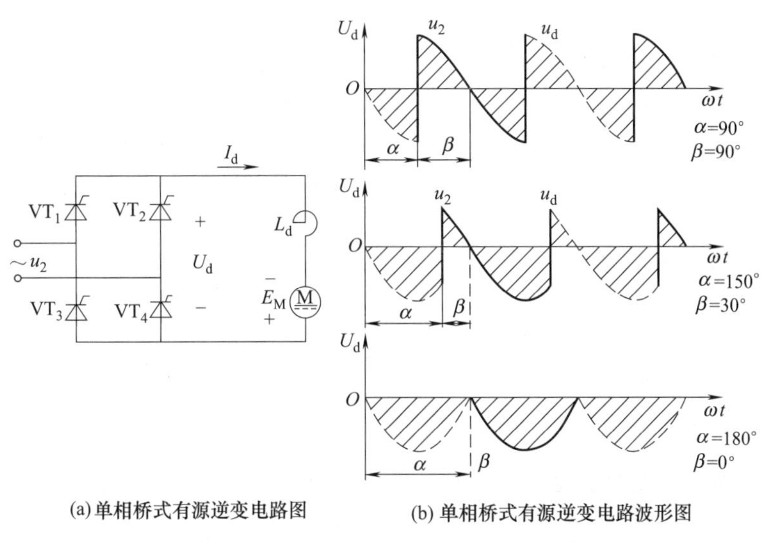

(a) 单相桥式有源逆变电路图　　(b) 单相桥式有源逆变电路波形图

图 2-58　单相桥式有源逆变电路及波形

为 π/2～π 时为有源逆变状态，电动机电动势 E_M 大于变流器输出电压 U_d，逆变角 β 小于 π/2，且极性上负下正，逆变角 β 小于 π/2 时，可实现有源逆变。

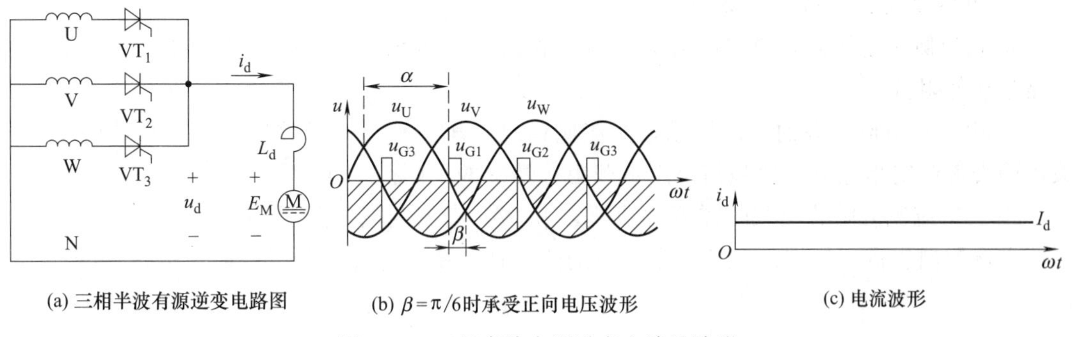

(a) 三相半波有源逆变电路图　　(b) $\beta=\pi/6$时承受正向电压波形　　(c) 电流波形

图 2-59　三相半波有源逆变电路及波形

(4) 三相桥式全控有源逆变电路

如图 2-60（a）所示为以三相交流电源供电的桥式全控电动机负载电路。与单相桥式全控和三相半控变流电路一样，当触发延迟角 α 的移相范围为 0～π/2 时为整流状态，α 的移相范围为 π/2～π，即 β 移相范围为 0～π/2 时为有源逆变状态。电路在 β 小于 π/2 时给相应晶闸管以触发脉冲，电动机电动势方向下正上负。当 E_M 在数值上大于 U_d 时，就能进行有源逆变了。有源逆变时触发脉冲的顺序与整流时一样，依次是 VT_1 与 VT_6、VT_1 与 VT_2、VT_2 与 VT_3、VT_3 与 VT_4、VT_4 与 VT_5、VT_5 与 VT_6。在每个周期触发晶闸管的间隔是 π/3，这样使六个晶闸管依次导通，而且对共极性连接的晶闸管每个时刻都只有一个导通，要求由双脉冲或宽脉冲触发晶闸管。

2.4.3 无源逆变电路

无源逆变电路是将直流电能变换为某一频率或可调频率的交流电能并直接供给负载的电路。所谓“无源”，是指逆变电路输出与电网的交流电无关。

生产实践中常要求把工频交流电能或直流电能变换成频率和电压都可调节的交流电能供

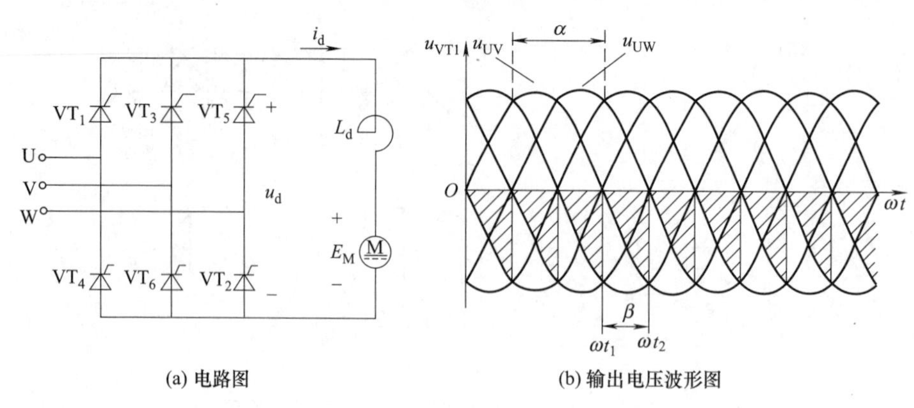

图 2-60　三相桥式全控有源逆变电路

给负载，这就需要采用无源逆变电路。在电力电子电路中，除指明为有源逆变电路外，均为无源逆变电路。

根据对无功功率处理方式的不同，无源逆变可分为电压型和电流型两种。电压型在直流侧并联大容量的滤波电容，电流型则是在直流回路中串入大电感。

(1) 电压型无源逆变电路

① 电压型逆变电路的主要特点

a. 直流侧为电压源，或并联有大电容，相当于电压源。直流侧电压基本无脉动，直流回路呈现低阻抗。

b. 由于直流电压源的钳位作用，交流侧输出电压波形为矩形波，并且与负载阻抗角无关。而交流侧输出电流波形和相位因负载阻抗情况的不同而不同。

c. 当交流侧为阻感负载时需要提供无功功率，直流侧电容起缓冲无功能量的作用。为了给交流侧向直流侧反馈的无功能量提供通道，逆变桥各臂都并联了反馈二极管。

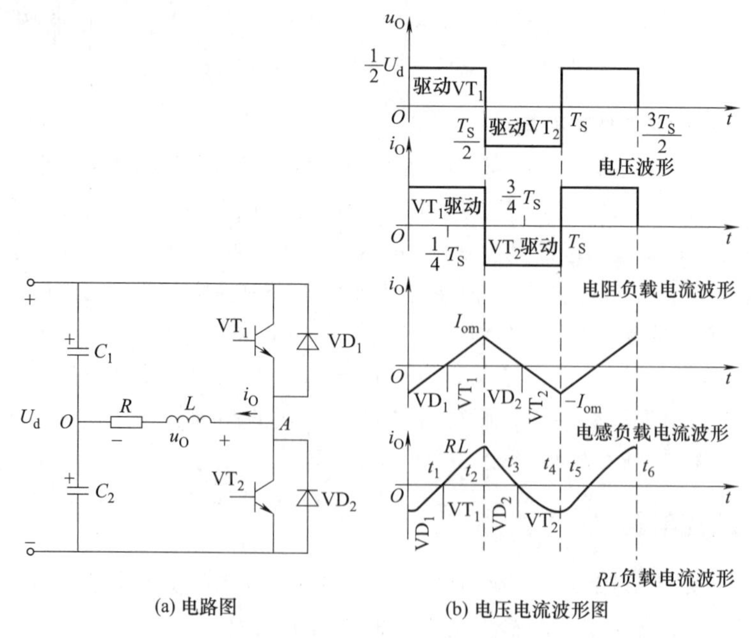

图 2-61　电压型单相半桥逆变电路及其电压电流波形

② 电压型单相半桥逆变电路　电压型单相半桥逆变电路如图 2-61 所示，它由两个导电臂构成，每个导电臂由一个全控器件和一个反并联二极管组成。在直流侧接有两个相互串联的足够大的电容 C_1 和 C_2，且满足 $C_1=C_2$。设感性负载连接在 A、O 两点间。

VT_1 和 VT_2 之间存在死区时间，以避免上、下直通，在死区时间内两晶闸管均无驱动信号。

其工作原理如下：在一个周期内，电力晶体管 VT_1 和 VT_2 的基极信号各有半周正偏，半周反偏，且互补。若负载为阻感负载，设 t_2 时刻以前，VT_1 有驱动信号导通，VT_2 截止，则 $u_O=U_d/2$。t_2 时刻关断 VT_1，同时给 VT_2 发出导通信号。由于感性负载中的电流 i_O 不能立即改变方向，于是 VD_2 导通续流，$u_O=-U_d/2$。t_3 时刻 i_O 降至零，VD_2 截止，VT_2 导通，i_O 开始反向增大，此时仍然有 $u_O=-U_d/2$。在 t_4 时刻关断 VT_2，同时给 VT_1 发出导通信号，由于感性负载中的电流 i_O 不能立即改变方向，VD_1 先导通续流，此时仍然有 $u_O=U_d/2$。t_5 时刻 i_O 降至零，VT_1 导通，$u_O=U_d/2$。

该电路可用于几千瓦以下的小功率逆变电源。

③ 电压型单相全桥逆变电路　电压型单相全桥逆变电路如图 2-62 所示，全控型开关器件 VT_1 和 VT_4 构成一对桥臂，VT_2 和 VT_3 构成一对桥臂，VT_1 和 VT_4 同时通、断，VT_2 和 VT_3 同时通、断。VT_1（VT_4）与 VT_2（VT_3）的驱动信号互补，即 VT_1 和 VT_4 有驱动信号时，VT_2 和 VT_3 无驱动信号，反之亦然，两对桥臂各交替导通 180°。

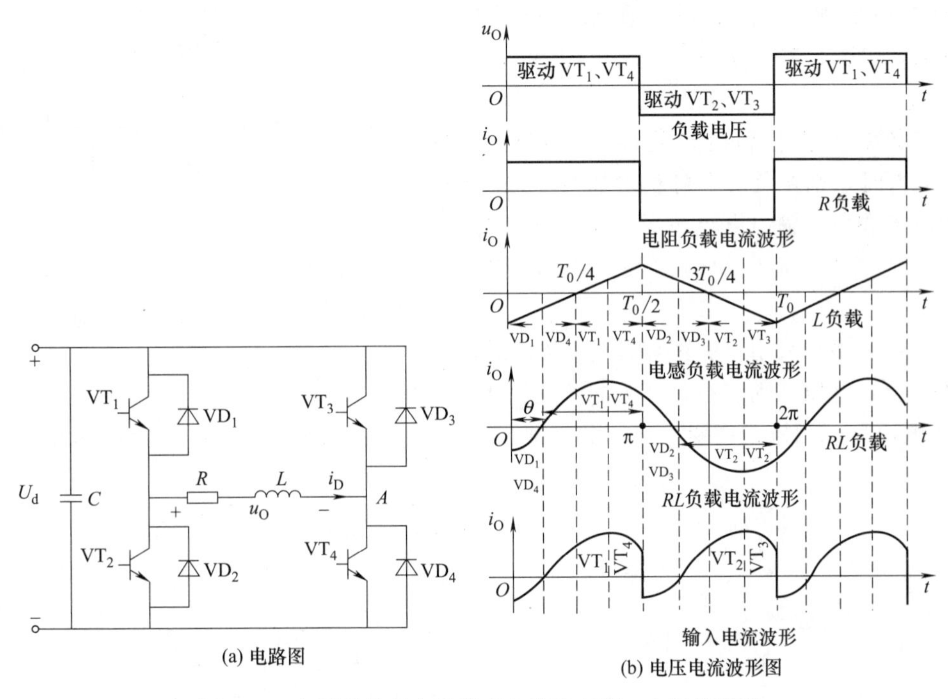

图 2-62　电压型单相全桥逆变电路和电压、电流波形图

在纯电阻负载时，同单相半桥逆变电路相比，在相同负载的情况下，其输出电压和输出电流的幅值为单相半桥逆变电路的两倍。

④ 电压型三相桥式逆变电路　电压型三相桥式逆变电路如图 2-63 所示，其基本工作方式为 180°导电型，即每个桥臂的导电角为 180°，同一相上下桥臂交替导电的纵向换流方式，各相开始导电的时间依次相差 120°。

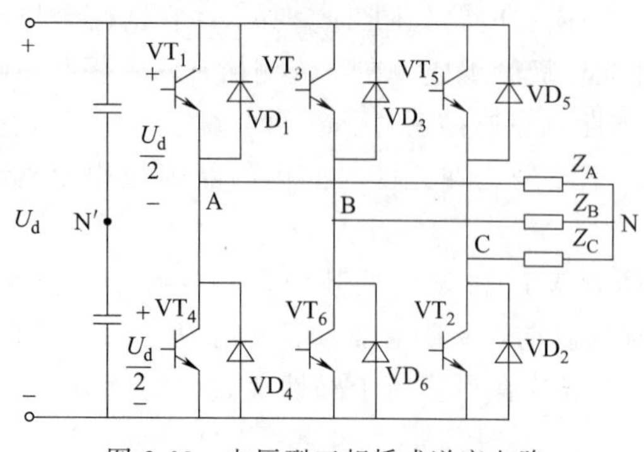

图 2-63 电压型三相桥式逆变电路

在一个周期内，6 个开关管触发导通的次序为 $VT_1 \rightarrow VT_2 \rightarrow VT_3 \rightarrow VT_4 \rightarrow VT_5 \rightarrow VT_6$，依次相隔 60°，任一时刻均有三个管子同时导通，导通的组合顺序为 $VT_1VT_2VT_3$，$VT_2VT_3VT_4$，$VT_3VT_4VT_5$，$VT_4VT_5VT_6$，$VT_5VT_6VT_1$，$VT_6VT_1VT_2$，每种组合工作 60°。

(2) 电流型无源逆变电路

① 电流型逆变电路的主要特点

a. 直流侧串联有大电感，相当于电流源。直流侧电流基本无脉动，直流回路呈现高阻抗。

b. 电路中开关器件的作用仅是改变直流电流的流通路径，因此交流侧输出电流为矩形波，并且与负载阻抗角无关，而交流侧输出电压波形和相位则因负载阻抗情况的不同而不同。

c. 当交流侧为阻感负载时需要提供无功功率，直流测电感起缓冲无功能量的作用。因为反馈无功能量时直流电流并不反向，因此不必像电压型逆变电路那样给开关器件反并联二极管。

② 电流型单相桥式逆变电路　电流型单相桥式逆变电路如图 2-64（a）所示，当 VT_1、VT_4导通，VT_2、VT_3关断时，$I_O=I_d$；反之，$I_O=-I_d$。

当以频率 f 交替切换开关管 VT_1、VT_4和 VT_2、VT_3时，则在负载上可获得如图 2-64（b）所示的电流波形。输出电流波形为矩形波，与电路负载性质无关，而输出电压波形由负载性质决定。

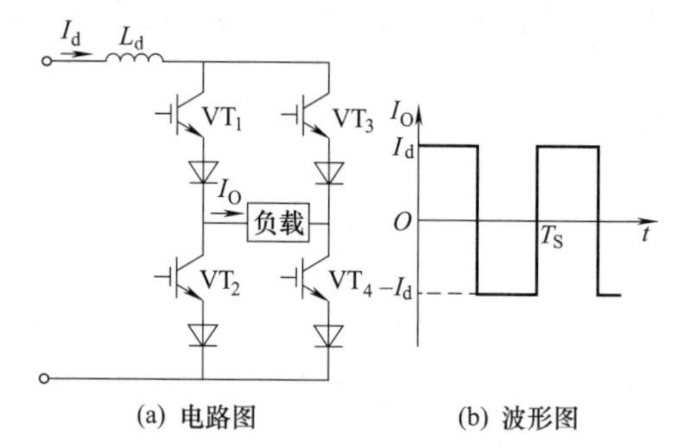

图 2-64 电流型单相桥式逆变电路及电流波形

主电路开关管采用自关断器件时，如果其反向不能承受高电压，则需在各开关器件支路串入二极管。

③ 电流型三相桥式逆变电路　电流型三相桥式逆变电路如图 2-65 所示，其导电方式为

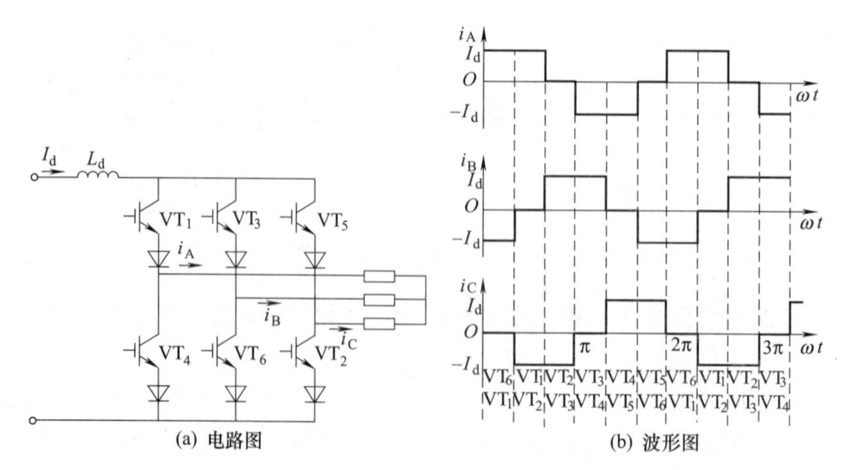

图 2-65 电流型三相桥式逆变电路原理图及输出电流波形

120°导通、横向换流方式，任意瞬间只有两个桥臂导通。导通顺序为 $VT_1 \rightarrow VT_2 \rightarrow VT_3 \rightarrow VT_4 \rightarrow VT_5 \rightarrow VT_6$，依次间隔 60°，每个桥臂导通 120°。这样，每个时刻上桥臂组和下桥臂组中都各有一个臂导通。

电流型三相桥式逆变电路的输出电流波形与负载性质无关，输出电压波形由负载的性质决定。

2.5　交流调压器和斩波器及应用

2.5.1　交流调压器

(1) 单相交流调压器

交流调压是指不改变交流电压的频率而只调节电压的大小的方法。过去交流调压使用变压器，在电力电子技术出现后，采用电力电子器件的交流调压器不仅可以对电压进行连续调节，而且体积小、重量轻、控制灵活方便，在灯光控制、家用风扇调速、交流电机的调压调速和软启动以及交流电机的轻载节能运行中得到了广泛的应用。

单相交流调压电路有采用晶闸管器件的相位控制和采用全控器件的 PWM 控制两种方式，下面介绍晶闸管控制的交流调压电路。

把两个晶闸管并联后串联在交流电路中，通过对晶闸管的控制就可以控制交流电力，称为交流调压电路。这种电路不会改变交流电的频率，在每半个周波内通过对晶闸管开通相位的控制，可以方便地调节调压电路输出电压的有效值。

由晶闸管控制的单相交流调压电路如图 2-66 所示，反并联连接的晶闸管 VT_1 和 VT_2 组成了交流双向开关，在交流输入电压的正半周，VT_1 导通，在交流输入电压的负半周，VT_2 导通。控制晶闸管的导通时刻，可以调节负载两端的电压。

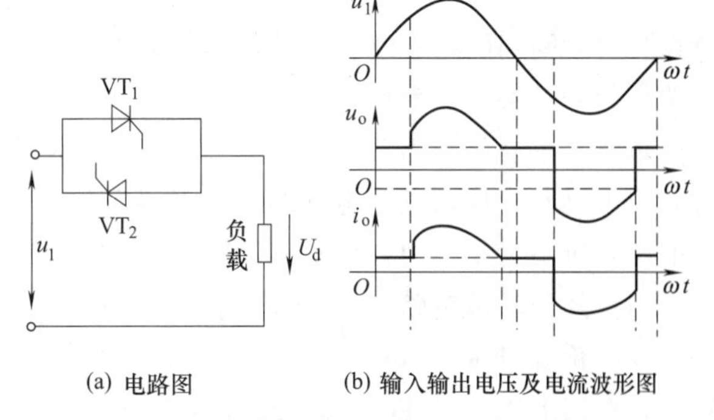

图 2-66　单相交流调压电路及波形图

交流调压晶闸管控制角 α 的移相范围是 180°，$\alpha=0°$的位置定在电源电压过零的时刻。在阻感负载时，按控制角与负载阻抗角 $\varphi=\arctan(L/R)$ 的关系，电路有两种工作状态：

① $\varphi \leqslant \alpha \leqslant 180°$时，调压器输出电压和电流的正负半周是不连续的，在这个范围内调节控制角，负载的电压和电流将随之变化。

② $0° \leqslant \alpha \leqslant \varphi$ 时，调压器输出处于失控状态，即虽然控制角变化，但负载电压不变，且是与电源电压相同的完整正弦波。这是因为阻感负载电流滞后于电压，因此如果控制角较小，在一个晶闸管电流尚未下降到零前，另一个晶闸管可能已经触发（但不能导通），一旦电流下降到零，如果另一个晶闸管的触发脉冲还存在，则该晶闸管立即导通，使负载上的电压成为连续的正弦波，出现失控现象。正因为如此，交流调压器晶闸管必须采用后沿固定在 180°的宽脉冲触发方式，以保证晶闸管能正常触发。

(2) 三相交流调压器

三相交流电源指能够提供3个频率相同而相位不同的电压或电流的电源，三相交流电各相电压的相位互差120°。它们之间各相电压超前或滞后的次序称为相序，使用三相电源时必须注意其相序。

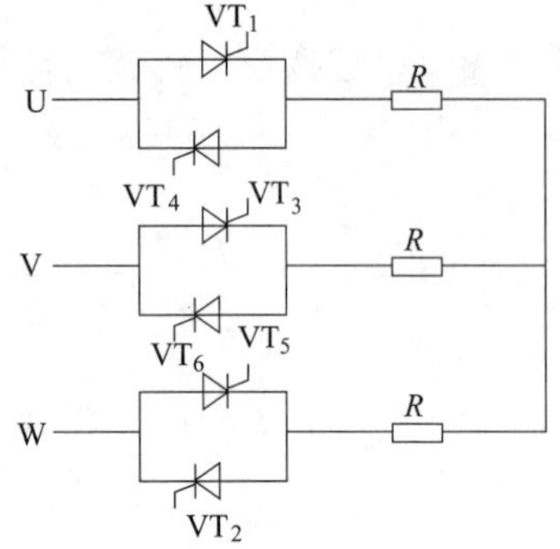

图 2-67　三相交流调压器电路

三相交流调压器电路如图2-67所示，三对反并联晶闸管连接成三相三线交流调压典型电路，负载可以连接成Y形，也可以连接成△形。

三相交流调压器电路的触发信号与电源电压同步，控制角是从各自的相电压过零点开始算起的。三个正向晶闸管VT_1、VT_3、VT_5的触发信号应互差120°，三个反向晶闸管VT_2、VT_4、VT_6的触发信号也应互差120°，同一相的两个触发信号应互差180°。总的触发顺序是$VT_1 \to VT_2 \to VT_3 \to VT_4 \to VT_5 \to VT_6$，其触发信号依次各差60°。Y连接时三相中由于没有中线，所以在工作时若要负载电流流通，至少要有两相构成通路。为保证启动时两个晶闸管同时导通及在感性负载与控制角较大时仍能保证不同相的正反向两个晶闸管同时导通，要求采用大于60°的宽脉冲（或脉冲列）或采用间隔为60°的双窄脉冲触发电路。

2.5.2 斩波器

斩波器是一种能进行微弱信号变换的高精密元件，所谓斩波是使电流、光束或红外辐射束在均匀时间间隔里中断。斩波器能将微弱的直流电压或电流变换成交流输出放大，通常是将缓变信号转换成快变信号，便于放大。

斩波器主要是利用功率组件对固定电压电源做适当切割以达成负载端电压改变的目的。若其输出电压较输入电源电压低，则称为降压式（Buck）直流斩波器，若其输出电压较输入电源电压高，则称为升压式（Boost）直流斩波器。

(1) 降压斩波电路（Buck Chopper）

降压斩波电路（Buck Chopper）的原理图及工作波形如图2-68所示。图中V为全控型器件，选用IGBT，VD为续流二极管。由图2-68（b）中V的栅极电压波形U_{GE}可知，当V处于通态时，电源U_i向负载供电，$U_D=U_i$；当V处于断态时，负载电流经二极管VD续流，电压U_D近似为零，至一个周期T结束，再驱动V导通，重复上一周期的过程。负载电压的平均值为：

$$U_o=\frac{t_{on}}{t_{on}+t_{off}}U_i=\frac{t_{on}}{T}U_i=\alpha U_i$$

式中　t_{on}——V处于通态的时间；

t_{off}——V处于断态的时间；

T——开关周期；

α——导通占空比，简称占空比或导通比（$\alpha=t_{on}/T$）。

由此可知，输出到负载的电压平均值U_o最大为U_i，若减小占空比α，则U_o随之减小，由于输出电压低于输入电压，故称该电路为降压斩波电路。

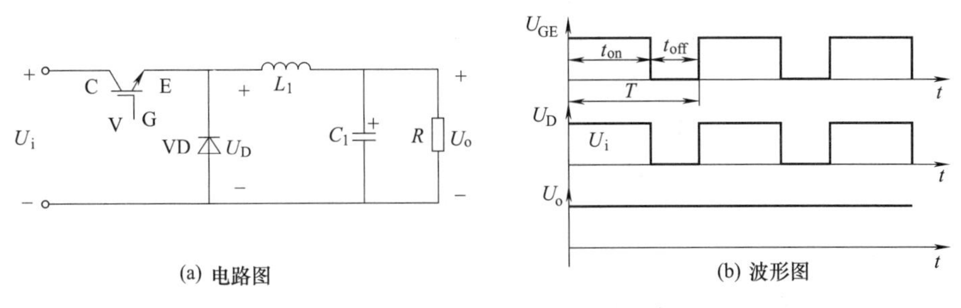

图 2-68 降压斩波电路的原理图及波形

(2) **升压斩波电路**（Boost Chopper）

升压斩波电路（Boost Chopper）的原理图及工作波形如图 2-69 所示。电路也使用一个全控型器件 V。由图 2-69（b）中 V 的栅极电压波形 U_{GE} 可知，当 V 处于通态时，电源 U_i 向电感 L_1 充电，充电电流基本恒定为 I_1，同时电容 C_1 上的电压向负载供电，因 C_1 值很大，基本保持输出电压 U_o 为恒值。设 V 处于通态的时间为 t_{on}，此阶段电感 L_1 上积蓄的能量为 $U_iI_1t_{on}$。当 V 处于断态时 U_i 和 L_1 共同向电容 C_1 充电，并向负载提供能量。设 V 处于断态的时间为 t_{off}，则在此期间电感 L_1 释放的能量为（U_o-U_i）I_1t_{on}。当电路工作于稳态时，一个周期 T 内电感 L_1 积蓄的能量与释放的能量相等，即：

$$U_iI_1t_{on}=(U_o-U_i)I_1t_{off}$$

$$U_o=\frac{t_{on}+t_{off}}{t_{off}}U_i=\frac{T}{t_{off}}U_i$$

上式中的 $T/t_{off}\geqslant 1$，输出电压高于电源电压，故称该电路为升压斩波电路。

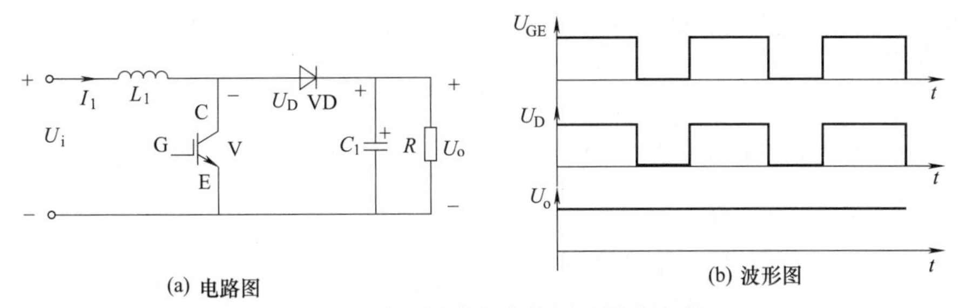

图 2-69 升压斩波电路的原理图及波形

(3) **升降压斩波电路**（Boost-Buck Chopper）

升降压斩波电路（Boost-Buck Chopper）的原理图及工作波形如图 2-70 所示。电路的基本工作原理是：当可控开关 V 处于通态时，电源 U_i 经 V 向电感 L_1 供电使其储存能量，

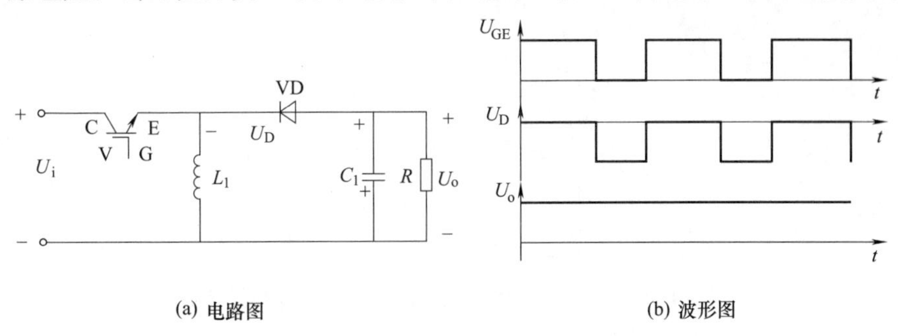

图 2-70 升降压斩波电路的原理图及波形

同时 C_1 维持输出电压 U_o 基本恒定并向负载供电。此后，V 关断，电感 L_1 中储存的能量向负载释放。可见，负载电压为上负下正，与电源电压极性相反。输出电压为：

$$U_o=\frac{t_{on}}{t_{off}}U_i=\frac{t_{on}}{T-t_{on}}U_i=\frac{\alpha}{1-\alpha}U_i$$

若改变导通比 α，则输出电压可以比电源电压高，也可以比电源电压低。当 $0<\alpha<1/2$ 时为降压，当 $1/2<\alpha<1$ 时为升压。

(4) Cuk 斩波电路

Cuk 斩波电路的原理图如图 2-71 所示。电路的基本工作原理是：当可控开关 V 处于通态时，U_i—L_1—V 回路和负载 R—L_2—C_2—V 回路分别流过电流。当 V 处于断态时，U_i—L_1—C_2—VD 回路和负载 R—L_2—VD 回路分别流过电流，输出电压的极性与电源电压极性相反。输出电压为：

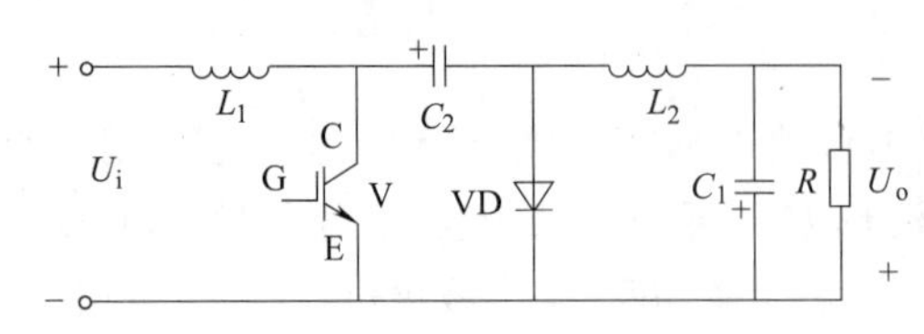

图 2-71 Cuk 斩波电路原理图

$$U_o=\frac{t_{on}}{t_{off}}U_i=\frac{t_{on}}{T-t_{on}}U_i=\frac{\alpha}{1-\alpha}U_i$$

若改变导通比 α，则输出电压可以比电源电压高，也可以比电源电压低。当 $0<\alpha<1/2$ 时为降压，当 $1/2<\alpha<1$ 时为升压。

(5) Sepic 斩波电路

Sepic 斩波电路的原理图如图 2-72 所示。电路的基本工作原理是：可控开关 V 处于通态时，U_i—L_1—V 回路和 C_2—V—L_2 回路同时导电，L_1 和 L_2 储能。当 V 处于断态时，U_i—L_1—C_2—VD—R 回路及 L_2—VD—R 回路同时导电，此阶段 U_i 和 L_1 既向 R 供电，同时也向 C_2 充电，C_2 储存的能量在 V 处于通态时向 L_2 转移。输出电压为：

$$U_o=\frac{t_{on}}{t_{off}}U_i=\frac{t_{on}}{T-t_{on}}U_i=\frac{\alpha}{1-\alpha}U_i$$

若改变导通比 α，则输出电压可以比电源电压高，也可以比电源电压低。当 $0<\alpha<1/2$ 时为降压，当 $1/2<\alpha<1$ 时为升压。

(6) Zeta 斩波电路

Zeta 斩波电路的原理图如图 2-73 所示。电路的基本工作原理是：当可控开关 V 处于通态时，电源 U_i 经开关 V 向电感 L_1 储能。当 V 处于断态后，L_1 经 VD 与 C_2 构成振荡回路，其储存的能量转至 C_2，至振荡回路电流过零，L_1 上的能量全部转移至 C_2 上之后，VD 关断，C_2 经 L_2 向负载 R 供电。输出电压为：

$$U_o=\frac{\alpha}{1-\alpha}U_i$$

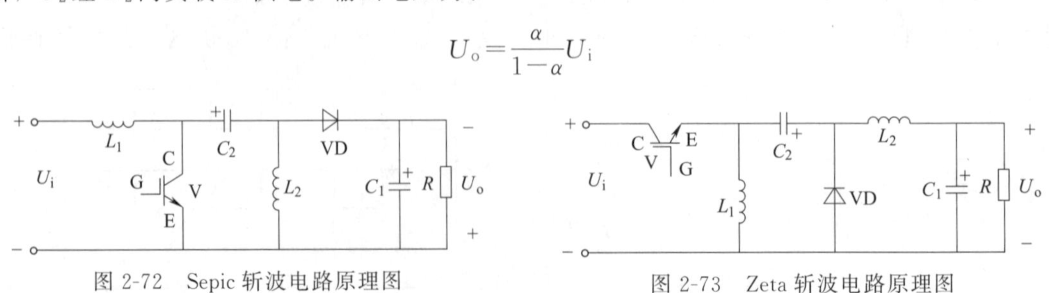

图 2-72 Sepic 斩波电路原理图

图 2-73 Zeta 斩波电路原理图

若改变导通比 α，则输出电压可以比电源电压高，也可以比电源电压低。当 $0<\alpha<1/2$ 时为降压，当 $1/2<\alpha<1$ 时为升压。

2.6　电力电容器及应用

2.6.1　电力电容器的作用和种类

电力电容器英文名称为 Power Capacitor，是专门用于电力系统和电工设备的电容器，

集合式并联电容器

全密封并联电容器

低压干式电容器

单三相低压电容器

断路器电容器

耦合电容器

电热电容器

脉冲电容器

高压标准电容器

直流电容器

高压滤波电容器

串联电容器组

图 2-74　常用电力电容器

如图 2-74 所示。当电容器在交流电压下使用时，常以其无功功率表示电容器的容量，单位为瓦或千瓦。

(1) 电力电容器的作用

电力电容器分为串联电容器和并联电容器，它们都改善电力系统的电压质量和提高输电线路的输电能力，是电力系统的重要设备。

① 串联电容器的作用　交流串联电容器串接在线路中，其作用如下。

a. 提高线路末端电压。串接在线路中的电容器，利用其容抗 X_C 补偿线路的感抗 X_L，使线路的电压降减少，从而提高线路末端（受电端）的电压，一般可将线路末端电压提高 10%～20%。

b. 降低受电端电压波动。当线路受电端接有变化很大的冲击负荷（如电弧炉、电焊机、电气轨道等）时，串联电容器能消除电压的剧烈波动。这是因为串联电容器在线路中对电压降的补偿作用是随通过电容器的负荷而变化的，具有随负荷的变化而瞬时调节的性能，能自动维持负荷端（受电端）的电压值。

c. 提高线路输电能力。由于线路串入了电容器的补偿电抗 X_C，线路的电压降和功率损耗减少，相应地提高了线路的输送容量。

d. 改善系统潮流分布。在闭合网络中的某些线路上串接一些电容器，部分地改变了线路电抗，使电流按指定的线路流动，以达到功率经济分布的目的。

e. 提高系统的稳定性。线路串入电容器后，提高了线路的输电能力，这本身就提高了系统的静稳定。当线路故障被部分切除时（如双回路被切除一回路，但回路单相接地切除一相），系统等效电抗急剧增加，此时，将串联电容器进行强行补偿，即短时强行改变电容器串、并联数量，临时增加容抗 X_C，使系统总的等效电抗减少，提高了输送的极限功率，从而提高系统的动稳定。

② 并联电容器的作用　并联电容器并联在系统的母线上，类似于系统母线上的一个容性负荷，它吸收系统的容性无功功率，这相当于并联电容器向系统发出感性无功。因此，并联电容器能向系统提供感性无功功率，系统运行的功率因数，提高受电端母线的电压水平，同时，它减少了线路上感性无功的输送，减少了电压和功率损耗，因而提高了线路的输电能力。

(2) 电力电容器的种类

① 电力电容器按用途可分为 8 种，见表 2-9。

表 2-9　电力电容器按用途分类

电容器名称	用途及说明
并联电容器	主要用于补偿电力系统感性负荷的无功功率，以提高功率因数，改善电压质量，降低线路损耗
串联电容器	串联于工频高压输、配电线路中，用以补偿线路的分布感抗，提高系统的静、动态稳定性，改善线路的电压质量，加长送电距离和增大输送能力
耦合电容器	主要用于高压电力线路的高频通信、测量、控制、保护以及在抽取电能的装置中作部件用
断路器电容器	并联在超高压断路器断口上起均压作用，使各断口间的电压在分断过程中和断开时均匀，并可改善断路器的灭弧特性，提高分断能力
电热电容器	用于频率为 40Hz～24kHz 的电热设备系统中，以提高功率因数，改善回路的电压或频率等特性
脉冲电容器	主要起储能作用，用作冲击电压发生器、冲击电流发生器、断路器试验用振荡回路等基本储能元件
直流和滤波电容器	用于高压直流装置和高压整流滤波装置中
标准电容器	用于工频高压测量介质损耗回路中，作为标准电容或用作测量高压的电容分压装置

② 电力电容器按额定电压可分为高压电力电容器（6kV 以上）和低压电力电容器（400V）。低压电力电容器按性质分为油浸纸质电力电容器和自愈式电力电容器。

③ 电力电容器按功能可分为普通电力电容器和智能式电力电容器。

普通电力电容器这里不作介绍，下面重点介绍智能式电力电容器。

智能电力电容器集成了现代测控、电力电子、网络通信、自动化控制和电力电容器等先进技术，改变了传统无功补偿装置落后的控制器技术和落后的机械式接触器或机电一体化开关作为投切电容器的投切技术，改变了传统无功补偿装置体积庞大和笨重的结构模式，从而使新一代低压无功补偿设备具有补偿效果更好、体积更小、功耗更低、价格更廉、节约成本更多、使用更加灵活、维护更加方便、使用寿命更长、可靠性更高的特点，适应了现代电网对无功补偿的更高要求，如图 2-75 所示。

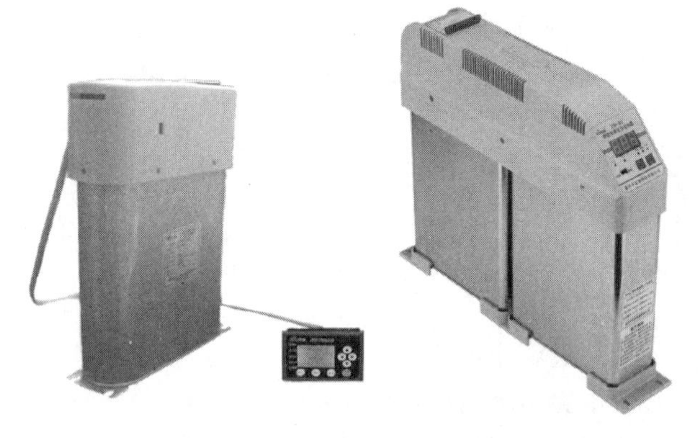

图 2-75 智能式低压电力电容器

智能电力电容器为模块化结构，体积小，现场接线简单，维护方便，只需要增加模块数量即可实现无功补偿系统的扩容。智能电力电容器为改善供电功率因数、提高电网效率提供了有效的解决方案，主要应用领域如下。

a. 工厂配电系统。

b. 居民小区配电系统。

c. 市政商业建筑。

d. 交通隧道配电系统。

e. 箱变、成套柜、户外配电箱。

2.6.2 电力电容器的应用

(1) 电力电容器的安装

① 电容器安装之前，要分配一次电容量，使其相间平衡，偏差不超过总容量的5%。当装有继电保护装置时，还应满足运行时平衡电流误差不超过继电保护动作电流的要求。

② 安装电容器时，每台电容器的接线最好采用单独的软线与母线相连，不要采用硬螺母线连接，以防止装配应力造成电容器套管损坏，破坏密封而引起漏油。

③ 电容器回路中的任何不良接触，均可能引起高频振荡电弧，使电容器的工作电场强度增大和发热而早期损坏。因此，安装时必须保持电气回路和接地部分的接触良好。

④ 较低电压等级的电容器经串联后运行于较高电压等级网络中时，其各台的外壳对地之间，应通过加装相当于运行电压等级的绝缘子等措施，使其可靠绝缘。

⑤ 电容器经星形连接后，用于高一级额定电压，当中性点不接地时，电容器的外壳应对地绝缘。

⑥ 对个别补偿电容器的接线应做到：对直接启动或经变阻器启动的感应电动机，其提高功率因数的电容可以直接与电动机的出线端子相连接，两者之间不要装设开关设备或熔断器；对采用星-三角启动器启动的感应式电动机，最好采用三台单相电容器，每台电容器直

接并联在每相绕组的两个端子上，使电容器的接线总是和绕组的接法相一致。

⑦ 对分组补偿低压电容器，应该连接在低压分组母线电源开关的外侧，以防止分组母线开关断开时产生的自励磁现象。

⑧ 集中补偿的低压电容器组，应专设开关并装在线路总开关的外侧，而不要装在低压母线上。

(2) 电容器补偿装置运行的基本要求

① 三相电容器各相的容量应相等。

② 电容器应在额定电压和额定电流下运行，其变化应在允许范围内。

③ 电容器室内应保持通风良好，运行温度不超过允许值。

④ 电容器不可带残留电荷合闸，如在运行中发生掉闸，拉闸或合闸一次未成，必须经过充分放电后，方可合闸；对有放电电压互感器的电容器，可在断开 5min 后进行合闸。运行中投切电容器组的间隔时间为 15min。

⑤ 并联电容器装置应在额定电压下运行，一般不宜超过额定电压的 1.05 倍，最高运行电压不用超过额定电压的 1.1 倍。

(3) 电力电容器的保护

电容器组应采用适当保护措施，如采用平衡或差动继电保护或者采用瞬时作用过电流继电保护，对于 3.15kV 及以上的电容器，必须在每台电容器上装置单独的熔断器，其熔断器的额定电流应按熔丝的特性和接通时的涌流来选定，一般为 1.5 倍电容器的额定电流，以防止电容器油箱爆炸。电容器单台熔断器保护效果比较见表 2-10。

表 2-10 电容器单台熔断器保护效果比较

电容器型号	电容器额定电流/A	熔丝额定电流/熔丝 50s 动作值/A	熔丝额定电流/电容器额定电流	50s 动作时的击穿系数/%
YW10.5-16-1	1.523	8/10	1.97	85
YW10.5-18-1	1.714	3/10	1.75	83
YW10.5-30-1	2.857	5/18	1.75	84

除上述保护形式外，必要时还可采用下面的几种保护措施。

① 如果电压升高是经常及长时间的，需采取措施使电压升高不超过 1.1 倍额定电压。

② 用合适的电流自动开关进行保护，使电流升高不超过 1.3 倍额定电流。

③ 如果电容器同架空线连接，可用合适的避雷器来进行大气过电压保护。

④ 在高压电网中，短路电流超过 20A 并且短路电流的保护装置或熔丝不能可靠地保护对地短路时，则应采用单相短路保护装置。

正确选择电容器组的保护方式，是确保电容器安全可靠运行的关键，但无论采用哪种保护方式，均应符合以下几项要求。

a. 保护装置应有足够的灵敏度，不论电容器组中的单台电容器内部发生故障，还是部分元件损坏，保护装置都能可靠地动作。

b. 能够有选择地切除故障电容器，或在电容器组电源全部断开后，便于检查出已损坏的电容器。

c. 在电容器停送电过程中及电力系统发生接地或其他故障时，保护装置不能有误动作。

d. 保护装置应便于进行安装、调整、试验和运行维护。

e. 消耗电量要少，运行费用要低。

【提示】

电容器不允许装设自动重合闸装置，相反，应装设无压释放自动跳闸装置。主要是因电容器放电需要一定时间，当电容器组的开关跳闸后，如果马上重合闸，电容器是来不及放电的，在电容器中就可能残存着与重合闸电压极性相反的电荷，这将使合闸瞬间产生很大的冲击电流，从而造成电容器外壳膨胀、喷油甚至爆炸。

(4) 电力电容器安全操作要点

① 高压电容器组外露的导电部分，应有网状遮栏。进行外部巡视时，禁止将运行中电容器组的遮栏打开。

② 任何额定电压的电容器组，禁止带电荷合闸，每次断开后重新合闸，须在短路 3min 后（即经过放电后少许时间）进行。

③ 更换电容器的熔丝，应在电容器没有电压时进行。故进行前，应对电容器放电。

④ 电容器组的检修工作应在全部停电时进行，先断开电源，将电容器放电接地后，才能进行工作。高压电容器应根据工作票，低压电容器可根据口头或电话命令，但应做好书面记录。

(5) 电力电容器的放电

① 电容器每次从电网中断开后，应该自动进行放电，其端电压迅速降低。不论电容器额定电压是多少，在电容器从电网上断开 30s 后，其端电压应不超过 65V。电容器放电时间与残余电压的关系见表 2-11。

表 2-11 电容器放电时间与残余电压的关系

放电时间/s	1	2	3	4	5	6	6.7
残余电压/V	6340	2580	1280	575	258	116	65.2

② 为了保护电容器组，自动放电装置应装在电容器断路器的负荷侧，并经常与电容器直接并联（中间不准装设断路器、隔离开关和熔断器等）。具有非专用放电装置的电容器组，例如：对于高压电容器用的电压互感器，对于低压电容器用的白炽灯泡，以及与电动机直接连接的电容器组，可不另装放电装置。低压电容器使用灯泡放电时，为了延长灯泡的使用寿命，应适当地增加灯泡串联数。

③ 在接触已从电网中断开的电容器的导电部分前，即使电容器已经自动放电，还必须用绝缘的接地金属杆短接电容器的出线端，进行单独放电。

(6) 电容器的维护和保养

① 对运行中的电容器组的外观巡视检查，按规程规定每天都要进行，如发现箱壳膨胀应停止使用，以免发生故障。检查电容器组每相负荷可用安培表进行。

② 电容器组投入时，环境温度不能低于－40℃；运行时，环境温度在 1h 内平均不超过＋40℃，在 2h 内平均不得超过＋30℃，在一年内平均不得超过＋20℃。如超过时，应采用人工冷却（安装风扇）或将电容器组与电网断开。

③ 安装地点的温度检查和电容器外壳上最热点温度的检查，可通过水银温度计等进行，并且要做好温度记录（特别是夏季）。电容器的工作电压和电流，在使用时不得超过 1.1 倍额定电压和 1.3 倍额定电流。

④ 接上电容器后，将引起电网电压升高，特别是负荷较轻时，在此种情况下，应将部

分电容器或全部电容器从电网中断开。电容器套管和支持绝缘子表面应清洁、无破损、无放电痕迹，电容器外壳应清洁、不变形、无渗油，电容器和铁架子上面不应积满灰尘和其他脏东西。

⑤ 必须仔细地注意接有电容器组的电气线路上所有接触处（通电汇流排、接地线、断路器、熔断器、开关等）的可靠性。因为在线路上一个接触处出了故障，甚至螺母轻微松动，都可能使电容器早期损坏和使整个设备发生事故。

⑥ 电容器运行一段时间后，需要进行耐压试验，则应按规定值进行试验。对电容器电容和熔丝的检查，每个月不得少于一次。

⑦ 由于继电器动作而使电容器组的断路器跳开，此时在未找出跳开的原因之前，不得重新合上。

⑧ 在运行或运输过程中如发现电容器外壳漏油，可用锡铅焊料钎焊的方法修理。

⑨ 电容器在变电所各种设备中属于可靠性比较薄弱的电器，它内部的元件发热较多，而散热情况又欠佳，内部故障机会较多，在运行中极易着火。因此，对电力电容器的运行应尽可能地创造良好的低温和通风条件。

(7) 电力电容器组倒闸操作时的注意事项

① 在正常情况下，全所停电操作时，应先断开电容器组断路器后，再拉开各路出线断路器。恢复送电时应与此顺序相反。

② 事故情况下，全所无电后，必须将电容器组的断路器断开。

③ 电容器组断路器跳闸后不准强行送电。保护熔丝熔断后，未经查明原因之前，不准更换熔丝送电。

④ 电容器组禁止带电荷合闸。电容器组再次合闸时，必须在断路器断开 3min 之后才可进行。

(8) 电力电容器运行中的故障处理

① 当电容器喷油、爆炸着火时，应立即断开电源，并用砂子或干式灭火器灭火。此类事故多是系统内、外过电压，电容器内部严重故障引起的。为了防止此类事故发生，要求单个熔断器熔丝规格必须匹配，熔断器熔丝熔断后要认真查找原因，电容器组不得使用重合闸，跳闸后不得强送电，以免造成更大损坏的事故。

② 电容器的断路器跳闸，而分路熔断器熔丝未熔断，应对电容器放电 3min 后，再检查断路器、电流互感器、电力电缆及电容器外部等情况。若未发现异常，则可能是外部故障或母线电压波动所致，经检查正常后，可以试投，否则应进一步对保护做全面的通电试验。通过以上的检查、试验，若仍找不出原因，则应拆开电容器组，并逐台进行检查试验，但在未查明原因之前，不得试投运。

③ 若电容器的熔断器熔丝熔断，在切断电源并对电容器放电后，先进行外部检查，如套管的外部有无闪络痕迹，外壳是否变形、漏油及接地装置有无短路等，然后，用绝缘电阻表摇测极间及极对地的绝缘电阻值。如未发现故障迹象，可换好熔断器熔丝后继续投入运行。如经送电后熔断器的熔丝仍熔断，则应退出故障电容器，并恢复对其余部分的送电运行。

【提示】

处理故障电容器应在断开电容器的断路器，拉开断路器两侧的隔离开关，并对电容器组经放电电阻放电后进行。电容器组经放电电阻（放电变压器或放电电压互感器）放电以后，由于部分残存电荷一时放不尽，仍应进行一次人工放电。放电时，先将接地线接地端接好，再用接地棒多次对电容器放电，直至无放电火花及放电声为止，然后将接地端固定好。

由于故障电容器可能发生引线接触不良、内部断线或熔丝熔断等，有部分电荷可能未放尽，所以，检修人员在接触故障电容器之前，应戴上绝缘手套，先用短路线将故障电容器两极短接，然后方动手拆卸和更换。

对于双星形接线的电容器组的中性线以及多台电容器的串接线，还应单独进行放电。

(9) 电力电容器的修理

如果电力电容器的箱壳上面漏油，可用锡铅焊料修补。套管焊缝处漏油，可用锡铅焊料修补，但应注意烙铁不能过热，以免银层脱焊。

如果电容器发生对地绝缘击穿，电容器的损失角正切值增大，箱壳膨胀及开路等故障，需要在有专用修理电容器设备的工厂中进行修理。

第3章 工业电气控制技术

3.1 计算机网络技术基础

3.1.1 计算机网络系统的组成

计算机网络，是指将地理位置不同的具有独立功能的多台计算机及其外部设备通过通信线路连接起来，在网络操作系统、网络管理软件及网络通信协议的管理和协调下实现资源共享和信息传递的计算机系统。简单地说，计算机网络就是通过电缆、电话线或无线通信将两台以上的计算机互连起来的集合。

一个完整的计算机网络系统是由网络硬件和网络软件所组成的。网络硬件一般指网络的计算机、传输介质和网络连接设备等，它是计算机网络系统的物理实现；网络软件一般指网络操作系统、网络通信协议等，它是网络系统中的技术支持。两者相互作用，共同完成网络功能。

(1) 计算机网络硬件的组成

计算机网络硬件一般由主计算机、网络工作站、网络终端、通信处理机、通信线路和信息变换设备 6 部分组成，见表 3-1。

表 3-1 计算机网络硬件的组成

序号	硬件	说明
1	主计算机	在一般的局域网中，主机通常被称为服务器，是为客户提供各种服务的计算机，因此对其有一定的技术指标要求，特别是主、辅存储容量及其处理速度要求较高。根据服务器在网络中所提供的服务不同，可将其划分为文件服务器、打印服务器、通信服务器、域名服务器、数据库服务器等
2	网络工作站	除服务器外，网络上的其余计算机主要是通过执行应用程序来完成工作任务的，这种计算机称为网络工作站或网络客户机，它是网络数据主要的发生场所和使用场所，用户主要是通过使用工作站来利用网络资源并完成自己作业的
3	网络终端	是用户访问网络的界面，它可以通过主机连入网内，也可以通过通信控制处理机连入网内
4	通信处理机	一方面作为资源子网的主机、终端连接的接口，将主机和终端连入网内；另一方面它又作为通信子网中分组存储转发节点，完成分组的接收、校验、存储和转发等功能
5	通信线路	通信线路(链路)为通信处理机与通信处理机、通信处理机与主机之间提供通信信道
6	信息变换设备	对信号进行变换，包括：调制解调器、无线通信接收和发送器、用于光纤通信的编码解码器等

（2）计算机网络软件的组成

计算机网络软件一般由网络操作系统、网络协议软件、网络管理软件、网络通信软件和网络应用软件5部分组成，见表3-2。

表3-2 计算机网络软件的组成

序号	软件	说明
1	网络操作系统	网络操作系统是网络软件中最主要的软件，用于实现不同主机之间的用户通信，以及全网硬件和软件资源的共享，并向用户提供统一的、方便的网络接口，便于用户使用网络。 目前网络操作系统有三大阵营：UNIX、NetWare和Windows。我国最广泛使用的是Windows网络操作系统
2	网络协议软件	网络协议是网络通信的数据传输规范，网络协议软件是用于实现网络协议功能的软件。 目前，典型的网络协议软件有TCP/IP协议、IPX/SPX协议、IEEE802标准协议系列等。其中，TCP/IP是当前异种网络互连应用最为广泛的网络协议软件
3	网络管理软件	网络管理软件是用来对网络资源进行管理以及对网络进行维护的软件，如性能管理、配置管理、故障管理、计费管理、安全管理、网络运行状态监视与统计等
4	网络通信软件	是用于实现网络中各种设备之间进行通信的软件，使用户能够在不必详细了解通信控制规程的情况下，控制应用程序与多个站进行通信，并对大量的通信数据进行加工和管理
5	网络应用软件	网络应用软件是为网络用户提供服务，最重要的特征是它研究的重点不是网络中各个独立的计算机本身的功能，而是如何实现网络特有的功能

3.1.2 计算机网络的拓扑结构

组建计算机网络时，要考虑网络的布线方式，这也就涉及了网络拓扑结构的内容。网络拓扑结构是指网路中计算机线缆以及其他组件的物理布局。

构成网络的拓扑结构有很多种，工业环境使用的局域网常用的拓扑结构有：总线型结构、环型结构、星型结构、树型结构。拓扑结构影响着整个网络的设计、功能、可靠性和通信费用等许多方面，是决定局域网性能优劣的重要因素之一。

（1）总线型拓扑结构

总线型拓扑结构是指网络上的所有计算机都通过一条电缆相互连接起来，如图3-1所示。在总线上，任何一台计算机在发送信息时，其他计算机必须等待，而且计算机发送的信息会沿着总线向两端扩散，从而使网络中所有计算机都会收到这个信息，但是否接收，还取决于信息的目标地址是否与网络主机地址相一致，若一致，则接受；若不一致，则不接收。

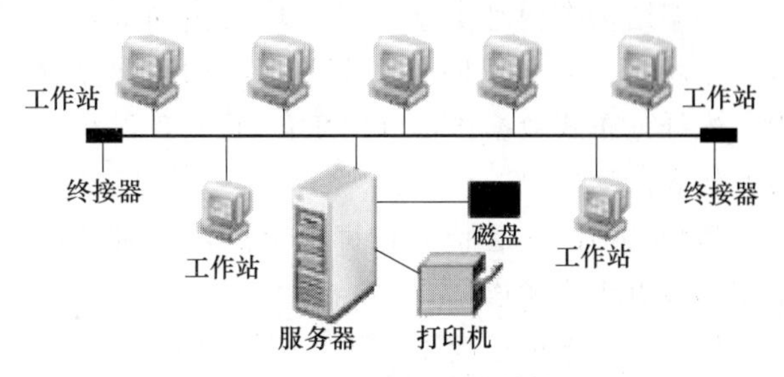

图3-1 总线型拓扑结构

在总线型网络中，信号会沿着网线发送到整个网络。当信号到达线缆的端点时，将产生反射信号，这种反射信号会与后续信号发生冲突，从而使通信中断。为了防止通信中断，必须在线缆的两端安装终结器，以吸收端点信号，防止信号反弹。

特点：其中不需要插入任何其他的连接设备。网络中任何一台计算机发送的信号都沿一条共同的总线传播，而且能被其他所有计算机接收。有时又称这种网络结构为点对点拓扑

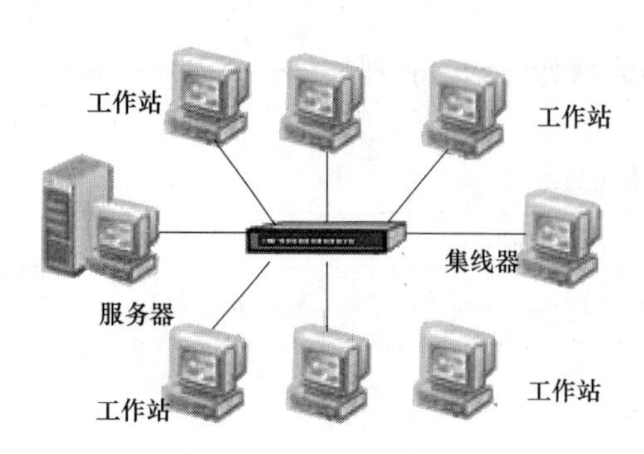

图 3-2 星型拓扑结构

结构。

优点：连接简单、易于安装、成本费用低。

缺点：① 传送数据的速度缓慢。共享一条电缆，只能由其中一台计算机发送信息，其他接收。②维护困难。因为网络一旦出现断点，整个网络将瘫痪，而且故障点很难查找。

(2) 星型拓扑结构

每个节点都由一个单独的通信线路连接到中心节点上，如图 3-2 所示。中心节点控制全网的通信，任何两台计算机之间的通信都要通过中心节点来转接，因此中心节点是网络的瓶颈。这种拓扑结构又称为集中控制式网络结构，是目前使用最普遍的拓扑结构，处于中心的网络设备跨越式集线器（Hub）也可以是交换机。

优点：结构简单、便于维护和管理，因为当中某台计算机或头条线缆出现问题时，不会影响其他计算机的正常通信，维护比较容易。

缺点：通信线路专用，电缆成本高；中心节点是全网络的可靠瓶颈，中心节点出现故障会导致网络的瘫痪。

(3) 环型拓扑结构

环型拓扑结构是以一个共享的环型信道连接所有设备，称为令牌环，如图 3-3 所示。在环型拓扑中，信号会沿着环型信道按一个方向传播，并通过每台计算机。而且，每台计算机会对信号进行放大后，传给下一台计算机。同时，在网络中有一种特殊的信号称为令牌，令牌按顺时针方向传输。当某台计算机要发送信息时，必须先捕获令牌，再发送信息，发送信息后再释放令牌。

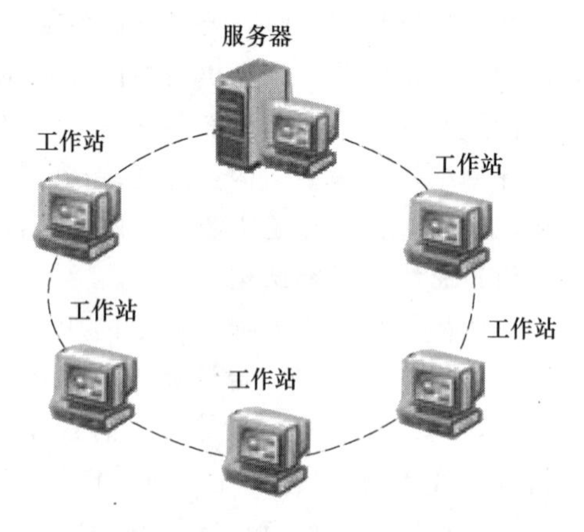

图 3-3 环型拓扑结构

环型结构有两种类型，即单环结构和双环结构。令牌环（Token Ring）是单环结构的典型代表，光纤分布式数据接口（FDDI）是双环结构的典型代表。

环型结构的显著特点是每个节点用户都与两个相邻节点用户相连。

优点：①电缆长度短。环型拓扑网络所需的电缆长度和总线拓扑网络相似，但比星型拓扑结构要短得多。增加或减少工作站时，仅需简单地连接。②可使用光纤。它的传输速度很高，传输信息的时间是固定的，从而便于实时控制。

缺点：①节点过多时，影响传输效率。环某处断开会导致整个系统的失效，节点的加入和撤出过程复杂。②检测故障困难。因为不是集中控制，故障检测需在网中各个节点处进行，故障的检测就很不容易。

(4) 树型拓扑结构

树型结构是星型结构的扩展，它由根节点和分支节点所构成，如图 3-4 所示。

优点：结构比较简单，成本低，扩充节点方便灵活。

缺点：对根节点的依赖性大，一旦根节点出现故障，将导致全网不能工作；电缆成本高。

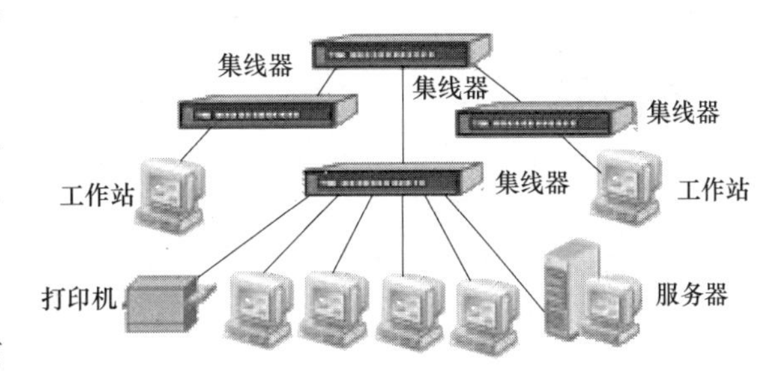

图 3-4　树型拓扑结构

(5) 网状结构与混合型结构

网状结构是指将各网络节点与通信线路连接成不规则的形状，每个节点至少与其他两个节点相连，或者说每个节点至少有两条链路与其他节点相连，大型互联网一般都采用这种结构。

优点：可靠性高。因为有多条路径，所以可以选择最佳路径，减少时延，改善流量分配，提高网络性能，但路径选择比较复杂。

缺点：结构复杂，不易管理和维护；线路成本高；适用于大型广域网。

混合型结构是由以上几种拓扑结构混合而成的，如环星型结构，它是令牌环网和 FDDI 网常用的结构；再如总线型和星型的混合结构等。

3.1.3　计算机网络的种类

由于计算机网络自身的特点，其分类方法有多种。根据不同的分类原则，可以得到不同类型的计算机网络。

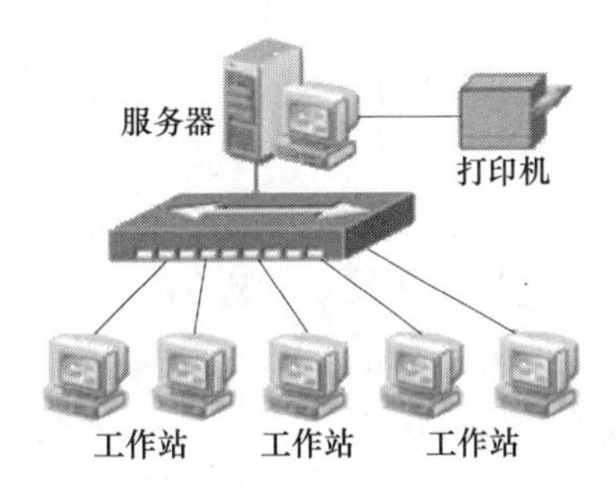

图 3-5　局域网连接示意图

(1) 按网络所覆盖的地理范围分类

按网络所覆盖的地理范围的不同，计算机网络可分为局域网（LAN）、城域网（MAN）、广域网（WAN）。

① 局域网（Local Area Network，LAN）　局域网是将较小地理区域内的计算机或数据终端设备连接在一起的通信网络，如图 3-5 所示。局域网覆盖的地理范围比较小，一般在几十米到几千米之间。它常用于组建一栋楼、一个楼群或一个中小型企业的计算机网络。

局域网主要用于实现短距离的资源共享，其特点是分布距离近、传输速率高、数据传输可靠等。

② 城域网（Wide Area Network，WAN）　城域网是一种大型的 LAN，它的覆盖范围介于局域网和广域网之间，一般为几千米至几万米。城域网的覆盖范围在一个城市内，它将位于一个城市之内不同地点的多个计算机局域网连接起来实现资源共享。城域网所使用的通信设备和网络设备的功能要求比局域网高，以便有效地覆盖整个城市的地理范围。

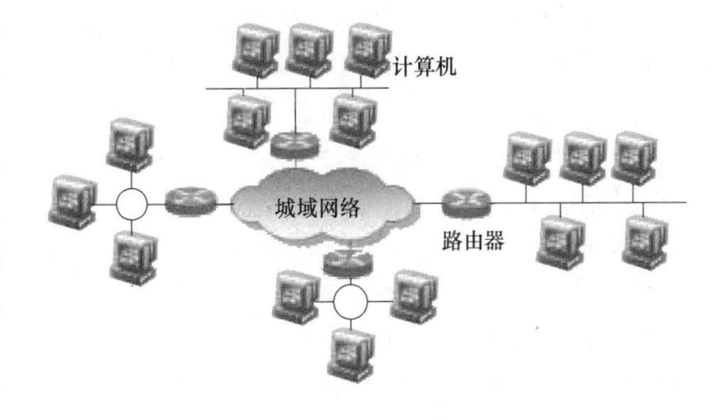

图 3-6　城域网连接示意图

一般在一个大型城市中，城域网可以将多个学校、企事业单位、公司和医院的局域网连接起来共享资源。如图 3-6 所示的是不同建筑物内的局域网组成的城域网。

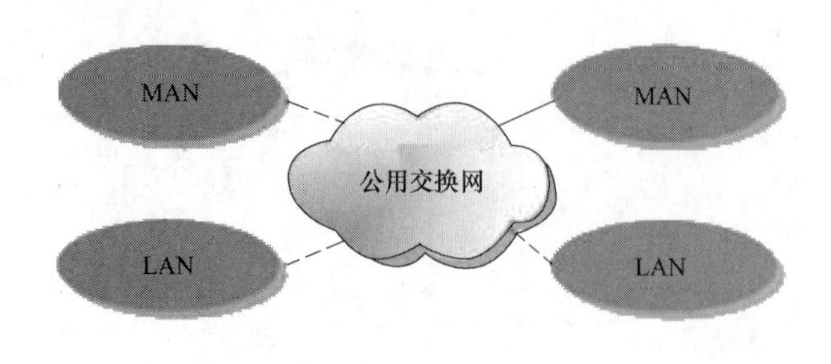

图 3-7　广域网连接示意图

③ 广域网（Wide Area Network，WAN）　广域网是在一个广阔的地理区域内进行数据、语音、图像信息传输的计算机网络。由于远距离数据传输的带宽有限，因此广域网的数据传输速率比局域网要慢得多。广域网可以覆盖一个城市、一个国家甚至于全球。因特网（Internet）是广域网的一种，但它不是一种具体独立性的网络，它将同类或不同类的物理网络（局域网、广域网与城域网）互联，并通过高层协议实现不同类网络间的通信。如图 3-7 所示的是一个简单的广域网。

(2) 按网络中计算机所处的地位分类

按网络中计算机所处的地位的不同，可分为对等网和基于客服机、服务器模式的网络。

① 对等网　在对等网中，所有的计算机的地位是平等的，没有专用的服务器。每台计算机既作为服务器，又作为客户机；既为别人提供服务，也从别人那里获得服务。由于对等网没有专用的服务器，所以在管理对等网时，只能分别管理，不能统一管理，管理起来很不方便。

对等网一般应用于计算机较少、安全不高的小型局域网。

② 基于客户机/服务器模式的网络　在这种网络中，有两种角色的计算机，一种是服务器，一种是客服机。

a. 服务器：服务器一方面负责保存网络的配置信息，另一方面也负责为客户机提供各种各样的服务。因为整个网络的关键配置都保存在服务器中，所以管理员在管理网络时只需要修改服务器的配置，就可以实现对整个网络的管理了。同时，客户机需要获得某种服务时，会向服务器发送请求，服务器接到请求后，会向客户机提供相应服务。服务器的种类很多，有邮件服务器、Web 服务器、目录服务器等，不同的服务器可以为客户提供不同的服务。在构建网络时，一般选择配置较好的计算机，在其上安装相关服务软件，它就成了服务器。

b. 客户机：主要用于向服务器发送请求，获得相关服务，如客户机向打印服务器请求打印服务，向 Web 服务器请求 Web 页面等。

(3) 按传播方式分类

按传播方式的不同，可分为广播网络和点一点网络。

① 广播式网络　广播式网络是指网络中的计算机或者设备使用一个共享的通信介质进行数据传播，网络中的所有节点都能收到任一节点发出的数据信息。广播式

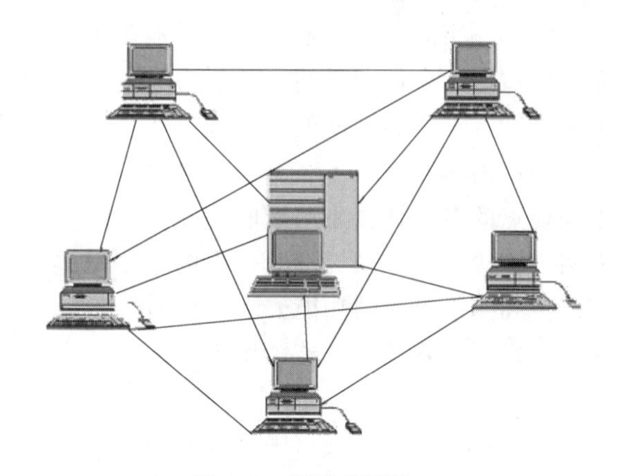
图 3-8　广播式网络

网络的基本连接如图 3-8 所示。

目前，在广播式网络中的传输方式有 3 种。

a. 单播：采用一对一的发送形式将数据发送给网络所有目的节点。

b. 组播：采用一对一组的发送形式将数据发送给网络中的某一组主机。

c. 广播：采用一对所有的发送形式将数据发送给网络中所有目的节点。

② 点-点网络（Point-to-point Network） 点-点式网络指两个节点之间的通信方式是点对点的。如果两台计算机之间没有直接连接的线路，那么它们之间的分组传输就要通过中间节点的接收、存储、转发，直至目的节点。

点-点传播方式主要应用于 WAN 中，通常采用的拓扑结构有：星型、环型、树型、网状型。

(4) 按传输介质分类

按传输介质的不同，可分为有线网和无线网。

① 有线网（Wired Network）

a. 双绞线：特点是比较经济、安装方便、传输率和抗干扰能力一般，广泛应用于局域网中。

b. 同轴电缆：俗称细缆，现在逐渐淘汰。

c. 光纤电缆：特点是光纤传输距离长、传输效率高、抗干扰性强，是高安全性网络的理想选择。

② 无线网（Wireless Network）

a. 无线电话网：是一种很有发展前途的联网方式。

b. 语音广播网：价格低廉、使用方便，但安全性差。

c. 无线电视网：普及率高，但无法在一个频道上和用户进行实时交互。

d. 微波通信网：通信保密性和安全性较好。

e. 卫星通信网：能进行远距离通信，但价格昂贵。

(5) 按网络传输技术分类

① 普通电信网：普通电话线网，综合数字电话网，综合业务数字网。

② 数字数据网：利用数字信道提供的永久或半永久性电路以传输数据信号为主的数字传输网络。

③ 虚拟专用网：指客户基于 DDN 智能化的特点，利用 DDN 的部分网络资源所形成的一种虚拟网络。

④ 微波扩频通信网：是电视传播和企事业单位组建企业内部网和接入 Internet 的一种方法，在移动通信中十分重要。

⑤ 卫星通信网：是近年发展起来的空中通信网络。与地面通信网络相比，卫星通信网具有许多独特的优点。

【提示】

网络类型的划分在实际组网中并不重要，重要的是组建的网络系统从功能、速度、操作系统、应用软件等方面能否满足实际工作的需要；是否能在较长时间内保持相对的先进性；能否为该部门（系统）带来全新的管理理念、管理方法、社会效益和经济效益等。

3.1.4 计算机网络通信基础

(1) 数据、信息、信号、信道

① 信息：是数据的具体含义，或向人们提供关于现实世界事实的知识，它不随载荷符

号形式的不同而改变。

② 数据：是定义为有意义的实体，是表征事物的形式，例如文字、声音和图像等。数据可分为模拟数据和数字数据两类。模拟数据是指在某个区间连续变化的物理量，例如声音的大小和温度的变化等。数字数据是指离散的不连续的量，例如文本信息和整数。

③ 信号：是数据的电磁或电子编码。信号在通信系统中可分为模拟信号和数字信号。其中模拟信号是指一种连续变化的电信号，例如：电话线上传送的按照话音强弱幅度连续变化的电波信号。数字信号是指一种离散变化的电信号，例如计算机产生的电信号就是“0”和“1”的电压脉冲序列串。

④ 信道：是信号传输的通道，包括通信设备和传输媒体。信道按传输媒体分为有线信道和无线信道；按传输信号类型分为模拟信道和数字信道；按使用权分为专用信道和公用信道。

(2) 数据传输

数据的成功传输主要依赖于两个主要的因素：要传输的信号的质量和传输媒体的性能。模拟或数字数据都既可以用模拟又可以用数字信号来传输。

在模拟传输中，为了实现长距离传输，模拟传输系统都包括放大器，用放大器来使信号中的能量得到增加，但放大器也会使噪声分量增加。如果通过串联放大器来实现长距离传输，那么信号会越来越畸形。对于模拟数据来说，可以允许多位的变形，而且仍易于理解，但是对于数字数据来说，串联的放大器将会产生错误。

数字信号只能在一个有限的距离内传输。为了获得更远的传输距离，可以使用中继器。中继器接收数字信号，把数字信号恢复为 1 的模式和 0 的模式，然后重新传输这种信号，这样就克服了衰减造成的影响。

对于远程通信，数字信号发送不像模拟信号发送那样用途广泛和实用，卫星和微波就不可能用数字信号。然而，在价格和质量方面，数字传输比模拟传输优越。

① 模拟数据在模拟信道上传输　典型的例子是话音信号在普通的电话系统中传输。一般人的语音频率范围是 300～3400Hz，为了进行传输，在线路上给它分配一定的带宽，国际标准取 4kHz 为一个标准话路所占用的频带宽度。在这个传输过程中：语音信号以 300～3400Hz 的频率输入，发送方的电话机把这个语音信号转变成模拟信号，这个模拟信号经过一个频分多路复用器进行变化，使得线路上可以同时传输多路模拟信号，当到达接收端以后再经过一个解频的过程把它恢复到原来的频率范围的模拟信号，再由接收方电话机把模拟信号转换成声音信号。

② 数字数据在模拟信道上传输　计算机和终端设备都是数字设备，它们只能接收和发送数字数据，而电话系统只能传输模拟信号，所以这个数字数据在进入到模拟信道之前要有一个变换器进行数字信号到模拟信号的转换，以便它能在模拟信道上传输，这样的一个变换过程叫调制（注意：这个调制过程并不改变数据的内容，仅是把数据的表示形式进行了改变），这个变换器又叫做调制器。而当调制后的模拟信号传到接收端以后，在接收端也有一个变换器再对这个信号进行反变换，即又把它变回数字信号，这样的一个变换过程叫解调，这个变换器又叫解调器。由于计算机和终端设备之间的数据通信一般是双向的，因此在数据通信的双方既有用于发送信号的调制器又有用于接收信号的解调器，所以把这两个设备合在一起形成我们通常所说的调制解调器（Modem）。调制解调器就是使用一条标准话路（3.1kHz 的标准话路带宽）提供全双工的数字信道。

调制解调器最基本的调制方法有以下几种（在图 3-9 中给出了这几种调制方法的波形的示意图）：

a. 幅移键控方式（ASK）。即载波的振幅随基带数字信号而变化。例如，0 对应于无载波输出，而 1 对应于有载波输出。

b. 频移键控方式（FSK）。即载波的频率随基带数字信号而变化。例如，0 对应于频率 f_1，而 1 对应于频率 f_2。

c. 相移键控方式（PSK）。即载波的初始相位随基带数字信号而变化。例如，0 对应于相位 0°，而 1 对应于 180°。

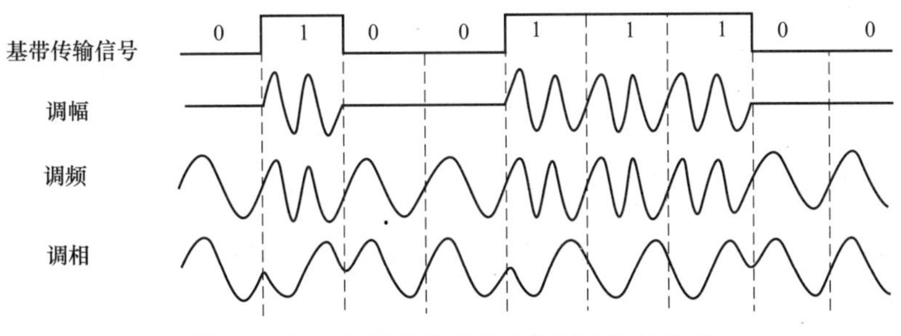

图 3-9 调制解调器的最基本调制方法的波形

③ 模拟数据在数字信道上传输　模拟数据转换为数字编码主要有两个技术：脉冲编码调制（PCM）和增量调制（DM）。

脉冲编码调制（PCM，Pulse Code Modulation）是波形编码中最重要的一种方式，在光纤通信、数字微波通信、卫星通信等中均获得了极为广泛的应用，现在的数字传输系统大多采用 PCM 体制。PCM 最初并不是用来传送计算机数据的，采用它是为了解决电话局之间中继线不够的问题，使一条中继线不只传送一路而是可以传送几十路电话。PCM 过程主要由采样、量化与编码三个步骤组成。

PCM 技术基于取样理论：如果信号 $f(t)$ 在均匀时间间隔，以高于最高的明显信号频率的两倍速率取样，那么，样本包含了原信号的所有信息。用一个低通滤波器可从样本中重现函数 $f(t)$。比如声音数据频率一般在 4kHz 以下，只要采样每秒钟 8000 次即可完全描述声音信号的特征。

④ 数字数据在数字信道上传输　对于数字数据在数字信道上传输来说，最普遍而且最容易的办法是用两个不同的电压电平来表示两个二进制数字。例如，无电压（也就是无电流）常用来表示 0，而恒定的正电压用来表示 1。另外，使用负电压（低）表示 0，使用正电压（高）表示 1 也是很普遍的。后一种技术称为不归零制 NRZ（Non-Return to Zero）。

(3) 多路复用技术

① 频分多路复用（FDM）　当介质的有效带宽超过被传输的信号带宽时，可以把多个信号调制在不同的载波频率上，从而在同一介质上实现同时传送多路信号，即将信道的可用频带（带宽）按频率分割多路信号的方法划分为若干互不交叠的频段，每路信号占据其中一个频段，从而形成许多个子信道，如图 3-10 所示；在接收端用适当的滤波器将多路信号分开，分别进行解调和终端处理，这种技术称为频分多路复用（FDM，Frequency Division Multiplexing）。

FDM 系统的原理示意图如图 3-11 所示，现假设有 6 个输入源，分别输入 6 路信号到频分多路器 FDM-MUX，多路器将每路信号调制在不同的载波频率上（例如 f_1、f_2、…，f_6）。每路信号以其载波频率为中心，占用一定的带宽，此带宽范围称作一个通道，各通道之间通常用保护频带隔离，以保证各路信号的频带间不发生重叠。

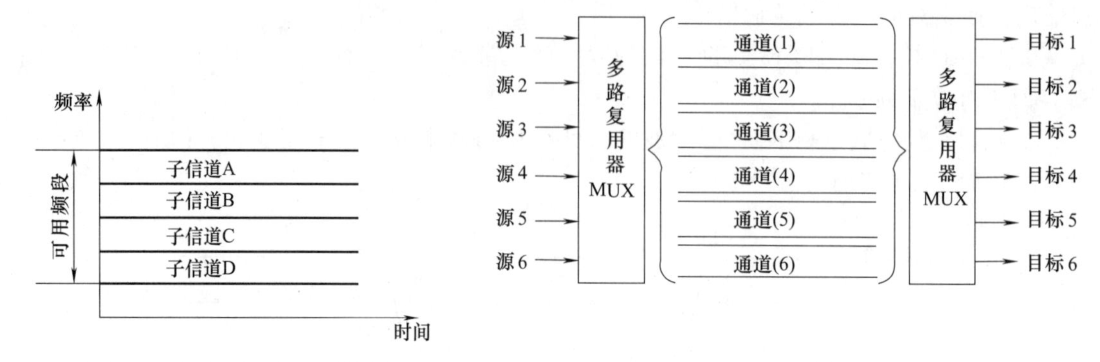

图 3-10　FDM 系统组成示意图　　图 3-11　FDM 系统原理图

波分复用（WDM）是 FDM 应用于光纤信道的一个变例，其方法是将不同波长的光信号注入同一根光纤中传输。

② 时分多路复用（TDM）　TDM 是将传输时间划分为许多个短的互不重叠的时隙，而将若干个时隙组成时分复用帧，用每个时分复用帧中某一固定序号的时隙组成一个子信道，每个子信道所占用的带宽相同，每个时分复用帧所占的时间也是相同的（如图 3-12 所示），即在同步 TDM 中，各路时隙的分配是预先确定的时间且各信号源的传输定时是同步的。对于 TDM，时隙长度越短，则每个时分复用帧中所包含的时隙数就越多，所容纳的用户数也就越多，其原理如图 3-13 所示。

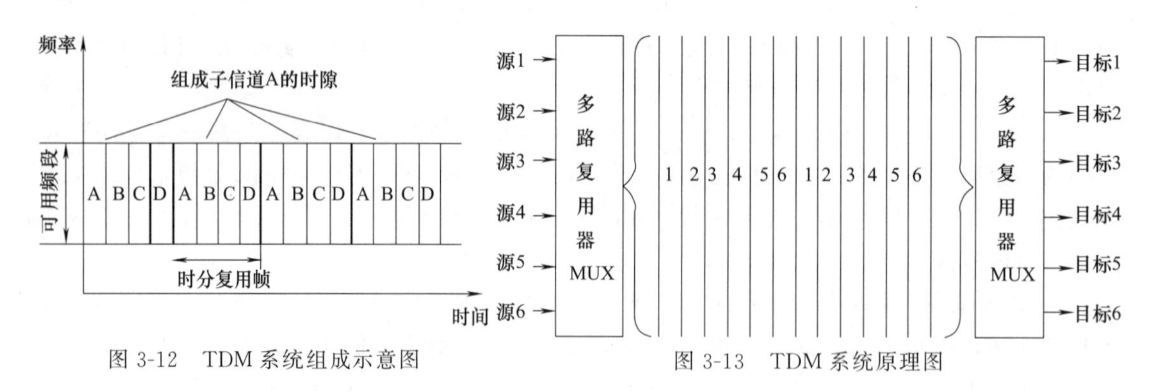

图 3-12　TDM 系统组成示意图　　图 3-13　TDM 系统原理图

③ 码分多址复用（CDMA）　这种技术多用于移动通信，不同的移动台（或手机）可以使用同一个频率，但是每个移动台（或手机）都带有一个独特的“码序列”，该序列码与所有别的“码序列”都不相同，所以各个用户相互之间也没有干扰。因为是靠不同的“码序列”来区分不同的移动台（或手机），所以叫做“码分多址”（CDMA）技术。

④ 空分多址复用 SDMA（Space Division Multiple Access）　这种技术是利用空间分割构成不同的信道。举例来说，在一颗卫星上使用多个天线，各个天线的波束射向地球表面的不同区域。地面上不同地区的地球站，它们在同一时间，即使使用相同的频率进行工作，它们之间也不会形成干扰。

空分多址（SDMA）是一种信道增容的方式，可以实现频率的重复使用，充分利用频率资源。空分多址还可以和其他多址方式相互兼容，从而实现组合的多址技术，例如空分·码分多址（SD-CDMA）。

（4）数据传输方式

数据传输方式是数据在信道上传送所采取的方式。若按数据传输的顺序可以分为并行传输和串行传输；若按数据传输的同步方式可分为同步传输和异步传输；若按数据传输的流向和时间关系可以分为单工、半双工和全双工数据传输。计算机数据传输的几种方式见表3-3。

表 3-3 计算机数据传输的几种方式

序号	分类方法	传输方式	说明
1	按数据传输的顺序	并行传输	在并行数据传输中，至少有8个数据位同时从一个设备传到另一个设备。通常用于近距离传输。 缺点是传输信道多，设备复杂，成本较高，故较少采用
		串行传输	在串行数据传输中，每次由源地传到目的地的数据只有一位。通常用于远距离传输。 缺点是要解决收、发双方码组或字符的同步，需外加同步措施。串行传输采用较多
2	按数据传输的同步方式	同步传输	同步就是接收端按发送端发送的每个码元的起止时间及重复频率来接收数据，并且要校准自己的时钟以便与发送端的发送取得一致，实现同步接收。 数据传输的同步方式一般分为位同步、字符同步，字符同步通常是识别每一个字符或一帧数据的开始和结束；位同步则识别每一位的开始和结束
		异步传输	在异步通信中，发送端可以在任意时刻发送字符，字符之间的间隔时间可以任意变化。该方法是将字符看作一个独立的传送单元，在每个字符的前后各加入1～3位信息作为字符的开始和结束标志位，以便在每一个字符开始时接收端和发送端同步一次，从而在一串比特流中可以把每个字符识别出来
3	按数据传输的流向和时间关系	单工传输	单工数据传输是两数据站之间只能沿一个指定的方向进行数据传输，即一端的DTE（数据终端设备）固定为数据源，另一端的DTE固定为数据宿
		半双工传输	半双工数据传输是两数据站之间可以在两个方向上进行数据传输，但不能同时进行，即每一端的DTE既可作数据源，也可作数据宿，但不能同时作为数据源与数据宿
		全双工传输	全双工数据传输是在两数据站之间，可以在两个方向上同时进行传输。即每一端的DTE均可同时作为数据源与数据宿。通常四线线路实现全双工数据传输，二线线路实现单工或半双工数据传输。在采用频率复用、时分复用或回波抵消等技术时，二线线路也可实现全双工数据传输

3.1.5 计算机通信硬件

计算机通信硬件比较多，这里主要介绍调制解调器和EIA RS-232-C接口。

（1）调制解调器 Modem

① 调制解调器的原理 典型的数据通信系统中，调制解调器的功能是作数据通信设备（DCE）用，将数据终端设备（DTE）所产生的数字信号，经数字调变转换成适宜线路传输的带宽小于4kHz的模拟信号，然后从一般的电话线或数据专线传送到远方的数据通信设备去，这就是“调制”；远端的调制解调器将电话线传来的模拟信号经解调及数字处理技巧的处理，恢复成原来的二进制数字信号，这就是“解调”，如此便完成了数据的传送。

简而言之，Modem是为使计算机信息能在电话网上传输而使用的信号变换器，其作用如图 3-14 所示。

图 3-14　调制解调器的作用

近年来，各 Modem 生产厂家在 Modem 中增加了一些新的功能，例如将数据压缩技术引入 Modem，进一步提高了 Modem 的传输速度和传输效率；将纠错技术引入 Modem，则使得 Modem 的传输更加可靠。此外，有些厂家还在 Modem 中集成了数字化语音、添加了防雷以及 Fax 的功能，拓宽了它的应用领域。

② Modem 的分类　根据 Modem 的指令控制和数据底层算法是否全部在卡上实现，可分为软猫、硬猫、半软半硬猫。

根据 Modem 放置位置，可分为内置式 Modem、外置式 Modem、PCMCIA 插卡式 Modem、机架式 Modem，见表 3-4。

表 3-4　Modem 根据放置位置分类

序号	种类	简　介
1	外置式 Modem	放置于机箱外，通过串行通信口与主机连接。这种 Modem 方便灵巧、易于安装，闪烁的指示灯便于监视 Modem 的工作状况，但外置式 Modem 需要使用额外的电源与电缆
2	内置式 Modem	在安装时需要拆开机箱，并且要对中断和 COM 口进行设置，安装较为烦琐。这种 Modem 要占用主板上的扩展槽，但无需额外的电源与电缆，且价格比外置式 Modem 要便宜一些
3	PCMCIA 插卡式 Modem	主要用于笔记本电脑，体积纤巧。配合移动电话，可方便地实现移动办公
4	机架式 Modem	机架式 Modem 相当于把一组 Modem 集中于一个箱体或外壳里，并由统一的电源进行供电。机架式 Modem 主要用于 Internet/Intranet、电信局、校园网、金融机构等网络的中心机房

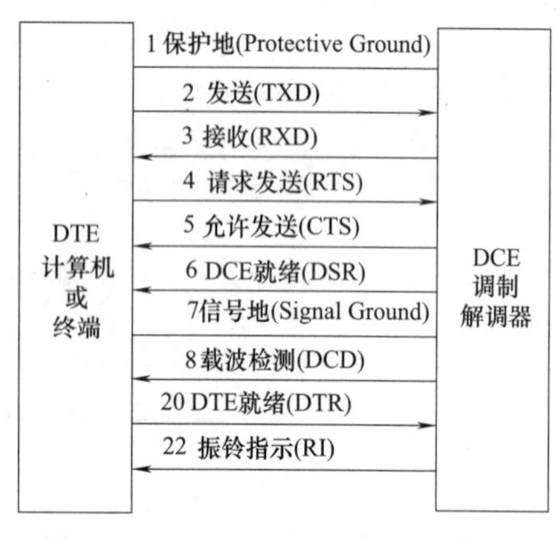

图 3-15　EIA RS-232-C 接口引脚编号

（2）EIA RS-232-C 接口

① 机械特性　EIA RS-232-C 接口（又称 RS-232-C 接口）是目前最常用的一种串行通信接口，它遵循 ISO 2110 关于插头座的标准，使用 25 根引脚的 DB-25 插头座，它的两个固定螺钉中心之间的距离为 47.040.17mm，其他方面的尺寸也都有详细的规定，DTE 上安装带插针的公共接头连接器，DCE 上安装带插孔的母接头连接器，其引脚编号如图 3-15 所示，引脚分为上、下两排，分别有 13 根和 12 根引脚，当引脚指向人的方向时，从左到右其编号分别为 1～13 和 14～25。

② 电气特性　EIA RS-232-C 采用负逻辑，此时逻辑 0 相当于对信号地线有＋5～＋15V 的电压，而逻辑 1 相当于对信号地线有－5～－15V的电压。逻辑“0”相当于数据“0”（空号）或控制线的“接通”状态；逻辑“1”相当于数据“1”（传号）或控制线的“断开”状态。

③ 功能特性　EIA RS-232-C 的功能特性规定了什么电路应当连接到 25 根引脚中的哪一根以及该引脚信号线的作用。图 3-15 中画的是最常用的 10 根引脚信号线的作用，其余的一些引脚可以空着不用。在某些情况下，可以只用图中的 9 根引脚（振铃指示 RI 信号线不用），这就是常见的 9 针 COM1 串行鼠标接口。

3.2 工业现场总线技术

3.2.1 现场总线技术介绍

现场总线技术是用于工业生产过程控制的新型工业控制技术，以数字方式进行设备与控制装置之间的双向、串行和多节点的信息通信。

现场总线技术是将专用的微处理器植进传统的测控仪表，使其具备数字计算和通信能力，采用连接简单的双绞线、同轴电缆、光纤等作为总线，按照规范的通信协议，在位于现场的多个微机化测控仪表之间、远程监控计算机之间实现数据共享，形成适应现场实际需要的控制系统。它的出现改变了以往采用电流、电压模拟信号进行测控信号变化慢，信号传输抗干扰能力差的缺点，也改变了集中式控制可能造成的全线瘫痪的局面。

由于微处理器的使用，使得现场总线有了较高的测控能力，提高了信号的测控和传输精度，同时丰富了控制信息内容，为远程传送创造了条件。

现场总线适应了产业控制系统向分散化、网络化、智能化发展的方向，一出现便成为了全球产业自动化技术的热门，受到了全世界的普遍关注。现场总线导致了传统控制系统结构的变革，形成了新型的网络集成式全分布控制系统——现场总线控制系统 FCS（Fieldbus Control System）。

(1) 现场总线的特点

现场总线系统打破了传统模拟控制系统采用的一对一的设备连线模式，而采用了总线通信方式，因而控制功能可不依靠控制室计算机直接在现场完成，实现了系统的分散控制，如图 3-16 所示现场总线控制系统示例。

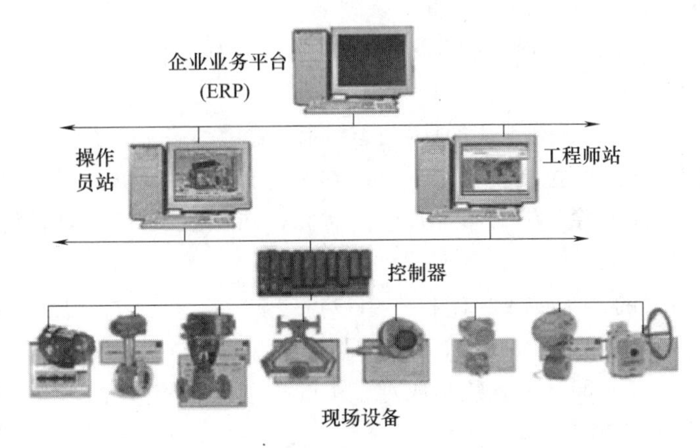

图 3-16 现场总线控制系统示例

按 IEC 和现场总线基金会的定义，现场总线是连接智能现场设备和自动化系统的数字式、双向传输、多分支结构的通信网络。有通信就必须有协议，从这个意义上讲，现场总线就是一个定义了硬件接口和通信协议的标准。

进一步说，现场总线不单单是一种通信技术，也不仅仅是用数字仪表代替模拟仪表，还是用新一代的现场控制系统 FCS 代替传统的集散系统 DCS，实现智能仪表、通信网络和控制系统的集成。FCS 具有信号传输全数字化、系统结构全分散式、现场设备有互操作性、通信网络全互联式、技术和标准全开放式等特点。

① 增强了现场的信息采集能力　现场总线可从现场设备获取大量丰富信息，能够很好地满足工厂自动化乃至CIMS系统的信息集成要求。现场总线是数字化的通信网络，它不单纯取代4～20mA信号，还可实现设备状态、故障和参数信息传送。系统除完成远程控制，还可完成远程参数化工作。

② 开放式、互操纵性、互换性、可集成性　不同厂家产品只要使用同一种总线标准，就具有互操纵性、互换性，因此设备具有很好的可集成性。系统为开放式，允许其他厂商将自己专长的控制技术，如控制算法、工艺方法、配方等集成到通用控制系统中，因此，市场上将有很多面向行业特点的监控系统。

③ 系统可靠性高、可维护性好　基于现场总线的自动化监控系统采用总线连接方式替换一对一的I/O连线，对于大规模I/O系统来说，减少了由接线点造成的不可靠因素。同时，系统具有现场级设备的在线故障诊断、报警和记录功能，可完成现场设备的远程参数设定、修改等参数化工作，也增强了系统的可靠性。

④ 降低了工程成本　对于大范围、大规模I/O分布式系统来说，节省了大量的电缆、I/O模块及电缆敷设工程用度，降低了系统工程的成本。

(2) 现场总线的优点

① 节省硬件数量与投资　由于分散在现场的智能设备能直接执行多种传感、测量、控制、报警和计算功能，可减少变送器的数量，不再需要单独的调节器、计算单元等，也不再需要DCS系统的信号调理、转换、隔离等功能单元及其复杂接线，还可以用工控PC机作为操作站，从而节省了一大笔硬件投资，并可减少控制室的占地面积。

② 节省安装费用　现场总线系统的接线十分简单，一对双绞线或一条电缆上通常可挂接多个设备，因而电缆、端子、槽盒、桥架的用量大大减少，连线设计与接头校对的工作量也大大减少。当需要增加现场控制设备时，无需增设新的电缆，可就近连接在原有的电缆上，既节省了投资，又减少了设计、安装的工作量。据有关典型试验工程的测算资料表明，可节约安装费用60%以上。

③ 节省维护费用　现场控制设备具有自诊断与简单故障处理的能力，并通过数字通信将相关的诊断维护信息送往控制室，用户可以查询所有设备的运行，诊断维护信息，以便早期分析故障原因并快速排除，缩短了维护停工时间，同时由于系统结构简化、连线简单而减少了维护工作量。

④ 用户具有高度的系统集成主动权　用户可以自由选择不同厂商所提供的设备来集成系统，避免因选择了某一品牌的产品而限制了使用设备的选择范围，不会对系统集成中不兼容的协议、接口而一筹莫展，使系统集成过程中的主动权牢牢掌握在用户手中。

⑤ 提高了系统的准确性与可靠性　现场设备的智能化、数字化，与模拟信号相比，从根本上提高了测量与控制的精确度，减少了传送误差。简化的系统结构，设备与连线减少，现场设备内部功能加强，减少了信号的往返传输，提高了系统的工作可靠性。

此外，由于它的设备标准化，功能模块化，因而还具有设计简单、易于重构等优点。

3.2.2　常用现场总线技术

现场总线技术是当今自动化领域技术发展的热点课题，并受到了各国自动化设备制造商与用户的广泛关注。它的出现，给工业控制技术领域带来了又一次革命，以现场总线为基础的全数字控制系统——现场总线控制系统（FCS）将是未来自动控制系统的主流。

现场总线出现于20世纪80年代中后期，从本质上讲，它是一种数字通信协议，是一种应用于生产现场，在智能控制设备之间实现双向、多节点的串行数字通信系统，是一种开放的、数字化的、多点通信的底层控制网络。现场总线具有可靠性高、稳定性好、抗干扰能力强、通信速率快、符合环境保护要求、造价低廉和维护成本低等特点，它的发展带来了自动化领域的重大变革。国际上现有各种现场总线达40多种，其中具有一定影响并占有一定市场份额的现场总线主要有CAN、Profibus、FF、Lonworks、WordFIP、HART、P-NET等。

(1) 基金会现场总线FF

FF总线是由现场总线基金会组织（FF）开发的现场总线标准，被公认为最具有发展前途的现场总线。FF总线的体系结构是参照国际标准化组织（ISO）的开放系统互连协议（OSI）而制定的。OST有七层，FF总线提取了其中的物理层、数据链路层和应用层，另外又在应用层上增加了一层即用户层。其中，物理层规定了信号如何发送；数据链路层规定如何在设备间共享网络和调度通信；应用层规定了设备间交换数据、命令、时间信息以及请求应答的信息格式，实现网络和系统管理，为每个对象（包括系统内的各种资源块、功能块、转换块和过程对象）提供标准化的通信服务；用户层则用于组成用户需要的应用程序。FF总线的突出特点在于设备的互操作性、更早的预测维护及可靠的安全性。FF总线的传输介质为双绞线、同轴电缆、光线和无线电。协议符合IEC 1158-2标准，其物理媒介的传输信号采用曼彻斯特编码。有两种速率现场总线：H1低速总线和H2高速总线。

FF总线设备分为链路主设备、基本设备和网桥等3类。链路主设备指有能力成为链路活动调度器LAS的设备，它是总线段的访问控制中心，担负通信的发起和管理的任务。基本设备则只能对来自总线的链路数据作出响应，控制本设备对总线的活动。网桥用于网络中几段总线间的连接，网桥属于链路主设备。

在一个总线段上可连接多种通信设备，可以挂接多个链路主设备，但一个总线上某一时刻只能由一个链路主设备成为链路活动调度器LAS，没有成为LAS的链路主设备起着后备的作用。FF总线的通信活动分为受调度通信和非调度通信两类。由链路活动调度器按预定的时间表周期依次发起的通信活动为受调度通信。在预定的调度时间表之外的时间，链路活动调度器发送令牌，基本设备通过得到令牌的机会发送信息的通信方式为非调度通信。当总线上存在多个链路主设备时，在系统启动或链路活动调度器因出错失去LAS权时，总线上的链路主设备通过竞争争夺LAS权。竞争过程中将选择具有最低节点地址的链路主设备成为链路活动调度器，这样可以很方便地实现通信的冗余配置。Honeywell，Ronan等公司完成了物理层和部分数据链路层的协议的专用芯片，我国的一些仪表研究所及高等院校也开展了FF总线的研究工作。国家电力公司热工研究院汽轮机热力性能试验装备改造是国内第一个在电力系统中采用基于FF的FCS的应用项目，该项目取得了显著的效益。

基金会现场总线的主要技术内容，包括FF通信协议、用于完成开放互连模型中第2～7层通信协议的通信栈（Communication Stack）、属性及操作功能块；实现系统组态、调度、管理等功能的系统软件以及构筑集成自动化系统、网络系统的系统集成技术。

基金会现场总线分低速H1和高速H2两种通信速率。H1的传输速率为31.25kbps，通信距离可达1900m（可加中继器延长），可支持总线供电防爆环境。H2的传输可为1Mbps

和 2.5Mbps 两种，其通信距离分别为 750m 和 500m。物理传输介质可支持双绞线、光缆和无线发射，协议符合 IEC 1158-2 标准，其物理媒质的传输信号采用奥彻斯特编码。

（2）CAN 总线

CAN 是控制网络（Control Area Network）的简称，CAN 协议是一种通信速率高、可靠性高，支持分布式控制和实时控制的串行通信网络，建立在 150/OSI 模型基础上，是目前国际上应用最广泛的开放式现场总线之一。

CAN 的协议结构分为三层，即物理层、链路层和应用层。CAN 为多主工作方式，网络上任一节点在任何时刻可主动向网络其他节点发送信息而不分主从。CAN 的介质访问控制采用非破坏性的基于优先级的 CSMA/CD 仲裁技术，即多个节点同时发送信息时，优先级较低的节点主动退出发送，优先级高的节点可不受影响继续传输数据。CAN 采用报文通信协议，所有节点都会收到总线上传送的报文，其受干扰的概率低，重发时间短，从而保证了通信的实时性。CAN 总线具备复杂的错误检测和恢复能力，数据出错率极低，且节点在错误严重的情况下具有自动关闭输出的功能，使总线上其他节点的操作不受影响。

CAN 的通信介质可为双绞线、同轴电缆或光纤，且接口十分简单。由于 CAN 的介质访问控制采用基于优先级的非破坏性总线仲裁方式，要求网络一定要同步，对优先级较低的 CAN 节点存在传输延迟不确定的问题，因此较适于介质单一、节点数较少的网络。CAN 是针对相对少量的信息系统设计的串行网络，成本低，系统的开发廉价。CAN 器件丰富、价格低廉，有 INTEL、MOTOROLA、NEC、PHILIPS 等多家产品可选择。

CAN 目前主要用于汽车、公共交通的车辆、机器人、液压系统及分散型 I/O 五大行业。此外 Allen-Bradley 以及 Honeywell、Micro Switch 在 CAN 基础上发展了特殊的应用层，组成了 A-B 公司的 Device Net 和 Honey Well 公司的 SDS（智能分散系统）现场总线。由于 CAN 的帧短，速度快，可靠性强，比较适合用于开关量控制的场合。

（3）LON 总线

LON 总线是美国 Echolon 公司推出的局部操作网络，为支持 LON 总线，Echelon 公司开发了 LonWorks 技术，为 LON 总线设计、成品化提供了一套完整平台。

LonWorks 使用的是支持 OSI 的七层 LonTalk 协议。该协议是直接面向对象的网络协议，利用简单的网络变量的互相连接方便可靠地实现网络各节点间的数据交换，这点是其他现场总线所不支持的。除了网络变量服务外，LonTalk 协议还提供了较为复杂灵活的显示报文服务来进行信息的传输。LonTalk 协议被封装在 Neuron 的神经元芯片中得以实现，这使得 LON 具有高度的开放性和互操作性。该协议提供了应答方式、请求/响应方式、非应答重发方式、非应答方式等四种类型的报文服务，来满足不同情况对通信可靠性和有效性的要求。LON 总线的介质访问控制采用的是带预测的 P- CSMA 技术协议。该协议可在负载较轻时使介质访问延迟最小化，而在负载较重时使冲突的可能最小化；同时还提供可选择的优先级机制，以减少紧急事件的响应时间。LON 总线支持多种网络拓扑结构，如自由拓扑、总线拓扑、环型拓扑、星型拓扑等。LON 具有很强的互操作性及互联性，能通过网关将不同的通信介质、不同的现场总线、异型网连接起来。这一突出的技术优势是其他现场总线系统无法比拟的。

LON 网的开发需要使用 Echolon 公司推出的开发工具，投资较大，但 LON 总线的设计采用面向对象的方法，大大降低了开发人员在构造应用控制网络通信方面花费的时间和费用，而将精力集中在所擅长的应用层进行控制策略程序的编制。

【提示】

上述几种现场总线性能比较见表 3-5。

表 3-5 几种常用现场总线性能比较

特性	CAN 总线	LON 总线	FF 总线
OSI 网络层次	数据链路层与应用层	全部七层	物理层数据链路层和应用层另加用户层
介质访问控制方式	基于优先级的 CSMA 仲裁技术	带预测的 P-坚持 CSMA 技术	令牌加主从
通信介质	双绞线同轴电缆或光纤	双绞线,电力线,无线,红外光波,光纤,同轴电缆	双绞线同轴电缆或光纤和无线电
最高通信速率	1Mbps	1.5Mbps	2.5Mbps
最大节点数	110	32000	124
网络拓扑结构	总线型	自由、总线、环型、星型拓扑	H1:点对点连接,总线型,菊花,链型,树型
工作方式	多主	主从式,对等式,客户/服务式	主从式

(4) 现场总线工程应用要点

现场总线带来了观念的变化，以往开发新产品，往往只注意产品本身的性能指标，对于新产品与其他相关产品的关联就考虑得比较少，这对于电工行业这样一个比较保守的行业来说，新产品就不那么容易地被用户接收，而现场总线产品却恰恰相反，它是一个由用户利益驱动的市场，用户对新产品应用的积极性比生产商更高。然而，现场总线新产品的开发也与传统产品不同，它是从系统构成的技术角度来看问题的，它注重的是系统整体性能的提高，不强求局部最优，而是整体的配合。这种配合在主控计算机软件运行下能使控制系统应用新的理论来发挥最大的效能。这一点是传统产品很难做到的。现场总线的“负跨越（指在技术水平提高的同时，掌握和应用这项新技术的难度却降低了）”的特性使它的推广更加容易。

① 现场总线网段设计应由工艺设计方、自动控制系统厂家、设备成套系统厂家共同完成，并且需要对现场总线网段负荷进行计算等。

② 应选择适合现场总线协议标准的工艺设备。

③ 现场总线控制系统接地需区分信号地和保护地，信号地的接地电阻应小于 1.5Ω。

3.3 触摸屏应用技术

3.3.1 触摸屏简介

(1) 什么是触摸屏

所谓触摸屏，从市场概念来讲，就是一种人人都会使用的计算机输入设备，或者说是人人都会使用的与计算机沟通的设备。不用学习，人人都会使用，是触摸屏最大的魅力，这一点无论是键盘还是鼠标，都无法与其相比，如图 3-17 所示。

触摸屏（Touch Screen）又称为“触控屏”“触控面板”，是一种可接收触点等输入信号的感应式液晶显示装置，当接触了屏幕上的图形按钮时，屏幕上的触觉反馈系统可根据预先编程的程序驱动各种连接装置，可用以取代机械式的按钮面板，并借由液晶显示画面制造出生动的影音效果。

(2) 触摸屏的特性

触摸屏作为一种最新的计算机输入设备，它是目前最简单、方便、自然的一种人机交互

图 3-17　人人都会使用的触摸屏

方式。从技术原理角度来讲，触摸屏是一套透明的绝对定位系统，其主要特性有三个：

① 触摸屏必须是透明的。

透明有透明的程度问题，红外线技术触摸屏和表面声波触摸屏只隔了一层纯玻璃，透明可算佼佼者，其他触摸屏这点就要差一点。“透明”应该至少包括透明度、色彩失真度、反光性和清晰度四个特性。

由于透光性与波长曲线图的存在，通过触摸屏看到的图像不可避免地与原图像产生了色彩失真，静态的图像感觉还只是色彩的失真，动态的多媒体图像感觉就不是很舒服了。色彩失真度自然是越小越好，透明度当然是越高越好。

反光性，主要是指由于镜面反射造成图像上重叠身后的光影，如人影、窗户、灯光等。反光是触摸屏带来的负面效果，应越小越好，因为它影响用户的浏览速度，严重时甚至无法辨认图像字符。反光性强的触摸屏使用环境受到限制，现场的灯光布置也被迫需要调整。大多数存在反光问题的触摸屏都提供另外一种经过表面处理的型号——磨砂面触摸屏，也叫防眩型，防眩型反光性明显下降，适用于采光非常充足的大厅或展览场所。

有些触摸屏加装之后，整个屏幕的字迹和图像都显得模模糊糊，看不太清楚，这就是清晰度太差。清晰度的问题主要是多层薄膜结构的触摸屏，由于薄膜层之间光反复反射折射而造成的，此外防眩型触摸屏由于表面磨砂也造成清晰度下降。清晰度不好，眼睛容易疲劳，对眼睛也有一定伤害，选购触摸屏时要注意判别。

② 触摸屏是绝对坐标，手指摸哪就是哪，不需要第二个动作。

触摸屏软件都不需要光标，有光标反倒影响用户的注意力，因为光标是给鼠标这类相对定位的设备用的。相对定位的设备要移动到一个地方首先要知道现在何处，往哪个方向去，每时每刻还需要不停地给用户反馈当前的位置才不至于出现偏差。这些对采取绝对坐标定位的触摸屏来说都不需要。

绝对坐标系的特点是每一次定位坐标与上一次定位坐标没有关系，触摸屏在物理上是一套独立的坐标定位系统，每次触摸的数据通过校准数据转为屏幕上的坐标，这样，就要求触摸屏这套坐标不管在什么情况下，同一点的输出数据是稳定的，如果不稳定，那么触摸屏就不能保证绝对坐标定位，点不准，这就是触摸屏最怕的问题——漂移。技术原理上凡是不能保证同一点触摸每一次采样数据相同的触摸屏都免不了漂移这个问题，目前有漂移现象的只有电容触摸屏。

③ 检测触摸并定位。

触摸屏能检测手指的触摸动作并且判断手指位置，各种触摸屏技术就是围绕“准确检测手指触摸且定位”而进行研发的。各种触摸屏技术都是依靠各自的传感器来工作的，甚至有的触摸屏本身就是一套传感器。

(3) 触摸屏的应用

科幻片《少数派报告》中汤姆·克鲁斯的科幻表演：影像漂浮在透明的玻璃上，用手触摸影像，查询信息。相信这一幕给大家留下了深刻的印象。其中，科幻片用到的触摸技术是电磁感应技术，通过对磁感线的切割来产生信号，从而定位触摸位置，并且这种触摸可以完全不接触屏幕，触摸流畅、定位精准。透明触摸膜即根据该技术原理研发，该触摸膜可以贴在玻璃墙上，配合投影，可以将玻璃墙变成大尺寸（42～100in[1]）的触摸墙。有人触摸时它是一个大尺寸的信息查询系统，没人触摸时它是一个信息发布系统，可以发布广告、宣传信息等。

目前，触摸屏主要在政府、金融、证券、保险、电信、移动、医院、房地产、旅游、宾馆、展览馆等场所，应用于公共信息的查询、领导办公、工业控制、军事指挥、电子游戏、点歌点菜、多媒体教学、房地产预售等。

工控触摸屏通常用的是电阻屏。由于工业互联网涉及到工业信息安全，所以现在用于工控主机或平板的界面互动方式，基本上还是鼠标、键盘加电阻式触摸屏。进行生产资料输入时，多数还是传统的鼠标、键盘方式，进行现场局部数据调整时，通过电阻式触摸屏进行。今后，工控电容触摸屏会慢慢替代电阻屏。

3.3.2 触摸屏硬件类型

从技术原理来区别，触摸屏可分为矢量压力传感技术触摸屏、电阻技术触摸屏、电容技术触摸屏、红外线技术触摸屏和表面声波技术触摸屏等五种。每一类触摸屏都有其各自的优缺点，例如：矢量压力传感技术触摸屏已退出历史舞台；红外线技术触摸屏价格低廉，但其外框易碎，容易产生光干扰，曲面情况下失真；电容技术触摸屏设计构思合理，但其图像失真问题很难得到根本解决；电阻技术触摸屏的定位准确，但其价格颇高，且怕刮易损；表面声波触摸屏解决了以往触摸屏的各种缺陷，清晰不容易被损坏，适于各种场合，缺点是屏幕表面如果有水滴和尘土会使触摸屏变得迟钝，甚至不工作。

下面对上述的几种类型的触摸屏进行简要介绍。

(1) 电阻式触摸屏

① 电阻式触摸屏的基本原理及特点　电阻式触摸屏是一种传感器，它将矩形区域中触摸点（X，Y）的物理位置转换为代表 X 坐标和 Y 坐标的电压。很多 LCD 模块都采用了电阻式触摸屏，这种屏幕可以用四线、五线、七线或八线来产生屏幕偏置电压，同时读回触摸点的电压。

如图 3-18 所示，电阻式触摸屏基本上是薄膜加上玻璃的结构，薄膜和玻璃相邻的一面上均涂有 ITO（纳米铟锡金属氧化物）涂层，ITO 具有很好的导电性和透明性。当触摸操作时，薄膜下层的 ITO 会接触到玻璃上层的 ITO，经由感应器传出相应的电信号，经过转换电路送到处理器，通过运算转化为屏幕上的 X、Y 值，从而完成点选的动作，并呈现在屏幕上。

---

[1] 1in＝0.0254m。

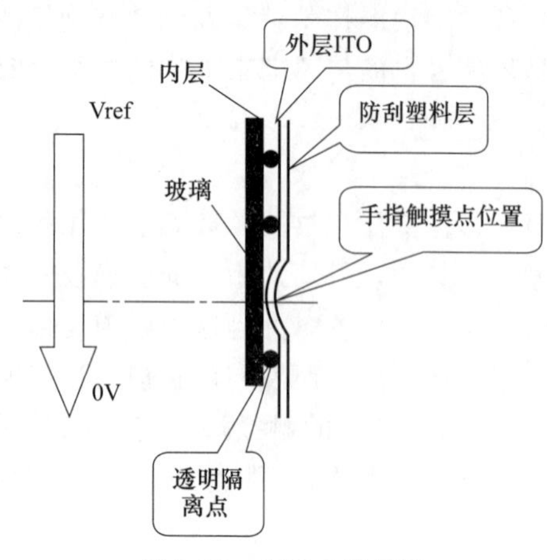

图 3-18 电阻式触摸屏

② 电阻式触摸屏的局限性 电阻式触摸屏不怕灰尘和水汽，它可以用任何物体来触摸，可以用来写字画画，比较适合工业控制领域及办公室内有限的人使用。

电阻触摸屏共同的缺点是因为复合薄膜的外层采用塑胶材料，不知道的人太用力或使用锐器触摸可能划伤整个触摸屏而导致报废。不过在限度之内，划伤只会伤及外导电层，外导电层的划伤对于五线电阻触摸屏来说没有关系，而对四线电阻触摸屏来说是致命的。

(2) 电容式触摸屏

① 电容式触摸屏的基本原理及特点 电容式触摸屏是在玻璃表面贴上一层透明的特殊金属导电物质。当手指触摸在金属层上时，触点的电容就会发生变化，使得与之相连的振荡器频率发生变化，通过测量频率变化可以确定触摸位置获得信息。

电容式触摸屏是一块四层复合玻璃屏，玻璃屏的内表面和夹层各涂有一层ITO，最外层是一薄层硅土玻璃保护层，夹层ITO涂层作为工作面，四个角上引出四个电极，内层ITO为屏蔽层以保证良好的工作环境。当手指触摸在金属层上时，由于人体电场，用户和触摸屏表面形成一个耦合电容。对于高频电流来说，电容是直接导体，于是手指从接触点吸走一个很小的电流。这个电流分别从触摸屏的四角上的电极中流出，并且流经这四个电极的电流与手指到四角的距离成正比，控制器通过对这四个电流比例的精确计算，得出触摸点的位置，如图 3-19 所示。

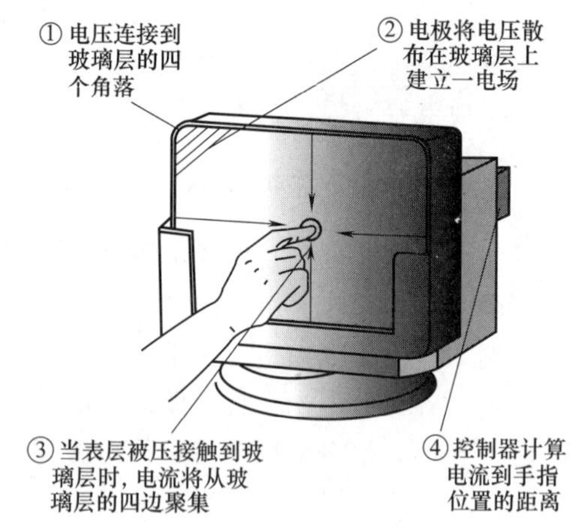

图 3-19 电容式触摸屏

② 电容式触摸屏的局限性 电容屏透光率不均匀，存在色彩失真的问题；由于光线在各层间的反射，容易造成图像字符模糊。

在潮湿的天气，手扶住显示器、手掌靠近显示器 7cm 以内或身体靠近显示器 15cm 以内就能引起电容屏的误动作。另外，用戴手套的手或手持不导电的物体触摸时没有反应。

电容屏更主要的缺点是漂移。环境温度、湿度和电场发生改变，都会引起电容屏的漂移，造成不准确。由于没有原点，电容屏的漂移是累积的，在工作现场也经常需要校准。

(3) 红外线式触摸屏

① 红外线式触摸屏的原理及特点 红外线式触摸屏由装在触摸屏外框上的红外线发射与接收感测元件构成，在屏幕表面上，形成红外线探测网，任何触摸物体可改变触点上的红外线而实现触摸屏操作，如图 3-20 所示。

红外触摸屏利用 X、Y 方向上密布的红外线矩阵来检测并定位用户的触摸。红外触摸屏在显示器的前面安装有一个电路板外框，电路板在屏幕四边排布红外发射管和红外接收管，一一对应形成横竖交叉的红外线矩阵。用户在触摸屏幕时，手指就会挡住经过该位置的横竖两条红外线，因而可以判断出触摸点在屏幕的位置。任何触摸物体都可改变触点上的红外线而实现触摸屏操作。

② 红外线式触摸屏的局限性　了解触摸屏技术的人都知道，红外触摸屏不受电流、电压和静电干扰，适宜恶劣的环境条件，红外线技术是触摸屏产品最终的发展趋势。

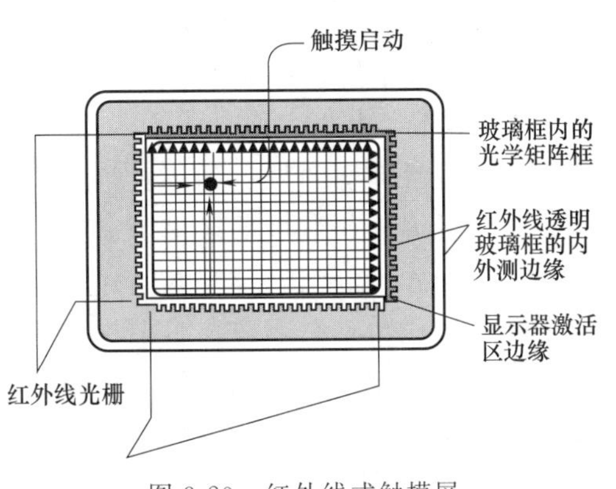

图 3-20　红外线式触摸屏

红外线式触摸屏有五代产品，早期产品存在分辨率低、触摸方式受限制和易受环境干扰而误动作等技术上的局限。第五代产品，实现了 1000720 像素高分辨率、多层次自调节和自恢复的硬件适应能力和高度智能化的判别识别，可长时间在各种恶劣环境下任意使用，并且可针对用户定制扩充功能，如网络控制、声感应、人体接近感应、用户软件加密保护、红外数据传输等。

(4) 表面声波式触摸屏

① 表面声波式触摸屏的原理及特点　表面声波触摸屏的触摸屏部分可以是一块平面、球面或是柱面的玻璃平板，安装在 CRT、LED、LCD 或是等离子显示器屏幕的前面。这块玻璃平板只是一块纯粹的强化玻璃，没有任何贴膜和覆盖层。玻璃屏的左上角和右下角各固定了竖直和水平方向的超声波发射换能器，右上角则固定了两个相应的超声波接收换能器。玻璃屏的四个周边则刻有 45°角由疏到密间隔非常精密的反射条纹。

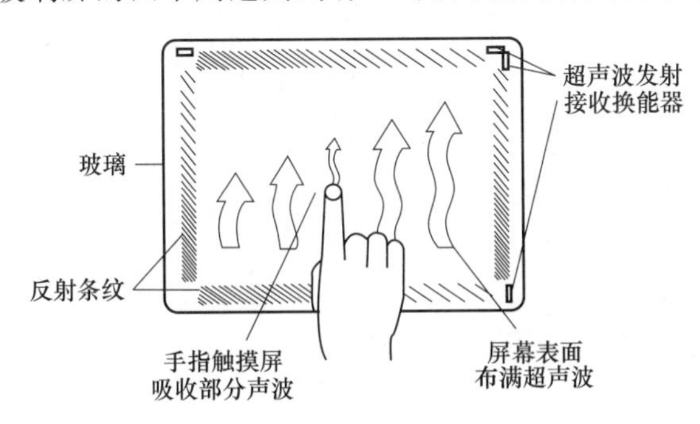

图 3-21　表面声波式触摸屏

以右下角的 X 轴发射换能器为例：发射换能器把控制器通过触摸屏电缆送来的电信号转化为声波能量向左方表面传递，然后由玻璃板下边的一组精密反射条纹把声波能量反射成向上的均匀面传递，声波能量经过屏体表面，再由上边的反射条纹聚成向右的线传播给 X 轴的接收换能器，接收换能器将返回的表面声波能量变为电信号，其工作原理如图 3-21 所示。

当发射换能器发射一个窄脉冲后，声波能量历经不同途径到达接收换能器，走最右边的最早到达，走最左边的最晚到达，早到达的和晚到达的这些声波能量叠加成一个较宽的波形信号。不难看出，接收信号集合了所有在 X 轴方向历经长短不同路径回归的声波能量，它们在 Y 轴走过的路程是相同的，但在 X 轴上，最远的比最近的多走了两倍 X 轴最大距离，因此这个波形信号的时间轴反映各原始波形叠加前的位置，也就是 X 轴坐标。

发射信号与接收信号波形在没有触摸的时候，接收信号的波形与参照波形完全一样。当手指或其他能够吸收或阻挡声波能量的物体触摸屏幕时，X 轴途经手指部位向上走的声波能量被部分吸收，反映在接收波形上即某一时刻位置上波形有一个衰减缺口。接收波形对应手指挡住部位信号衰减了一个缺口，计算缺口位置即得触摸坐标，控制器分析到接收信号的衰减并由缺口的位置判定 X 坐标，之后 Y 轴同样的过程判定出触摸点的 Y 坐标。除了一般触摸屏都能响应的 X、Y 坐标外，表面声波触摸屏还响应第三轴 Z 轴坐标，也就是能感知用户触摸压力大小值，其原理是由接收信号衰减处的衰减量计算得到。三轴一旦确定，控制器就把它们传给主机。

表面声波触摸屏的特点如下：抗刮伤性良好（相对于电阻、电容等的表面镀膜）；反应灵敏，不受温度、湿度等环境因素影响，分辨率高，寿命长（维护良好情况下 5000 万次）；透光率高（92%），能保持清晰透亮的图像质量；没有漂移，只需安装时一次校正；有第三轴（即压力轴）响应，目前在公共场所使用较多。

② 表面声波触摸屏的局限性　表面声波屏需要经常维护，因为灰尘、油污甚至饮料的液体沾污在屏的表面，都会阻塞触摸屏表面的导波槽，使波不能正常发射，或使波形改变而控制器无法正常识别，从而影响触摸屏的正常使用。用户需严格注意环境卫生，必须经常擦抹屏的表面以保持屏面的光洁，并定期做一次全面彻底擦除。

【提示】

触摸屏包含 HMI（人机接口软件，Human Machine Interface）硬件和相应的专用画面组态软件。一般情况下，不同厂家的 HMI 硬件使用不同的画面组态软件。

通用的组态软件支持的设备种类非常多，如各种 PLC、PC 板卡、仪表、变频器、模块等设备，而且由于 PC 的硬件平台性能强大（主要反应在速度和存储容量上），通用组态软件的功能也强很多，适用于大型的监控系统中。

3.3.3 常用组态软件介绍

组态软件是指一些数据采集与过程控制的专用软件，它们是在自动控制系统监控层一级的软件平台和开发环境，使用灵活的组态方式，为用户提供快速构建工业自动控制系统监控功能的、通用层次的软件工具。组态软件应该能支持各种工控设备和常见的通信协议，并且通常应提供分布式数据管理和网络功能。对应于原有的 HMI 的概念，组态软件应该是一个使用户能快速建立自己的 HMI 的软件工具，或开发环境。组态软件的出现，用户可以利用组态软件的功能，构建一套最适合自己的应用系统。随着组态软件的快速发展，实时数据库、实时控制、SCADA、通信及联网、开放数据接口、对 I/O 设备的广泛支持已经成为它的主要内容，随着技术的发展，组态软件将会不断被赋予新的内容。

(1) 几种组态软件介绍

① InTouch　Wonderware 的 InTouch 软件是最早进入我国的组态软件。早期的 InTouch 软件采用 DDE 方式与驱动程序通信，性能较差，最新的 InTouch7.0 版已经完全基于 32 位的 Windows 平台，并且提供了 OPC 支持。

② Fix　Intellution 公司以 Fix 组态软件起家，1995 年被艾默生收购，现在是艾默生集团的全资子公司，Fix6.x 软件提供工控人员熟悉的概念和操作界面，并提供完备的驱动程序（需单独购买）。Intellution 将自己最新的产品系列命名为 iFiX，在 iFiX 中，Intellution 提供了强大的组态功能，但新版本与以往的 6.x 版本并不完全兼容。原有的 Script 语言改为 VBA（Visual Basic For Application），并且在内部集成了微软的 VBA 开发环境。遗憾的是，Intellution 并没有提供 6.1 版脚本语言到 VBA 的转换工具。在 iFiX 中，Intellution 的产品与 Microsoft 的操作系统、网络进行了紧密的集成。Intellution 也是 OPC（OLE for Process Control）组织的发起成员之一。iFiX 的 OPC 组件和驱动程序同样需要单独购买。

③ Citech　CiT公司的Citech也是较早进入中国市场的产品。Citech具有简洁的操作方式，但其操作方式更多的是面向程序员，而不是工控用户。Citech提供了类似C语言的脚本语言进行二次开发，但与iFix不同的是，Citech的脚本语言并非是面向使用对象的，而是类似于C语言，这无疑为用户进行二次开发增加了难度。

④ WinCC　Simens的WinCC也是一套完备的组态开发环境，Simens提供类C语言的脚本，包括一个调试环境。WinCC内嵌OPC支持，并可对分布式系统进行组态。但WinCC的结构较复杂，用户最好经过Simens的培训以掌握WinCC的应用。

⑤ 组态王　组态王是国内第一家较有影响的组态软件开发公司（更早的品牌多数已经湮灭）。组态王提供了资源管理器式的操作主界面，并且提供了以汉字作为关键字的脚本语言支持。组态王也提供多种硬件驱动程序。

⑥ Controx（开物）　华富计算机公司的Controx2000是全32位的组态开发平台，为工控用户提供了强大的实时曲线、历史曲线、报警、数据报表及报告功能。作为国内最早加入OPC组织的软件开发商，Controx内建OPC支持，并提供数十种高性能驱动程序，提供面向使用对象的脚本语言编译器，支持ActiveX组件和插件的即插即用，并支持通过ODBC连接外部数据库。Controx同时提供网络支持和WevServer功能。

⑦ ForceControl（力控）　大庆三维公司的ForceControl（力控）也是国内较早就已经出现的组态软件之一，只是因为早期力控一直没有作为正式商品广泛推广，主要用于公司内部的一些项目，所以并不为大多数人所知。32位下的1.0版的力控，在体系结构上就已经具备了较为明显的先进性，其最大的特征之一就是其基于真正意义的分布式实时数据库的三层结构，而且其实时数据库结构可为可组态的活结构。最新推出的2.0版在功能的丰富特性、易用性、开放性和I/O驱动数量上都得到了很大的提高，在很多环节的设计上，力控都能从国内用户的角度出发，即注重实用性，又不失大软件的规范。

⑧ MCGS　MCGS是北京昆仑通态公司开发的全中文工控组态软件。嵌入版是基于MCGS基础上开发的专门应用于嵌入式计算机监控系统的组态软件，它的组态环境能够在基于Microsoft的各种32位Windows平台上运行，运行环境则是在实时多任务嵌入式操作系统WindowsCE中运行，适应于应用系统对功能、可靠性、成本、体积、功耗等综合性能有严格要求的专用计算机系统。它通过对现场数据的采集处理，以动画显示、报警处理、流程控制和报表输出等多种方式向用户提供解决实际工程问题的方案，在自动化领域有着广泛的应用。

【提示】

其他常见的组态软件还有GE的Cimplicity，Rockwell的RsView，NI的LookOut，PCSoft的Wizcon，也都各有特色。

(2) 组态软件的控制功能

随着以工业PC为核心的自动控制集成系统技术的日趋完善和工程技术人员的使用组态软件水平的不断提高，用户对组态软件的要求已不像过去那样主要侧重于画面，而是要考虑一些实质性的应用功能，如软件PLC，先进过程控制策略等。

目前看到的所有组态软件都能完成类似的功能，比如，几乎所有运行于32位Windows平台的组态软件都采用类似资源浏览器的窗口结构，并且对工业控制系统中的各种资源（设备、标签量、画面等）进行配置和编辑；都提供多种数据驱动程序；都使用脚本语言提供二次开发的功能等。但是，从技术上说，各种组态软件提供实现这些功能的方法却各不相同。

软件 PLC 产品是基于 PC 机开放结构的控制装置，它具有硬件 PLC 在功能、可靠性、速度、故障查找等方面的特点，利用软件技术可将标准的工业 PC 转换成全功能的 PLC 过程控制器。软件 PLC 综合了计算机和 PLC 的开关量控制、模拟量控制、数学运算、数值处理、通信网络等功能，通过一个多任务控制内核，提供了强大的指令集、快速而准确的扫描周期、可靠的操作和可连接各种 I/O 系统及网络的开放式结构。所以可以这样说，软件 PLC 提供了与硬件 PLC 同样的功能，而同时具备了 PC 环境的各种优点。

随着企业提出的高柔性、高效益的要求，以多变量预测控制为代表的先进控制策略的提出和成功应用之后，先进过程控制受到了工业界的普遍关注。先进过程控制（Advanced Process Control，APC）是指一类在动态环境中，基于模型、充分借助计算机能力，为工厂获得最大理论而实施的运行和控制策略。

先进控制策略主要有：双重控制及阀位控制、纯滞后补偿控制、解耦控制、自适应控制、差拍控制、状态反馈控制、多变量预测控制、推理控制及软测量技术、智能控制（专家控制、模糊控制和神经网络控制）等，尤其智能控制已成为开发和应用的热点。

目前，国内许多大企业纷纷投资，在装置自动化系统中实施先进控制。国外许多控制软件公司和 DCS 厂商都在竞相开发先进控制和优化控制的工程软件包。能嵌入先进控制和优化控制策略的组态软件必将受到用户的极大欢迎。

3.3.4 MCGS 嵌入版组态软件的应用

(1) MCGS 嵌入版组态软件的结构

MCGS 嵌入版组态软件的用户应用系统主要由主控窗口、设备窗口、用户窗口、实时数据库和运行策略五个部分构成，如图 3-22 所示。

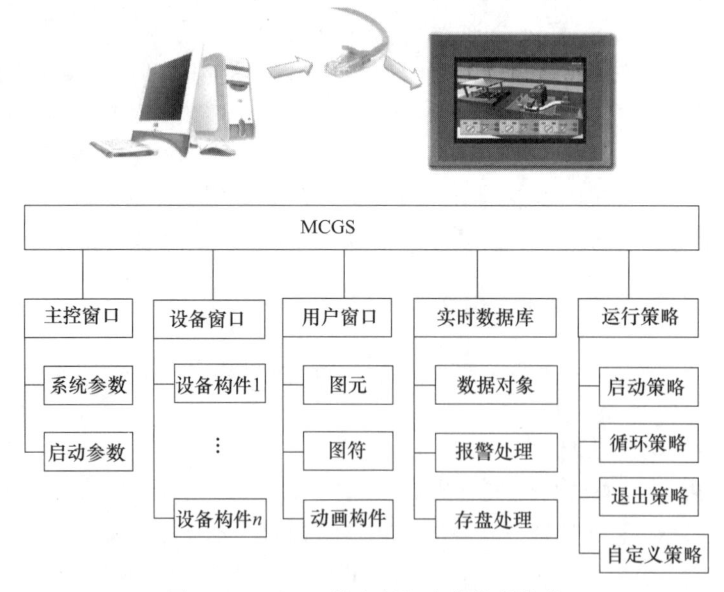

图 3-22 MCGS 嵌入版组态软件的结构

① 窗口 MCGS 嵌入版用主控窗口、设备窗口和用户窗口来构成一个应用系统的人机交互图形界面，组态配置各种不同类型和功能的对象或构件，同时可以对实时数据进行可视化处理。在窗口内，用户可以放置不同的构件，创建图形对象并调整画面的布局，组态配置

不同的参数以完成不同的功能。

在MCGS嵌入版中，每个应用系统只能有一个主控窗口和一个设备窗口，但可以有多个用户窗口和多个运行策略，实时数据库中也可以有多个数据对象。

a. 主控窗口确定了工业控制中工程作业的总体轮廓，以及运行流程、特性参数和启动特性等项内容，是应用系统的主框架。

b. 设备窗口是MCGS嵌入版系统与外部设备联系的媒介，专门用来放置不同类型和功能的设备构件，实现对外部设备的操作和控制。一个应用系统只有一个设备窗口，运行时，系统自动打开设备窗口，管理和调度所有设备构件正常工作，并在后台独立运行。注意，对用户来说，设备窗口在运行时是不可见的。

c. 用户窗口实现了数据和流程的"可视化"。用户窗口中可以放置三种不同类型的图形对象：图元、图符和动画构件。图元和图符对象为用户提供了一套完善的设计制作图形画面和定义动画的方法。动画构件对应于不同的动画功能，它们是从工程实践经验中总结出的常用的动画显示与操作模块，用户可以直接使用。组态工程中的用户窗口，最多可定义512个。所有的用户窗口均位于主控窗口内，其打开时窗口可见；关闭时窗口不可见。

通过在用户窗口内放置不同的图形对象，搭制多个用户窗口，用户可以构造各种复杂的图形界面，用不同的方式实现数据和流程的"可视化"。

② 实时数据库　实时数据库相当于一个数据处理中心，同时也起到公用数据交换区的作用。MCGS嵌入版使用自建文件系统中的实时数据库来管理所有实时数据。从外部设备采集来的实时数据送入实时数据库，系统其他部分操作的数据也来自于实时数据库。实时数据库自动完成对实时数据的报警处理和存盘处理，同时它还根据需要把有关信息以事件的方式发送给系统的其他部分，以便触发相关事件，进行实时处理。

实时数据库所存储的单元，不单单是变量的数值，还包括变量的特征参数（属性）及对该变量的操作方法（报警属性、报警处理和存盘处理等）。这种将数值、属性、方法封装在一起的数据称之为数据对象。实时数据库采用面向对象的技术，为其他部分提供服务，提供了系统各个功能部件的数据共享。

③ 运行策略　运行策略本身是系统提供的一个框架，其里面放置有策略条件构件和策略构件组成的"策略行"，通过对运行策略的定义，使系统能够按照设定的顺序和条件操作实时数据库、控制用户窗口的打开、关闭并确定设备构件的工作状态等，从而实现对外部设备工作过程的精确控制。

一个应用系统有三个固定的运行策略：启动策略、循环策略和退出策略，同时允许用户创建或定义最多512个用户策略。启动策略在应用系统开始运行时调用，退出策略在应用系统退出运行时调用，循环策略由系统在运行过程中定时循环调用，用户策略供系统中的其他部件调用。

(2) 组态软件的使用步骤

① 打开MCGS嵌入版组态软件后，其工作界面如图3-23所示。

② 单击"文件"按钮，出现下拉菜单，单击"新建工程"（快捷建Ctrl+N），出现"新建工程设置"菜单，如图3-24所示。

③ 在菜单栏中直接选择TPC7062K即可。背景色也可以在此处设定，网格大小的选择

图 3-23　工作界面

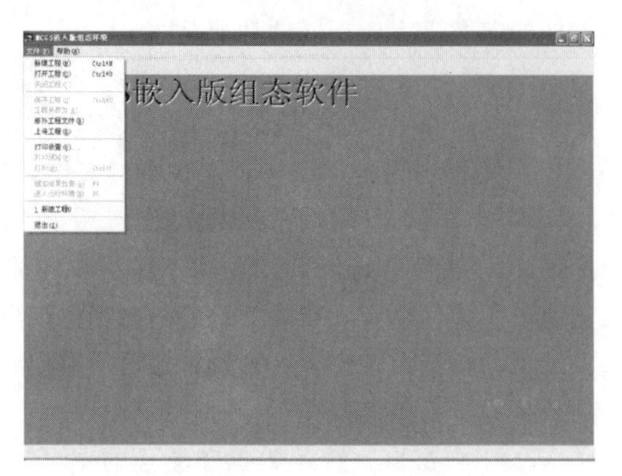

图 3-24　新建工程界面

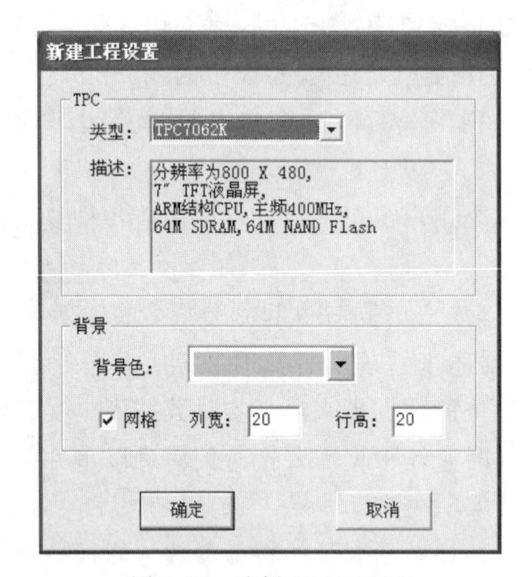

图 3-25　选择 TPC7062K

默认即可，如图 3-25 所示，然后点击“确定”按钮进入下一步。

④ 单击“实时数据库”将出现如图 3-26 所示的菜单，出现此菜单后，可以单击右侧的“新增对象”，可以连续多次单击，增加多个数据对象。然后双击选中对象，则打开“数据对象属性设置”窗口。对象名称改为运行状态，对象类型改为开关型，单击“确认”即可完成此对象的设置。按照这种方式，可以设定其他的数据对象。

⑤ 在图 3-26 所示的窗口下，单击菜单中的“设备窗口”按钮，将弹出如图 3-27 所示的窗口页面。

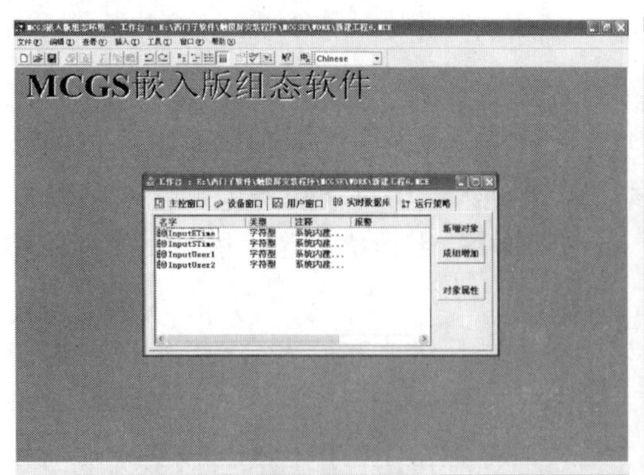

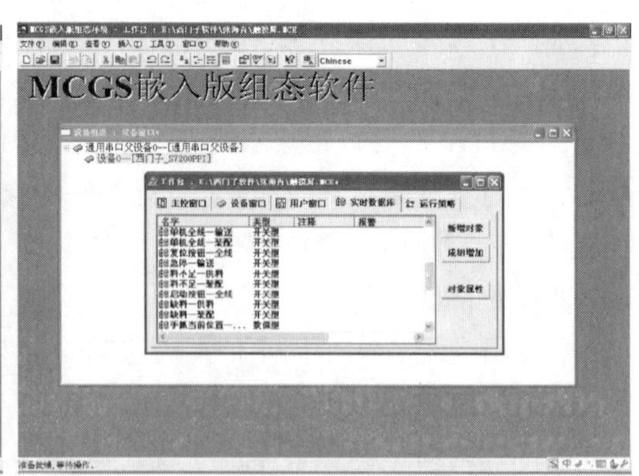

图 3-26　设定数据对象

⑥ 在图 3-27 所示的窗口中单击“工具箱”按钮，出现左侧的设备工具箱的窗口，如图 3-28 所示。

⑦ 在设备工具箱窗口中，用鼠标双击“通用串口父设备”和西门子-S7200PPI，即可把这两项全部添加到右侧的“设备窗口”中，如图 3-29 所示。

图 3-27 设备窗口

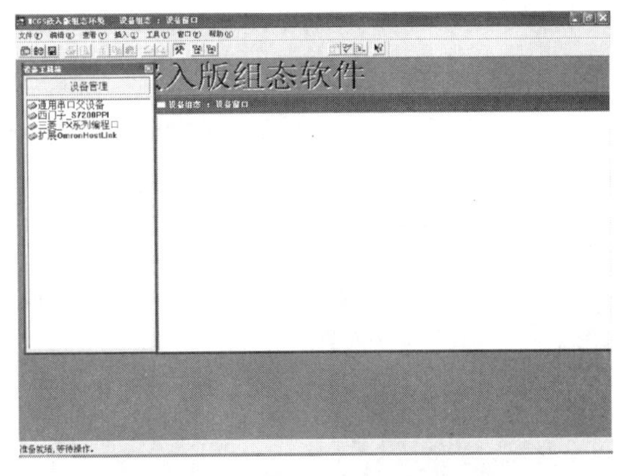

图 3-28 设备工具箱的窗口

⑧ 在“设备窗口”中双击“通用串口父设备”将出现如图 3-30 所示的菜单。

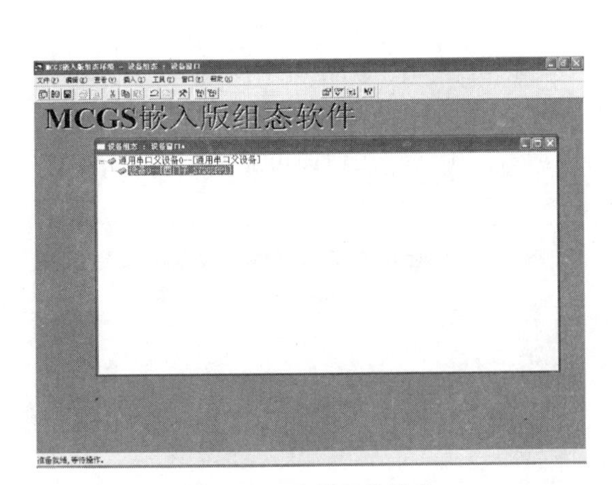

图 3-29 选择通信设备

图 3-30 设备属性编辑（一）

然后修改如下：

- 串口端口号（1～255）设置为：0-COM1。
- 通信波特率设置为：8-19200。
- 数据校验方式设置为：2-偶校验。
- 其他设置为默认值。

⑨ 双击“设备 0-[西门子-S7200PPI]”进入设备编辑窗口，如图 3-31 所示。

在此窗口中，要把默认的通道名称全部删除，单击“删除全部通道”按钮删除。

⑩ 在图 3-31 所示的对话框中，删除全部通道后，单击“增加设备通道”按钮，出现如图 3-32 所示的窗口。

设置参数如下：

- 通道类型：I 寄存器。
- 数据类型：通道的第 00 位。
- 通道地址：0。

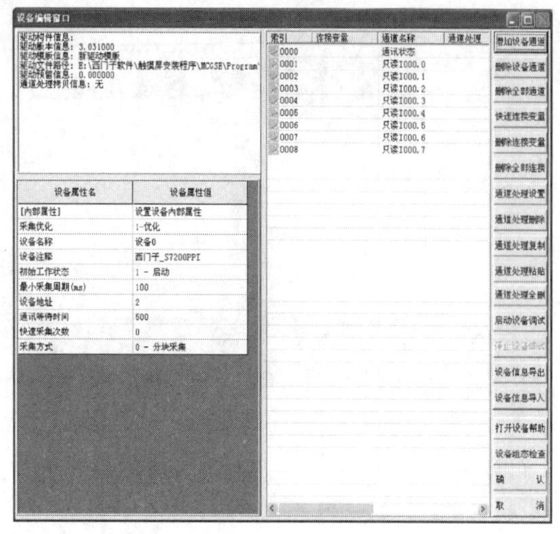

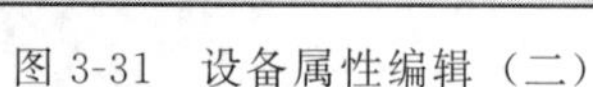

图 3-31 设备属性编辑（二）

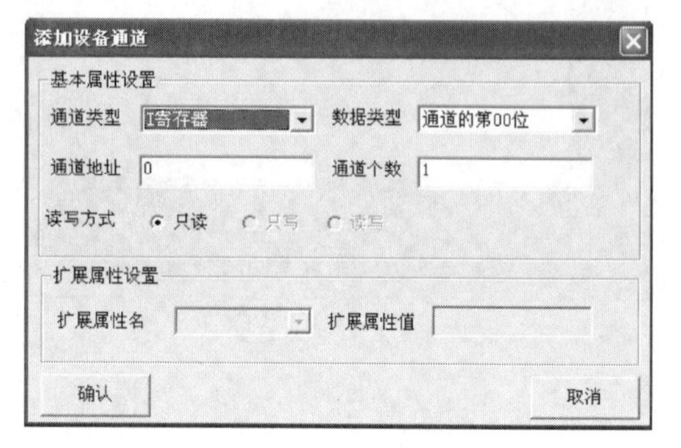

图 3-32 设置参数（一）

• 通道个数：1。

• 读写方式：只读。

单击“确认”按钮，即完成了基本属性的设置，将出现如图 3-33 所示的窗口。

⑪ 双击“只读 M000.0”通道，将出现如图 3-34 所示的窗口，可以从此窗口中选择对应的变量，单击要添加的变量即可完成添加，然后点击“确认”按钮即可返回。

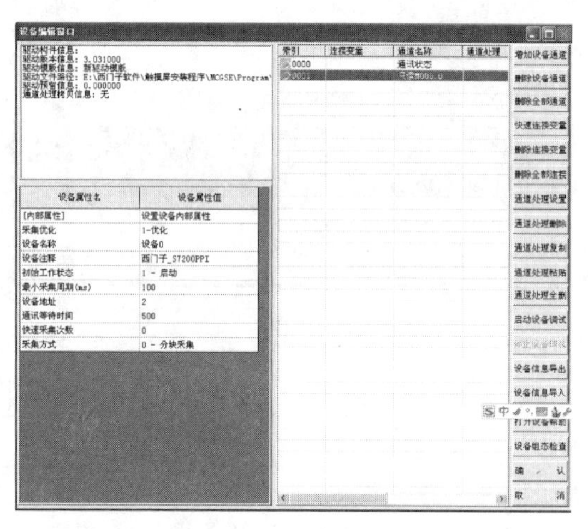

图 3-33 设置参数（二）

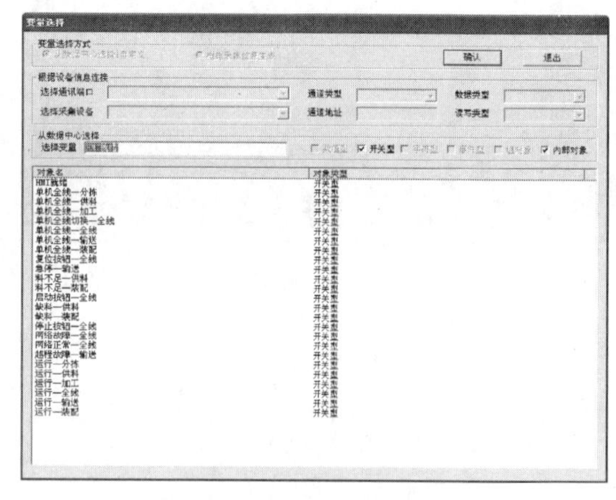

图 3-34 变量设置

这样就完成了一个通道的设置，如图 3-35 所示。

用上述方法可以添加其他的通道。全部完成添加后在图 3-35 所示窗口中点击“确认”按钮，将出现如图 3-36 所示的窗口。

(3) MCGS 组态软件应用样例

下面介绍一个水位控制系统的组态过程，详细讲解如何应用 MCGS 嵌入版组态软件完成一个工程。本样例工程中涉及动画制作、控制流程的编写、模拟设备的连接、报警输出、报表曲线显示等多项组态操作，最终效果图如图 3-37 所示。

① 工程分析 在开始组态工程之前，先对该工程进行剖析，以便从整体上把握工程的

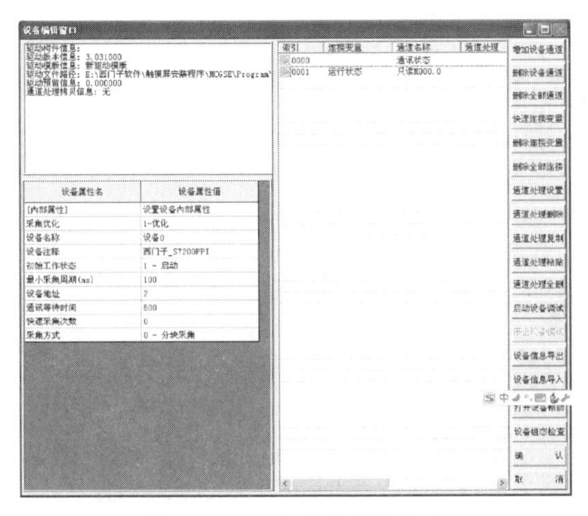

图 3-35 一个通道设置完成

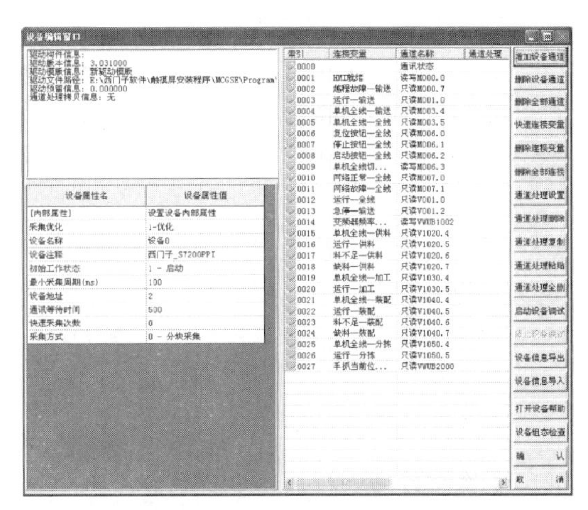

图 3-36 全部通道设置完成

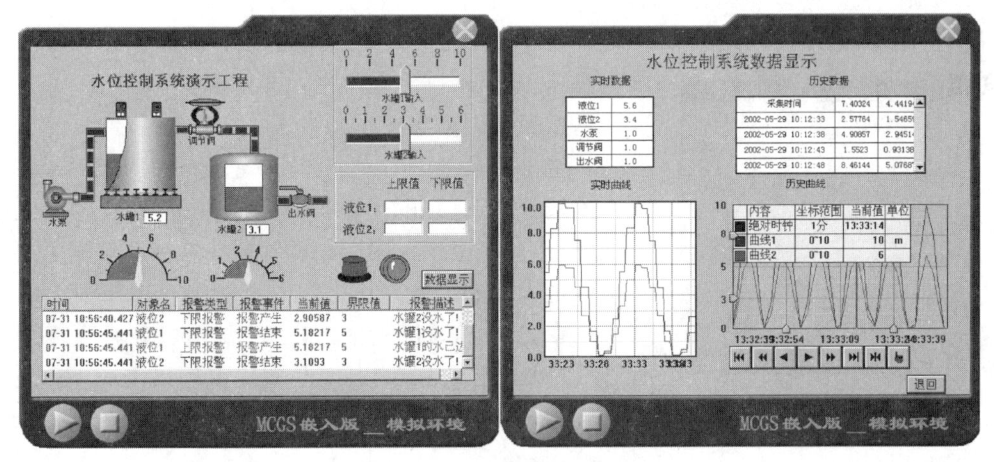

图 3-37 样例工程最终效果图

结构、流程、需实现的功能及如何实现这些功能，见表 3-6。

表 3-6 组态工程分析

项目		分析
工程框架		2个用户窗口:水位控制、数据显示 5个策略:启动策略、退出策略、循环策略、报警数据、历史数据
数据对象		水泵、调节阀、出水阀、液位1、液位2、液位1上限、液位1下限、液位2上限、液位2下限、液位组
图形制作	水位控制窗口	水泵、调节阀、出水阀、水罐、报警指示灯:由对象元件库引入 管道:通过流动块构件实现 水罐水量控制:通过滑动输入器实现 水量的显示:通过旋转仪表、标签构件实现 报警实时显示:通过报警显示构件实现 动态修改报警限值:通过输入框构件实现
	数据显示窗口	实时数据:通过自由表格构件实现 历史数据:通过历史表格构件实现 实时曲线:通过实时曲线构件实现 历史曲线:通过历史曲线构件实现
流程控制		通过循环策略中的脚本程序策略块实现
安全机制		通过用户权限管理、工程安全管理、脚本程序实现

② 工程建立　可以按如下步骤建立样例工程：

a. 鼠标单击文件菜单中“新建工程”选项，如果 MCGS 嵌入版安装在 D 盘根目录下，则会在 D：\MCGSE\WORK\下自动生成新建工程，默认的工程名为“新建工程 X. MCE”（X 表示新建工程的顺序号，如：0、1、2 等）。

b. 选择文件菜单中的“工程另存为”菜单项，弹出文件保存窗口。

c. 在文件名一栏内输入“水位控制系统”，点击“保存”按钮，工程创建完毕。

③ 制作工程画面

a. 建立画面。

• 在“用户窗口”中单击“新建窗口”按钮，建立“窗口 0”。

• 选中“窗口 0”，单击“窗口属性” A 按钮进入“用户窗口属性设置”。

• 将窗口名称改为：水位控制；窗口标题改为：水位控制；其他不变，单击“确认”。

• 在“用户窗口”中，选中“水位控制”，点击右键，选择下拉菜单中的“设置为启动窗口”选项，将该窗口设置为运行时自动加载的窗口，如图 3-38 所示。

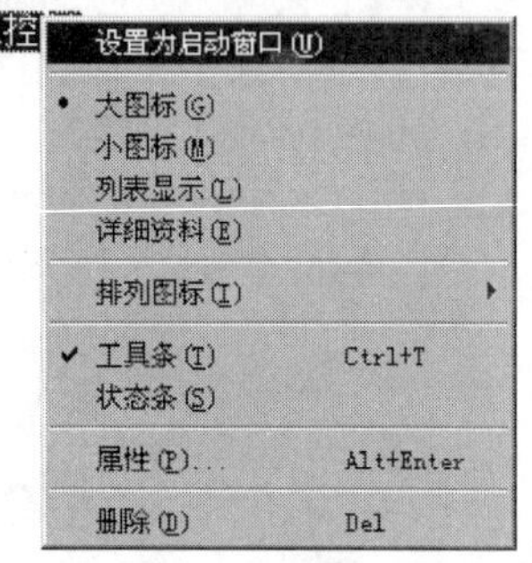

图 3-38　新建窗口

b. 编辑画面。选中“水位控制”窗口图标，单击“动画组态”，进入动画组态窗口，开始编辑画面。

请按照下列步骤制作文字框图。

• 单击工具条中的“工具箱”按钮，打开绘图工具箱。

• 选择“工具箱”内的“标签”按钮，鼠标的光标呈“十字”形，在窗口顶端中心位置拖拽鼠标，根据需要拉出一个一定大小的矩形。

• 在光标闪烁位置输入文字“水位控制系统演示工程”，按回车键或在窗口任意位置用鼠标点击一下，文字输入完毕。

【提示】

选中文字框，做如下设置：

点击（填充色）按钮，设定文字框的背景颜色为：没有填充。

点击（线色）按钮，设置文字框的边线颜色为：没有边线。

点击（字符字体）按钮，设置文字字体为宋体；字型为粗体；大小为 26。

点击（字符颜色）按钮，将文字颜色设为：蓝色。

下面开始制作水箱：单击绘图工具箱中的（插入元件）图标，弹出对象元件管理对话框，如图 3-39 所示。

从“储藏罐”类中选取罐 14、罐 20，从“阀”和“泵”类中分别选取 2 个阀（阀 6、阀 33）、1 个泵（泵 12），将储藏罐、阀、泵调整为适当大小，放到适当位置，参照效果图。

选中工具箱内的流动块动画构件图标，鼠标的光标呈“十”字形，移动鼠标至窗口的预定位置，点击一下鼠标左键，移动鼠标，在鼠标光标后形成一道虚线，拖动一定距离后，点击鼠标左键，生成一段流动块。再拖动鼠标（可沿原来方向，也可垂直原来方向），生成下一段流动块。

如果想结束绘制，双击鼠标左键即可。

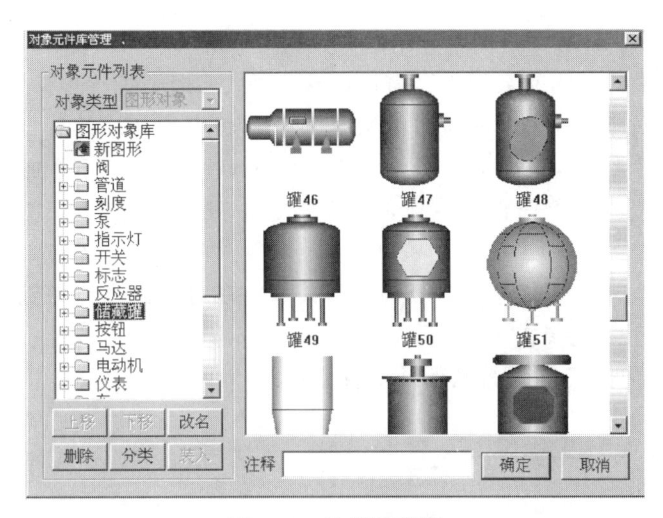

图 3-39 选择储藏罐

如果想修改流动块，选中流动块（流动块周围出现选中标志：白色小方块），鼠标指针指向小方块，按住左键不放，拖动鼠标，即可调整流动块的形状。

使用工具箱中的图标**A**，分别对阀、罐进行文字注释，依次为：水泵、水罐1、调节阀、水罐2、出水阀。

选择“文件”菜单中的“保存窗口”选项，保存画面。最后生成的整体画面如图3-40所示。

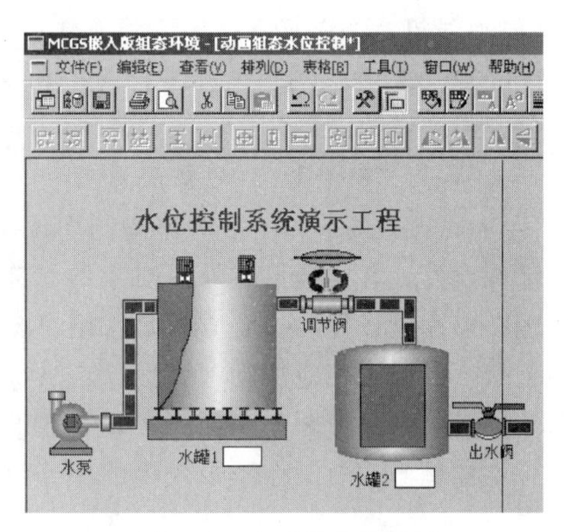

图 3-40 生成的整体画面

④ 定义数据对象 前面已经讲过，实时数据库是MCGS嵌入版工程的数据交换和数据处理中心。数据对象是构成实时数据库的基本单元，建立实时数据库的过程也就是定义数据对象的过程。定义数据对象的内容主要包括：指定数据变量的名称、类型、初始值和数值范围；确定与数据变量存盘相关的参数，如存盘的周期、存盘的时间范围和保存期限等。

在开始定义之前，先对所有数据对象进行分析。在本样例工程中需要用到的数据对象见表3-7。

表 3-7 数据对象分析

对象名称	类型	注 释
水泵	开关型	控制水泵“启动”“停止”的变量
调节阀	开关型	控制调节阀“打开”“关闭”的变量
出水阀	开关型	控制出水阀“打开”“关闭”的变量
液位1	数值型	水罐1的水位高度，用来控制水罐1水位的变化
液位2	数值型	水罐2的水位高度，用来控制水罐2水位的变化
液位1上限	数值型	用来在运行环境下设定水罐1的上限报警值
液位1下限	数值型	用来在运行环境下设定水罐1的下限报警值
液位2上限	数值型	用来在运行环境下设定水罐2的上限报警值
液位2下限	数值型	用来在运行环境下设定水罐2的下限报警值
液位组	组对象	用于历史数据、历史曲线、报表输出等功能构件

下面以数据对象“水泵”为例，介绍定义数据对象的步骤及方法。

a. 单击工作台中的“实时数据库”窗口标签，进入实时数据库窗口页。

b. 单击“新增对象”按钮，在窗口的数据对象列表中增加新的数据对象，系统缺省定义的名称为“Data1”“Data2”“Data3”等（多次点击该按钮，则可增加多个数据对象）。

c. 选中对象，按“对象属性”按钮，或双击选中对象，则打开“数据对象属性设置”窗口。

d. 将对象名称改为水泵；对象类型选择开关型；在对象内容注释输入框内输入“控制水泵启动、停止的变量”，单击“确认”。

按照此步骤，根据表 3-7 设置其他 9 个数据对象。

【提示】

定义组对象与定义其他数据对象略有不同，需要对组对象成员进行选择。具体步骤如下。

a. 在数据对象列表中，双击“液位组”，打开“数据对象属性设置”窗口。

b. 选择“组对象成员”标签，在左边数据对象列表中选择“液位 1”，点击“增加”按钮，数据对象“液位 1”被添加到右边的“组对象成员列表”中。按照同样的方法将“液位 2”添加到组对象成员中。

c. 单击“存盘属性”标签，在“数据对象值的存盘”选择框中，选择“定时存盘”，并将存盘周期设为“5s”。

d. 单击“确认”，组对象设置完毕。

⑤ 动画连接　由图形对象搭制而成的图形画面是静止不动的，需要对这些图形对象进行动画设计，真实地描述外界对象的状态变化，达到过程实时监控的目的。MCGS 嵌入版实现图形动画设计的主要方法是将用户窗口中图形对象与实时数据库中的数据对象建立相关性连接，并设置相应的动画属性。在系统运行过程中，图形对象的外观和状态特征，由数据对象的实时采集值驱动，从而实现了图形的动画效果。

本样例中需要制作动画效果的部分包括：水箱中水位的升降；水泵、阀门的启停；水流效果。

a. 水位升降效果制作。水位升降效果是通过设置数据对象“大小变化”连接类型实现的。具体设置步骤如下。

• 在用户窗口中，双击水罐 1，弹出“单元属性设置”窗口。

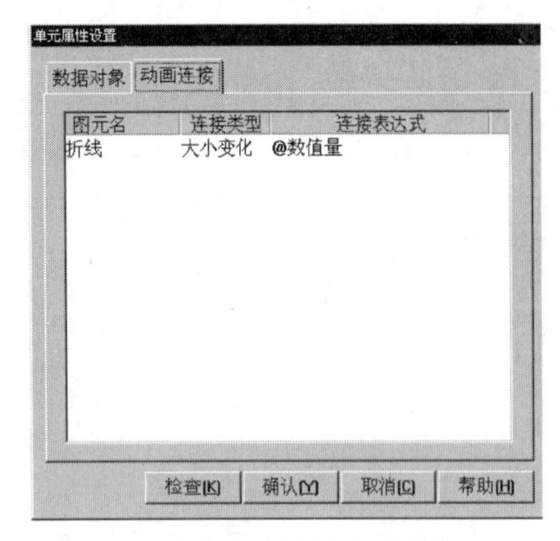

图 3-41　水位升降效果动画制作（一）

• 单击“动画连接”标签，显示如图 3-41 所示的窗口。

• 选中折线 >，在右端出现。

• 单击 >，进入动画组态属性设置窗口。按照下面的要求设置各个参数：表达式为“液位 1”，最大变化百分比对应的表达式的值为“10”，其他参数不变，如图 3-42 所示。

• 单击“确认”，水罐 1 水位升降效果制作完毕。

【提示】

水罐 2 水位升降效果的制作同理。单击 > 进入

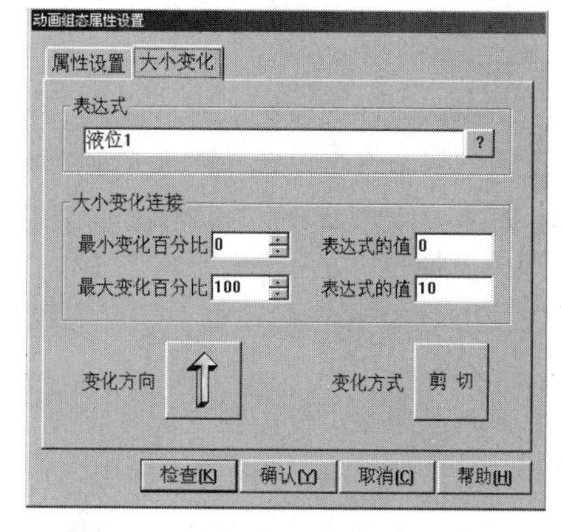

图 3-42　水位升降效果动画制作（二）

动画组态属性设置窗口后，按照下面的值进行参数设置：表达式为“液位 2”；最大变化百分比对应的表达式的值为“6”；其他参数不变。

b. 水泵、阀门的启停效果制作。水泵、阀门的启停动画效果是通过设置数据对象“按钮动作”连接类型实现的。具体设置步骤如下。

• 双击“水泵”，弹出“单元属性设置”窗口。

• 选择“动画连接”标签。

• 选中“矩形”，出现[>]。

• 单击[>]进入动画组态属性设置窗口。

• 在按钮对应的功能域中，选择数据对象值操作；操作方式为取反；数据对象为水泵。

• 单击“可见度”标签，将表达式设置为“水泵＝1”；当表达式非零时，对应的图符可见。

• 单击“确认”，水泵的启停效果设置完毕。

【提示】

阀门的启停效果同理，只需做如下设置即可：在按钮动作属性页中，将数据对象分别设置为：调节阀、出水阀；可见度属性页中，将表达式分别设置为：调节阀＝1、出水阀＝1；其他不变。

c. 水流效果动画制作。水流效果是通过设置流动块构件的属性实现的，实现步骤如下。

• 双击水泵右侧的流动块，弹出“流动块构件属性设置”窗口。

• 在流动属性页中，进行如下设置：表达式为“水泵＝1”；选择当表达式非零时，流动块开始流动。

水罐 1 右侧流动块及水罐 2 右侧流动块的制作方法与此相同，只需将表达式相应改为：调节阀＝1，出水阀＝1 即可。

至此动画连接已完成，按 F5 或点击工具条中图标，进入运行环境，看一下组态后的结果。

前面已将“水位控制”窗口设置为启动窗口，所以在运行时，系统自动运行该窗口，这时看见的画面仍是静止的。移动鼠标到“水泵”“调节阀”“出水阀”上面的红色部分，鼠标指针会呈手形。单击一下，红色部分变为绿色，同时流动块相应地运动起来，但水罐仍没有变化。这是由于没有信号输入，也没有人为地改变水量。我们可以利用滑动输入器控制水位的方法改变其值，使水罐动起来。

下面以水罐 1 的水位控制为例：

• 进入“水位控制”窗口。

• 选中“工具箱”中的滑动输入器图标，当鼠标呈“＋”字形后，拖动鼠标到适当大小。

• 调整滑动块到适当的位置。

• 双击滑动输入器构件，进入“属性设置”窗口。按照下面的值设置各个参数。基本属性页中，滑块指向：指向左（上）；“刻度与标注属性”页中，主划线数目：5，即能被 10 整除。操作属性页中，对应数据对象名称为液位 1；滑块在最右（下）边时对应的值为 10；其他不变。

• 在制作好的滑块下面适当的位置，制作一文字标签（制作方法见“编辑画面”一节），按下面的要求进行设置。输入文字为水罐 1 输入；文字颜色为黑色；框图填充颜色为没有填充；框图边线颜色为没有边线。

• 按照上述方法设置水罐 2 水位控制滑块，参数设置如下。基本属性页中，滑块指向：指向左（上）。操作属性页中，对应数据对象名称为液位 2；滑块在最右（下）边时对应的值为 6；其他不变。

• 将水罐 2 水位控制滑块对应的文字标签做如下设置。输入文字为水罐 2 输入；文字颜色为黑色；框图填充颜色为没有填充；框图边线颜色为没有边线。

• 点击工具箱中的常用图符按钮，打开常用图符工具箱。

• 选择其中的凹槽平面按钮，拖动鼠标绘制一个凹槽平面，恰好将两个滑动块及标签全部覆盖。

• 选中该平面，点击编辑条中“置于最后面”按钮，最终效果如图 3-43 所示。

此时按“F5”，进入运行环境后，可以通过拉动滑动输入器而使水罐中的液面动起来。

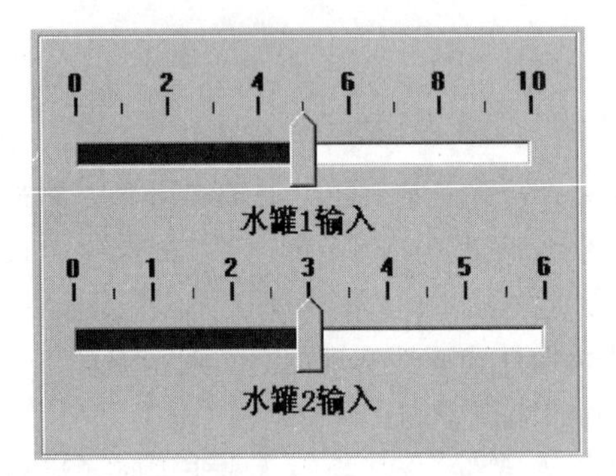

图 3-43 水流效果滑动输入器

【提示】

在工业现场一般都会大量地使用仪表进行数据显示，MCGS 嵌入版组态软件为适应这一要求提供了旋转仪表构件，用户可以利用此构件在动画界面中模拟现场的仪表运行状态，即利用旋转仪表控制水位。

⑥ 设备连接 MCGS 嵌入版组态软件提供了大量的工控领域常用的设备驱动程序，在本样例中仅以模拟设备为例，简要介绍关于 MCGS 嵌入版组态软件的设备连接。模拟设备是供用户调试工程的虚拟的设备，该构件可以产生标准的正弦波、方波、三角波、锯齿波信号，其幅值和周期都可以任意设置。通过模拟设备的连接，可以使动画不需要手动操作，自动运行起来。通常情况下，在启动 MCGS 嵌入版组态软件时，模拟设备都会自动装载到设备工具箱中。如果未被装载，可按照以下步骤将其选入。

a. 在“设备窗口”中双击“设备窗口”图标进入。

b. 点击工具条中的“工具箱”图标，打开“设备工具箱”。

c. 单击“设备工具箱”中的“设备管理”按钮，弹出如图 3-44 所示的窗口。

d. 在可选设备列表中，双击“通用设备”。

e. 双击“模拟数据设备”，在下方出现“模拟设备”图标。

f. 双击“模拟设备”图标，即可将“模拟设备”添加到右侧选定设备列表中。

g. 选中选定设备列表中的“模拟设备”，单击“确认”，“模拟设备”即被添加到“设备工具箱”中。

下面详细介绍模拟设备的添加及属性设置的方法。

a. 双击“设备工具箱”中的“模拟设备”，“模拟设备”被添加到设备组态窗口中，如

图 3-45 所示。

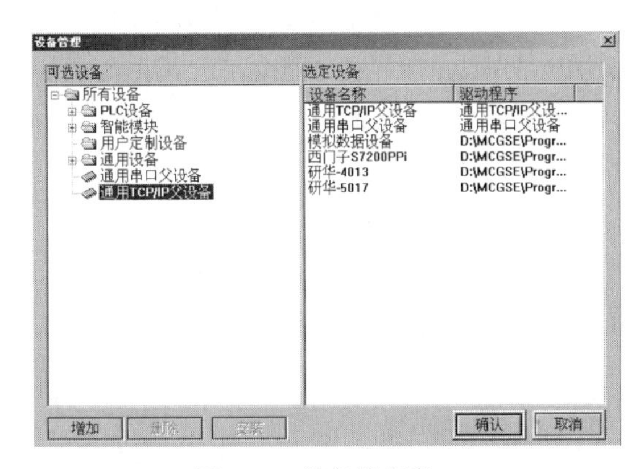

图 3-44 设备管理窗口

图 3-45 模拟设备添加窗口

b. 双击“设备 0-[模拟设备]”，进入“模拟设备属性设置”窗口，如图 3-46 所示。

c. 点击基本属性页中的“内部属性”选项，该项右侧会出现 ... 图标，单击此按钮进入“内部属性”设置，将通道 1、2 的最大值分别设置为：10、6。

d. 单击“确认”，完成“内部属性”设置。

e. 点击“通道连接”标签，进入通道连接设置。选中通道 0 对应数据对象输入框，输入“液位 1”；选中通道 1 对应数据对象输入框，输入“液位 2”，如图 3-47 所示。

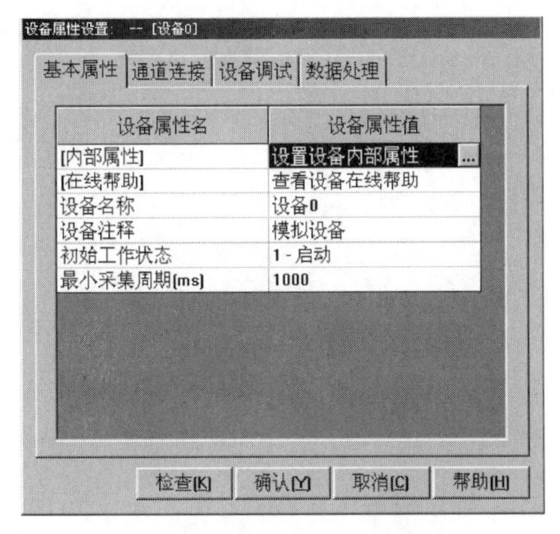

图 3-46 模拟设备属性设置窗口

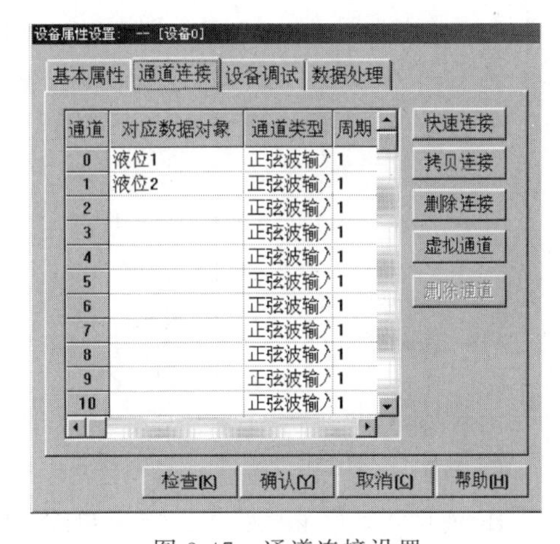

图 3-47 通道连接设置

f. 进入“设备调试”属性页，即可看到通道值中数据在变化。

g. 按“确认”按钮，完成设备属性设置。

⑦ 编写控制流程 用户脚本程序是由用户编制的、用来完成特定操作和处理的程序，其编程语法非常类似于普通的 Basic 语言，但在概念和使用上更简单直观，力求做到使大多数普通用户都能正确、快速地掌握和使用。

对于大多数简单的应用系统，MCGS 嵌入版的简单组态就可完成。只有比较复杂的系统，才需要使用脚本程序，但正确地编写脚本程序，可简化组态过程，大大提高工作效率，优化控制过程。

下面先对控制流程进行分析：当“水罐1”的液位达到9m时，就要把“水泵”关闭，否则就要自动启动“水泵”。当“水罐2”的液位不足1m时，就要自动关闭“出水阀”，否则自动开启“出水阀”。当“水罐1”的液位大于1m，同时“水罐2”的液位小于6m就要自动开启“调节阀”，否则自动关闭“调节阀”。

具体操作如下：

• 在“运行策略”中，双击“循环策略”进入“策略组态”窗口。

• 双击图标进入“策略属性设置”，将循环时间设为：200ms，按“确认”。

• 在“策略组态”窗口中，单击工具条中的“新增策略行”图标，增加一策略行，如图3-48所示。

图3-48 增加一策略行

策略工具箱
退出策略
策略调用
数据对象
设备操作
脚本程序
定时器
计数器
窗口操作

图3-49 策略工具箱

如果策略组态窗口中没有策略工具箱，请单击工具条中的“工具箱”图标，弹出“策略工具箱”，如图3-49所示。

• 单击“策略工具箱”中的“脚本程序”，将鼠标指针移到策略块图标上，单击鼠标左键，添加脚本程序构件，如图3-50所示。

双击进入脚本程序编辑环境，输入下面的程序：

```
IF 液位1<9 THEN
水泵=1
ELSE
水泵=0
END IF
IF 液位2<1 THEN
出水阀=0
ELSE
出水阀=1
ENDIF
IF 液位1>1 and 液位2<9 THEN
调节阀=1
ELSE
调节阀=0
END IF
```

上述程序输入后如图3-51所示。

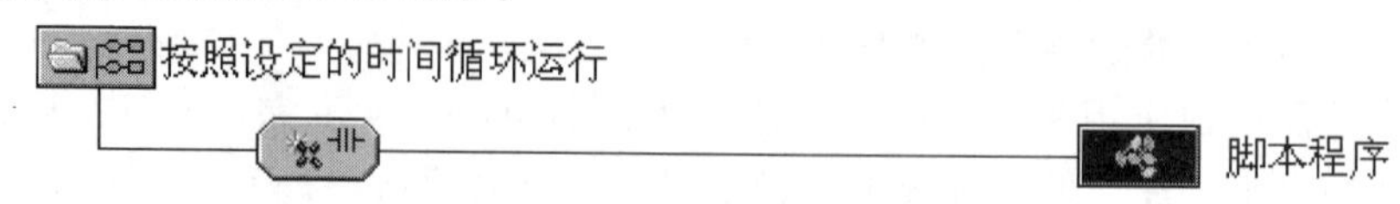

图3-50 添加脚本程序构件

• 单击“确认”，脚本程序编写完毕。

⑧ 报警显示　MCGS 嵌入版把报警处理作为数据对象的属性，封装在数据对象内，由实时数据库来自动处理。当数据对象的值或状态发生改变时，实时数据库判断对应的数据对象是否发生了报警或已产生的报警是否已经结束，并把所产生的报警信息通知给系统的其他部分，同时，实时数据库根据用户的组态设定，把报警信息存入指定的存盘数据库文件中。

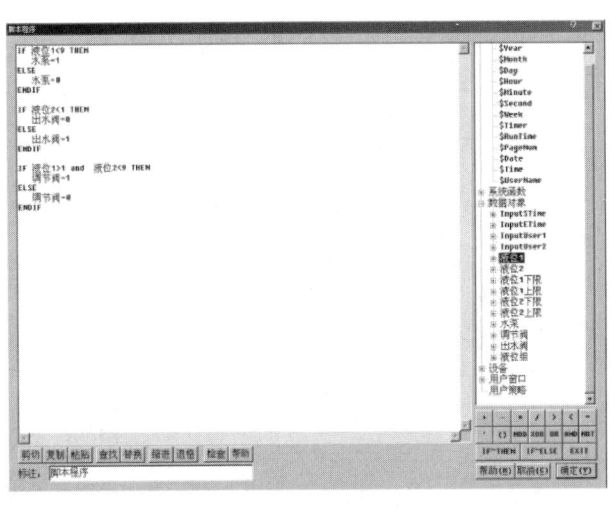

图 3-51　脚本程序输入

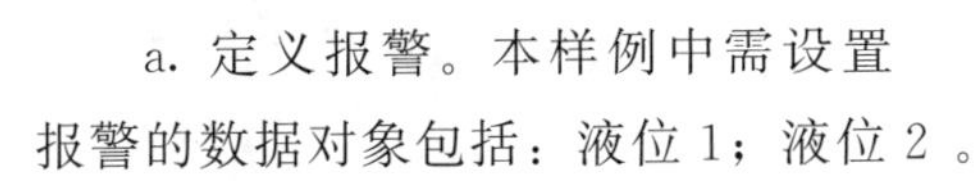

a. 定义报警。本样例中需设置报警的数据对象包括：液位 1；液位 2 。

定义报警的具体操作如下。

• 进入实时数据库，双击数据对象“液位 1”。

• 选中“报警属性”标签。

• 选中“允许进行报警处理”，报警设置域被激活。

• 选中报警设置域中的“下限报警”，报警值设为 2；报警注释输入“水罐 1 没水了!”。

• 选中“上限报警”，报警值设为 9；报警注释输入“水罐 1 的水已达上限值!”。

• 单击“存盘属性”标签，选中报警数据的存盘域中的“自动保存产生的报警信息”。

• 按“确认”按钮，“液位 1”报警设置完毕。

【提示】

同理设置“液位 2”的报警属性。需要改动的设置如下。限报警：报警值设为“1.5”；报警注释输入“水罐 2 没水了!”。上限报警：报警值设为“4”；报警注释输入“水罐 2 的水已达上限值!”。

b. 制作报警显示画面。实时数据库只负责关于报警的判断、通知和存储三项工作，而报警产生后所要进行的其他处理操作（即对报警动作的响应）需要在组态时实现。具体操作如下。

• 双击“用户窗口”中的“水位控制”窗口，进入组态画面。选取“工具箱”中的“报警显示”构件，鼠标指针呈“十”字形后，在适当的位置，拖动鼠标至适当大小，如图3-52所示。

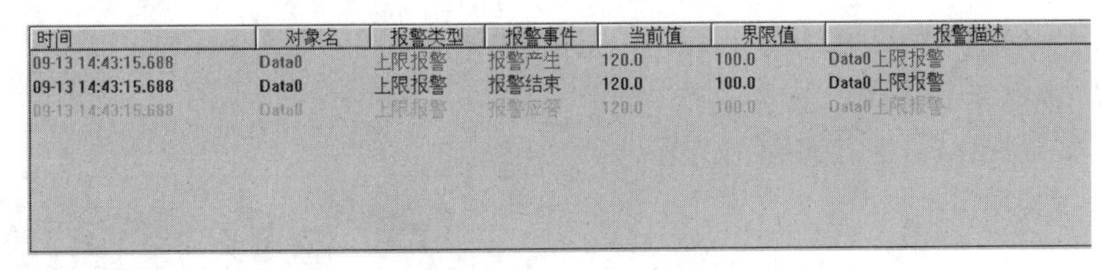

图 3-52　报警显示构件

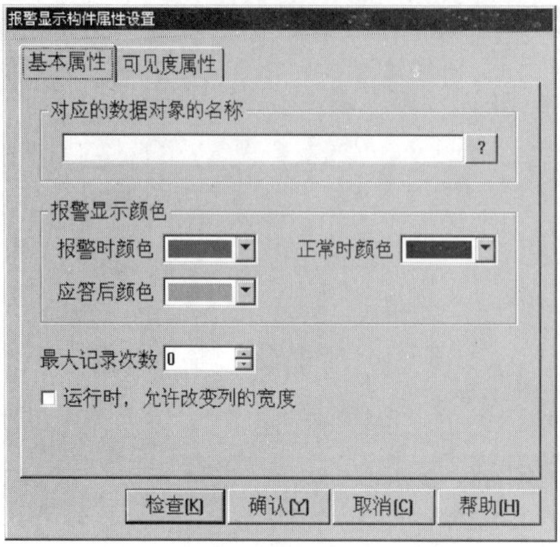

图 3-53 报警显示的设置窗口

• 选中该图形，双击，再双击弹出“报警显示构件属性设置”窗口，如图 3-53 所示。

• 在基本属性页中，将对应的数据对象的名称设为：液位组；最大记录次数设为：6。

• 单击“确认”即可。

c. 报警提示按钮。当有报警产生时，可以用指示灯提示。具体操作如下。

• 在“水位控制”窗口中，单击“工具箱”中的“插入元件”图标，进入“对象元件库管理”。

• 从“指示灯”类中选取报警灯 2、指示灯 3，图标为：、。

• 调整大小放在适当位置。用作为“液位 1”的报警指示，作为“液位 2”的报警指示。

• 双击，进入动画连接设置（方法同“动画连接”中，水位升降效果制作）。

d. 单击，进入“动画组态属性设置”窗口，做如下设置。

表达式：液位 1>=液位 1 上限 or 液位 1<=液位 1 下限。

当表达式非零时，对应图符可见。

• 按照上面的步骤设置，做如下设置。

表达式：液位 2>=液位 2 上限 or 液位 2<=液位 2 下限。

当表达式非零时，对应图符可见。

• 按 F5 进入运行环境，整体效果如图 3-54 所示。

⑨ 报表输出 在工程应用中，大多数监控系统需要对设备采集的数据进行存盘，统计分析，并根据实际情况打印出数据报表。所谓数据报表就是根据实际需要以一定格式将统计分析后的数据记录显示和打印出来，如：实时数据报表、历史数据报表（班报表、日报表、月报表等）。数据报表在工控系统中是必不可少的一部分，是数据显示、查询、分析、统计、打印的最终体现，是整个工控系统的最终结果输出；数据报表是对生产过程中系统监控对象的状态的综合记录和规律总结。报表输出最终效果

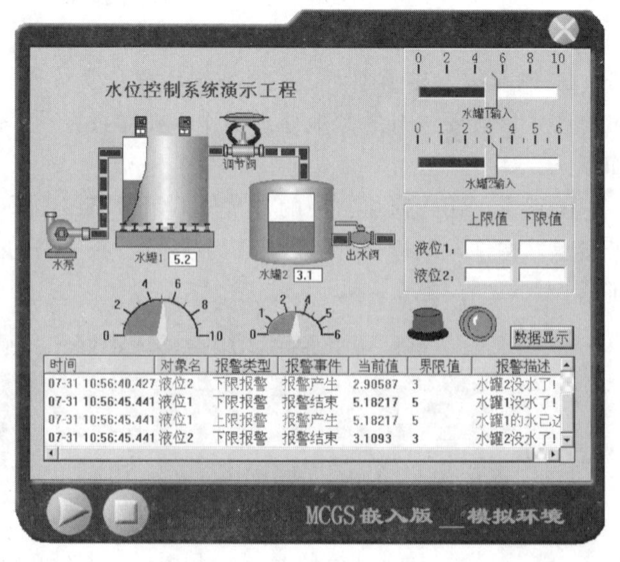

图 3-54 报警显示窗口

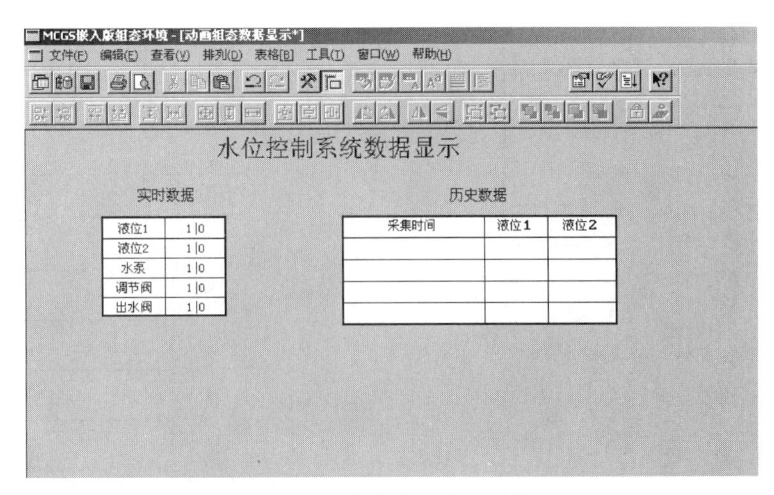

图 3-55 报表输出最终效果

图如图 3-55 所示。

a. 实时报表制作。实时报表是对瞬时量的反映，通常用于将当前时间的数据变量按一定报告格式（用户组态）显示和打印出来。实时报表可以通过 MCGS 嵌入版系统的自由表格构件来组态显示实时数据报表，具体制作步骤如下。

• 在“用户窗口”中，新建一个窗口，窗口名称、窗口标题均设置为“数据显示”。

• 双击“数据显示”窗口，进入动画组态。

• 按照图 3-55 所示的效果图，使用“标签” A 制作。

一个标题：水位控制系统数据显示。

四个注释：实时数据、历史数据。

• 选取“工具箱”中的“自由表格” 图标，在桌面适当位置，绘制一个表格。双击表格进入编辑状态。改变单元格大小的方法同微软的 Excel 表格的编辑方法，即：把鼠标指针移到 A 与 B 或 1 与 2 之间，当鼠标指针呈分隔线形状时，拖动鼠标至所需大小即可。

• 保持编辑状态，点击鼠标右键，从弹出的下拉菜单中选取“删除一列”选项，连续操作两次，删除两列。再选取“增加一行”，在表格中增加一行。

• 在 A 列的五个单元格中分别输入：液位 1、液位 2、水泵、调节阀、出水阀；B 列的五个单元格中均输入：1|0，表示输出的数据有 1 位小数，无空格。

• 在 B 列中，选中液位 1 对应的单元格，单击右键，从弹出的下拉菜单中选取“连接”项，如图 3-56 所示。再次单击右键，弹出数据对象列表，双击数据对象“液位 1”，B 列 1 行单元格所显示的数值即为“液位 1”的数据。

• 按照上述操作，将 B 列的 2、3、4、5 行分别与数据对象：液位 2、水泵、调节阀、出水阀建立连接，如图 3-57 所示。

• 进入“水位控制”窗口中，增加一名为“数据显示”的按钮，在操作属性页选中“打开用户窗口”从下拉菜单中选中“数据显示”。

按“F5”进入运行环境后，单击“数据显示”按钮，即可打开“数据显示”窗口。

b. 历史报表制作。历史报表通常用于从历史数据库中提取数据记录，并以一定的格式显示历史数据。实现历史报表有两种方式：一种是用动画构件中的“历史表格”构件；另一

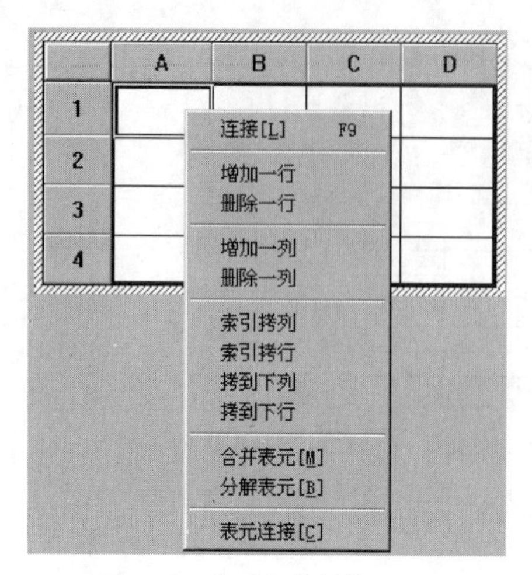

图 3-56 实时报表制作（一）

连接	A*	B*
1*		液位1
2*		液位2
3*		水泵
4*		调节阀
5*		出水阀

图 3-57 实时报表制作（二）

种是利用动画构件中的“存盘数据浏览”构件。在本样例中仅介绍前一种。

历史表格构件是基于“Windows 下的窗口”和“所见即所得”机制的，用户可以在窗口上利用历史表格构件强大的格式编辑功能配合 MCGS 嵌入版的画图功能做出各种精美的报表。

• 在“数据显示”组态窗口中，选取“工具箱”中的“历史表格”构件，在适当位置绘制一历史表格。

• 双击历史表格进入编辑状态。使用右键菜单中的“增加一行”“删除一行”按钮，或者单击按钮，使用编辑条中的、、、编辑表格，制作一个 5 行 3 列的表格。

• 选中 R2、R3、R4、R5，单击右键，选择“连接”选项。

• 点击菜单栏中的“表格”菜单，选择“合并表格”项，所选区域会出现反斜杠。

• 双击该区域，弹出数据库连接设置对话框，具体设置如下。

基本属性页中，连接方式选取：在指定的表格单元内，显示满足条件的数据记录；按照从上到下的方式填充数据行；显示多页记录。

数据来源页中，选取组对象对应的存盘数据；组对象名为：液位组。

显示属性页中，点击“复位”按钮。

时间条件页中，排序列名为 MCGS _ TIME，升序；时间列名为 MCGS _ TIME；所有存盘数据。如图 3-58 所示。

⑩ 曲线显示　在实际生产过程控制中，对大量数据仅做定量的分析还远远不够，必须根据大量的数据信息，画出曲线，分析曲线的变化趋势并从中发现数据变化规律。曲线处理在工控系统中也是一个非常重要的部分。

a. 实时曲线。实时曲线构件是用曲线显示一个或多个数据对象数值的动画图形，就像笔式记录仪一样实时记录数据对象值的变化情况。具体制作步骤如下。

• 双击进入“数据显示”组态窗口。在实时报表的下方，使用标签构件制作一个标签，输入文字：实时曲线。

• 单击“工具箱”中的“实时曲线”图标，在标签下方绘制一个实时曲线，并调整大小。

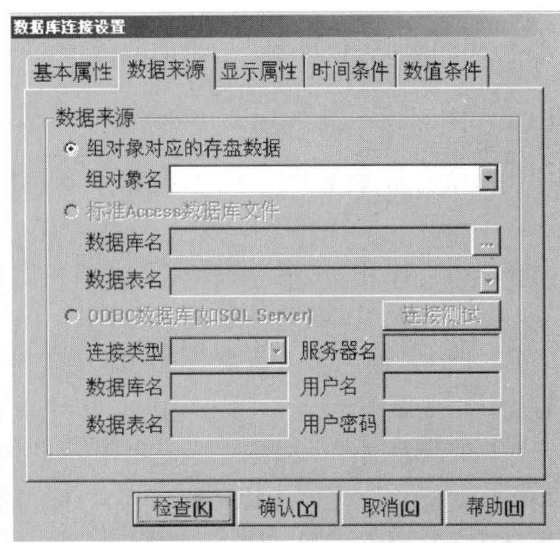

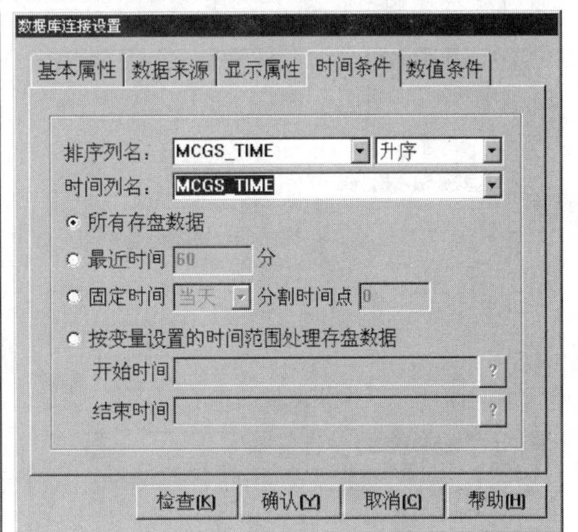

图 3-58 历史报表制作

• 双击曲线，弹出“实时曲线构件属性设置”窗口，进行以下设置。

在基本属性页中，Y 轴主划线设为：5；其他不变。

在标注属性页中，时间单位设为秒钟；小数位数设为 1；最大值设为 10；其他不变。

在画笔属性页中，将曲线 1 对应的表达式设为“液位 1”，颜色设为“蓝色”；曲线 2 对应的表达式设为“液位 2”，颜色设为“红色”。

• 点击“确认”即可。

这时，在运行环境中单击“数据显示”按钮，就可看到实时曲线。双击曲线可以将其放大。

b. 历史曲线。历史曲线构件实现了历史数据的曲线浏览功能。运行时，历史曲线构件能够根据需要画出相应历史数据的趋势效果图。历史曲线主要用于事后查看数据和状态变化趋势和总结规律。制作步骤如下。

• 在“数据显示”窗口中，使用标签构件在历史报表下方制作一个标签，输入文字：历史曲线。

• 在标签下方，使用“工具箱”中的“历史曲线”构件，绘制一个一定大小的历史曲线图形。

• 双击该曲线，弹出“历史曲线构件属性设置”窗口，进行如下设置。

在基本属性页中，将曲线名称设为液位历史曲线；Y 轴主划线设为 5；背景颜色设为白色。

在存盘数据属性页中，存盘数据来源选择组对象对应的存盘数据，并在下拉菜单中选择：液位组。

在曲线标识页中，选中曲线 1，曲线内容设为液位 1；曲线颜色设为蓝色；工程单位设为 m；小数位数设为 1；最大值设为 10；实时刷新设为液位 1；其他不变。如图 3-59 所示。选中曲线 2，曲线内容设为液位 2；曲线颜色设为红色；小数位数设为 1；最大值设为 10；实时刷新设为液位 2。

在高级属性页中，选中：运行时显示曲线翻页操作按钮；运行时显示曲线放大操作按钮；运行时显示曲线信息显示窗口；运行时自动刷新；将刷新周期设为 1 秒，并选择在 60 秒后自动恢复刷新状态。如图 3-60 所示。

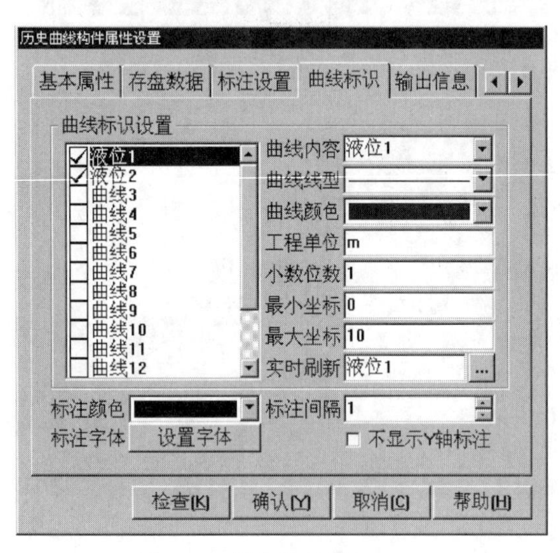

图 3-59 历史曲线设置（一）

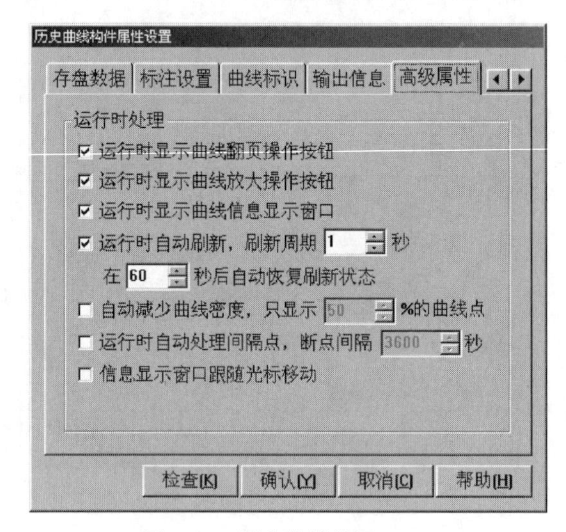

图 3-60 历史曲线设置（二）

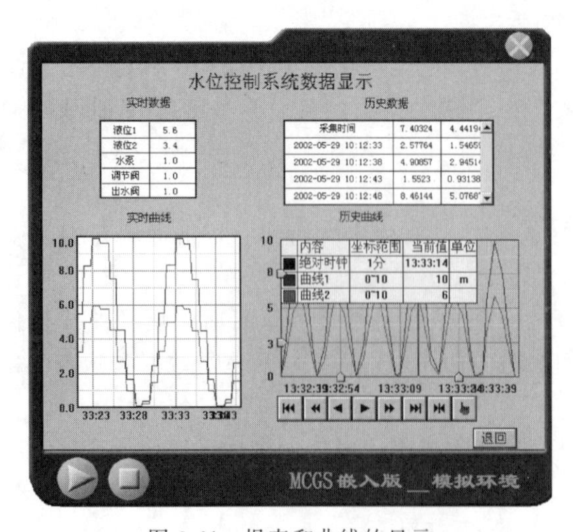

图 3-61 报表和曲线的显示

进入运行环境，单击“数据显示”按钮，打开“数据显示”窗口，此时便可看到实时数据、历史数据、实时曲线、历史曲线，如图 3-61 所示。

⑪ 安全机制 MCGS 嵌入版组态软件的安全管理机制和 Windows NT 类似，引入用户组和用户的概念来进行权限的控制。在 MCGS 嵌入版中可以：定义无限多个用户组；每个用户组中可以包含无限多个用户；同一个用户可以隶属于多个用户组。

MCGS 嵌入版建立安全机制的要点是：严格规定操作权限，不同类别的操作由不同权限的人员负责，只有获得相应操作权限的人员，才能进行某些功能的操作。以样例工程为例，本系统的安全机制要求：只有负责人才能进行用户和用户组管理；只有负责人才能进行“打开工程”“退出系统”的操作；只有负责人才能进行水罐水量的控制；普通操作人员只能进行基本按钮的操作。

a. 定义用户和用户组。

• 选择工具菜单中的“用户权限管理”，打开用户管理器。缺省定义的用户、用户组为：负责人、管理员组。

• 点击用户组列表，进入用户组编辑状态。

• 点击“新增用户组”按钮，弹出用户组属性设置对话框，进行如下设置。

用户组名称：操作员组。

用户组描述：成员仅能进行操作。

• 单击“确认”，回到“用户管理器”窗口。

• 点击用户列表域，点击“新增用户”按钮，弹出“用户属性设置”对话框。参数设置如下。

用户名称：张工。

用户描述：操作员。

用户密码：123。

确认密码：123。

隶属用户组：操作员组。

• 单击“确认”，回到用户管理器窗口。

• 再次进入用户组编辑状态，双击“操作员组”，在用户组成员中选择“张工”。

• 点击“确认”，再点击“退出”，退出用户管理器。

【提示】

为方便操作，这里“负责人”未设密码，设置方法同操作员“张工”的设置方法。

b. 系统权限管理。

• 进入主控窗口，选中“主控窗口”图标，点击“系统属性”按钮，进入“主控窗口属性设置”对话框。

• 在基本属性页中，点击“权限设置”按钮。在许可用户组拥有此权限列表中，选择“管理员组”，点击“确认”，返回“主控窗口属性设置”对话框。

• 在下方的选择框中选择“进入登录，退出不登录”，点击“确认”，系统权限设置完毕。

c. 操作权限管理。

• 进入水位控制窗口，双击水罐 1 对应的滑动输入器，进入“滑动输入器构件属性设置”对话框。

• 点击下部的“权限”按钮，进入“用户权限设置”对话框。

• 选中“管理员组”，点击“确认”，再点击“退出”。

【提示】

水罐 2 对应的滑动输入器设置同上。

d. 保护工程文件。为了保护工程开发人员的劳动成果和利益，MCGS 嵌入版组态软件提供了工程运行“安全性”保护措施——工程密码设置。

具体操作步骤如下。

• 回到 MCGS 工作台，选择工具菜单“工程安全管理”中的“工程密码设置”选项，如图 3-62 所示。这时，将弹出“修改工程密码”对话框，如图 3-63 所示。

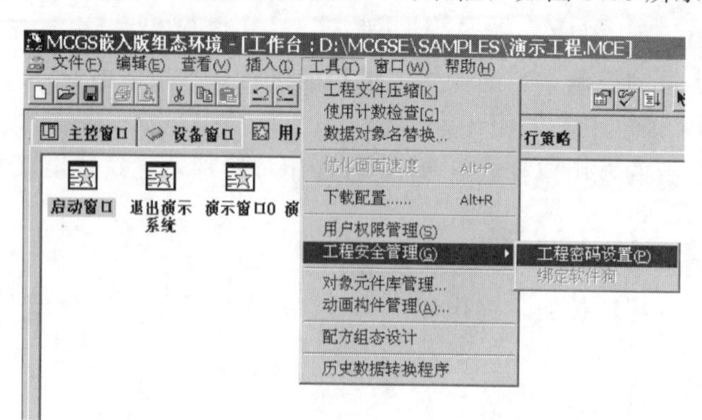

图 3-62　工程密码设置（一）

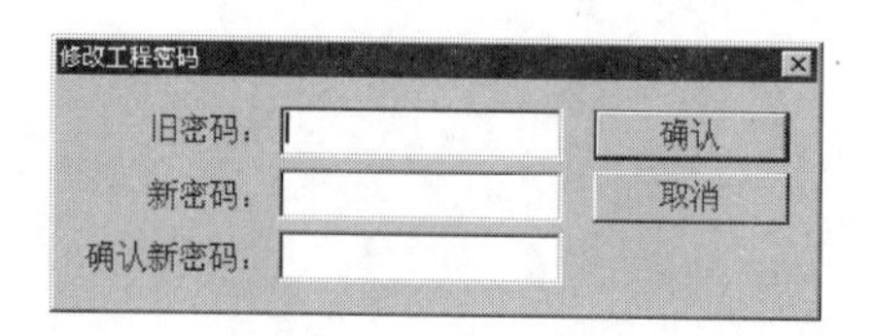

图 3-63　工程密码设置（二）

• 在新密码、确认新密码输入框内输入：123。单击“确认”，工程密码设置完毕。至此，整个样例工程制作完毕。

第4章 企业管理基础

4.1 全面质量管理与质量保证体系

4.1.1 全面质量管理

(1) 什么是全面质量管理

全面质量管理即TQM（Total Quality Management），就是指一个组织以质量为中心，以全员参与为基础，目的在于通过顾客满意和本组织所有成员及社会受益而达到长期成功的管理途径。在全面质量管理中，质量这个概念和全部管理目标的实现有关。

(2) 全面质量管理的基本因素

① 顾客是企业最重要的相关方。

② 顾客不用依靠企业，反之企业依靠他们。

③ 顾客决定企业的盛衰。

④ 顾客不是对企业工作的打扰，他们恰恰是企业工作的目的所在。

⑤ 顾客的光顾是帮企业的忙，企业为他们服务不是在帮他们的忙。

⑥ 顾客不是统计数字，他们和我们一样是有血有几代人的人，有感受和感情。

⑦ 顾客带着需要来到企业，企业的工作是满足他们。

⑧ 顾客值得企业给予最大的关注和最彬彬有礼的接待。

⑨ 顾客有需求，所以企业的员工才有工作。

⑩ 顾客有选择的权利，企业成为顾客的最佳选择才能留住他们。

⑪ 顾客很敏感，企业对顾客要贴心。

⑫ 顾客的需求是很个性化的，所以企业在质量策划时要有弹性。

(3) 全面质量管理的核心观点

① 用户至上的观点　全面质量管理所指的用户包括企业内用户和企业外用户两大类。企业内的用户指的是“下一道工序”，在企业的生产流程过程中，前道工序是保证后道工序质量的前提，如果某一道工序出现质量问题，就会影响到后续过程甚至产品的质量。因此，在企业的各个工作环节都应树立“为下道工序服务的思想”，使每道工序的工作质量都能经受住下道工序“用户”的检验。企业外的用户是企业的生命线，因为没有用户，企业就无法获利，就会面临破产的命运。

② 一切凭数据说话的观点　凭数据说话就是凭事实说话，因为数据是对客观事物的定

量化反映。数据的可比性最强，一目了然，因此用数据判断问题最真实、最可靠。在企业的生产现场，往往存在许多技术和管理问题，影响着产品的质量、成本和交货期。要解决这些问题，需要收集生产过程中产生的各种数据，应用数理统计方法对它们进行加工整理。全面质量管理强调用数理统计方法将反映事实的数据和改善活动联系起来，及时发现、分析和解决问题。

③ 预防为主的观点 好的产品质量首先是设计出来的，其次才是制造出来的，但质量无论如何都不是检验出来的。不论是在保证产品质量方面，还是在提高企业的经济效益方面，"以预防为主"的观点都是非常重要的。因此，全面质量管理把质量管理工作的重点从"事后把关"转移到了"事先预防"上来，从管"结果"变为管"因素"、管"过程"，强调"第一次就把事情做对"，将产品质量问题消灭在萌芽状态。

④ 以质量求效益的观点 提高经济效益的巨大潜力蕴藏在产品质量之中，此观点已经被世界上许多成功企业的经验所证实。通过质量改进，企业可以获得巨大的额外收益，而且这种收益与靠增加产品销量获得的收益迥然不同。销量的增加必然会导致经营成本的上升，而靠质量改进能够以较低的成本为企业获得可观的经济效益。

⑤ 以零缺陷为目标 以零缺陷为目标是管理观念上的革命，是降低成本、及时交货、提高效益的保证，是"预防为主"观念的集中体现。事实上，如果企业没有实现零缺陷管理，就必须通过测试、检验、返修、售后服务、退货处理来挽回可能为用户造成的损失，但由此却会给自己带来巨大的损失，质量管理的目的就是在企业的各个环节建立一个防止缺陷发生的机制。要实现这个目标，必须抓住将来可能出现的问题开展预防工作，以便通过现在的努力实现事先预防，在将来获得高效益的回报。要实现零缺陷，就要从各个环节着手，在每一道工序中都做到"不接受缺陷、不制造缺陷、不传递缺陷"。

(4) 全面质量管理的基本内容

全面质量管理的基本内容是：组织、协调企业各生产环节、各部门和全体职工运用先进的技术和科学方法，正确地贯彻执行产品质量标准，生产用户满意的产品。

全面质量管理，不仅要做好产品制造过程的质量管理工作，而且必须做好从产品研究设计到制造、使用的全过程的质量管理工作。一个产品从研究设计到使用的全过程，归纳起来，一般可分为四个具体过程，即设计过程、制造过程、供应与辅助生产过程、使用过程。

(5) 全面质量管理的特点

① 全面性 是指全面质量管理的对象，是企业生产经营的全过程。

② 全员性 是指全面质量管理要依靠全体职工。

③ 预防性 是指全面质量管理应具有高度的预防性。

④ 服务性 主要表现在企业以自己的产品或劳务满足用户的需要，为用户服务。

⑤ 科学性 质量管理必须科学化，必须更加自觉地利用现代科学技术和先进的科学管理方法。

(6) 全面质量管理的基础工作

① 标准化工作 标准是衡量产品质量的依据，在全面质量管理中也是生产技术活动的目标和依据。

② 计量工作 计量工作包括测试、化验、统计分析等工作，它为一切用数据"说话"、进行定量分析提供数据，是贯彻产品质量以预防为主的前提条件，是提高产品质量的重要保证。

③ 质量情报工作　质量情报又称质量信息，它是反映产品质量情况的各种数据、原始记录、统计报表的总称，对这些情报的收集要提供科学依据。

④ 质量教育工作　全面质量管理是全体职工参加的管理，必须对全体职工进行质量教育，增强质量意识。

⑤ 质量责任制　明确每个职工的工作岗位在质量管理方面的具体任务、责任、权力和经济利益。

4.1.2 质量保证体系

(1) 什么是质量保证体系

质量保证体系（Quality Assurance System/QAS）是指企业以提高和保证产品质量为目标，运用系统方法，依靠必要的组织结构，把组织内各部门、各环节的质量管理活动严密组织起来，将产品研制、设计制造、销售服务和情报反馈的整个过程中影响产品质量的一切因素统统控制起来，形成的一个有明确任务、职责、权限，相互协调、相互促进的质量管理的有机整体。如图 4-1 所示为某单位质量保证体系框图。

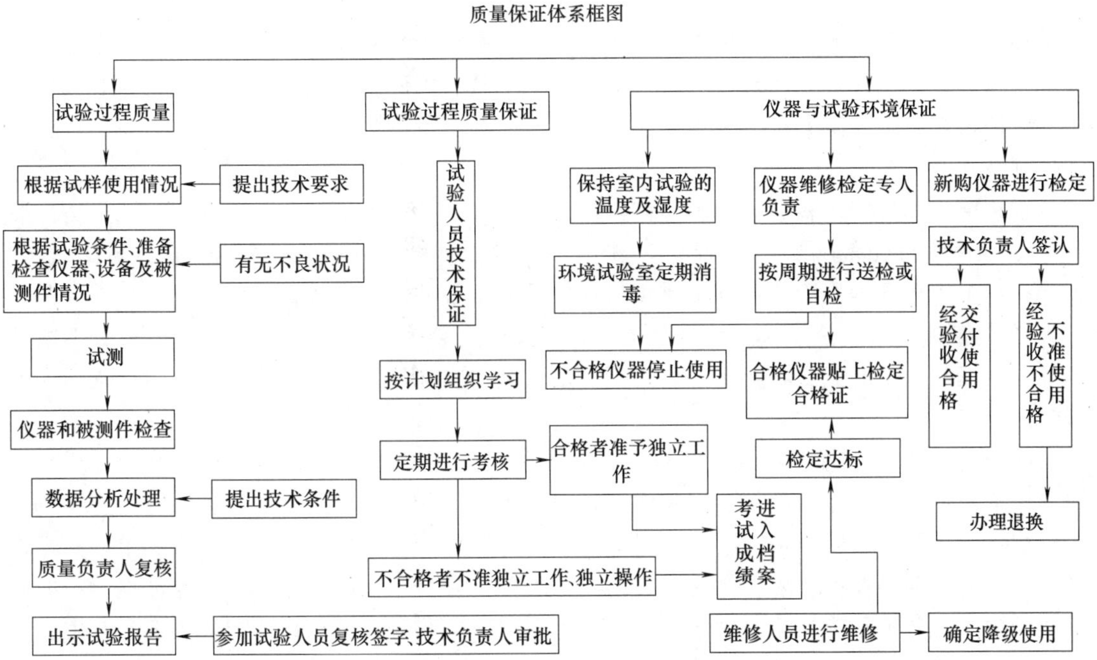

图 4-1　质量保证体系框图示例

(2) 影响电力工程施工质量的主要因素

电力工程施工是一个涉及面广的复杂工程，影响因素有很多，主要有：人员、材料、机械、方法和环境，这几个因素的控制是保证工程质量的关键。

① 人的因素　人是电力工程项目建设的实施者，是影响工程质量的首要因素。每个工作人员都直接或间接地影响着工程质量。人的因素决定了其他几个因素，提高工程质量的关键在于提高人的素质。高质量的人及其高质量的工作就能带来高质量的产品。

② 材料　材料质量是工程质量的基础，材料质量不符合要求，工程质量就不能符合标准。所以，加强材料的质量控制，是提高工程质量的重要保证，是创造正常施工条件，实现

投资、进度控制的前提。对于电力工程，材料种类多，用量大，一种材料出现问题，就会对整个电力工程产生重大的影响。因此，对工程材料的质量控制，是提高工程质量的重要保证。

③ 机械设备　机械是指施工过程使用的各类机具设备，它们是施工生产的手段。机械设备质量的优劣程度，施工设备、仪器的类型是否符合电力工程施工特点，性能是否先进稳定，操作是否方便安全等，都将会对施工质量有着直接的影响。所以在施工机械设备选型时，应注意经济上的合理性、技术上的先进性、操作和维护上的方便性等。

④ 施工方法　施工方法是实现工程建设的重要手段，施工方案的正确与否，是直接影响工程项目进度、质量、投资三大目标控制能否顺利实现的关键。施工时往往由于施工方案考虑不周而拖延进度，影响质量，增加投资。施工单位在制订施工方案时，必须结合工程实际，从技术、组织、管理、工艺、操作、经济等方面进行全面分析，综合考虑，力求做到经济合理，工艺先进，措施得力，操作方便，有利于提高质量，加快进度，降低成本。施工组织设计的编制、施工顺序的开展和操作要求、施工方案的制订、工艺的设计等，都必须以确保工程质量为目的，严加控制。

⑤ 环境因素　影响工程项目质量的环境因素较多，有工程技术环境、工程管理环境、劳动环境，人文环境等。环境因素对于工程质量的影响，具有复杂多变的特点，如温度、湿度、大风、暴雨、酷暑、严寒等都直接影响工程质量。因此，应根据电力工程特点和具体的施工条件，与施工方案和技术措施紧密结合，对影响质量的环境因素采取切实有效的措施严加控制。

(3) 电力工程施工质量保证的总体措施

① 组织严密完善的职能管理机构，按照保证质量体系正常运转的要求，依据分工负责，保证在整个工程施工生产的过程中质量保证体系的正常动作和发挥保障作用。

② 施工前，组织技术人员认真会审设计和图纸，切实了解掌握工程的要求和施工的技术标准，理解业主的需要和要求，如有不清楚或是不明确，及时向业主或设计单位提出书面报告。

③ 根据工程的要求和特点，组织专业技术人员编写具体实施的施工组织设计，严格按照本单位质量体系程序文件的要求和内容，编制施工计划，确定并落实配备的施工设备、施工过程控制手段、检验设备、辅助装置、资源（包括人力）以达到规定的质量要求，并根据工程施工的需要和技术要求，针对工程的施工难度，分项制订施工方案，以保证本工程的质量达到要求。若工程施工情况因客观原因发生变化，应及时对已制订的施工方案和有关程序进行修订和变更，并严格按照质量体系控制程序的要求，报送有关部门论证审批后方可实施，以确保方案和程序的科学性及可行性。

④ 做好开工前各部位、工序施工技术交底工作，使各施工人员清楚和掌握对将进行施工的工程部位、工序的质量要求、施工工艺、技术规范、特殊和重点部位的特点，真正做到心中有数，确保施工操作过程的准确性和规范性。

⑤ 按照 ISO 9001 质量体系运行模式的标准及本单位质量标准，做好每道工序的质量控制工作。

⑥ 配齐工程施工需要的人力资源。有针对性地组织各类施工人员学习“规范”和进行必要的施工前的岗位培训，以保证工程施工中的技术需要；特殊工种作业人员须持有效上岗操作证；工程施工的技术人员、组织管理人员必须熟悉本工程的技术、工艺要求，了解工程

的特点和现场情况，以确保工程施工过程的正常运转。

⑦ 配齐工程施工需要的各类设备。自有设备必须经检修、试机、检验合格后，方能进场施工。外租设备在进场前，要对其进行检验和认可证明能满足工程施工需要后，方可进场施工。

⑧ 对经认可适宜施工过程的方案、方法、工艺技术参数和指标进行严密的监视和控制，保证在具体的施工操作的过程中，能够按照业主的期望实现，尤其是对工程的特殊和重点部位及工序，则要专门制订施工方案，并加大监视的力度和控制的手段，使每个部位、工序均达到优良标准。

⑨ 做好工程质量检验工作。加强自检、互检工作，实行三级（班组、项目组、质检科）检验制度，做好隐蔽工程验收，由班组填自检单，然后项目部复验，质检科抽检，报专业监理工程师验证签字。做好上下道工序验收工作，只有上道工序通过验收后方可进行下道工序施工。

⑩ 把好原材料、成品的质量关。凡使用在本工程中的原材料、成品、半成品和设备都必须是经过认证的合格产品或推荐使用的合格产品，到施工现场须进行严格检验，并具备质保单和试验技术资料等。做好各种材料的质量记录和资料的整理及保存工作，使各种证明、合格证（单）、验收、试验等齐全，确保其可追溯性的完整性。

⑪ 对施工中各类测量仪器、仪表，专用工具等设备，须按规定做好检定工作，并在使用的过程中，随时发现掌握可能出现的偏差，以保证计量设备的准确。

⑫ 根据工程验收和本单位质量体系对工程竣工资料和施工管理控制资料的要求，做好各类资料的收集、保存、归档等工作。在各种资料的形成过程中，严格按照本单位“综合档案管理标准”的内容和要求，对图、表、记录、原始凭证、施工文件、往来信函等，在内容、签认、格式等方面进行有效的管理和控制，保证文件和资料控制对保障工程施工质量的有效性和可追溯性，确保工程竣工资料的准确性、及时性和完整性。

(4) 电力工程施工质量的管理措施

① 加强领导，落实责任制　必须建立健全的适应市场需求且能发挥企业优势的质量管理体系和各项管理制度、全面落实责任制，明确单位领导、项目负责人、工程技术人员和具体工作人员责任，层层落实责任制，并加强监督和检查。按照电力规范和技术要求，出现质量问题，不管当事人发生什么变化，都要追究责任，即工程质量终身制，使工程人员真正负起责来。

② 打造一支优秀的施工队伍　现代化的大生产必须依赖于群体的力量才能完成，工程质量受到所有参加工程项目施工的人员的影响也是最大的，因此必须对管理技术人员、施工操作人员进行培训，以提高他们的素质。这既要提高施工人员的质量意识，更要提高其技术素质。

③ 制订监理细则，明确监理目标　根据工程要求规定监理目标、进度计划、人员和料物计划，以及为实现这些目标所进行控制的依据、方法、制度及保证体系等。制订监理细则，对掌握各部位、各工序、各阶段工程质量标准、质量检查、质量评定和验收程序等都作详细规定，使施工企业和工地所有人员都知道在质量控制中做什么、怎么做以及怎样去评价做的效果，也便于工作协调和各工序的衔接。同时建立质量保证体系，包括质检机构、质检制度、质检人员的素质，并明确各级质检人员的权限和责任等。

④ 严格技术管理　技术管理包括技术责任制、施工日记、图纸会审、技术交底、技术

复核、材料检验、工程验收等制度，见表4-1。

表4-1 技术管理的内容

序号	技术管理内容	说　明
1	技术责任制	要求每个工程技术人员明确自己的职责和权限，分工明确、各司其职，做好各自分工的技术工作
2	施工日记	在施工过程中，施工技术负责人必须认真做好施工日记，把施工中每天每项工作情况、出现的问题及处理方法与结果详细记录、完好保存，作为竣工验收和质量评定的依据
3	图纸会审	图纸会审由建设单位负责组织并记录（也可请监理单位代为组织）。通过图纸会审可以使各参建单位特别是施工单位熟悉设计图纸、领会设计意图、掌握工程特点及难点，找出需要解决的技术难题并拟订解决方案，从而将因设计缺陷而存在的问题消灭在施工之前
4	技术交底	使参与施工任务的专业技术人员和工人全面地了解所负担工程任务的特点、技术要求、施工工艺等，做到心中有数
5	技术复核	在施工全过程中，对每项技术工作的实施，要有专人进行复核，防止偏差，纠正错误，避免人为工程质量事故
6	材料检验	施工工地所用的各类材料，都应抽样检查，以确保施工质量
7	工程验收	在每一个工程的各部位单项，尤其是隐蔽工程，完成一项验收一项，验收合格后方可进行下一道工序或部位的施工。同时，也为竣工验收提供完整的技术资料

(5) 电力工程施工质量控制

① 施工准备质量控制　作为施工单位，在承揽到电力工程任务后，要与业主一起做好对设计文件的会审、技术交底、施工组织设计、施工方案的制订、施工图预算及技术资料的准备等工作。在这一阶段，一定要做到耐心细致，把施工中可能遇到的问题考虑周全，对设计图中不便于施工的地方尽早提出修改意见，制订出详尽合理的施工方案和施工组织设计，便于下阶段施工过程的进行。

② 施工阶段质量控制　施工阶段是使工程设计意图最终实现并形成工程实体的阶段，也是最终形成工程产品质量和工程项目使用价值的重要阶段。施工阶段的质量控制也是一个经由对投入的资源和条件的质量控制（事前控制）进而对生产过程及各环节质量进行控制（事中控制），直到对所完成的工程产出产品的质量检验与控制（事后控制）为止的全过程的系统控制过程。

施工过程管理的基本任务是保证工程的质量，建立一个能够稳定地生产合格工程和优质工程的管理系统。质量控制工作量最大的阶段就是施工阶段，所有与建设活动有关的单位都要在此时参与质量形成的活动。所以，施工阶段的质量控制是工程项目质量控制的重点，也是最重要的阶段。

根据施工阶段工程实体质量形成过程的时间阶段划分，施工阶段的质量控制可以分为事前控制、事中控制、事后控制。上述三个阶段的系统过程中，前两个阶段对于最终产品质量的形成具有决定性的作用，而所投入的物质资源的质量控制对最终产品质量又具有举足轻重的影响。所以质量控制的系统过程中，无论是对投入物质资源的控制，还是对施工及安装生产过程的控制，都应当对影响工程实体质量的几个重要因素进行全面的控制。

③ 验收阶段的质量控制　工程施工质量验收是工程建设质量控制的一个重要环节，它包括工程施工质量的中间验收和工程的竣工验收两个方面。通过对工程建设中间产出品和最终产品的质量验收，从过程控制和终端把关两个方面进行工程项目的质量控制，以确保达到

设计所要求的功能和使用价值，实现建设投资的经济效益和社会效益。

工程项目的竣工验收，是项目建设程序的最后一个环节，是全面考核项目建设成果、检查设计与施工质量、确认项目能否投入使用的重要步骤。竣工验收一般分为单项工程验收和全部验收。

4.2 企业生产管理

4.2.1 企业生产过程的组织

生产过程组织是指为提高生产效率，缩短生产周期，对生产过程的各个组成部分从时间和空间上进行合理安排，使它们能够相互衔接、密切配合的设计与组织工作的系统。生产过程组织包括空间组织和时间组织两项基本内容。生产过程组织的目标是要使产品在生产过程中的行程最短，时间最短，占用和耗费最少，效率最高，能取得最大的生产成果和经济效益。在企业中，任何生产过程的组织形式都是生产过程的空间组织与时间组织的结合。企业必须根据其生产目的和条件，将生产过程空间组织与时间组织有机地结合，采用适合自己生产特点的生产组织形式。

(1) 生产过程的时间组织

生产过程的时间组织是研究产品生产过程各环节在时间上的衔接和结合的方式。生产过程各环节之间时间衔接越紧密，就越能缩短生产周期，从而提高生产效率，降低生产成本。

产品生产过程各环节在时间上的衔接程度，主要表现在劳动对象在生产过程中的移动方式上。劳动对象的移动方式，与一次投入生产的劳动数量有关。单个工件投入生产时，工件只能顺序地经过各道工序，不可能同时在不同的工序上进行加工。如果当一次投产的工件有两个或两个以上时，工序间就有不同的移动方式。一批工件在工序间存在着三种移动方式，即顺序移动、平行移动、平行顺序移动。

① 顺序移动方式　顺序移动方式指一批零件在前一道工序全部加工完毕后，整批转移到下一道工序进行加工的移动方式，其特点是：一道工序在工作，其他工序都在等待。

② 平行移动方式　平行移动方式指一批零件中的每个零件在每道工序完毕以后，立即转移到后道工序加工的移动方式，其特点是：一批零件同时在不同工序上平行加工，缩短了生产周期。

③ 平行顺序移动方式　平行顺序移动方式吸收了上述两种移动方式的优点，避开了其短处，但组织和计划工作比较复杂。平行顺序移动的特点是：当一批制件在前道工序上尚未全部加工完毕，就将已加工的部分制件转到下道工序进行加工，并使下道工序能够连续地、全部地加工完该批制件。为了达到这一要求，要按下面规则运送零件：当前一道工序时间少于后道工序的时间时，前一道工序完成后的零件立即转送下道工序；当前道工序时间多于后道工序时间时，则要等待前一道工序完成的零件数足以保证后道工序连续加工时，才将完工的零件转送后道工序。这样就可将人力及设备的零散时间集中使用。

(2) 生产过程的空间组织

生产过程的空间组织是指在一定的空间内，合理地设置企业内部各基本生产单位，如车间、工段、班组等，使生产活动能高效地顺利进行。生产过程的空间组织有工艺专业化和对象专业化两种典型的形式。

① 工艺专业化形式　工艺专业化又称为工艺原则，即按照生产过程中各个工艺阶段的工艺特点来设置生产单位。在这种生产单位内，集中了同种类型的生产设备和同工种的工人，可完成各种产品的同一工艺阶段的生产，即加工对象是多样的，但工艺方法是同类的，每一生产单位只完成产品生产过程中的部分工艺阶段和部分工序的加工任务。如电气制造业中机电器件加工车间、组装车间等，都是工艺专业化生产单位。

② 对象专业化形式　对象专业化又称为对象原则，就是按照产品（或零件、部件）的不同来设置生产单位。在对象专业化生产单位里，集中了不同类型的机器设备、不同工种的工人，对同类产品进行不同的工艺加工，能独立完成一种或几种产品（零件、部件）的全部或部分的工艺过程，而不用跨越其他的生产单位。如机床厂中的齿轮车间、电子产品制造厂中的 PCB 焊接车间等。

(3) 企业生产的组织形式

在企业中，任何生产过程的组织形式都是生产过程的空间组织与时间组织的结合。企业必须根据其生产目的和条件，将生产过程空间组织与时间组织有机地结合，采用适合自己生产特点的生产组织形式。下面介绍几种效率较高的生产组织形式。

① 流水线和自动化流水线　流水线（又称为流水作业）是指劳动对象按照一定的工艺过程，顺序地、一件接一件地通过各个工作地，并按照统一的生产速度和路线，完成工序作业的生产过程组织形式。它将对象专业化的空间组织方式和平行移动的时间组织方式有机结合，是一种先进的生产组织形式。流水线具有如下特点：

a. 专业性。流水线上各个工作地的专业化程度很高，即流水线上固定地生产一种或几种制品，固定地完成一道或几道工序。

b. 连续性。流水线上的制品在各工序之间须平行或平行顺序移动，最大限度地减少制品的延误时间。

c. 节奏性。流水线生产都必须按统一节拍或节奏进行。所谓节拍，是指流水线上连续出产两件制品的时间间隔。

d. 封闭性。生产工艺过程是封闭的，各工作地按照制品的加工顺序排列，制品在流水线上作单向顺序移动，完成工艺过程的全部或大部分加工。

e. 比例性。流水线上各工序之间的生产能力相对平衡，尽量保证生产过程的比例性和平行性。

自动化流水线是流水线的高级形式，它依靠自动化机械体系实现产品的加工过程，是一种高度连续的、完全自动化的生产组织。同一般流水线相比，自动流水线减少了工人需要量，消除了繁重的体力劳动，生产效率更高，产品质量更容易保证，但投资较大，维修和管理要求较高。

② 成组技术与成组加工单元　成组技术的基本思想是：用大批量的生产技术和专业化方法组织多品种生产，提高多品种下批量的生产效率。成组技术以零部件的相似性（主要指零件的材质结构、工艺等方面）和零件类型分布的稳定性、规律性为基础，对其进行分类、归并成组并组织生产。在成组技术应用中，出现了一具多用的成组夹具，一组成组夹具一般可用于几种甚至几十种零件的加工。成组技术改变了传统的生产组织方法，它不以单一产品为生产对象，而是以“零件组”为对象编制成组工艺过程和成组作业计划。

成组加工单元，就是使用成组技术，以“组”为对象，按照对象专业化布局方式，在一个生产单元内配备不同类型的加工设备，完成一组或几组零件的全部工艺的组织。采用成组加工单元，加工顺序可在组内灵活安排，多品种小批量生产可获得接近于大量流水生产的效率和效益。目前，成组技术主要应用于机械制造、电子、兵器等领域。它还可应用于具有相似性的众多领域，如产品设计和制造、生产管理等。

③ 柔性生产单元　柔性生产单元，即以数控机床或数控加工中心为主体，依靠有效的成组作业计划，利用机器人和自动运输小车实现工件和刀具的传递、装卸及加工过程的全部自动化和一体化的生产组织。它是成组加工系统实现加工合理化的高级形式，具有机床利用率高、加工制造与研制周期缩短、在制品及零件库存量低的优点。柔性制造单元与自动化立体仓库、自动装卸站、自动牵引车等结合，由中央计算机控制进行自动加工，就形成了柔性制造系统。柔性制造单元与计算机辅助设计等功能的结合，则成为计算机一体化制造系统。

4.2.2 生产能力的核定

(1) 什么是生产能力

生产能力是指企业的生产性固定资产，在一定时期内（年、季、月，通常是一年），在一定的技术组织条件下，所能生产的一定种类和一定质量水平的产品的最大数量，它是反映生产可能性的指标。

(2) 生产能力的种类

① 设计能力　指企业在基建设计时，设计任务书和技术设计文件中规定的生产能力。

② 查定能力　若企业没有设计能力或企业有设计能力，但在投产一段时间后，原设计水平明显落后；或企业生产技术条件发生重大变化时，重新调查核定的生产能力。

③ 计划能力　指企业在计划年度内依据现有生产技术条件，实际能达到的生产能力，为编制生产计划提供准确依据。

(3) 影响生产能力的因素

① 固定资产的数量

a. 设备数量：指能用于生产的设备数。含：处于运行的机器设备；正在和准备安装、修理的设备；因生产任务不足或其他不正常原因暂停使用的设备。不含：不能修复决定报废的设备；不配套的设备；企业留作备用的设备；封装待调的设备。

b. 生产面积数量：生产面积只含厂房和其他生产性建筑物面积，不含非生产性房屋、建筑物和厂地面积。

② 固定资产的工作时间

a. 制度工作时间，指在规定的工作制度下，计划期内的工作时间。

年制度工作日数＝全年日历天数－全年节假日数

年制度小时数＝年制度工作日数×每日制度工作小时数 f

一班制：$f=8$h；两班制：$f=15.5$h；三班制非连续设备：$f=22.5$h。

b. 有效工作时间。

设备有效工作时间 ＝ 制度工作时间扣除设备修理、停歇时间后的工作时间数

设备年有效工作时间 ＝年制度工作日数 ×每日制度工作小时数×设备计划利用系数

生产面积有效工作时间＝制度工作时间

③ 固定资产的生产效率

a. 设备的生产效率，包括产量定额和时间定额。

产量定额是指单位设备、单位时间生产的产品产量；时间定额是指制造单位产品耗用的

设备时间。

b. 生产面积的生产效率。生产面积的生产效率包括单位面积单位时间产量定额和单位产品生产面积占用额及占用时间。

【提示】

设备与生产面积越多，工作时间越长，生产效率越高，则生产能力越大。

(4) 企业生产能力的确定

① 各个生产环节的生产能力核定，要进一步加以综合平衡，核定企业的生产能力，也称综合生产能力。综合平衡工作主要包括两个方面：一是各个基本生产车间之间的能力综合；二是查明辅助生产部门的生产能力对基本生产部门的配合情况，并采取相应的措施。

② 当各个基本生产车间（或生产环节）之间的能力不一致时，整个基本生产部门的生产能力，通常按主导的生产环节来核定。

主导环节一般是指产品生产的主要工艺加工环节，当企业的主导生产环节同时有几个时，如果它们之间的能力不一致，它们之间综合生产能力的核定，则应当同上级主管部门结合起来研究，主要根据今后的市场需求量来确定。如果该产品需要量大，则可以按较高能力的主导生产环节来定，其他能力不足的环节，可以组织外部生产协作或进行技术改造来解决，否则，可以按薄弱环节的能力来核定。对于能力富裕的环节，可以将多余的设备调出，或者可以较长期接受外协订货。

③ 当基本生产部门的能力与辅助生产部门的能力不一致时，一般地说，企业的综合生产能力应当按基本生产部门的能力来定。

a. 查定、验算辅助、附属部门的生产能力还是必要的。如果辅助生产部门能力低于基本生产部门能力，要采取措施，提高其供应和服务能力，以保证基本生产部门的能力得到充分发挥。

b. 要采取相应措施，使富裕的辅助生产能力得到充分利用。

计算辅助生产环节能力的方法原理同基本生产环节的能力计算一样。企业中有时常用概略验算的方法来检查它们对基本生产部门的保证程度。

4.2.3 企业生产计划

(1) 计划及其重要性

计划是经营管理者在特定时间段内为实现特定目标体系，对要完成特定目标体系而展开的经营活动所做出的统筹性策划安排。“计”是在特定时期段内，为完成特定目标体系而对展开的经营活动所处综合环境、企业内外影响因素以及企业自身发展历史性对比等项因素的归纳总结和科学分析。“划”是依据“归纳总结和科学分析”所得出的结论，制订相应的措施、办法以及执行原则和标准。

“计”是战略性的，“划”是战术性的，由此可以看出计划本身的内涵就具有全面性，关键问题是对“计划”内涵的深刻理解程度。例如“编制计划与计划的编制”，从字面上看，虽然只是“计划”两字的位置不同，但其所隐含的意义是截然不同的，也就是说：计划是经过充分研究、讨论和分析后制订出来的，绝非是依照往年惯例、不加分析地编制出来的。

通过对什么是“计划”的讨论，得出了“计划”两字本身就具备了全面性、系统性和统筹性的特征，因此企业任何经营活动无论大小，“计划”的有无会产生截然不同的经营效果。

在市场经济条件下，企业间的竞争异常激烈，企业要生存、要发展、要保持可持续发展的态势，企业任何一项经营活动都不允许处于盲目的、盲动的状态，其经营效果必须处于可控状态下。换言之，计划是企业经营决策者意志和理念的具体体现。因此，计划是企业经营活动的基础，经营决策者为实现自己的意志和理念必须要不断地夯实和巩固这个基础，不断提高计划的科学性。

(2) 企业计划的种类

① 按时间可分为长期计划、中期计划和短期计划（包括年度综合计划、季度计划、作业计划）。

② 按管理层次可分为全企业生产经营计划、职能部门计划、车间计划和班组计划。

③ 按计划内容可分为生产计划、销售计划、质量计划、供应计划、劳动计划、财务计划、科技发展计划和新产品开发计划等。

(3) 企业计划编制

① 编制企业生产作业计划和车间内部的生产作业计划。就是把企业的生产计划（一般是年度分季）具体分解（一般是按月编制），并进一步规定车间、工段、班组在短时期内（月、旬、周等）的具体生产任务。

② 编制生产准备计划。根据生产作业计划任务，规定原材料和外协件的供应、设备维修和工具准备、技术文件的准备、劳动力的调配等生产准备工作要求，以保障生产作业计划的执行。

③ 进行设备和生产面积的负荷核算和平衡。这就是要使生产任务在生产能力方面得到落实，并使生产能力得到充分的利用。

④ 日常生产派工。这就是依据工段和班组的作业计划任务，在最短的时间内具体安排每个工作地和工人的生产任务和进度，做好作业前准备，下达生产指令，使作业计划任务开始执行。

⑤ 制订或修改期量标准。这是编制生产作业计划所依据的一些定额和标准资料，需要首先加以确定。有关这些标准的制订或修改，也是作业计划编制工作的重要内容。

⑥ 撰写企业计划书时，有可能涉及的内容包括以下几个方面：

a. 科技项目及产品的市场需求。

b. 科技项目及产品的先进性、优势和独到之处。

c. 企业的市场竞争力以及竞争对手的优势及劣势。

d. 专利与知识产权。

e. 产品的规格、标准及应用范围。

f. 科技项目及产品的改进与发展。

g. 销售手段及渠道。

h. 企业发展战略及步骤，包括近期、中期及远期目标以及切实可行的计划。

i. 企业管理水平及架构，特别是总经理、财务管理、技术总管和营销总管业务水平。

j. 公司财务状况和过去几年的财务报表。

k. 投资回报及盈利预测。

l. 风险的分析和预测。

(4) 计划管理

企业计划管理按其特性定位，可划分为三个阶段，即“事前、事中、事后”管理。

①“事前”管理　主要是对“计划”的审核。企业依据各项基础性条件，编制各项、各类企业经营活动计划书，对计划书的可行性、可靠性形成审核体系，保证审核效果，从而确

保计划的可行性、可靠性。审核体系包括：数据统计、数据的无量纲化分析、历史对比（纵向）和行业对比（横向）、建议性结论这四个基本环节。审核体系中，数据的无量纲化分析是关键环节，它能将不同类型的企业数据转换后实现同口径比较，数据统计环节是基础，纵、横向对比是手段，结论是目的。“事前”管理中的审核体系目前企业并未全面、有效地掌握和运用，公司实施对这些环节的有效控制，能确保计划的可行性和可靠性，并为计划的“事中”管理提供操作平台。

②“事中”管理　主要是对“计划”执行体系工作效率的管理。对计划执行过程中出现的各类偏差，首先要做到超前预测，其次是做到措施有效，对执行效果的跟踪是“事中”管理的主要工作，从而确保计划执行的效率。“事中”管理的责任主体是企业自身，监察、审计部门的“事中”管理主要是对计划执行质量的控制。

③“事后”管理　主要是对“计划”实施完毕后的绩效考核、总结经验、吸取教训、汇编材料、归档备案，是“事后”管理的主要工作内容之一。

4.3 企业技术管理

4.3.1 技术开发与创新

(1) 技术开发

技术开发是指利用从研究和实际经验中获得的现有知识或从外部引进技术，为生产新的产品、装置，建立新的工艺和系统而进行实质性的改进工作。

(2) 技术开发的途径

① 独创性的技术开发途径　这是指以科学技术为先导，在企业独立地进行科学研究的基础上创造发明新技术。当代许多新兴技术和尖端技术，如宇航技术、计算机技术、核技术等，都是在基础科学有了重大突破以后产生和发展起来的。这些新兴技术和尖端技术同以往技术有显著区别，它们不是传统技艺的改造和提高，而完全是现代科学的产物。这些技术产生的途径，都是从基础研究开始，经过应用研究，并在应用研究取得重大突破后，再通过发展研究进行广泛的技术开发，使技术得到推广和应用。企业要想在激烈的竞争中始终保持技术领先地位，就要重视这种独创型的技术开发途径，因为它的成果常常代表着科学技术发展的趋势，表现为全新的技术，全新的产品，全新的工艺，全新的材料。但是，独创性的技术开发途径由于从基础研究搞起，科研难度大，时间长，耗费投资多，对科研人员的素质要求高，这不是一般企业所能办到的。对于有条件的大型企业，为了保持技术上的领先地位，可在这种开发途径上投入较大力量。对于大多数的中小企业则主要是从企业外部获得应用研究的成果，进而在企业内组织成果的推广应用工作。

② 引进（转移）型的技术开发途径　这是指从企业外部（外国、外地区、外单位）引进与转移新技术。从国外引进先进技术，可以缩小我国科学技术水平与发达国家的差距，加快我国现代化进程；从企业外部引进技术，可以加快企业的技术进步，提高企业竞争力。由于引进的技术已得到应用，技术的先进性和经济性已得到证实，因而技术开发所承受的风险小，容易较快地取得效果。引进的内容既可以是技术知识（包括产品设计、制造工艺、测试技术、材料配方、聘请专家、培训人员、技术咨询、合作科研、合作生产等），也可以是技术装备（包括单机、成套设备、成套工程等），或者是获得工业产权（如专利、商标）的使

用权等。引进的方式有“移植”（引进成套或关键技术、设备，由本企业工程技术人员掌握使用）、“嫁接”（把企业外部引进的新技术成果，与本企业的有关技术成果结合起来）、“插条”（从外部引进初步研究成果，在本企业进一步加以培植，最后形成产品）、“交配”（同外国、外地区、外单位共同协作研究开发，以取得共同的科技成果）。这些方式企业应根据自身需要和条件灵活选用，注意要把引进的技术的吸收、消化工作放在首位，在此基础上，使引进的技术得以发展和创新，建立或纳入本企业的技术体系。

③ 综合与延伸型的技术开发途径　这是指通过对现有技术的综合与延伸，进行技术开发，形成新的技术。

a. 综合型的技术开发途径是指技术的综合，即把两项或多项现有技术组合起来，由此创造和发明新的技术或新的产品。技术的综合可进一步区分为两种方式：

• 单项移植，相互组配。一般是以某项技术或产品为主体，从而产生性能更为优越的新型技术或产品。例如，以机械设备为主体，把电子技术移植到机械设备上，产生数控机床、工业机器人等。又如，圆珠笔装上电子表，成为多功能的电子表笔。

• 多种学科技术的综合。一般指工艺难度大、技术规模也大的高层次的技术综合，其成果常常是一些大型的复杂技术或产品。例如，海上石油钻井装置的开发，就是集机械、光学、电学、计算机、信息传递、能源介质以及环境保护等多种学科于一身，高度技术综合的结果。

b. 延伸型的技术开发是指对现有技术向技术的深度、强度、规模等方向的开发。例如，机械加工设备向运转速度开发，开发出越来越多的高速、高效率的设备；冶炼设备向大容积开发，开发出容积更大的高炉；运算设备向计算速度开发，开发出每秒运算更快的电子计算机；集成电路向集成度开发，开发出集成度超大的集成电路等。

综合与延伸型的技术开发途径虽然是在现有技术基础上进行的，但也是一种创新，相对于从基础研究搞起的独创型技术开发途径而言，它有开发难度小、耗费资金少、时间短、见效快的明显优势。因此，一般企业在从事技术开发中应注重综合与延伸型的技术开发途径。

④ 总结提高型的技术开发途径　这是指通过生产实践经验的总结、提高来开发新技术，一般是指以小革新、小建议、小发明等为主体的小改小革活动。这类活动大多建立在生产实践经验总结的基础之上。虽然，现代技术的原理是在科学指导下形成的，但是，实践经验依然是不可缺少的重要因素。随着广大职工群众文化科学知识水平的提高，群众性的小改小革活动所涌现的技术成果必将逐步增多，达到一定程度，必将带来企业整体技术素质的提高。因此，生产实践经验的总结与提高应纳入企业技术开发的正常途径，它有利于激发广大职工的积极性，锻炼提高他们的创造能力。

企业在进行技术开发的过程中，对于上述几种途径，应该根据企业实际条件和需要而择优选用，还可以把不同途径结合起来运用。

(3) 技术开发与创新应处理好的关系

技术开发与技术创新没有本质的区别，技术创新是与新技术的研发、生产以及商业化应用有关的经济技术活动。它们关注的不仅仅是一项新技术的发明，更重要的是要将技术发明的成果纳入经济活动中，形成商品并打开市场，取得经济效益。

技术开发与技术创新应处理好以下几个关系：

① 技术创新与科研管理的关系

a. 技术创新必须建立在企业现有技术基础上，如何确定技术创新定位是与企业发展战略直接相关的，也是该技术开发成功的关键。

b. 科研管理必须严格控制技术创新带来的随意性和不可预见性。

c. 技术创新必须建立在规范化科研管理的基础上。

② 技术创新与面向市场的关系

a. 技术开发要面向市场，有市场需求才有新技术、新产品的存在空间。

b. 在技术开发创新立项之前，要充分了解当前市场的需求，并预测一定量的市场需求的超前发展的余量。

c. 在技术开发过程中，应跟追市场需求的变化，所有的开发与研制过程都必须随市场的变化而作相应的调整。

d. 如果有可能的话，也可以在充分预测和论证的基础上，通过技术开发与创新创造市场，引导消费者的需求走向。

③ 系统最优和局部最优的关系　在进行技术开发创新决策时，应综合分析和考虑市场需求、技术储备、资金状态、设备状态以及开发周期等重要因素，尽可能在当前情况下进行系统综合考虑，尽可能做到整个企业系统最优。

4.3.2 企业技术改造

(1) 技术改造的意义

技术改造是指企业为了提高经济效益、提高产品质量、增加花色品种、促进产品升级换代、扩大出口、降低成本、节约能耗、加强资源综合利用和三废治理、劳保安全等目的，采用先进的、适用的新技术、新工艺、新设备、新材料等对现有设施、生产工艺条件进行的改造。

技术改造是我国工业发展的基本经验。实践证明，用先进、实用技术改造传统产业，不仅具有投资少、工期短、见效快等特点，而且不需要再铺新摊子，能有效避免重复建设，同时还有利于优化产业结构、改变增长方式、提高企业的效益和竞争力。

(2) 技术改造的内容

① 产品改造。即改进产品设计，促进产品更新换代，不断开发新产品和改进老产品，以适应市场的需要。

② 生产设备、生产工具的更新改造。对那些性能和精度已不能满足工艺要求、质量差、能源消耗高、污染严重、技术经济效果差的设备，应优先予以更新改造。

③ 生产工艺和操作方法的改造。工艺是否先进，往往是影响产品质量、生产效率、能源和原材料消耗、成本高低的重要原因，因此应成为技术改造的重要内容。

④ 节约和综合利用原材料、能源，采用新型材料和代用品。主要包括改造高能耗的落后设备，采用综合利用原材料和能源的新技术，采用新材料、新能源和代用品等。

⑤ 劳动条件和生产环境的改造。主要包括厂房、公用设施的翻新改造，三废治理，改善劳动条件，减轻劳动强度，搞好安全生产等。

(3) 技术改造的原则

技术改造必须坚持技术与经济相结合，短期经济效益与长期经济效益相结合的原则，以提高产品质量、安全性和生产效率为根本，加强调查研究，有组织有步骤地进行。

① 坚持以技术进步为前提，以内涵扩大再生产为主的原则。

② 从实际出发，采用既适合企业实际情况，又能带来良好经济效益的技术方案。

③ 在提高经济效益的前提下，实行技术改造，扩大生产能力。

④ 资金节约原则。针对企业的薄弱环节改造，把有限的资金用在最急需的地方。

⑤ 全员参与原则。调动各方面的积极性，参与到企业的技术改造当中。

(4) 技术改造的层次

企业的技术改造可分为三个层次：

① 表层技术改造：装备更新。

② 内层技术改造：技术运用。

③ 深层技术改造：科学管理。

(5) 技术改造项目可行性研究报告

技术改造项目可行性研究报告的基本内容包括：项目的总体概况（包括项目名称、研究工作组织、研究概论等）、提出项目的条件、主办企业的基本概况、产品方案及市场预测、设备情况、总体改造方案、环保措施、投资估算、经济和社会效益分析及可行性研究建议等。

技术改造项目可行性研究报告编制的注意事项如下：

① 对预先设计的技术改造方案进行论证，只有设计研究方案，才能明确研究对象。

② 技术改造可行性研究报告所涉及的内容以及所反映情况的数据，必须绝对真实可靠，不允许有任何偏差及失误。其中所运用的资料、数据，都要经过反复核实，以确保内容的真实性。

③ 技术改造可行性研究报告是投资决策前的活动。它是在事件没有发生之前的研究，是对事务未来发展的情况、可能遇到的问题和结果的估计，具有预测性。因此，必须进行深入的调查研究，充分地收集资料，运用切合实际的预测方法，科学地预测未来前景。

④ 论证性是技术改造可行性研究报告的一个显著特点。要使其有论证性，必须做到运用系统的分析方法，围绕影响项目的各种因素进行全面、系统的分析，既要做宏观的分析，又要做微观的分析。

4.4 电气设备管理与大修

4.4.1 电气设备计划管理

设备是企业形成生产能力的物质基础，为最大限度地发挥设备在生产和生活中的重要作用，在实际运行中，应遵循预防为主，使用、维护和计划检修相结合；修理、改造和更新相结合；技术管理和经济管理相结合；专业管理与分散管理相结合的原则做好设备的计划管理。

(1) 计划预修

按照计划，对电气设备进行预防性修理、维护、监督及保养的组织措施与技术措施叫计划预修制度。这样做是为了使设备经常处于完整状态，防止电气设备突然出现事故。通过计划修理，有针对性地对设备进行技术改造，提高设备的技术水平和性能，为企业更新产品品种、提高产品质量提供优良的技术装备。

电气设备的计划预修必须坚持服务于生产的原则，在实施中应充分考虑到各类设备的使用频度和生产、运行需要，制订计划应根据设备实际运行中所出现的问题和要求，综合考虑各种因素，要做到合理、及时、有效。

(2) 计划预修分类

计划预修是变被动维修为主动维修，发现设备潜在隐患和缺陷的有效手段。计划预修包括设备保养和设备维修两大方面的内容，如图 4-2 所示。应有计划地逐级分阶段维修，同时对重型、大型、关键设备进行项目修理。

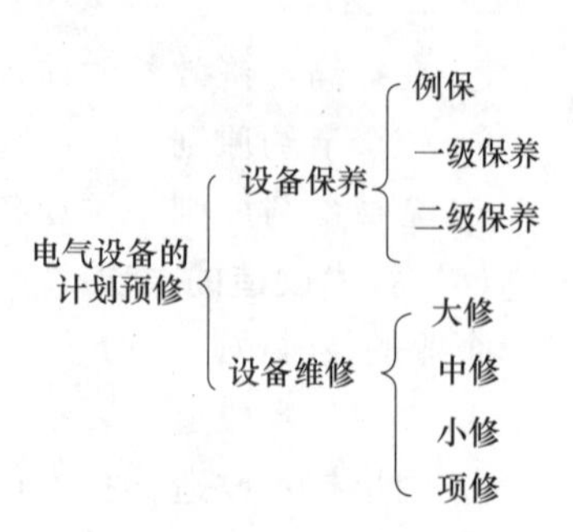

图 4-2 计划预修的分类

(3) 设备保养

电气设备保养一般分为例保（日保养）、一保和二保，见表 4-2。

表 4-2 电气设备三级保养的内容

序号	保养级别	保养内容	周期
1	日保(或例保)	①向操作者了解设备运行情况 ②查看电气设备运行情况，看有没有影响设备不安全的因素 ③听听开关及交、直流电机有无异常声响 ④查看交、直流电机和导线及开关有无过热现象 ⑤查看继电器、接触器是否运行正常，应无异常声响和异常温升	每个工作日或每周一次
2	一保	①检查电器及线路是否有老化及绝缘损伤的地方 ②清扫电器及线路的灰尘和油污 ③拧紧各接线端接触点的螺钉，要求有良好的电气连接 ④更换有缺陷的元器件 ⑤擦净位置开关内的油污和灰尘及伤痕，要求工作可靠、接触良好 ⑥拧紧各主令开关手柄螺钉，检查手柄动作，要求灵敏可靠 ⑦检查制动装置、硅整流器件、变压器、电阻等是否完好并清洁 ⑧检查电器动作保护装置是否灵敏可靠	每月一次
3	二保	①进行一保的全部项目 ②重新整定热继电器、过电流继电器的数据 ③消除和更换损伤的元器件、电线管、金属软管及塑料管等 ④测量电动机、电器及线路的绝缘电阻是否良好 ⑤更换直流电机的电刷并将其磨合良好 ⑥根据运行速度的不同，更换交、直流电机的轴承润滑油，对磨损严重的轴承予以更换 ⑦轻擦弱电控制部分的电路板及电气连接装置，更换接触不良的插座与插排。对功率器件检查散热装置的工作状况，并检查电气连接和散热连接是否可靠 ⑧完善各种电气标识和控制功能标识，做到准确、醒目	三年一次

(4) 设备维修

设备维修一般分为大修、中修、小修和项修，见表 4-3。

表 4-3 电气设备维修的内容

序号	维修级别	维修内容
1	小修	①设备部分拆换易磨损件 ②清洗、调整、紧固机件，使设备正常生产 ③挑换少量失灵电气元件，对各种电线接头予以紧固，电机加以清洗
2	中修	①设备部分解体，部分电气线路被拆卸，部分机械易磨损件修换 ②恢复设备精度和性能 ③部分电气元件更换，原电气线路根据情况作适当改动

续表

序号	维修级别	维 修 内 容
3	大修	①设备全部解体，电气线路被分割，机械更换或修理易磨损件，附在其上的电机与电器拆下，机械按出厂标准恢复原有精度和生产能力，也可以结合技术改造进行（更换时，在保证功能的情况下，应尽量考虑使用新型器件，以保证今后的维修来源） ②电器对原有电气线路要加以分析，结合新元件和新技术加以改进，对原有电机要拆修，必要时予以更换 ③对配电箱和操纵台要更换破旧元件，连接线和管道中的电源线原则上予以更换 ④对过时与淘汰技术和控制方式，可以考虑结合大修予以必要的技术改造，比如采用PLC技术、单片机技术、智能仪表、功能模块等
4	项修	对重型、大型、关键设备由于生产需要或受财力、物力、时间的限制，不可能进行大修，此时可进行部分项目的修理，叫项修。 在确定项目时，要进行调查分析。对存在的主要问题，有针对性地修理。这样做既能不影响生产，又能在有限的时间、财力、物力的条件下，完成有效的修理。要前后联系起来分析，在整体上考虑各次项修的联系和区别，注意其内在联系。 在实际操作中，要注意查看修理记录和做好技术分析，避免同一部分重复修理。项修的工作标准和内容对于被修项，应参考大修的基本要求来实施

【提示】

对于电网、输变电设备、生产设备的电力拖动系统，常用电气绝缘工具等都要进行定期的预防性试验，目的是通过试验，发现问题，安排维修或更换，以消除隐患，防止发展为大故障和事故。试验项目一般为绝缘耐压试验、接地电阻测量、绝缘电阻测量、电器保护装置可靠性试验等等。各种电器预防性试验都有试验项目和试验周期的规定。

在生产过程中，生产设备出现故障或发生事故，都要进行修理，这些不属于计划预修的范围。

4.4.2 电气设备运行现场管理

用科学的管理制度、标准和方法，对生产现场的各个生产要素，即人（电气检修人员和管理人员）、机（电气设备、工具）、料（电气元件、电线、电机）、能（电、水、气、油）、法（仪表、检测手段）、环（工业环境、生产环境）、信（信息）等进行合理有效的计划、组织、协调和控制，使电气线路和电气设备处于良好的运行状态，以使工厂企业优质、高效、低耗、安全地进行电气运行，使计划检修制度落到实处。

(1) 工艺管理

① 关键电气设备部位，要定人、定岗、定责。

② 按电气图纸、工艺、标准进行电气维修。

③ 定置管理（电气元件按A、B、C分类摆放，尽量减少C类数量）。

④ 合理科学地使用电气仪表和工具；按工序规定进行维修。

(2) 质量管理

① 三有：有质量电气元件、有电气工作规程、有安全和检验规程。

② 三检：首检、巡检、完工检。

(3) 电气设备管理

① 按电气设备的特性，定人、定机、定保养、凭证操作。

② 对电气设备要日保养、周检查、月检查。

③ 三好：管好、用好、修好电气设备。

④ 四会：会操作、会维护、会排出故障、会修理。

(4) 劳动纪律管理

① 做到两个准点（准点上岗、准点离岗），不擅离岗位。

② 加强班组自我管理意识。班组长起骨干模范作用。

(5) 安全管理

要贯彻安全第一的方针，对不安全因素增加预防控制环节，对易燃、易爆现场实行特别定置管理，做好安全管理工作。

① 安全管理以预防为主，严格遵循电气安全规定、操作规程；严格执行劳动防护用品使用制度，严格执行交接班制度。

② 电气操作与维修现场，严禁违章指挥和违章操作。

③ 在尘毒作业点、防爆防火作业点作业要有安全措施。

④ 易燃、易爆的现场，电源要有专人负责，要定时检查，并在场地配备灭火器具（实行定置）。

⑤ 消防龙头（消防栓）、灭火器具、电动机和接近电源的通道不得有无关物品存放、保证道路畅通。

⑥ 灭火器、消防器材处于A状态（随时可用），实行定置。环境管理六无（无积灰、无积水、无烟头纸屑、无油污痰迹、无乱放自行车、无乱晒衣物、无其他可燃性杂物）、一通（通道畅通）。

(6) 生产管理

① 加强维修计划的组织实施，按年度修理计划、季度修理计划、月份修理计划进行电气维修工作。执行期量标准，力求维修计划协调均衡进行。

② 加强现场修理工作的调度，及时处理技术、设备及电气元件供应、人员等方面的问题，做到重大问题处理不过夜。

③ 减少电气元件库存积压，提供优质的电气元件和电气设备。

4.4.3 电气设备修理计划编制

设备修理计划的编制是一件细致的工作。在调查设备的基础上，考虑工厂企业的生产状况、资金安排和技术水平，必要时还要引进技术力量。首先要确定设备修理的类型，其次再制订年度计划、季度计划和月份计划。执行中修订季度计划与月份计划。根据设备的修理类别，确定其修理计划。修理计划一般分为设备精度检修计划、设备预防性试验计划、设备二级保养计划、设备小修计划、设备中修计划与设备大修计划。在执行中修订计划要符合原则。

(1) 编制依据

① 设备的运转周期。

② 检修间隔期。

③ 设备年度技术状况普查和维修情况资料。

④ 生产工艺及产品质量对设备精度和控制、安全等方面的要求。

(2) 编制程序

① 根据编制计划的各项依据，由生产车间的设备分管领导和设备维修人员共同提出。

② 上报本单位资产管理部门。

③ 由资产管理部门会同相关部门，比如生产、计划、销售等，综合各方面意见和信息后，编制修理计划。

④ 修理计划编制完成后，应报请本单位分管领导审批，审批之后方可实施。

(3) 编制步骤

① 分析设备调查资料，突出年度修理计划的编制意见。

② 分析待修理设备的资料，提出资料方面的意见。

③ 技术力量分析。

④ 编制年度修理计划的准备工作。

⑤ 编制年度修理计划草案。

⑥ 编制年度修理计划。

⑦ 年度修理计划的执行。

(4) 年度修理计划的编制

年度修理计划是编制季度修理计划和月份修理计划的依据。下面就按年度修理计划和编制过程予以说明。

① 分析设备调查的资料，提出年度修理计划的编制意见。

a. 生产设备的现状分析。性能好的设备状况；待修理的设备状况；不能满足产品质量的设备状况；待修理设备的修理类别与修理项目。

b. 生产设备技术改造的分析。由于新技术的出现，原有设备的技术落后，电气元件、电动机等已更新换代，原调速系统落后等，要提出设备技术改造方案。

c. 生产设备的质量分析。由于工厂企业产品更新换代，因而对生产设备提出了新的要求。要对现有设备进行质量分析，经过采取措施和必要的改造，以适应新的生产形势。

② 分析修理生产设备的资料，提出资料方面的意见。

a. 生产设备的资料分析。对待修的生产设备的技术资料进行分析，了解其资料完整性，包括图纸、性能数据、元器件目录表等。

b. 分析电气元器件的市场供应。如果是新型号，则要做出记录。收集新型电动机与新型电气元器件的安装尺寸与大小的资料，分析与原设备的安装容量是否矛盾。

c. 由于新型电气元器件和新型电动机的使用而改动原图纸。

③ 技术力量的分析　对本工厂企业工程技术人员与技术工人的技术状况进行分析。了解完成计划修理的人力缺口，是否要聘请部分工程技术人员和技术工人，或者和其他单位协作。

④ 编制年度修理计划的准备工作　在上述分析工作的基础上，由设备动力主管部门负责组织修理计划的编制工作，组织参加编制修理计划的有关人员来共同完成。

a. 研究分析下年度的生产任务、产品种类与数量、产品质量要求、产品更新换代的品种等，从而提出对电气设备的要求。

b. 研究分析设备调查资料，从图纸准备、元件供应的角度，从关键设备、关键工序的角度，从全厂生产的节奏及需要的角度等方面提出设备的初步修理安排意见。

c. 根据初步修理安排意见进行修理工作量的平衡核算，尽可能做到逐季、逐月的修理工作量相对平衡，以利于充分发挥人力的作用，减少窝工与停工等料现象。也应避免由于过于紧张，过多加班加点而引起修理质量下降及人员伤亡事故。

⑤ 编制年度修理计划　在各有关科室与各车间进行讨论的基础上，汇总各方面意见，

对草案进行补充修改，编制正式的年度修理计划。

a. 年度修理计划的修理类别、修理总台数。

b. 季度与月份修理计划的划分与修理内容、修理进度的制订。

c. 设备复杂系数统计、任务工时统计与修理费用预算。

d. 修理计划和修理过程存在的问题，可能出现的问题和执行计划的意见。

⑥ 年度修理计划的执行　年度修理计划编制后，由有关科室与车间会签，报厂有关领导审批，再报上级主管部门（部管设备、局管设备要由上级主管部门审批），对于三资企业是否再报上级主管部门，根据当地情况而定。

大修计划由设备动力部门组织进行，中修、二级保养由有关车间组织进行，预防性试验由设备动力部门组织进行。设备动力部门与各有关车间密切合作，互相配合执行计划，但整个修理计划的执行，设备动力部门处于主体地位，要充分发挥其主要力量作用，有关科室要加强技术指导与物资保障工作。

(5) 季度修理计划的编制

在年度修理计划的基础上，由设备动力部门按照计划中关于季度与月份修理计划的修理内容与修理进度，结合实际情况进行调整与补充，制订出每个季度的季度修理计划。季度修理计划由设备动力部门在前一季度制订。

① 在年度修理计划的基础上，结合设备修理前的图纸、资料、技术、电气元器件的准备状况、生产任务的调整等因素，进行计划调整。

② 临时任务或协作任务与原修理计划矛盾时，要分清轻重缓急，进行排队。对影响全局、急需、关键的设备要优先修理。修改原制订的季度计划。

③ 第一季度的修理计划，原则上和年度修理计划一致，不作重大修改与调整。

④ 第四季度尽可能少安排一些修理任务，以利于下年度修理准备工作的进行。

(6) 月份修理计划的编制

月份修理计划是具体执行计划，由计划员按照季度修理计划，听取车间意见，结合车间实际情况制订。

①了解与检查设备修理前的准备工作是否能够完成与完成日期。

② 临时修理任务对原计划的影响，原修理项目、日期的变更。

③ 修理的项目与类别、修理时间、停工与修复投产日期。

④ 月份计划要仔细核实与落实，因为它直接关系着设备修理的具体实施，计划不周会造成生产混乱。

⑤ 月份计划在前一个月下达给有关车间。

⑥ 月份计划执行时，实际修理费用、安全、质量等指标。

4.4.4 电气设备事故处理

(1) 设备事故的分类

设备事故分为责任事故、质量事故、自然事故、其他事故四种，见表 4-4。

表 4-4　设备事故的分类

序号	事故类型	说　明
1	责任事故	是指操作者违反操作规程、擅自离岗、平时维护不到位、电气和机械维护人员对设备修理质量不高、设备失修带病工作等原因造成的事故。 这类事故是危害性非常大的事故

续表

序号	事故类型	说　　明
2	质量事故	是指设备安装不当或自身设计缺陷所引起的事故。对于安装不当,要具体分析,例如电气设备的安装环境(温度、湿度、有害气体等)、位置(配电箱的座在处和生产设备的距离、方向等)、质量(电动机联轴器的安装质量)、振动等都会造成质量事故。 若存在设计缺陷,应通知设备制造厂注意改进,必要时提出经济赔偿要求
3	自然事故	是指自然原因造成的事故,例如洪水、地震、雷击所造成的自然灾害。对待自然事故,要着重分析预防性检修质量,例如避雷措施失修,便是雷击损失扩大的一个原因
4	其他事故	上述三类事故以外的事故

【提示】

生产中出现事故后，要分清事故类型，找出事故原因，改进工作。实践中可以发现，有些事故包括两种事故原因，因此分析时，要实事求是。例如雷击损坏线路，除了自然原因，也有维修不善的原因，处理时要分清主次，从改善线路运行条件方面加以改进。

(2) 设备事故的划分

出现设备事故后，要科学地划分是重大事故还是一般事故。因为对重大事故和一般事故的处理方法是不同的。由于造成设备事故的原因很复杂，因此划分时要依照性质严重的一方为主。同时要注意设备事故的严重后果，有些设备出现非正常损失，造成损失虽然可以划入一般事故，这时也要重新考虑，是否将事故划入重大事故范围。

【提示】

一般事故与重大事故的划分，各个工业系统的划分方法不同。例如出现“生产中断4h以上；供电中断20min；厂区照明中断2h以上”在许多企业属于一般事故，但在钢铁厂、化工厂等企业就有可能属于重大事故。

(3) 设备事故的处理

当事故发生后，操作者应立即停止设备的运行，防止事故扩大，保护现场，立即报告有关领导。领导要根据事故性质和事故大小组织有关人员到现场分析事故原因，迅速组织修理，并总结经验，填写事故报告，处理结果报上级主管部门。

① 事故责任者要如实反映情况　事故责任者要将事故发生的全过程真实反映，必要时应有书面记录。领导要核实事故的真实情况，做到事故原因分析不清不放过、事故责任者未接受教训不放过、没有防范措施不放过。

② 组织对事故原因的分析　领导要根据事故大小，及时组织工程技术人员、维修人员、车间领导等人员进行事故原因分析，找出事故原因，确定事故性质，提出防范措施和事故处理意见。

③ 填写设备事故报告表　设备事故报告表按规定内容填写一式两份，由车间主任签署意见，上报工厂领导。重大事故和部管、局管设备事故要及时上报上级主管部门。

4.4.5 电气设备技术资料管理

(1) 设备技术资料管理的内容

设备的技术资料种类繁多，目的是使修理工作和技术改造工作顺利进行，大致上分为技术说明书、图纸、零配件细目等类。

① 技术说明书　这是设备的总体说明，内容包括：设备性能数据；设备结构；设备拆卸、安装方法；设备调整试验方法、试车标准。

② 零配件明细表　零配件明细表可供制订修理计划作重要参考，涉及计划的安排、修理费用的估算、计划执行的难易等。

a. 外购件明细表。要有名称型号、规格、数量、参考价格等。

b. 标准件明细表。要有名称型号、规格、数量、参考价格等。

c. 加工件明细表。要由本单位组织加工零配件，要有相应的图纸。

d. 电气元器件明细表。要有名称、型号、规格、数量、参考价格等。

③ 装配图　包括零部件图（包括零部件备件加工工艺卡、零部件备件工艺底图卡）、部件装配图、总装配图。

④ 电气图纸　包括电气原理图、电气装配图、电气配线图、液压图纸、液压原理图、液压结构图。

⑤ 附件图纸　工艺装配图纸、夹具图纸等。

⑥ 供电系统图纸　变配电设备产品说明书、变配电所平面布置图、变配电设备安装图、变配电系统保护电气原理图等。

【提示】

在设备维修过程中，往往要修改图纸，此时要收集修改后的图纸。因为一方面，这是改进了的图纸，有合理先进的一面，另一方面，这些图纸和修理后的技术同步，有现实意义。

(2) 技术资料的管理措施

工厂企业要建立设备技术资料管理中心，负责对生产设备和各种动力设备进行技术资料的收集、补充和更新，以满足全厂设备修理、改造和对外交流的需要。

① 建立设备技术资料管理中心（或技术资料室）　设备技术资料管理中心要有专职技术资料保管人员，配有晒图、静电复印等先进设备，设有相应保存图纸、资料的资料架、资料柜，并注意通风良好。

② 建立资料账卡　属于固定资产的设备，要收集完整的设备图纸、技术资料，并建立目录、资料账卡。各有关科室和车间可备用所需的复制品。

③ 建立技术资料管理制度

a. 设备技术资料的入库登记保管。对外购生产设备要将产品说明书、结构图纸、电气图纸、机械液压图纸、零配件细目等完整保存好。

b. 本厂设计的设备底图、蓝图、静电复印图纸、资料、技术说明、零配件细目等要入库登记保管。

c. 引进设备的分析图纸、补绘图纸资料，原引进设备附来的产品说明书、原理框图等一并入库登记保管。

d. 对陈旧资料的剔除销毁工作，要有一套管理程序。

4.4.6 电气设备大修方案的制订

大型设备的大修，要耗费大量人力、物力、财力。在制订设备大修方案时，要列出大修项目。在大修时，尽量采用新技术、新元件，结合进行技术改造。

(1) 设备大修项目

根据设备的实际情况来确定大修项目，例如：配电箱内电气元件和接线，根据新旧情况确定全部更换还是局部更换。下面列举常见的项目。

① 配电箱的大修。

② 配电箱至设备的穿管线路更换。

③ 电动机大修。

④ 电动机的性能测试（或大修、更换）。

⑤ 各种检测装置等的检查和元件测试。

⑥ 液压传动中电气液压元件的测试。

⑦ 特殊调试项目。

⑧ 整机调试（含电脑与可编程序控制器）。

（2）制订大修方案的注意事项

经过对设备技术资料的分析，生产设备现状的调查、大修项目的分析，紧接着就是制订大修方案。

由负责人、技术人员、技术工人一起讨论，提出大修方案，最后由领导签发。大修方案制订时，要考虑下面几个方面的可行性。

① 大修后设备的投产　研究大修后设备重新投产时的技术水平对产品数量与质量的影响。

② 电器市场分析　对大修所需的电器电子产品和零配件的市场供应可靠性和价格进行分析。

③ 对大修费用的经济性，最好有几个方案进行比较。

④ 大修期限　设备大修对生产有一定影响，因此应缩短大修期限。

⑤ 大修技术力量的配备　大修时，根据任务情况，将高级电工、中级电工、初级电工依一定比例配备，并由电气技师指导。

⑥ 大修过程的安全措施　设备大修时，电气方面工作的安全至关重要，在每个环节都要考虑切实可行的安全措施，以确保设备和人身安全。

（3）大修计划书

① 工时定额计算与修理人员配置。要注意电工的分工和技术等级，尽量做到最佳配备。

② 电气元器件、电缆电线、电机、电子设备、标准件、紧固件的清单，非标准件的加工与标准件、电气元器件的采购入库的到位日期。

③ 大修进度计划。一般当生产准备率（指大修准备）达到90％时，即可确定停机日期与大修开工日期，并以此为起点，制订出停机大修的分阶段计划。

（4）大修验收

设备大修、试车调试结束后，要进行质量验收，可按质量标准验收。验收工作可以由设备主管部门、大修部门、质量管理部门和设备使用部门共同验收。验收后在有关报表上签字，以示负责。

① 修理技术小结　由主修人员以书面形式书写。

② 整理上交在大修、试车、调试过程中改动的图纸资料，整理上交各种调试试验的技术数据，归档入该设备的资料袋。

③ 填写最终验收表　本表在设备验收后，经过三个月至半年使用期后填写。

④ 填写设备增值报表。

⑤ 填写企业规定的各种报表。

4.4.7 电气设备检修安全措施

电气检修是在停电与带电情况下进行的。为了确保电气检修工作的顺利进行，必须加强安全措施。

（1）工作票制度

工作票是准许在电气设备上工作的书面命令，也是执行保证安全技术措施的书面依据。它协调各方面的工作，明确各类人的职责、工作范围、时间、地点、安全措施。在整个电气检修过程中，各个阶段均应有相应的签字，以示负责。

工作票制度是一项确保安全的措施，主要内容是签发工作票和按工作票规定内容操作。工作票的格式是根据检修任务和电气设备的条件设计的。

工作票分为第一种工作票和第二种工作票两种。

① 第一种工作票　填写第一种工作票的工作为：高压设备上工作需要全部停电或部分停电；高压室内的二次接线和照明等回路上的工作，需要将高压设备停电或做安全措施的。

② 第二种工作票　填写第二种工作票的工作为：带电作业和在带电设备外壳上的工作；控制屏的低压配电屏、配电箱、电源干线上的工作；在二次回路上工作，未将高压设备停电；转动中的发电机，同期调相机的励磁回路或高压电动机转子电阻回路上的工作；非当班值班人员用绝缘棒和电压互感器定相或用钳形电流表测量高压回路的电流。

③ 检查工作票的签发工作　工作票签发人由生产领导人担任，对电气检修人员的安全负责。工作票填写的内容为：拉开的开关盒刀闸采取的安全措施；检修项目；计划工作时间等。工作票一式 2 份，一份交工作负责人，一份交工作许可人。电气检修工作如果要延期，要由工作负责人联系办理延期手续，或重新申请工作票。

（2）工作监护制度

① 每个作业小组必须配备一名工作负责人兼安全监护人，对作业小组的安全、质量、进度全面负责。对于复杂的作业项目必须增设监护人。

② 工作负责人（监护人）必须始终在工作现场，对工作班人员的安全认真监护，及时纠正违反安全规程的动作。

③ 在完成工作许可手续后的停电作业，必须进行验电、挂接地线工作。操作前，工作负责人（监护人）应向作业人员交代现场安全措施及其他注意事项。

工作负责人（安全监护人）在工作票执行全过程应始终在场，对工作许可人（值班人员）的操作和电气检修工作从安全方面进行监护，要认真负责地随时注意操作人员的安全，防止发生电气设备事故和人身安全事故。

（3）工作间断、转移和终结制度

严格遵守工作间断、转移和终结制度，特别是更换绝缘子工作，必须认真检查安全措施（接地线）是否符合工作票的要求。整个检修工作完成后，必须全面、仔细检查作业现场是否有影响线路安全运行的情况，特别是不要遗漏接地线，确无问题后，方可办理工作终结手续。装拆接地线按照“谁装谁拆”的原则进行，并填写接地线安装、拆除记录表。

① 检查工作间断制度的执行情况　上下班因故停工时，施工中的安全措施要保留，在重新开工前应重新详细检查。如果因故停工，要求拆除安全措施时，在重新开工前要重新办理工作票许可手续，重新布置安全措施。

② 检查工作终结制度的执行情况　工作结束后，工作负责人经检查工作情况，查明检修人员已全部清扫现场并已离开，检查现场设备情况后，在工作票上填写工作终结时间、工作负责人和检修责任人双方签名，向工作许可人讲清检修情况，工作票执行结束，此时才能恢复送电（严禁约时送电）。

(4) 停电检修安全保证措施

全部停电和部分停电的检修工作应采取下列步骤以保证安全。

① 停电　停电时，对通向被检修线路和电气设备的多路电源都要全部切断，每路均要在已断开的停电开关上挂标示牌，警告人们不要合闸（在带电检修线路和电气设备时，检修人员和带电体之间的安全距离要符合安全规定。如果达不到安全规定的距离，要改为停电检修）。

停电时，要检查是否会环形供电、用户备用电源是否从低压侧反送电、高压线路是否会对低压线路产生感应电压。

【提示】

检修工作中，如人体与其他带电设备的间距较小，10kV 及以下者的距离小于 0.35m，20～35kV 者小于 0.6m 时，该设备应当停电。如距离大于上列数值，但分别小于 0.7m 和 1m 时，应设置遮栏，否则也应停电。

② 验电　已停电的线路和设备除了电压表指示无电外，还要用相应电压等级的验电器重新进行验电，如图 4-3 所示。

验电前，应先在有电设备上进行试验，验证验电器良好，无法在有电设备上试验时可用高压发生器等确证验电器良好。

对无法进行直接验电的设备，可以进行间接验电，即检查隔离开关（刀闸）的机械指示位置、电气指示，仪表及带电指示装置的指示变化，若进行遥控操作，则应同时检查隔离开关（刀闸）的就地状态指示，遥测、遥信信号及带电显示装置的指示。

图 4-3　验电

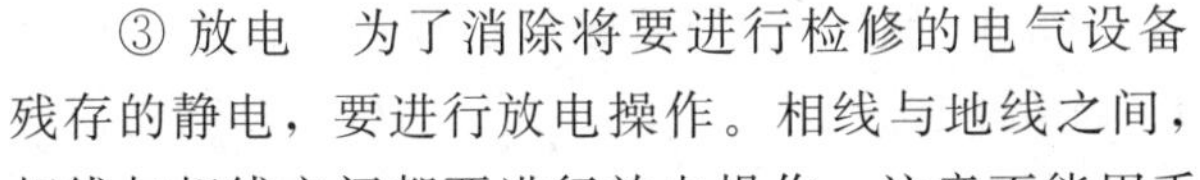

③ 放电　为了消除将要进行检修的电气设备残存的静电，要进行放电操作。相线与地线之间，相线与相线之间都要进行放电操作。注意不能用手直接操作，要用专用导线进行放电。

④ 装设临时接地线　为了防止意外送电，要在检修线路和电气设备的外端装设临时接地线，如图 4-4 所示。在装设前要先检查线路确实无电。安装时要先接接地端，后接相线端。拆卸临时接地线时，要先拆相线端，后拆接地端。

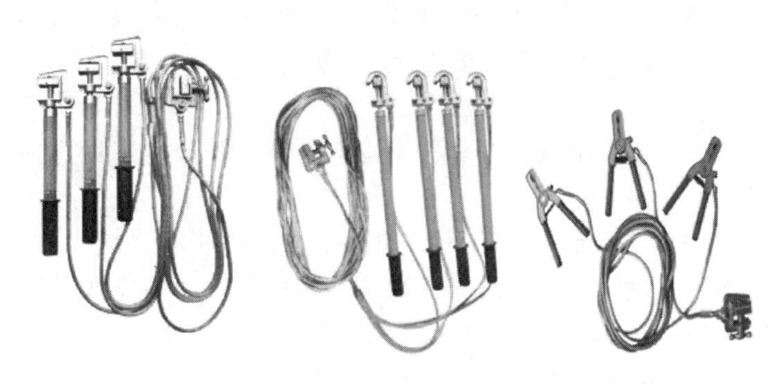

图 4-4　临时接地线

临时接地线拆除时，要双方移交后才可恢复供电。

⑤ 设置遮栏　在带电检修时，用遮栏将带电部分围起来，使检修人员与带电设备保持安全距离，防止检修时无意触及带电体触电，也防止无关人员靠近而发生触电事故。

⑥ 悬挂标示牌　标示牌的目的是警告，例如，在已断开停电的开关上，挂上“有人工作，禁止合闸”的标示牌；在临近带电部位的遮栏上，应挂上“止步，高压危险”的标示牌等。

(5) 带电检修的安全措施

在工矿企业中，为了不影响正常生产，采用低压带电检修作业十分普遍。带电作业分2种情况：一种是穿上特制服装在带电设备上直接作业，例如等电位作业，带电爆炸压接；另一种是利用特制的绝缘工器具对带电设备进行作业，例如带电断、接引线，带电短接设备等。

带电作业也是一种最容易发生触电事故的检修方式。据统计，在电工触电死亡事故中，约有80%以上是低压带电检修造成的。因此，为了确保安全，必须认真对待带电检修工作，重点检查带电检修的安全措施。

① 电气检修人员要经过严格的带电检修技术培训，而且要经主管部门考试合格，方可参加带电检修作业。检修组内要配备骨干电工。

② 严格执行监护制度，严密组织带电作业。工作负责人要选派带电作业经验丰富的人担任，他要对带电作业负全部领导责任，进行全过程的组织、指挥和质量保证。工作监护人也要选派有带电作业经验的人担任，他必须始终在场，认真负责，不断发现隐患，并采取措施加以消除与处理。

③ 带电作业工器具在运输过程中，应该用专用工具袋、工具箱存放，防止受潮、受损。带电作业工器具应该定期、按标准进行电气试验和机械试验。带电作业工器具应设专人保管，登记造册，并建立每件工器具的试验记录。

④ 带电检修人员要戴安全帽、绝缘手套，穿绝缘鞋，按规定穿好工作服。恰当的绝缘是为了确保人身安全，限制通过人体的电流或感应电流要小于1mA以下。在高压电场作业时，要考虑屏蔽措施，考虑穿着均压服。

⑤ 在不同作业场所采用各种安全办法。

a. 在带电导线、带电设备及充油设备附近，严禁使用火炉或喷灯，要特别防止电气火灾。

b. 在带电作业的电气设备或线路上，要采取防止相间短路的隔离措施。带电检修的电工要位于带电体的一侧，要保持一定的安全距离，防止电力系统发生异常现象时，出现闪络放电。

c. 在高空作业现场，要使用安全带和保险绳，在高空严禁上下抛掷物品，应使用绳索上下传递。

⑥ 工作负责人要时刻注意安全，在不同环境，做出不同作业决定。

a. 工作负责人和工作监护人要注意作业人员的身体情况，当作业时间过长时，要及时休息，切实防止作业人员因疲劳而引起触电事故或发生跌落事故。

b. 室外雨天带电作业，要使用专用工具和安全措施（例如保持工具不沾水等）。

c. 室外大风、雷雨及大雾时，要停止工作，安排人员撤到安全地点。

d. 夜间带电作业，要有适当照明，室外尤其要注意。

⑦ 设置遮栏和悬挂标示牌。

4.5 企业供电设备管理

供电设备是指输送、变换、分配电能的设备。物业公司管辖的供电设备的多少与电能的供应方式有着密切关系。目前，电能供应方式有两种：一是物业辖区所需电能小于315kV·A时，供电部门把电力直接送到用户；二是当物业辖区内用户所需电能较多时，则是供电部门把高压送到小区或高层楼宇，经小区或楼宇变电站再送到各用户单位。在第一种方式中，归物业公司管辖的是从低压电网进入物业辖区的一段线路和少量的开关电器。在第二种方式中，归物业公司管辖的是从高压公共电网进入物业小区或高层楼宇的变、配电所的高压进线开始，至用户用电设备入端止的全部线路及设备。

4.5.1 供电设备管理内容及要求

物业供电设备设施的管理是按照电力设施管理法规和物业管理公司的管理规范，对已验收并投入使用的供电设备（如高压配电设备、低压配电设备、变压器等），运用科学的管理方式和维修保养技术进行的一系列管理和服务，从而保证社区或楼宇的供电系统正常、安全运行，给业主提供一个良好的生活环境。

(1) 物业供电设备管理的内容

物业供电设备管理的主要工作内容有供电设备的安全管理、正常运行管理和维修管理，见表4-5，其中供电设备的安全管理占有最重要的地位。

表4-5 物业供电设备管理

工作内容	工作要点
安全管理	①普及安全知识，使用安全用具，提高安全意识 ②供电设施工程建设安全管理 ③供电设备安全操作管理 ④供电设备过负荷的安全管理 ⑤业主家庭用电安全管理
运行管理	①巡视监控管理 ②异常情况处置管理 ③变配电室的设备运行管理 ④供电设备档案管理
维修管理	①设备经常性的维护与保养 ②设备故障的修理

(2) 物业供电的基本要求

通过对供电设备的管理，供电系统应达到的基本要求见表4-6。

表4-6 物业供电的基本要求

基本要求	说明
安全	在电能使用中不发生设备和人身伤亡事故
可靠	满足业主对电能可靠性的要求，不随意断电
优质	满足业主对供电电压的要求
经济	使用费用要低

4.5.2 供电设备的安全管理

加强供电设备的安全管理可以防止供电设施损坏、绝缘老化、误操作造成的短路、漏电引起的火灾、触电事故。

(1) 供电设施的安全操作管理

供电设施的安全操作管理就是规范供电设施的操作程序，保证供电设施操作过程中的安全。供配电室的值班人员必须有强烈的安全意识，熟悉安全用电基本知识，掌握安全注意事项，按照操作规程操作电气设备。

为确保安全，防止误操作，按照国家的有关规定，倒闸操作必须根据上级变配电所调度员或值班负责人的命令，经受令人复诵无误后执行，并填写操作票。

① 送电操作流程　变配电所送电时，一般应从电源侧的开关合起，依次到负荷侧的开关。有高压断路器、高压隔离开关、低压断路器、低压刀开关的电路中，送电时，一定要按照：母线侧隔离开关（刀开关）→负荷侧隔离开关（刀开关）→断路器的合闸次序操作。

② 停电操作流程　变配电所停电时，一般应从负荷侧的开关拉起，依次拉到电源侧开关，以保证每个开关断开的电流最小，较安全。有高压断路器、高压隔离开关、低压断路器、低压刀开关的电路中，停电时，一定要按照断路器→负荷侧隔离开关（刀开关）→母线侧隔离开关（刀开关）的拉闸次序操作。

③ 变压器维修前的安全操作规程　为确保在无电状态下对变压器进行维修，必须先拉开负荷侧的开关，再拉开高压侧的开关。用验电器验电，确认无电后，在变压器两侧挂上三相接地线，高低压开关上挂上“有人工作，请勿合闸”警示牌，然后才能开始工作。

④ 配电柜维修前的安全操作规程　断开控制配电柜的断路器和前面的隔离开关，然后验电，确认无电时挂上三相短路接地线。当和临近带电体距离小于 6cm 时，设置绝缘隔板。在停电开关处挂警示牌。

(2) 供电设施安全操作注意事项

① 操作高压设备时，必须使用安全用具，即使用操作杆、棒，戴绝缘手套，穿绝缘鞋。操作低压设备时戴绝缘手套，穿绝缘鞋，同时注意不要正向面对操作设备。

② 严禁带电工作，紧急情况须带电作业时，必须在有监护人、有足够的工作场地和光线充足的情况下，戴绝缘手套，穿绝缘鞋进行操作。

③ 自动开关自动跳闸后，必须查明原因，排除故障后再恢复供电。必要时可以试合闸一次。

④ 变配电室倒闸操作时，必须一人操作一人监护。

⑤ 电流互感器二次侧不得开路，电压互感器二次侧不得短路，不能用摇表测带电设备的绝缘电阻。

⑥ 设立安全标志。应对各种电气设备设立安全标志牌，配电室门前应设“非工作人员不得入内”标志牌，处在施工中的供电设备，开关上应悬挂“禁止合闸，有人工作”标志牌，高压设备工作地点和施工设备上应悬挂“止步，高压危险”等标志牌。

(3) 供电设备过负荷的安全管理

供电设备过负荷是指用户的用电功率超过了供电系统的额定功率时的运行状态。在这种情况下，开关电器、变压器、线路都有被烧坏的危险。近年来人们的生活水平不断提高，微波炉、空调等大功率用电设备逐渐进入普通家庭，使居民用电功率大量增加，原有住宅的供电设计容量不能满足现在的需要，熔丝断裂、导线烧坏、电表烧坏等造成的停电事故时有发生。这不但影响了物业管理公司的声誉，而且处理这些事故要耗费大量的人力、物力和财力。因此，物业管理公司应该高度重视。

解决过负荷问题通常有以下两个解决办法。

① 改造增容。即需要换线、换变压器、换开关设备，增加供电容量。这种方法需要耗费大量的资金，物业管理公司往往难以解决改造任务和资金缺乏的矛盾。

② 加强用电管理。物业管理公司要限制沿街的商业店铺从居民住宅私接电线，业主安装大功率电器要申请接入低压电网，经批准后方能接入，以此来限制供电系统的过负荷，保证业主基本的家用电器的正常使用，保证物业管理公司的信誉和财物不受损失。

(4) 供电设施的防雷安全管理

供电设施遭雷击时，上百万伏的高压会沿着导线传播，击穿供电线路上的供电和用电设备，还可能造成人身伤亡事故，造成很大的经济损失。

社区变配电所属于一级防雷建筑物，按照规定变配电所应装避雷针。

在雷雨季节到来之前，应加强输电线路防雷管理，采取有效措施，避免线路及设备因雷雨发生故障。具体来说，变配电室的值班电工要合理安排接地测试工作时间，进行一次避雷针、避雷器和接地体装置的试验、测量和维修，保证避雷器具良好运行。同时，还应结合小区的防雷区域，登记避雷器指数器计数，并在雷雨季节后统计指数器动作情况，做好运行数据收集工作。

4.5.3 供电设备运行管理

保证供电设备良好运行采取的一系列管理措施称为供电设备的运行管理。供电设备的运行管理主要包括运行中的巡视管理、运行中的异常情况处置、变配电室管理和档案管理等内容。

(1) 巡视管理的主要内容

对于运行中的供电设备及供电线路，值班电工应定期进行巡视、检查，发现不良运行情况要及时整改解决。巡视管理的主要内容见表4-7。

表4-7　电工巡视管理的主要内容

巡视区域	主要巡视内容
小区变配电室	①变压器的油位、油色是否正常，是否漏油，运行是否过负荷 ②配电柜有无声响和异味，各种仪表指示是否正常，各种导线的接头是否有过热或烧伤的痕迹，接线是否良好 ③配电室防小动物设施是否良好，各种标示物、标示牌是否完好，安全用具是否齐全、是否放于规定的位置 ④按时开(关)小区内的路灯和景观照明灯饰
物业供电线路	①电杆有无倾斜、损坏、基础下沉现象，有则采取措施 ②沿线有无堆积易燃物、危险建筑物，有应进行处理 ③拉线和板桩是否完好，绑线是否紧固，若有缺陷设法处理 ④导线接头是否良好，绝缘子有无破损，若有则更换 ⑤避雷装置的接地是否良好，若有缺陷设法处理 ⑥对于电缆线路，应检查电缆头、瓷套管有无破损和放电痕迹，油浸纸电缆还应检查是否漏油 ⑦检查暗敷电缆沿线的盖板是否完好，路线标桩是否完整，电缆沟内是否有积水，接地是否良好

变配电室的值班电工在巡视中发现的问题，小问题由当班电工及时采取措施处理即可，如遇处理不了的问题应急时上报给组长，在组长协调下加以解决。处理问题时，应严格遵守物业管理公司制订的《供配电设备设施安全操作标准作业规程》和《供配电设备设施维护保养标准》的规定。

(2) 变配电室的管理

① 变配电室的值班人员要严格执行变配电室的管理制度。

② 变配电室的设备正常运行时，非值班人员不得入内，若要进入则需经物管公司工程部同意，在值班人员的陪同下进入变配电室。

③ 变配电室内禁止存放易燃、易爆物品，且消防器材齐全，禁止吸烟。

④ 要求每班打扫一次室内卫生，每周清扫一次设备卫生。

⑤ 值班人员应履行交接班制度，按规定时间交接班，值班员未办完交接手续时，不得擅离岗位。接班人员应听取交班人员的交代，查看运行记录，检查工具、物品是否齐全，确认无误后，在值班记录上签名。

(3) 供电设备的档案管理

为掌握供电设备的过去，以便正确使用供电设备，对供电设备应建立档案进行管理。一般住宅区或高层楼宇以每幢楼为单位建立档案，其主要内容如下。

① 电气平面图、设备原理图、接线图等图纸。

② 使用电压、频率、功率、实测电流等有关数据。

③ 运行记录、维修记录、巡视记录及大修后的试验报告等各项记录。

4.5.4 供电设备维护管理

供电设备设施的维修有两方面的含义：一方面是搞好供电设备的维护，使设备设施在最佳运行状态下工作；另一方面是当供电设备设施出现故障时，及时修复尽快恢复供电，减少停电给生活和工作带来的不便。

供电设备设施维修管理，由工程部供电设备管理员结合社区内的供电设备设施情况，制订出物业公司的《机电设备管理工作条例》、设备设施维修计划，组织人员施工和施工后的验收等，通过一系列管理活动，争取以最少的消耗获得最大的维修效果，最大限度地满足业主要求。

(1) 低压配电柜的养护

低压配电柜的养护，每半年一次。

① 养护前的准备　低压配电柜养护前一天，应通知业主拟停电的起止时间，将养护所需使用工具和安全工具准备好，办理好工作票手续。由电工组的组长负责指挥，要求全体人员思想一致，分工合作，高效率完成养护工作。

② 配电柜的分段养护　当配电柜较多时，一般采用双列方式排列，两列之间由柜顶的母线隔离开关相连。为缩减停电范围，对配电柜进行分段养护。先停掉一段母线上的全部负荷，打开母线隔离开关，检查确认无电后，挂上接地线和标示牌即可开始养护。

a. 母线接头检查。重点是检查母线接头有无变形，有无放电的痕迹，紧固连接螺栓是否连接紧密。在检查中，如果发现母线接头处有脏物时应清除，螺母有锈蚀现象应更换。

b. 配电柜中各种开关检查。取下开关的灭弧罩，看触点是否有损坏。紧固进出线的螺栓，清扫柜内尘土，试验操动机构的分合闸情况。

c. 检查电流互感器和各种仪表的接线，并逐个接好。

d. 检查熔断器的熔体和插座是否接触良好，有无烧损。

在检查中发现的问题，视其情况进行处理。该段母线上的配电柜检查完毕后，用同样的办法检查另一段。全部养护工作完成后恢复供电，并填写配电柜保养记录。

(2) 变压器的养护

变压器的养护每半年一次，一般安排在每年的4月份和10月份，由值班电工进行外部清洁保养。

① 在停电状态下，清扫变压器的外壳，检查变压器的油封垫圈是否完好。

② 拧紧变压器的外引线接头，若有破损应修复后再接好。

③ 检查变压器绝缘子是否完好，接地线是否完好，若损伤则予以更换。

④ 测定变压器的绝缘电阻，当发现绝缘电阻低于上次的30%～50%时，应安排修理。

(3) 供电设备设施的维修与管理方式

① 较大的维修项目管理　较大的维修项目如变压器的内部故障和试验、高压断路器的调整和试验等，一般采用外委维修的方式，由供电设备管理员填写外委维修申请表，经物业管理公司同意后与供电公司签署维修协议。维修时由配电室值班电工负责监督，并将结果记录在变压器维修记录和配电设施维修记录内。大修后的试验结果由供电公司填写试验报告，交供电设备管理员并进行财务结算。若在供电设备运行中，由于雷击或其他原因出现严重的故障时，首先由值班电工填写事故报告，经过主管部门审批后再按上述程序处理。

② 较小的维修项目管理　较小的维修项目如路灯照明线路、楼宇内的配电箱及电力计量箱等公共设施故障时，用户直接找配电室的值班电工修理解决即可。若照明灯、电度表是业主个人的物品，用户找配电室的值班电工修理并办理交费手续。值班电工修理后填写维修登记表，并由用户签字。值班电工应及时向财务部门结账、报账。

4.6　公共电气设备管理与维护

4.6.1　电梯管理与维护

搞好电梯设备管理，可使物业管理公司用尽可能少的运行、维修费用来维持电梯的安全运行，提高物业管理公司的经济效益。

(1) 电梯简介

① 电梯的组成　社区住宅楼宇电梯是靠电力拖动的一个可以运载人或物的轿厢，在建筑井道中的导轨上作垂直的升降运动的设备。

社区住宅楼宇一般采用的是曳引式电梯，它由机房、井道与底坑、轿厢和层站四个部分组成，如图4-5所示。

② 电梯各组成部分的功能　电梯的基本结构包括八大系统：曳引系统、导向系统、轿厢、门系统、重量平衡系统、电力拖动系统、电气控制系统和安全保护系统。各个系统的功能以及组成的主要构件与装置见表4-8和图4-6。

③ 电梯的分类　目前使用的电梯按其操纵方式分类有按钮控制电梯、信号控制电梯、集选控制电梯、并联控制电梯、程序控制电梯及智能控制电梯等，见表4-9。

④ 曳引式电梯的工作原理　曳引式电梯是靠曳引力实现相对运动的。安装在机房内的电动机通过减速箱、制动器等组成的曳引机，使曳引钢丝绳通过曳引轮，一端连接轿厢，一端连接对重装置，轿厢与对重装置的重力使曳引钢丝绳压紧在曳引轮绳槽内产生摩擦力，这样电动机一转动就带动曳引轮转动，驱动钢丝绳，拖动轿厢和对重作相对运动，即轿厢上

升，对重下降；轿厢下降，对重上升。于是，轿厢就在井道中沿导轨上、下往复运行，电梯就能执行它竖直升降的任务，其曳引传动关系如图 4-7 所示。

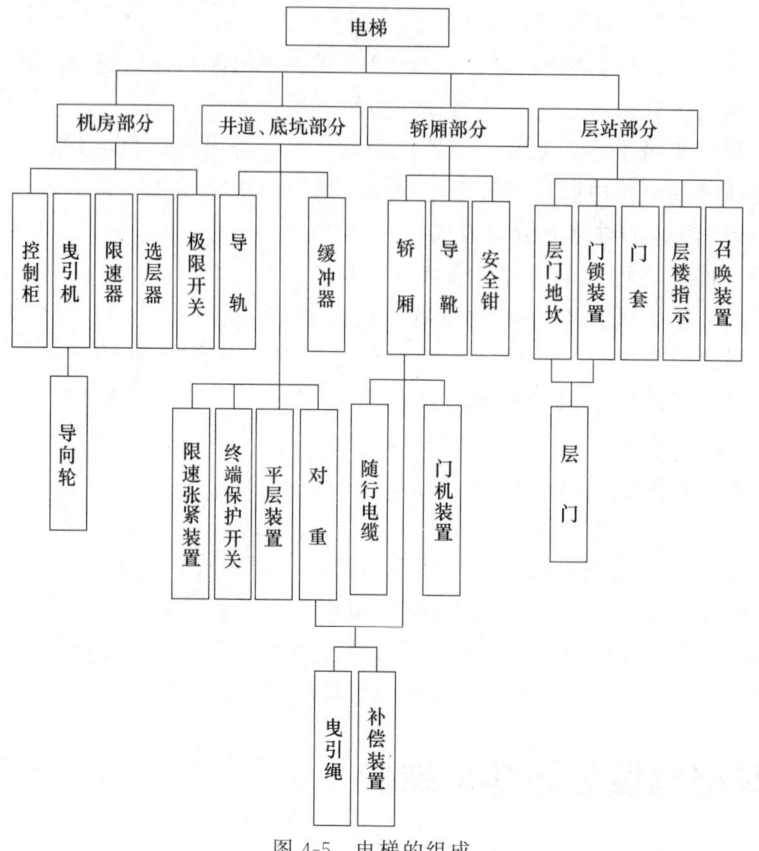

图 4-5　电梯的组成

表 4-8　电梯各个组成部分的功能

系统	功能	组成的主要构件与装置
曳引系统	输出与传递动力，驱动电梯运行	曳引机、曳引钢丝绳、导向轮、反绳轮等
导向系统	限制轿厢和对重的活动自由度，使轿厢和对重只能沿着导轨作上、下运动	轿厢的导轨、对重的导轨及其导轨架
轿厢	用以运送乘客和(或)货物的组件，是电梯的工作部分	轿厢架和轿厢体
门系统	乘客或货物的进出口，运行时层门、轿门必须封闭，到站时才能打开	轿厢门、层门、开门机、联动机构、门锁等
重量平衡系统	相对平衡轿厢重量以及补偿高层电梯中曳引绳长度的影响	对重和重量补偿装置等
电力拖动系统	提供动力，对电梯实行速度控制	曳引电动机、供电系统、速度反馈装置、电动机调速装置等
电气控制系统	对电梯的运行实行操纵和控制	操纵装置、位置显示装置、控制屏(柜)、平层装置、选层器等
安全保护系统	保证电梯安全使用，防止一切危及人身安全的事故发生	机械方面有限速器、安全钳、缓冲器、端站保护装置等。 电气方面有超速保护装置、供电系统断相错相保护装置、超越上下极限工作位置的保护装置、层门锁与轿门电气联锁装置等

(2) 电梯的安全管理

电梯设备的管理是物业管理公司为确保电梯的正常安全运行而进行的一系列有目的的管理活动。电梯能否正常安全可靠运行直接影响高层住宅区（或大厦）中人们的生活和工作质量，所以，在物业管理中电梯的管理占有重要地位。

① 电梯的验收与接管　电梯由施工单位安装好后，要按国家规定的技术标准和质量标准进行验收。验收时，由施工单位向物业管理公司提交验收资料，包括：电梯的出厂合格证，性能测试、运行记录，安装使用说明书，还有电梯的原理图、安装图等。物业管理公司的电梯管理员，应邀请市级以上安全生产监督管理局的有关专业技术人员进行检验和验收，验收合格后方可投入使用。

电梯设备经验收合格后，划归物业管理公司管理，同时可投入使用。物业公司工程部的电梯管理员应建立电梯的档案并妥善保存。未经过验收合格的电梯，物业公司绝对不能接管，应责令施工单位进行整修，限期再验收。

② 电梯使用安全管理　为防止电梯因使用不当造成损坏或引起伤亡事故，必须加强电梯的使用安全管理。电梯使用安全管理主要包括：安全教育、司梯人员的操作安全管理、乘梯人员的安全管理、电梯困人救援的安全管理。

③ 电梯困人救援的程序　规范电梯困人援救工作，以确保乘客的安全是电梯困人援救管理工作的目的。凡遇故障，司梯人员应首先通知电梯维修人员和管理人员，如电梯维修人员和管理人员 5min 仍未到达，工程部经过培训的救援人员可根据不同情况，设法先行释放被困乘客。

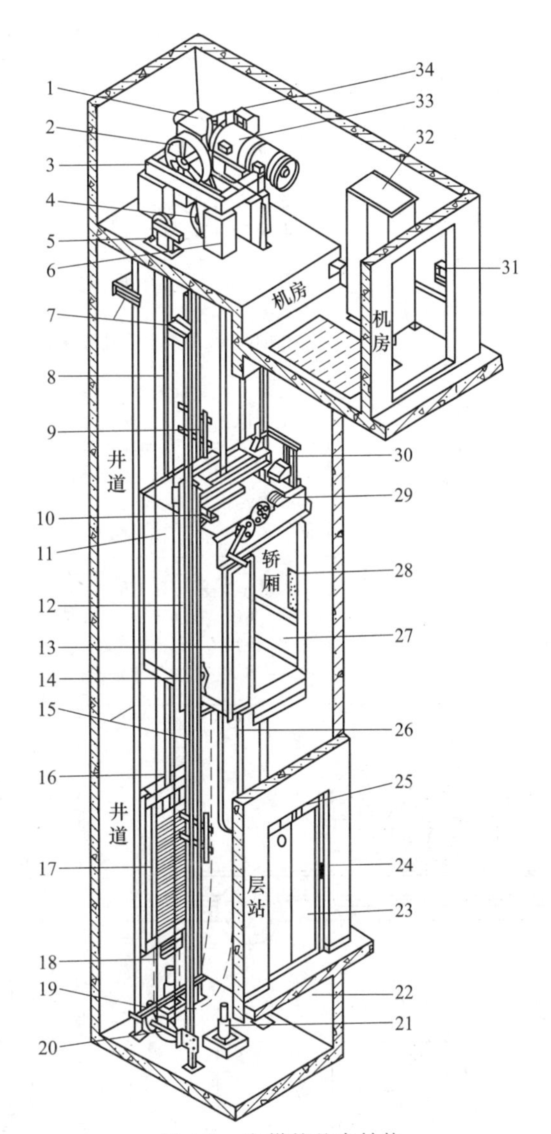

图 4-6　电梯的基本结构

1—减速箱；2—曳引轮；3—曳引机底座；4—导向轮；5—限速器；6—机座；7—导轨支架；8—曳引钢丝绳；9—开关碰铁；10—紧急终端开关；11—导靴；12—轿厢架；13—轿门；14—安全钳；15—导轨；16—绳头组合；17—对重；18—补偿链；19—补偿链导轮；20—张紧装置；21—缓冲器；22—底坑；23—层门；24—呼梯盒；25—层楼指示灯；26—随行电缆；27—轿壁；28—轿内操纵箱；29—开门机；30—井道传感器；31—电源开关；32—控制柜；33—曳引电动机；34—制动器（抱闸）

a. 设法告知被困人员，等待救援。当发生电梯困人事故时，电梯管理员或援救人员通过电梯对讲机或喊话与被困人员取得联系，务必使其保持镇静，静心等待救援人员的援救。被困人员不可将身体任何部位伸出轿厢外。如果轿厢门属于半开闭状态，电梯管理员应设法将轿厢门完全关闭。

表 4-9　电梯按其操纵方式分类

种类	说　明
按钮控制电梯	操纵箱内装有启动按钮、应急按钮、开关门按钮、警铃按钮等按钮组和照明开关、钥匙开关、通风开关、检修开关和显示楼层与方向的指示灯
信号控制电梯	除具有自动平层自动开门动作外，还具有内外选层、自动定向、顺向截车等控制能力。该类电梯有司机操作
集选控制电梯	具有自动平层、自动开门、自动掌握停站时间、内选外呼信号的登记与消除、顺向截梯以及自动换向等功能。向下集选控制电梯用于无司机交、直流电梯，基本工作状态与集选控制电梯相同，只是厅外向下招呼信号才予答应
并联控制电梯	该种电梯是电梯群中的最简单方式，只适合于两台电梯的协调控制管理。它按预先设定的调配原则，自动地调配某台电梯去答应某层的厅外召唤信号
程序控制电梯	使用于同一建筑物内有三台以上电梯，而且位置比较集中的电梯群的控制和管理。为了提高电梯的运行效率和充分满足楼内客流量的需要，尽可能地缩短乘客的候梯时间，对电梯群的运行状态进行自动程序控制
智能控制电梯	该种电梯采用先进的控制理论、先进的传动和控制技术，使电梯在运行过程中具有安全、快速、准确、平稳的特性，使乘客具有舒适感和享受感。全微机化电梯的开发和使用是电梯的发展趋势。全微机化电梯是指电梯的传动系统及控制系统实现微机化控制的电梯，可满足人们对电梯的高质量、高水平、高标准的要求

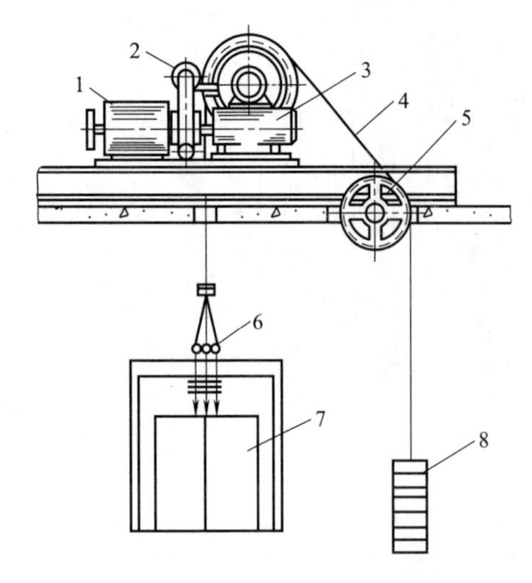

图 4-7　电梯曳引传动关系
1—电动机；2—制动器；3—减速器；4—曳引绳；5—导向轮；6—绳头组合；7—轿厢；8—对重

b. 准确判断轿厢位置，做好援救准备。根据楼层指示灯、PC 显示、选层器横杆或打开厅门判断轿厢所在位置，然后设法援救乘客。

④ 电梯困人救援步骤及方法

a. 轿厢停于接近电梯口的位置时的援救步骤：

· 关闭机房电源开关。
· 用专门外门锁钥匙开启外门。
· 在轿厢顶用人力慢慢开启轿门。
· 协助乘客离开轿厢。
· 重新关好厅门。

b. 轿厢远离电梯口时的援救步骤：

· 进入机房，关闭该故障电梯的电源开关。
· 拆除电动机尾轴端盖，按上旋柄座及旋柄。
· 救援人员用力把住旋柄，另一救援人员，手持制动释放杆，轻轻撬开制动，注意观察平层标志，使轿厢逐步移动至最接近厅门（0.5m）为止。
· 当确认刹车制动无误时，放开盘车手轮，然后按轿厢停于接近电梯口的位置时的援救步骤中所列方法救援。

遇到其他复杂情况时，应请电梯公司帮助救援。援救结束时，电梯管理员填写援救记录并存档。此项工作的目的是积累救援经验。

(3) 电梯运行管理

电梯设备的运行管理，就是保障电梯良好运行所实施的管理活动，主要内容包括：电梯设备的运行巡视监控管理、电梯运行中出现异常情况的管理、电梯机房的管理和电梯档案的管理等。

① 巡视监控管理　巡视监控管理，是由电梯机房值班人员实施的，定时对电梯设备进行巡视、检查，发现问题及时处理的管理方式。电梯机房值班人员每日对电梯进行一次巡视，根据巡视情况填写电梯设备巡视记录。当巡视中发现不良状态时，机房值班人员应及时采取措施进行调整。如果问题严重则应及时报告公司工程部主管，协同主管进行解决。整修时应严格遵守《电梯维修保养标准》。

机房值班人员巡视主要包括以下内容。

a. 曳引机是否有噪声、异味，是否烫手。

b. 轴承螺栓是否松动。

c. 减速箱的油位、油色是否正常，联轴器是否牢固可靠。

d. 指示仪表、指示灯、各继电器动作是否正常。

e. 变压器、电抗器等是否过热。

f. 制动器是否正常。

g. 曳引轮、曳引绳、限速器等是否正常。

h. 通信设施、标示牌、盘车手轮、开闸扳手等救援工具是否放在指定位置。

i. 电梯运行有无振动，开关门是否顺畅。

j. 底坑限速器是否正常。

② 电梯机房的管理　电梯机房值班人员，在公司工程部电梯管理员的领导下工作。电梯管理员负责制订《电梯机房的管理制度》，机房值班人员严格执行《电梯机房管理制度和交接班制度》。为防止麻烦，机房要随时上锁。

③ 电梯的档案管理　为了解电梯的整体状况，工程部以高层楼宇为单位建立电梯档案。电梯的档案包括：电梯的原理图、安装图、电梯设备巡视记录、电梯设备维修记录等项内容。档案中的电梯设备巡视记录由机房值班组长每月初整理成册，交工程部电梯管理员保管。

④ 电梯异常情况处置管理　当电梯工作中出现异常情况时，司梯人员和乘梯人员都要冷静，保持清醒的头脑，以便寻求比较安全的解决方案。

a. 发生火灾时的处置。

• 当楼层发生火灾时，电梯的机房值班人员应立即设法按动“消防开关”，使电梯进入消防运行状态。电梯运行到基站后，疏导乘客迅速离开轿厢。同时，电话通知工程部并拨打119电话报警。

• 井道或轿厢内失火时，司梯人员应立即停梯并疏导乘客离开，切断电源后用干粉灭火器或1211灭火器灭火。同时，电话通知工程部。若火势较猛就应拨打119电话报警，以便保证高层建筑内的人员和财产安全。

b. 电梯遭到水浸时的处置。电梯的坑道遭水浸时，应将电梯停于二层以上；当楼层发生水淹时，应将电梯停于水淹的上一层，然后断开电源总开关并立即组织人员堵水源，水源堵住后进行除湿处理，如热风吹干。用摇表测试绝缘电阻，当达到标准后，即可试梯。试梯正常后，才可投入使用。

(4) 电梯维修管理

① 电梯维修保养标准　物业公司工程部的电梯管理员应根据国家标准和社区电梯情况制订《电梯维修保养标准》，注意制订标准时不要和国家标准相抵触。下面是某公司制订的《电梯维修保养标准》。

a. 机房。

· 机房通风良好，温度在5～40℃之间，相对湿度不大于85%，保证没有雨水浸入。

· 机房的干粉灭火器应保持正常压力。

· 机房的紧急救援操作规程、注意事项齐全，并挂在明显处。

· 轿厢平层标志清晰可见。

· 机房门锁良好，告示牌清晰挂于显眼处。

· 机房电源、插座良好。

· 机房不得住人，应保持清洁。

· 曳引轮对铅垂线的偏差小于2.0mm，曳引轮绳槽与导向轮绳槽平行度偏差小于1.0mm。

· 限速器调节部位应有铅封，非专业人员禁止调整。

· 限速器绳槽、轴套等磨损在允许范围内运行时无异常声音。

· 限速器、安全开关灵活可靠。

· 限速器-安全钳-安全开关联动可靠。

· 曳引轮标出的运行方向清楚。

· 各轴承灵活，运行时无异常声音，温度不高于80℃，工作2500～3000h后更换新油。

· 电源线的各相间和相地之间绝缘良好，电气设备外壳接地良好。

· 供电电压波动在±7%范围内，频率波动在±2%范围内。

· 制动装置制动良好。轿厢以额定速度空载上行至行程上部范围内断电时，应能完全停止，制停距离不大于250cm。

· 电梯救援的手动松闸、手动盘车操作装置，应齐全并挂于墙上，不得他用。

· 曳引轮绳槽磨损离V形槽底4～5mm时，应更换。

b. 井道与轿厢。

· 上下限位开关灵活。

· 绳头组合固定符合国家标准。

· 各钢丝的平均张力、轿厢导轨顶面距离偏差符合标准。

· 对重块压板固定坚固，不得有锈。

· 轿顶照明、急停开关、检修操纵开关正常。

· 轿厢安全窗灵活、开关动作可靠；厅门机械电气联锁可靠。

· 轿门的安全触板及光电保护灵活可靠。

· 告示牌明显清洁，报警装置正常。

· 指令、召唤、选层、定向等装置准确无误。

② 电梯小修、中修和大修　电梯小修、中修和大修的周期和内容见表4-10。

表4-10　电梯小修、中修和大修的周期和内容

类别	周期	修理内容和要求
小修	一般为4～6个月一次	仅对个别零件、部件进行检修或更换，不拆卸电梯复杂部分。应对曳引机漏油进行处理，更换密封圈或盘根；调整制动器间隙；调整和修理更换层门门锁；若曳引绳受力不均或曳引绳已抻长，应调整绳头装置的弹簧、螺母，使每根绳受力均匀；当曳引绳太长，应截绳，重新做绳头组合；清扫电气柜内电气元件，紧固触点螺钉，检查绝缘情况及接地情况，更换或调整烧蚀的触点、老化变质的电线；检查熔丝情况及其他电气开关工作情况，并根据具体情况，更换或修理，能保证电梯正常运行到再次小修或中修期

续表

类别	周期	修理内容和要求
中修	一般为1～3年一次	以检修和更换已磨损、影响使用的零部件为主，调整电梯的舒适感和平层误差、噪声符合要求。对曳引电动机进行拆卸、检修、清洗、绝缘测试、性能测试；制动器拆卸、清洗、调整；减速器拆卸、清洗、换油、找平、调整啮合间隙、测量数据、处理漏油事宜；曳引机组装后，调试、找同心、试运转；导向轮等轮的拆卸、清洗、上油、找正；曳引绳清洗(用煤油)、调整；轿厢及轿厢门、层门的检修与清洗、调整；开关门机构的调整、检查、清洁；限速装置、安全钳、终端站、保护装置等检修、调整；选层器检修、调整、修理；导靴磨损更换、检查、调整；导轨卫生清洁、检查、调整；对重装置、平衡系统、缓冲器检修；轿内、层外、井道等电气元件及电气线路检查、修理；电气控制柜、电气元器件线路检查、调试和更换；对于已磨损件不能修复的要更换，例如：减速器的滑动轴承等。 在中修前要做好预修记录，在修理过程中，要详细记录修理调整项目、数据，更换零、部件情况及修理人员；修理完毕后，整理修理资料，与修前比较，并进行电梯中修后总体调试、试车、运行；合格后，方能报竣工，请有关部门及人员验收
大修	一般5年一次	大修是对电梯进行全面彻底检查，除了包括上述中修内容外，凡不符合要求的零部件、电气元件、电气线路导线等一律更换新的；对电梯的预埋件、支架、线管、缓冲器、槽钢、工字梁等进行防锈处理，并对机房内电梯零部件、电气柜、层门、轿厢、轿门统一喷漆油饰。 大修后的电梯各项性能指标应能达到新安装的电梯的标准，所以对大修后的电梯，要根据国家有关标准进行全面检查，试验项目、测试数据齐全、合格后，方可报竣工，申请有关部门进行验收

③ 电梯的润滑及要求　电梯的润滑是电梯维护保养工作中一项重要的工作。良好的润滑可以在两个互相摩擦的金属工作表面，产生一层油膜，变金属间的干摩擦为湿摩擦，减小金属工作面之间的摩擦力，减小金属工作面的磨损，有效地延长设备寿命。润滑还能起到冷却、缓冲、减振、防锈等作用。

电梯的润滑点很多，不同类型的电梯其润滑点也不一样，电梯的主要机件、部位润滑及清洗换油周期见表4-11。

表4-11　电梯主要机部件润滑及清洗换油周期

机件名称	润滑部位	加油及清洗换油周期	油脂型号
曳引机	减速器油箱	新电梯半年内应经常检查，发现杂质及时更换；以后根据使用情况，每半年至一年换油一次	齿轮油
曳引机	蜗轮轴的滚动轴承	每月添加一次，每年清洗换油一次	润滑脂
曳引机	制动器轴销	每周加油一次	机油
曳引机	电磁铁与铜套间	每月检查一次，每年加润滑剂一次	石墨粉
曳引机	电动机滚动轴承	每季或每半年清洗换油一次	钙基润滑脂
曳引机	电动机滑动轴承	每季或每半年清洗换油一次	机械油
导向轮、复绕轮	轴与轴瓦之间	每周添加一次，每年清洗一次	钙基润滑脂
导靴 无自动润滑	工作面	每周用手搽涂一次，每年清洗加油一次	钙基润滑脂
导靴 有自动润滑	油盒	每周加油一次，每年清洗导轨、毡块一次	机械油
限速器	旋转销轴、张紧轮轴	每周加油一次，每年清洗一次	钙基润滑脂
限速器	抛球式限速器、活动套和夹绳舌销轴	每周或每月加油一次	机械油
安全钳	传动机构	每月加油一次	机械油
安全钳	楔块滚动部分	每季涂油一次	适量凡士林
选层器	滑动拖板导轨和传动部分	每月或每季加油一次，每年清洗一次	钙基润滑脂
液压缓冲器	油缸	每月检查和补充油量一次	变压器油

续表

机件名称	润滑部位	加油及清洗换油周期	油脂型号
层门、轿门	门导轨	每周加油一次，每月清洗加油一次	机械油
	吊门滚轮、钩子锁，传动系统的滚动轴承	每半年或每一年清洗加油一次	钙基润滑脂
	自动门杠杆系统轴销	每周加油一次，每年清洗一次	机油
	链条	每周或每季检查加油一次，每年清洗一次	机油
	安全触板销轴	每周加油一次	机油
	门电动机轴承	每季添加一次，每年清洗换油一次	钙基润滑脂

(5) 电梯常见故障的检查和排除

电梯出现故障后，电梯维修人员应能迅速、准确地判断故障的所在，及时排除故障。电梯的故障可分为机械故障和电气系统故障。

① 机械故障的检查与排除　一般来说，电梯机械系统的故障比较少见，但机械系统发生故障时，造成的后果却较严重。所以，加强电梯的维护和保养是减少或避免电梯机械故障的关键，对机械故障的出现起到预防作用。一是要及时润滑有关部件；二是要紧固螺栓。做好这两项工作，机械系统的故障就会大大减少。

发生故障后，维修人员要向司乘人员了解故障时的情况和现象。若电梯还能运行，维修人员应到轿厢内亲自控制电梯上下运行数次，通过眼看、耳听、鼻闻、触摸等实地考察、分析和判断，找出故障部位，并进行修理。修理时，应按照有关文件的技术要求和修理步骤，认真地把故障部件进行拆卸、清洗、检查、测量。符合要求的部件重新安装使用，不符合要求的部件一定要更换。修理后的电梯，在投入使用前必须经过认真的调试和试运行后，才能投入使用。

电梯轿厢被安全钳卡在导轨上，使其不能上下移动是电梯的一种特有故障。出现这种故障后，必须用承载能力大于轿厢重量，挂在机房楼板上的手动葫芦（导链）把轿厢上提150mm左右，一般情况下安全钳可复位。然后，慢慢放下轿厢，撤去手动葫芦，把上梁的安全钳开关复位，机房的限位开关复位。经过这样的处理，一般电梯可恢复运行。但是，必须查明故障原因，采取相应的措施，并修复导轨卡痕后，才能交付使用。

② 电气系统的故障和检修　电梯出现的故障多为电气系统故障，而且绝大多数是控制系统故障。电梯电气系统的故障多种多样，大致分为以下四个类型。

a. 门系统故障。采用自动开关门的电梯，其故障多为各种电气元件的触点接触不良所致，而触点接触不良主要是由于元器件本身的质量，安装调整的质量，维护保养的质量等存在问题。

b. 继电器故障。用继电器组成的电梯控制电路，故障一般出在继电器的触点上。触点通断时的电弧使触点烧坏，使其不能闭合或长期粘连，造成断路或短路。

c. 电气元件绝缘老化。电气元件受潮通电时产生的热量，都加速了绝缘的老化，使绝缘击穿造成短路。

d. 外界干扰。电子技术的发展，使可编程控制器和计算机等先进设备应用在电梯的控制系统中，发展为无触点电气控制系统。这种控制系统避免了继电控制系统的触点故障，但是，这种系统中的控制信号较小，容易受到外界干扰，如果屏蔽不好，常使电梯产生误动作。

表4-12列出了电梯常见故障的原因及排除方法，可供读者参考。

表 4-12 电梯常见故障的原因及排除方法

故障现象	可能原因	排除方法
在基站厅外扭动开关门钥匙开关不能开启厅门	①厅外开关门钥匙开关触点接触不良或损坏 ②基站厅外开关门控制开关触点接触不良或损坏 ③开门第一限位开关的触点接触不良或损坏 ④开门继电器损坏或其控制电路有故障	①更换钥匙开关 ②更换开关门控制开关 ③更换限位开关 ④更换继电器或检查其电路故障并修复
开、关门过程中门扇抖动或有卡住现象	①踏板滑槽内有异物堵塞 ②吊门滚轮的偏心挡轮松动，与上坎的间隙过大或过小 ③吊门滚轮与门扇连接螺钉松动或滚轮严重磨损	①清除异物 ②调整并修复 ③调整或更换吊门滚轮
按关门按钮不能自动关门	①开关门电路的熔断器熔体熔断 ②关门继电器损坏或其控制电路有故障 ③关门第一限位开关的触点接触不良或损坏 ④安全触板不能复位或触板开关损坏 ⑤光电门保护装置有故障	①更换熔体 ②更换继电器或检查其电路故障点并修复 ③更换限位开关 ④调整安全触板或更换触板开关 ⑤修复或更换
电梯到站不能自动开门	①开关门电路熔断器熔体熔断 ②开门限位开关触点接触不良或损坏 ③提前开门传感器插头接触不良、脱落或损坏 ④开门继电器损坏或其控制电路有故障 ⑤开门机传动带松脱或断裂	①更换熔体 ②更换限位开关 ③修复或更换插头 ④更换继电器或检查其电路故障点并修复 ⑤调整或更换传动带
选层登记且电梯门关妥后电梯不能启动运行	①厅、轿门电联锁开关接触不良或损坏 ②电源电压过低或断相 ③制动器抱闸未松开	①检查修复或更换电联锁开关 ②检查并修复 ③调整制动器
开或关门时冲击声过大	①开、关门限速度粗调电阻调节不当 ②开、关门限速度细调电阻调节不当或调整环接触不良	①调整电阻环位置 ②调整电阻环位置或调整其接触压力
轿厢运行到预定停靠层站的换速点不能换速	①该预定停靠层站的换速传感器损坏或与换速隔磁板的位置尺寸调整不妥 ②该预定停靠层站的换速继电器损坏或其控制电路有故障 ③机械选层器换速触点接触不良 ④快速接触器不复位	①更换传感器或调整传感器与隔磁板之间的相对位置尺寸 ②更换继电器或检查其电路故障点并修复 ③调整触点接触压力 ④调整快速接触器
轿厢到站平层不能停靠	①上、下平层传感器的干簧管触点接触不良或隔磁板与传感器的相对位置尺寸调整不妥 ②上、下平层继电器损坏或其控制电路有故障 ③上、下方向接触器不复位	①更换干簧管或调整传感器与隔磁板的相对位置尺寸 ②更换继电器或检查其电路故障点并修复 ③调整上、下方向接触器
上行正常、下行无快车	①下行第一、二限位开关触点接触不良或损坏 ②下行控制继电器、接触器损坏或其控制电路有故障	①更换限位开关 ②更换继电器、接触器，或检查其电路故障点并修复
下行正常、上行无快车	①上行第一、二限位开关触点接触不良或损坏 ②上行控制继电器、接触器损坏或其控制电路有故障	①更换限位开关 ②更换继电器、接触器或检查其电路故障点并修复

续表

故障现象	可能原因	排除方法
轿厢运行时有异常的噪声或振动	①导轨润滑不良 ②导向轮或反绳轮轴与轴套润滑不良 ③传感器与隔磁板有碰撞现象 ④导靴靴衬严重磨损 ⑤滚轮式导靴轴承磨损	①清洗导轨或加油 ②补油或清洗换油 ③调整传感器或隔磁板位置 ④更换靴衬 ⑤更换轴承
轿厢启动困难或运行速度明显降低	①电源电压过低或断相 ②制动器抱闸未松开 ③曳引电动机滚动轴承润滑不良 ④曳引机减速器润滑不良	①检查并修复 ②调整制动器 ③补油或清洗更换润滑油脂 ④补油或更换润滑油
轿厢平层误差过大	①轿厢过载 ②制动器未完全松闸或调整不妥 ③制动器刹车带严重磨损 ④平层传感器与隔磁板的相对位置尺寸发生变化 ⑤再生制动力矩调整不妥	①严禁过载 ②调整制动器 ③更换刹车带 ④调整平层传感器与隔磁板相对位置尺寸 ⑤调整再生制动力矩
轿厢运行未到换速点突然换速停车	①门刀与厅门锁滚轮碰撞 ②门刀或厅门锁调整不妥	①调整门刀或门锁滚轮 ②调整门刀或厅门锁
有慢车没有快车	①轿门、某层站的厅门电联锁开关触点接触不良或损坏 ②上、下运行控制继电器、快速接触器损坏或其控制电路有故障	①更换电联锁开关 ②更换继电器、接触器或检查其电路故障点并修复
电网供电正常，但没有快车也没有慢车	①主电路或控制电路的熔断器熔体熔断 ②电压继电器损坏，或其电路中的安全保护开关的触点接触不良或损坏	①更换熔体 ②更换电压继电器或有关安全保护开关

(6) 排除电梯电气系统故障注意事项

电梯的电气控制系统结构复杂而又分散，要想迅速排除电气系统的故障，维修人员应注意以下几个方面的问题。

① 掌握电梯电气控制系统的电气原理图、接线图、安装位置图。

② 熟悉电梯的启动、加速、满速运行、到站提前换速、平层、开门等全部控制过程。

③ 掌握各电气元件间的控制关系，继电器、接触器接点的作用。

④ 了解各电气元件的安装位置和机电间的配合关系。

⑤ 维修人员还要不断分析、研究和总结经验，做到准确判断故障发生点，并迅速排除故障。

4.6.2 商用中央空调管理与维护

中央空调根据实际使用情况基本上可以分为：户式中央空调和商用中央空调两大类。其中户式中央空调又叫家用中央空调，属于一种小型中央空调；商用中央空调应用的范围比较大，一般使用面积较为庞大的中央空调系统都可以归类为商用中央空调类型。本节主要介绍住宅小区公共场所使用的商用中央空调的管理与维护。

(1) 中央空调简介

① 中央空调的分类　中央空调系统的分类方法很多，按空气处理设备的设置情况，可分为集中式空调系统和半集中式空调系统，见表 4-13。中央空调系统图如图 4-8 所示。

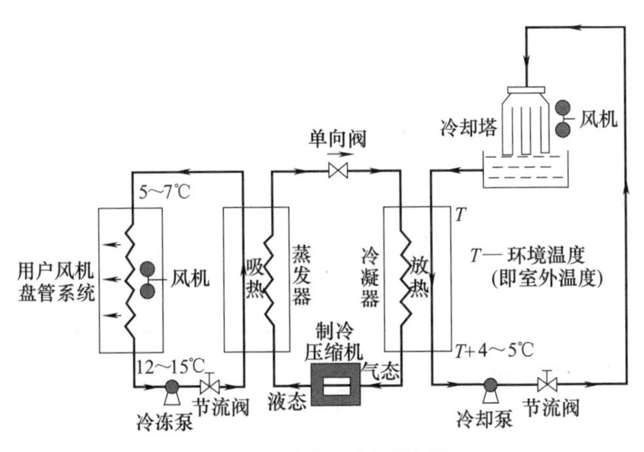

图 4-8　中央空调系统图

表 4-13　中央空调系统按空气处理设备设置分类

种类	说　明
集中式空调系统	把所有的空气处理设备都设置在一个集中的空调机房里，空气经过集中处理后，再送往各个空调房间
半集中式空调系统	除了设有集中空调机房外，还设有分散在各个空调房间里的二次空气处理设备，如风机盘管新风系统

② 中央空调系统的组成　中央空调是由一台主机通过风道过风或冷热水管接多个末端的方式来控制不同的房间以达到室内空气调节目的的空调。采用风管送风方式，用一台主机即可控制多个不同房间并且可引入新风，有效改善室内空气的质量，预防空调病的发生。

中央空调系统主要由以下几部分组成。

a. 工作区（或居住区）。通常是指空气调节系统所控制范围的工作区域或生活区域，在此空间内，应保持所要求的室内空气参数。

b. 空气的输送和分配部分。主要是指输送和分配空气的送、回风机，送风管，送、回风口等部件。

c. 空气的处理部分。是指按照对空气各种参数的要求，对空气进行过滤净化、加热、冷却、加湿、减湿等处理的设备。

d. 空气处理所需的辅助设备。这部分设备指的是为空调系统提供冷量和热量的设备，如锅炉房、冷冻站、冷水机组等。

③ 中央空调系统的主要设备设施　中央空调设备设施比较多，最主要的一些设备设施见表 4-14。

表 4-14　中央空调主要的设备设施

设备设施	说　明
冷水机组	它是中央空调系统的冷源，主要是指产生冷冻水的冷机。制冷机有活塞式、吸收式、离心式、地温式等，冷水机组按冷凝器的冷却方式又分为风冷式和水冷式两种
组合式空调机组	它是送回风系统中，用来对空气进行处理的设备，它由不同功能的空气处理段组合而成，有过滤段、换热段、挡水段、风机段等
风机盘管	风机盘管是安装在空调层间内对室内空气进行循环处理的设备，主要由表面冷却器、风机和集水盘组成，风机盘管有明装、暗装、立式、柜式等多种形式
冷却塔	水冷式冷水机组需要大量的冷却水对设备进行冷却，使升温后的冷却水与室外空气进行强制热、湿交换，使之降温从而可以循环使用，因此需要冷却塔提供冷却水

续表

设备设施	说　　明
水泵	空调系统中的冷却和冷冻水在循环运行时为克服设备和管道阻力，需在系统中安设水泵
控制装置	为了确保机械设备的安全运行和空调装置优化工作，在系统中需要安装许多控制仪表，如温度计、压力计、低压保护、水流断水保护等，有的设备设施还设有自动控制器如室温自动控制，制冷机冷量自动调节等
管道系统	空调系统中回风道、风阀、防火阀、冷冻水供回水管道、凝结水管道及附件、阀门等也是空调系统一个重要组成部分。风道的截面形状有圆形、矩形两种，所使用材料有玻璃钢、镀锌铁皮、不锈钢等。水管道常用的有焊接钢管、无缝钢管、铝型管等

(2) 中央空调设备操作管理

① 中央空调操作流程

a. 设备运行前的检查准备工作：

• 查看主机、副机的电源是否接通，查看电压表是否正常，电压波动值应不超过设计值的±10%。

• 检查冷冻水系统及冷却水系统是否已充满水，若未充满应查找原因，排除故障后，补水至满液状态。

• 查看管道上的阀门是否处于开启状态以及各种信号指示灯指示是否正常等。

b. 开机操作程序：

• 启动冷冻水泵，先启动一台，当运行平稳后再启动其余水泵（备用泵除外）。

• 启动冷却水泵，运行平稳后，启动冷却塔的风机，水系统启动以后，注意观察电流、电压、水量水压是否正常，若有异常，立即停机。

• 一切正常后过5～10min启动压缩机，压缩机启动后，观察压缩机运行电流，压缩机的吸排气压力，观察压差、回油情况，出水的温度和运转声音，检查有无异常振动、噪声或异常气味，确定一切正常后说明启动成功。

一般停机1周以上重新开机时必须先预热24h，并注意1h内启动次数不得超过4次。

c. 停机操作：

• 关掉压缩机的电源，但保留总电源，以便主机处于预热状态，若要长时间停机应关闭总电源，然后再关闭冷冻泵。

• 在关闭冷冻水泵时，先关闭冷冻泵出口的阀门，然后再关闭冷冻水泵，以免引起管道的剧烈振动，停泵后再将阀门开启到正常位。

• 确认无异常情况后才算停机成功。

② 开机调试　开机调试按照以下方法进行。

a. 打开空调主机面板后选择模式（制冷/制热），所有风机盘管控制面板模式（制冷/制热）必须与主机控制面板模式保持一致，若主机控制面板显示故障代码时应先检查故障原因，等故障排除后再开机调试。

b. 开机后检查空调主机和风机盘管运行是否正常，若发现主机控制面板出现其他故障代码应先查明原因排除故障再开机调试，若风机盘管不出风或面板不显示应检查线路。

c. 调温在空调主机控制面板上操作（注意：现出厂设置温度已经调好，一般情况下不得改动），若调试房间温度应在风机盘管控制面板上操作。

d. 检查水系统压力（进/出水压差为0.1MPa/0.2MPa）。

(3) 中央空调设备运行管理

① 巡视监控　中央空调设备设施在正常运行过程中值班管理员应每隔2h巡视一次中央空调机组。值班员在巡视监察过程中，如发现情况应及时采取措施，若是处理不了的异常情况，应报给工程部管理组，请求支援。管理组派维修组人员及时到场，运行组人员协助维修组人员处理情况。

巡视的部位主要包括：中央空调的主机、冷却塔、控制柜及管道、闸阀附件。在运行巡视过程中，巡视内容主要有以下几个方面。

a. 检查电压表指示是否正常，正常情况下为380V，不能超过额定值的±10%。

b. 检查三相电流是否平衡，是否超过额定电流值。

c. 检查油压表是否正常，油压的正常范围为100～150kPa。

d. 检查冷却水的进水、出水温度（正常进水温度小于35℃，正常出水温度小于40℃）。

e. 检查冷冻水的进水、出水温度（正常进水温度为10～18℃，正常出水温度为6～8℃）。

f. 辨听主机在运转过程中是否有异常振动或噪声。

g. 查看冷却塔风机运转是否平稳，冷却塔水位是否正常。

h. 检查管道、阀门是否渗漏，冷冻保温层是否完好。

i. 检查控制柜各元件动作是否正常，有无异常的气味或噪声等。

② 中央空调异常情况处理

a. 制冷机泄漏的处理。发现这种情况，值班人员应立即关停中央空调主机，并关闭相关的阀门，打开机房的门窗或通风设施加强现场通风，立即告知值班主管，请求支援。救护人员进入现场应身穿防毒衣，头戴防毒面具，对不同程度的中毒者采取不同的处理方法。

• 对于中毒较轻者，如出现头痛、呕吐、脉搏加快者应立即转移到通风良好的地方。

• 对于中毒严重者，应进行人工呼吸或送医院。

• 若制冷剂溅入眼睛，应用2%硼酸加消毒食盐水反复清洗眼睛。寻找泄漏部位，排除泄漏源，启动中央空调试运行，确认不再泄漏后机组方可运行。

b. 机房内发生水浸时的处理。当中央空调机房值班员发现这种情况时，应按程序首先关掉中央空调机组，拉下总电源开关，然后查找漏水源并堵住漏水源。如果漏水比较严重，在尽力阻滞漏水时，应立即通知工程部主管和管理组，请求支援。漏水源堵住后应立即排水。当水排除完毕后，应对所有湿水设备进行除湿处理，可以采用干布擦拭、热风吹干、自然通风或更换相关的管线等办法。当确定湿水已消除，绝缘电阻符合要求后，开机试运行，没有异常情况可以投入正常运行。

c. 发生火灾的处理。发生火灾时，应按《火警、火灾应急处理标准作业规程》操作。

(4) 空调设备设施维修与养护

空调设备设施的维修养护主要是对冷水机组、冷却风机盘管、水泵机组、冷冻水、冷却水及凝结水路及风道、阀类、控制柜等的维修养护。

① 冷水机组维修与保养

a. 清洁养护。对于设有冷却塔的水冷式制冷机中的冷凝器、蒸发器，每半年由制冷空调的维修组进行一次清洁养护。

清洗时，先配制10%盐酸溶液（1kg酸溶液里加0.5kg缓蚀剂）或用现在市场上使用的一种电子高效清洗剂，杀菌清洗，剥离水垢一次完成，并对铜铁无腐蚀。然后拆开冷凝器，蒸发器两端进出水法兰封闭，向里注清洗液，酸洗时间 24h，也可用泵循环清洗，时间为 12h，酸洗完后用 1%的 NaOH 溶液或 5%的 Na_2CO_3 清洗 15min，最后用清水冲洗 3 遍，全部清洗完毕，检查是否漏水，若不漏水则重新装好，若法兰胶垫老化，则需更换。

同时，检查螺钉、螺栓、螺母及接头紧密性，适当紧固以消除振动，防止泄漏。

b. 压缩机检测、保养。压缩机由制冷空调维修组每年进行一次检测、保养。检测保养内容包括以下几个方面。

• 检查压缩机的油位、油色。如油位低于观察镜子的 1/2 位置，则应查明漏油的原因并排除故障后再充注润滑油。如油已变色则应彻底更换润滑油，检查制冷系统内是否存有空气，如有则应排放。

• 检查压缩机和各项参数是否在正常范围内。压缩机电机绝缘电阻正常为 0.5MΩ 以上，压缩机运行电流正常为额定值，三相基本平衡，压缩机的油压正常为 1～1.5MPa，压缩机外壳温度 85℃ 以下，吸气压力正常值为 0.49～0.54MPa，排气压力正常值为 1.25MPa。检查压缩机运转时是否有异常的噪声和振动，检查压缩机是否有异常的气味。

• 通过各项检查确定压缩机是否有故障，视情况进行维修更换。

② 冷却塔的维修养护　中央空调冷却塔的作用就是将冷凝器的热量带走，如图 4-9 所示。

图 4-9　中央空调冷却塔

a. 冷却塔应每半年进行一次清洁保养，先检查冷却塔电机，其绝缘电阻应不低于 0.5MΩ，否则应干燥处理电机线圈，干燥后仍达不到要求则应拆修电机线圈。

b. 检查电机风扇转动是否灵活，风叶螺栓是否紧固，转动是否有振动。

c. 检查制塔壁有无阻滞现象，若有则应加注润滑油或更换同型号规格轴承。

d. 检查皮带是否开裂或磨损严重，视情况进行更换；检查皮带转动时松紧状况（每半月检查一次）并进行调整。

e. 检查布水器的布水是否均匀，否则应清洁管道及喷嘴；清洗冷却塔（包括填料、集水槽），清洁风扇、风叶。

f. 检查补水浮球阀动作是否可靠，否则应修复。

g. 紧固所有紧固件，清洁整个冷却塔外表；检查冷却塔架，金属塔架每两年涂漆一次。

③ 风机盘管的维修养护　风机盘管主要由风机、换热盘管和机壳组成，换热盘管一般是采用铜管串铝翅片，铜管外径为 10～16mm，翅片厚度为 0.15～0.2mm，间距为 2.0～3.0mm，风机一般采用双进风前弯形叶片离心风机，电机采用电容式 4 极单相电机，三挡转速，机壳和凝水盘隔热。

风机盘管如图 4-10 所示，它借助风机盘管机组不断地循环室内空气，使之通过盘管而被冷却或加热，以保持房间要求的温度和一定的相对湿度。盘管使用的冷水或热水，由集中冷源和热源供应。与此同时，由新风空调机房集中处理后的新风，通过专门的新风管道分别送入各空调房间，以满足空调房间的卫生要求。

风机盘管控制多采用就地控制的方案，分简单控制和温度控制两种。

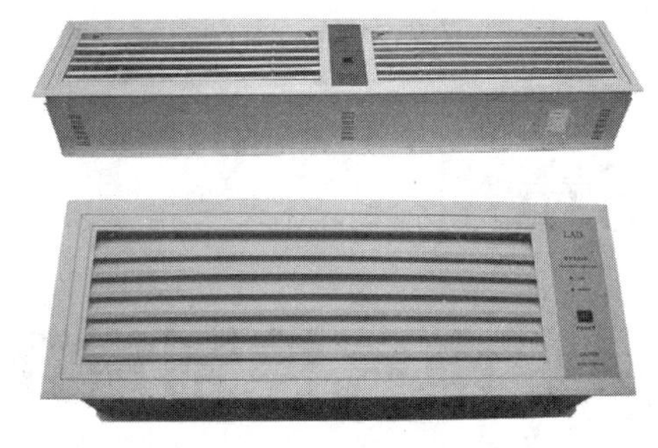

图 4-10 风机盘管

应每半年对风机盘管进行一次清洁养护，每周清洗一次空气过滤网，排除盘管内的空气。检查风机转动是否灵活，如果转动中有阻滞现象，则应加注润滑油，如有异常的摩擦响声应更换风机的轴承。对于带动风机的电机，用500V摇表检测线圈绝缘电阻，应不低于0.5MΩ，否则应做干燥处理或整修更换；检查电容是否变形，如是则应更换同规格电容；检查各接线头是否牢固。清洁风机风叶、盘管、积水盘上的污物，同时用盐酸溶液清洗盘管内壁的污垢，然后拧紧所有的紧固件，清洁风机盘管的外壳。

④ 水管道的维修保养　每半年应对中央空调的冷冻水管道、冷却水管、冷凝给水管路进行一次保养。检查冷冻水、凝结水管路是否有大量凝结水，保温层是否已有破损，如是则应重新做保温层；尤其是检查管路中的阀件部位，保温层做不到位或破坏，应重点检查，及时整修。

⑤ 阀类、仪表、检测器件的维修养护　应每半年对中央空调系统所有阀类进行一次养护。对于管道中的节流阀及调节阀，应检查是否泄漏，如是则应加压填料，检查阀门的开闭是否灵活，若开闭困难则应加注润滑油，若阀门破裂，则应更换同规格阀门；法兰阀应检查法兰连接处是否渗漏，如是应更换密封胶垫；对于电磁调节阀、压差调节阀，其中干燥过滤器要检查是否堵塞或吸潮，如是则应更换同规格的干燥过滤器，通过通断电试验检查电磁调节阀、压差调节阀动作是否可靠，如有问题应更换同规格电磁调节阀、压差调节阀，对阀杆部位加注润滑油，压填料处泄漏则应加压填料。

对于常用的温度计、压力表、传感器，若有仪表读数模糊不清应拆换，更换合格的温度计和压力表，检测传感器的参数是否正常并做模拟试验，对于不合格的传感器应拆换。

⑥ 送回风系统的维修养护　现代中央空调空气处理常用模块或组合空调机，是把空气处理设备、风机、消声装置、能量回收装置等分别做成箱式的单元，按空气处理过程的需要进行选择组成的空调器。

每年初次运行时，应先将通风干管和组合式空调机内的积尘清扫干净，设备进行清洗、加油，检查风量调节阀、防火阀、送风口、回风口的阀板，叶片的开启角度和工作状态，若不正常，进行调整，若开闭不灵活应更换。检查水管系统空调箱连接的软接头是否完好，空调箱是否有漏风、漏水、凝结水管的堵塞现象，若有要及时整修。送风管道连接处漏风是否超规范，送风噪声是否超过标准，若有则应寻找原因加以处理。

对于喷淋段应定期清洗喷水室的喷嘴、喷水管，以防产生水垢。喷水室的前池半年左右清洗和刷底漆一次，以减少锈蚀。定期检查底池中的自动补水装置，如阀针是否灵活，浮球是否好用等。清洗回水过滤网和进水过滤器，在喷水室的回水管上装设水封以防由于风机吸风产生的负压，使回水受阻。

第5章 电气控制常用电路简析

5.1 交流电动机控制电路

5.1.1 点动与长动控制电路

所谓点动，就是按下按钮时电动机运转，手松开按钮时电动机停转，即通过一个按钮开关控制接触器的线圈，按下按钮后，接触器线圈得电且吸合触点，电动机得电旋转；松开按钮后，接触器失电，电动机也停转。

所谓长动控制，就是用手按下按钮后电动机得电运行，当手松开后，由于接触器利用常开辅助触点自锁，电动机照样得电运行，只有按下停止按钮后电动机才会失电停止运行。

点动控制用于短时间内需要电动机运转，但运转一会儿后，就需要停止的设备，如机床和行车等设备的步进或步退控制。

长动控制用于电动机要长时间得电运转的设备，绝大多数机电设备的工作都需要设置电动机长动控制电路。

长动是在点动控制电路的基础上，在接触器的动合辅助触点中再引出一组线经过“停止”开关到线圈，当按下启动后线圈得电吸合，动合辅助触点闭合，线圈由此得电，这样松开启动后线圈也能保持得电吸合。

(1) 电动机点动控制电路

如图5-1所示为电动机点动控制电路。该电路适合于机床和行车等设备的步进或步退控制。

合上刀开关QS后，因没有按下点动按钮SB，接触器KM线圈没有得电，KM的主触点断开，电动机M不得电，所以没有启动。

按下点动按钮SB后，控制电路中接触器KM线圈得电，使衔铁吸合，带动接触器KM的三对主触点的动合触点闭合，电动机得电运行。

需要停转时，只要松开按钮SB，按钮在复位弹簧的作用下自动复位，控制回路断开KM线圈的供电，衔铁释放，带动主电路中KM的三对触点恢复原来的断开状态，电动机停止转动。

【提示】

该电路比较简单，用一个按钮开关SB控制KM交流接触器线圈的供电，按下SB电动机就运转，松开SB电动机就停止运转。

点动不需要交流接触器的自锁。由于电动机工作时间比较短，所以点动控制可以不安装热继电器。

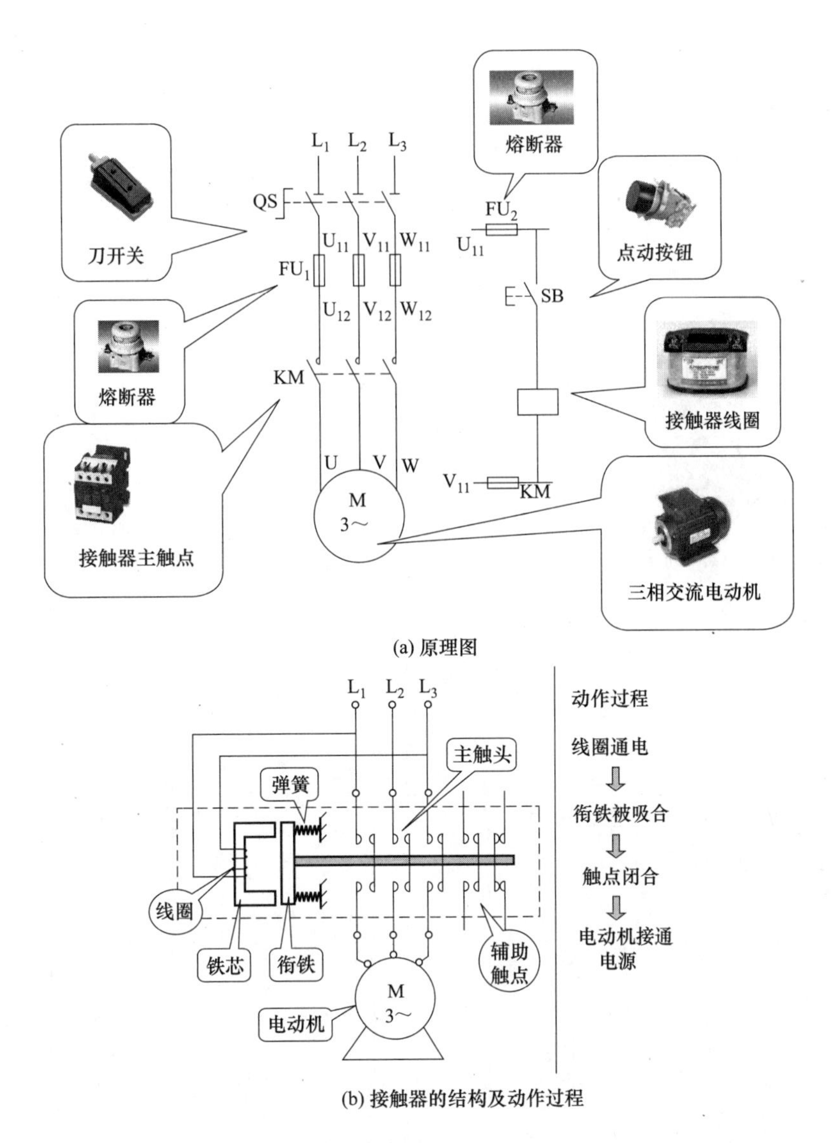

图 5-1 电动机点动控制电路

(2) 电动机长动控制电路

如图 5-2 所示为利用接触器本身的动合触点自锁来保证电动机长动控制的电路。该电路是在点动控制电路的基础上，增加了 SB_2 和 KM 的自锁触点。

在该电路中，如果不安装热继电器，则为接触器自锁控制长动电路；如果增加了热继电器（图中虚线所示），则为具有过载保护的接触器自锁控制长动电路。

① 启动控制 当按下启动按钮开关 SB_1 后，KM 交流接触器线圈得电吸合，其动合触点闭合后进行自锁，为电动机提供三相交流电，使其得电运转。由于 KM 触点的自锁作用，当松开 SB_1 以后，控制电路仍保持接通状态，电动机 M 仍继续保持运转状态，所以这个电路称为电动机长动控制电路。

② 停止控制 当需要停机时，按下停止按钮开关 SB_2，KM 线圈断电释放，KM 的动合触点断开，电动机因为失去供电就停止运转。

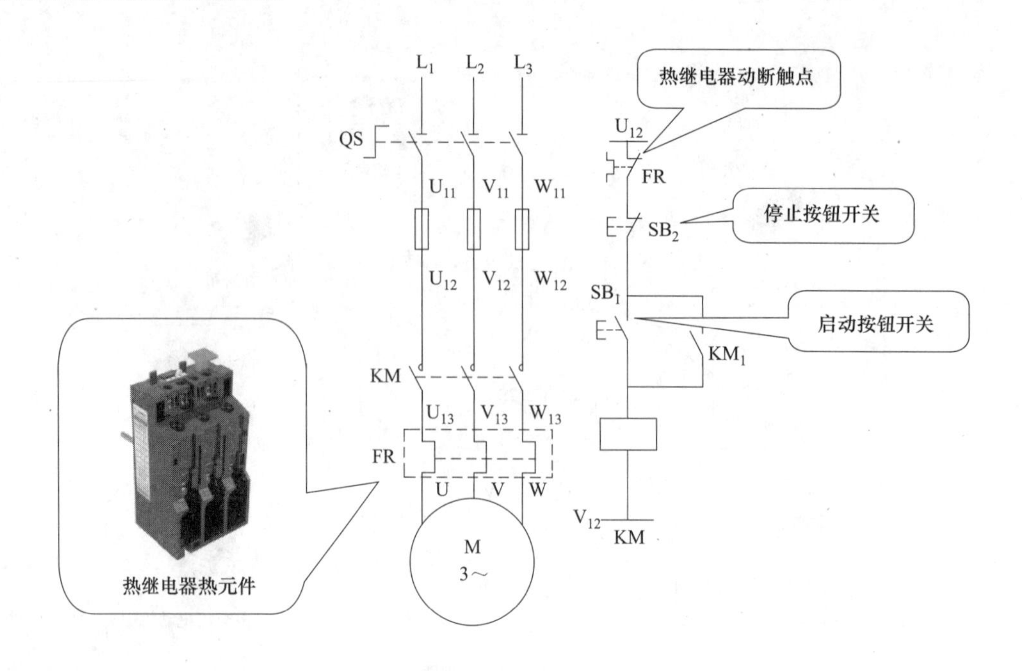

(a) 原理图

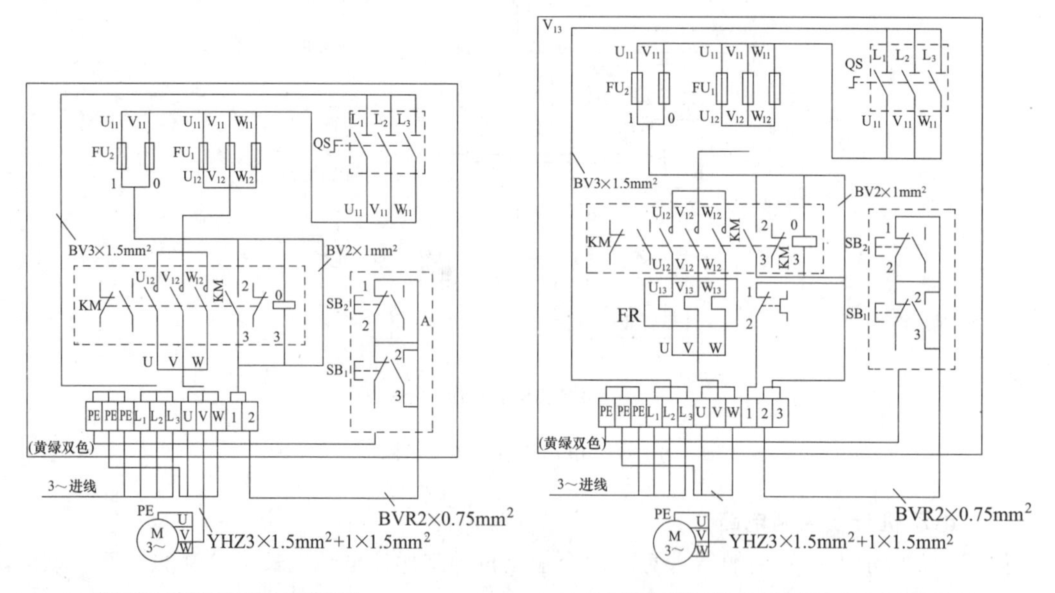

(b) 接触器自锁控制长动电路接线图　　(c) 具有过载保护的接触器自锁控制长动电路接线图

图 5-2　电动机长动控制电路

③ 保护控制　在具有接触器自锁的控制电路中，还具有对电动机失压和欠压保护的功能。

a. 失压保护控制。失压保护也称为零压保护。在具有自锁的控制电路中，一旦发生断电（例如熔断器熔断），自锁触点就会断开，接触器 KM 线圈就会断电，不重新按下启动按钮 SB_1，电动机将无法自动启动。

b. 欠压保护控制。在具有接触器自锁的控制电路中，控制电路接通后，若电源电压下降到一定值（一般降低到额定值的 85%以下），接触器线圈产生的磁通就会减弱，进而电磁吸力减弱，动铁芯在反作用弹簧作用下释放，接触器自锁触点断开而失去自锁作用，同时主触点断开，电动机停转，达到欠压保护的目的。

【提示】

为确保电动机安全运行，在该电路中还可以串入热继电器 FR［如图 5-2（a）中虚线框所示］，其作用是作为过载保护，其电路接线图如图 5-2（c）所示。当电动机过载时，过载电流将使热继电器中的双金属片弯曲动作，使串联在控制电路的动断触点断开，从而切断接触器 KM 线圈的电路，主触点断开，电动机脱离电源停转。

（3）点动与长动相结合的控制电路

如图 5-3 所示是利用开关 SA 控制的既能长动又能点动的控制电路。

图中 SA 为选择开关，当 SA 断开时，按 SB_2 为点动操作按钮；当 SA 闭合时，按 SB_2 为长动操作按钮。

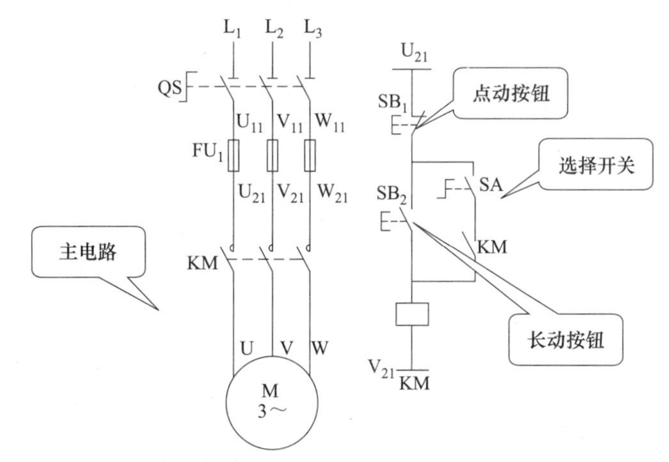

图 5-3 利用开关控制的长动和点动控制电路

电路原理如下。

点动（SA 断开）：　SB_2＋→KM＋→M＋（运转）

　　　　　　　　　SB_2－→KM－→M－（停车）

长动（SA 闭合）：　SB_2±→KM＋→M＋（运转）

　　　　　　　　　SB_1±→KM－→M－（停车）

【提示】

为了分析原理时一目了然，叙述方便，本章采用的叙述符号见表 5-1。

表 5-1 分析原理的叙述符号

符号	含义	符号	含义
SB＋	按下控制开关 SB	M－	电动机失电停转
SB－	松开控制开关 SB	M±	电动机运转、停转
SB±	先按下 SB，后松开	$KM_{自}$＋	接触器触点“自锁”
M＋	电动机得电运转	KM±	接触器线圈先得电，后失电

自锁、互锁、联锁俗称电动机基本控制环节的“三把锁”，它们在电动机整个控制环节中起着十分重要的作用。任何复杂的电气控制系统，都是灵活运用了一些比较简单的基本控制环节，掌握这些基本环节和基本控制方法（点动与长动控制、顺序控制、多地控制、自动循环控制、时间控制等）是进一步学习电气自动控制的基础。

5.1.2 电动机正反转控制电路

(1) 接触器互锁正反转控制电路

如图 5-4 所示为接触器互锁正反转控制电路。

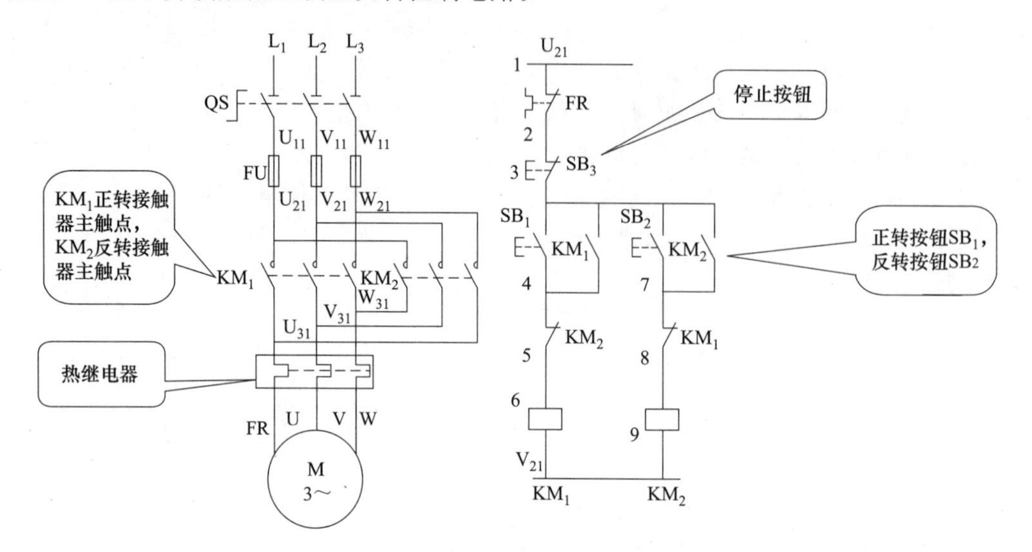

(a) 原理图

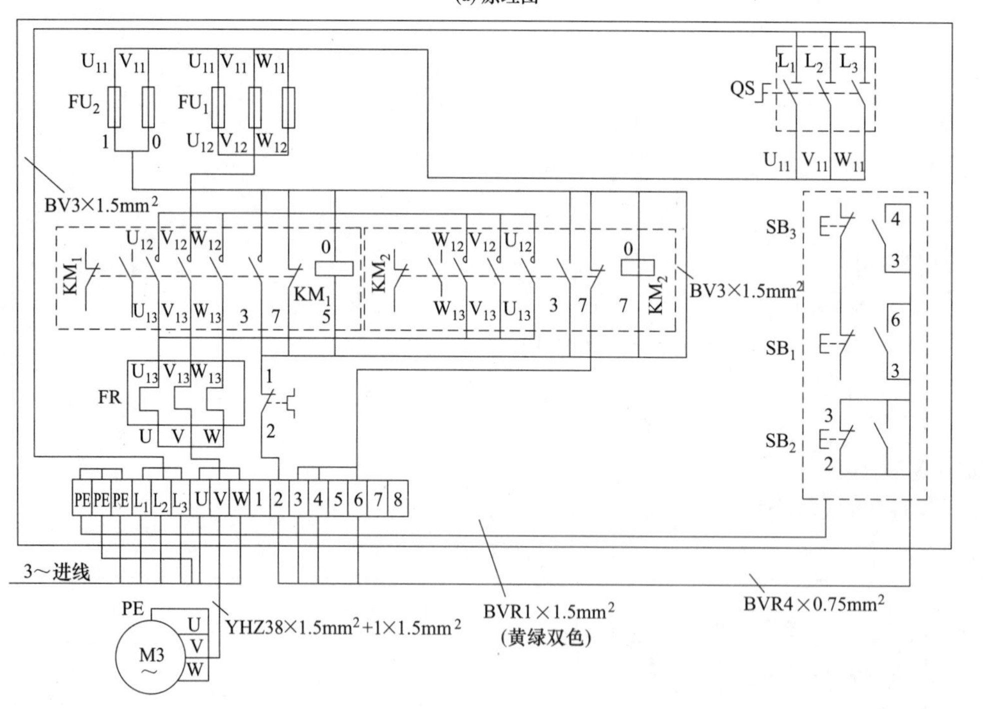

(b) 接线图

图 5-4 接触器互锁正反转控制电路

图中，KM_1 为正转接触器，KM_2 为反转接触器。显然，KM_1 和 KM_2 的两组主触点不能同时闭合，否则会引起电源短路。

电路原理如下。

正转：$SB_1\pm$ → $KM_{1自}+$ → M+（正转）
→ KM_2-（互锁）

停止：$SB_3\pm$ → KM_1- → M−（停车）

反转：$SB_2\pm$ → $KM_{2自}+$ → M+（反转）
→ KM_1-（互锁）

通过以上分析可见，接触器互锁正、反转控制线路的优点是工作安全可靠，缺点是操作不便。因电动机从正转变为反转时，必须先按下停止按钮后，才能按反转按钮，否则由于接触器联锁作用，不能实现反转。

【提示】

在控制电路中，正、反转接触器 KM_1 和 KM_2 线圈支路都分别串联了对方的动断触点，任何一个接触器接通的条件是另一个接触器必须处于断电释放的状态。两个接触器之间的这种相互关系称为“互锁”，也称为电气联锁。

（2）按钮互锁正、反转控制电路

如图 5-5 所示为按钮互锁正、反转控制电路。

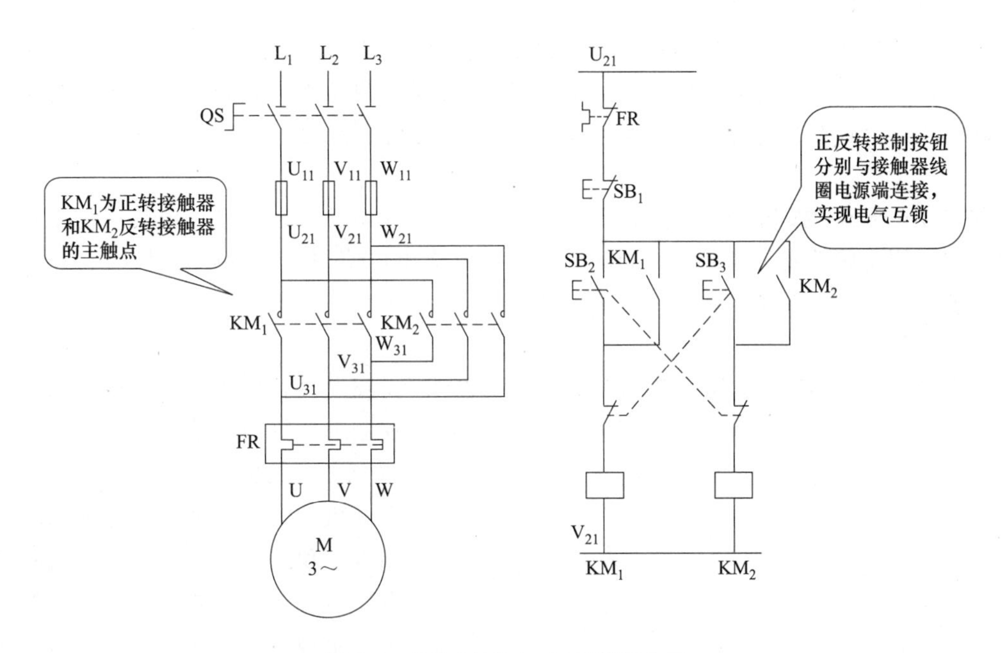

图 5-5 按钮互锁正、反转控制电路

图中，SB_2 为正转按钮开关，SB_3 为反转按钮开关，SB_1 为停止按钮开关；KM_1、KM_2 分别是正、反转控制交流接触器，各有四组动合触点，一组用于自锁，另三组用于电动机的正、反转控制。

SB_2 的动合触点控制正转交流接触器 KM_1 线圈电源接通，动断触点控制 KM_2 线圈断电；SB_3 的动合触点控制反转交流接触器 KM_2 线圈电源接通，动断触点控制 KM_1 线圈断电。

该电路的工作原理与接触器互锁正、反转控制电路的工作原理基本相同，其控制过程如下。

正转：SB_2± → KM_2－（互锁）
　　　　　　→ $KM_{1自}$＋ → M＋（正转）

反转：SB_3± → KM_1－（互锁）→ M－（停车）
　　　　　　→ $KM_{2自}$＋ → M＋（反转）

该线路的优点是操作方便，缺点是容易产生电源两相短路故障。例如正转接触器 KM_1 发生主触点熔焊或机械卡阻等故障，即使接触器线圈失电，主触点也分断不开，若直接按下反转按钮，KM_2 得电动作主触点闭合，则会造成 L_1、L_3 两相短路故障。所以该线路存在一定的安全隐患，还需要改进。

【提示】

控制电路中使用了复合按钮 SB_2、SB_3。在电路中将动断触点接入对方线圈支路中，这样只要按下按钮，就自然切断了对方线圈支路，从而实现互锁。这种互锁是利用按钮这样的纯机械方法来实现的，为了区别与接触器触点的互锁（电气互锁），称其为机械互锁。

在该电路中，如果 KM_1、KM_2 的主触点出现粘连故障，此时按下反转按钮 SB_3，会发生短路故障。

(3) 双重互锁正、反转控制电路

为克服接触器互锁正、反转控制电路和按钮联锁正、反转控制电路的不足，在按钮互锁的基础上，又增加了接触器互锁，构成了按钮、接触器互锁正反转控制线路，也称为防止相间短路的正、反转控制电路。该线路兼有两种互锁控制线路的优点，操作方便，工作安全可靠。

如图 5-6 所示为按钮、接触器双重互锁正、反转控制电路。由于这种电路结构完善，所以常将它们用金属外壳封装起来，制成成品直接供给用户使用，其名称为可逆磁力启动器，所谓可逆是指它可以控制电动机的正、反转。

电路原理如下。

主电路中开关 QS 用于接通和隔离电源，熔断器对主电路进行保护，交流接触器主触点控制电动机的启动运行和停止，使用两个交流接触器 KM_1、KM_2 来改变电动机的电源相序。当通电时，KM_1 使电动机正转；而 KM_2 通电时，使电源 L_1、L_3 对调接入电动机定子绕组，实现反转控制。由于电动机是长期运行的，热继电器 FR 作过载保护，FR 的动断辅助触点串联在线圈回路中。

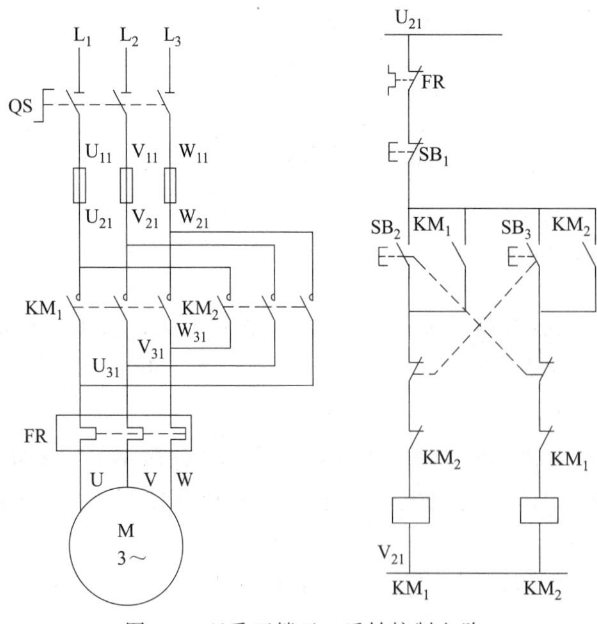

图 5-6　双重互锁正、反转控制电路

控制电路中，正反向启动按钮 SB_2、SB_3 都是具有动合、动断两对触点的复合按钮，SB_2 动合触点与 KM_1 的一个动合辅助触点并联，SB_3 动合触点与 KM_2 的一个动合辅助触点并联，动合辅助触点称为“自保”

触点，而触点上、下端子的连接线称为“自保线”。由于启动后 SB_2、SB_3 失去控制，动断按钮 SB_1 串联在控制电路的主回路中，用作停车控制。SB_2、SB_3 的动断触点和 KM_1、KM_2 的各一个动断辅助触点都串联在相反转向的接触器线圈回路中，当操作任意一个启动按钮时，SB_2、SB_3 动断触点先分断，使相反转向的接触器断电释放，同时确保 KM_1（或 KM_2）要动作时必须是 KM_2（或 KM_1）确实复位，因而可防止两个接触器同时动作造成相间短路。每个按钮上起这种作用的触点叫“联锁”触点，而两端的接线叫“联锁线”。当操作任意一个按钮时，其动断触点先断开，而接触器通电动作时，先分断动断辅助触点，使相反方向的接触器断电释放，起到了双重互锁的作用。

【提示】

按钮接触器双重互锁正、反转控制电路是正、反转电路中最复杂的一个电路，也是最完美的一个电路。在按钮和接触器双重互锁正、反转控制电路中，既用到了按钮之间的联锁，同时又用到了接触器触点之间的互锁，从而保证了电路的安全。

5.1.3 限位控制和循环控制电路

生产过程中的一些生产机械运动部件的行程或位置要受到限制，或者需要其运动部件在一定范围内自动往返循环等，如在摇臂钻床、万能铣床、桥式起重机及各种自动或半自动控制机床设备中就经常遇到这种控制要求，而实现这种控制要求所依靠的主要电器是位置开关（如行程开关、接近开关等）。

（1）正反转限位电路

限位控制又称位置控制或行程控制，是依靠位置开关的触点状态变化来实现对线路的控制的。位置开关是一种将机械信号转换为电气信号，以控制运动部件位置或行程的自动控制电器，而限位控制就是利用生产机械运动部件上的挡铁与位置开关碰撞，压下位置开关触点，使其触点状态发生变化来接通或断开电路，以实现对生产机械运动部件的位置或行程的自动控制。

限位控制可分为自动控制和手动控制两大类，如图 5-7 所示为手动控制正反转限位控制

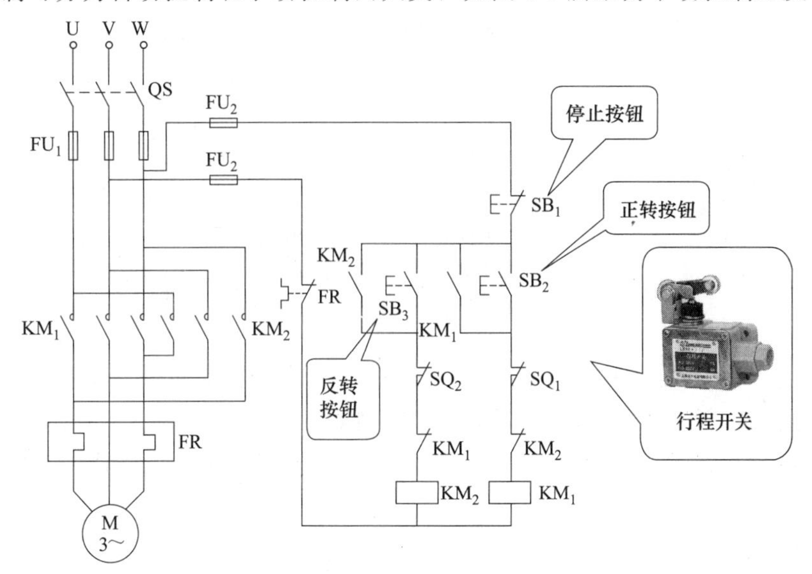

图 5-7 手动控制正反转限位控制电路

电路，工厂车间的行车常采用这种电路。行车的两头终点处各安装一个位置开关 SQ_1 和 SQ_2，将这两个位置开关的动断触点分别串接在正转控制电路和反转控制电路中。行车前后装有挡铁，行车的行程和位置可通过移动位置开关的安装位置来调节。

电路原理：按下正转按钮 SB_2，接触器 KM_1 线圈得电，电动机正转，运动部件向前或向上运动。当运动部件运动到预定位置时，装在运动部件上的挡块碰压行程开关 SQ_1（或接近开关接收到信号），使其动断触点 SQ_1 断开，接触器 KM_1 线圈失电，电动机断电、停转。这时再按正转按钮已没有作用。若按下反转按钮 SB_3，则 KM_2 得电，电动机反转，运动部件向后或向下运动到挡块碰压行程开关 SQ_2（或接近开关接收到信号），使其动断触点 SQ_2 断开，电动机停转。若要在运动途中停车，应按下停车按钮 SB_1。

【提示】

将图 5-7 所示手动控制正反转限位电路中的行程开关采用 4 个具有动合、动断触点的行程开关（或接近开关）SQ_1、SQ_2、SQ_3、SQ_4 更换，如图 5-8 所示。其中，SQ_1、SQ_2 被用来自动换接电动机正反转控制电路，实现工作台的自动往返行程控制；SQ_3、SQ_4 被用来作终端保护，以防止 SQ_1、SQ_2 失灵，工作台越过极限位置而造成事故。图中的 SB_1、SB_2 为正转启动按钮和反转启动按钮，如若启动时工作台在右端，则按下 SB_1 启动，工作台往左移动；如若启动时工作台在左端，则按下 SB_2 启动，工作台往右移动。

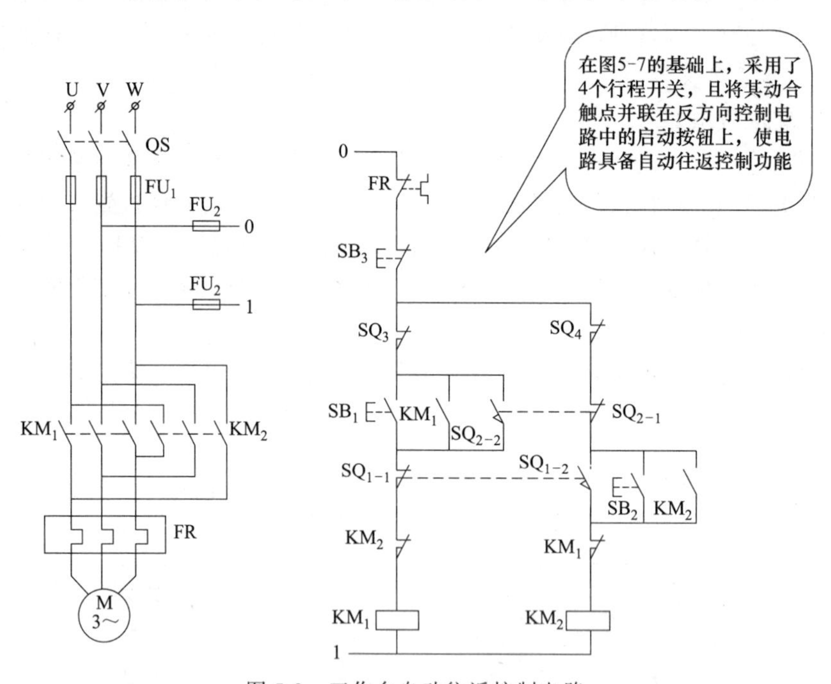

图 5-8　工作台自动往返控制电路

由此可见，在明白电路原理的前提下对电路进行局部改进，可使其功能更完善。

限位断电控制电路和限位通电控制电路的区别如下。

限位断电控制电路如图 5-9 所示，运动部件在电动机的拖动下，到达预先指定点即自动断电停车。

工作原理如下：

$$SB\pm \rightarrow KM+ \rightarrow M+(\text{启动}) \xrightarrow{\Delta S} SQ+ \rightarrow KM- \rightarrow M- \ (\text{停车})$$

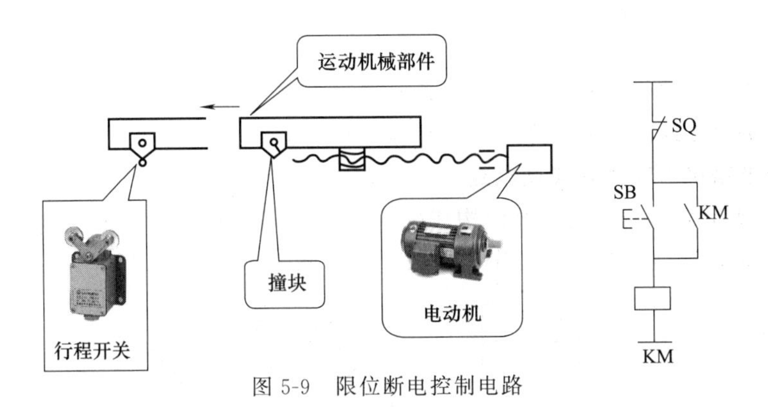

图 5-9 限位断电控制电路

其中，ΔS 是指运动到指定位置所经过的路程。

限位通电控制电路如图 5-10 所示。这种控制是运动部件在电动机的拖动下，达到预先指定的地点后能够自动接通的控制电路。其中图 5-10（a）为限位通电的点动控制电路，图 5-10（b）为限位通电的长动控制电路。

电路工作原理为：电动机拖动生产机械运动到指定位置时，撞块压下行程开关 SQ，使接触器 KM 线圈得电而产生新的控制操作，如加速、返回、延时后停车等。

（2）自动往复循环控制电路

图 5-11 所示为自动往复循环控制电路。

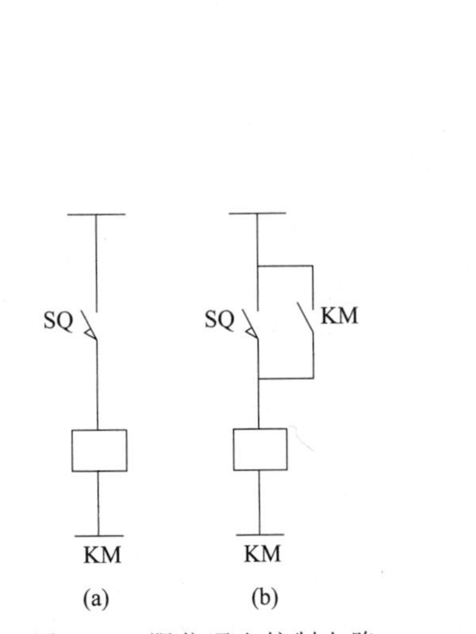

图 5-10 限位通电控制电路

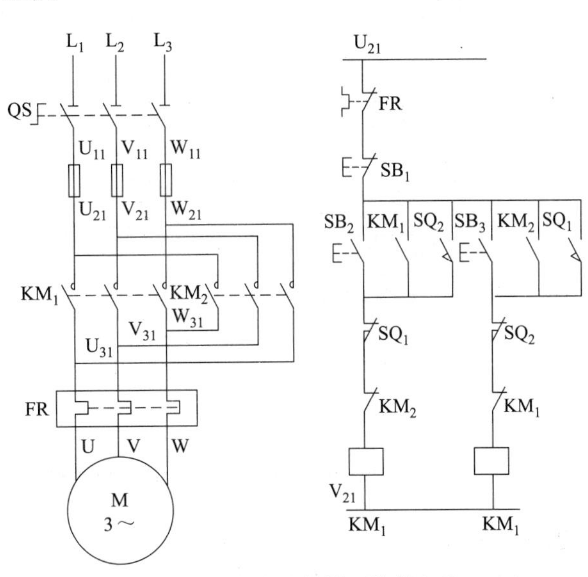

图 5-11 自动往复循环控制电路

图中，行程开关安装在工作台上，SQ_1 用于控制电动机正转到设定的位置时停止，并转换为反转方式；SQ_2 用于控制电动机反转到设定的位置时停止，并转换为正转方式；工作台在行程开关 SQ_1 和 SQ_2 之间自动往复运动。自动往复循环控制电路的工作原理如下。

$SB_2\pm \rightarrow KM_{1自}+$ ┬→ M+（正转）$\xrightarrow{\Delta S}$ SQ_1+ ┬→ KM_1- → M−（停车）

└→ KM_2-（互锁）　　└→ $KM_{2自}+$ ┬→ M+（反转）$\xrightarrow{\Delta S}$ SQ_2+ ┬→ KM_2-…

└→ KM_1-（互锁）　　└→ $KM_{1自}+$…

【提示】

该电路适用于小容量电动机，且往返次数不是太频繁的控制场合。电动机带动工作台自动往复运动，若要在运动途中停车，按下停车按钮 SB_1 即可。

(3) 两台电动机自动循环控制电路

如图 5-12 所示为由两台动力部件构成的机床及其工作自动循环的控制电路图，其中图 5-12（a）所示是机床运行简图及工作循环图，图 5-12（b）所示是机床自动循环控制电路。

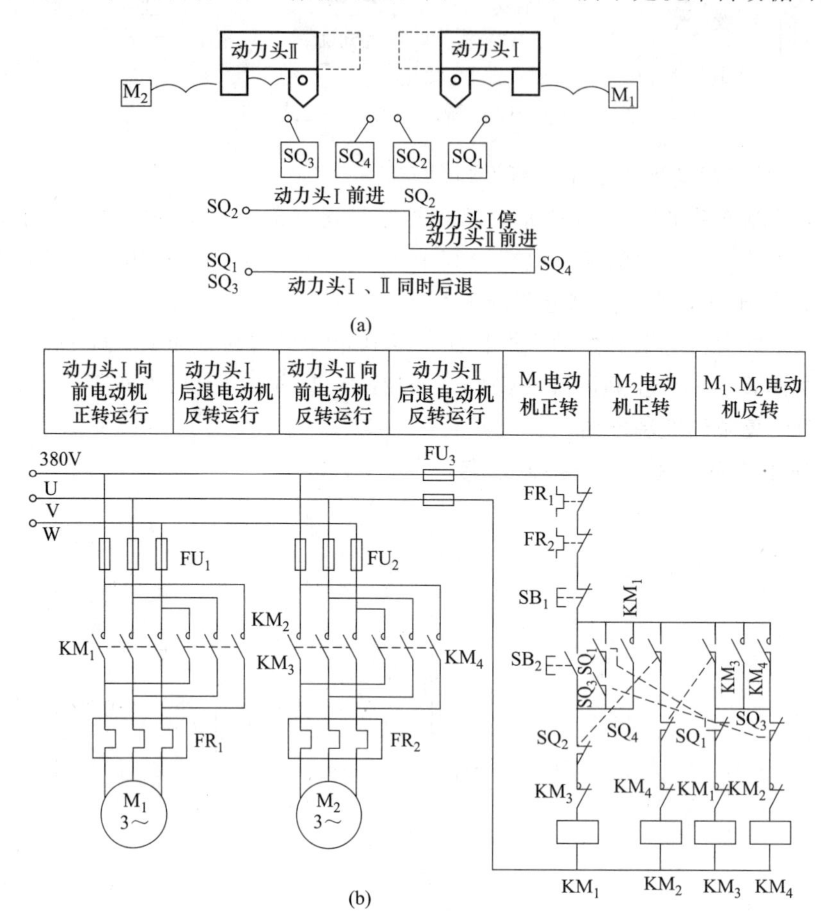

图 5-12 由两台动力部件构成的机床及其自动循环控制电路

电路原理如下。

按下 SB_2 按钮，由于动力头Ⅰ没有压下 SQ_2，所以动断触点仍处于闭合位置，使 KM_2 线圈得电，动力头Ⅰ拖动电动机 M_1 正转，动力头Ⅰ向前运行。

当动力头Ⅰ运行到终点压下限位开关 SQ_2 时，其动断触点断开，使 KM_1 失电，而动合触点闭合，使 KM_2 得电，动力头Ⅱ拖动电动机 M_2 正转运行，动力头Ⅱ向前运行。当动力头Ⅱ运行到终点时，压迫 SQ_4，其动断触点断开，使 KM_2 失电，动力头Ⅱ停止向前运行。而 SQ_4 的动合触点闭合，使得 KM_3、KM_4 得电，动力头Ⅰ和Ⅱ的电动机同时反转，动力头均向后退。

当动力头Ⅰ和Ⅱ均到达原始位置时，SQ_1 和 SQ_3 的动断触点断开，使 KM_3、KM_4 失电，停止后退；同时它们的动合触点闭合，使得 KM_1 又得电，新的循环开始。

【提示】

该电路在机床运行电路中比较常见。SB_2、SQ_2、SQ_4、SQ_1 和 SQ_3 是状态变换的条件。

5.1.4 电动机顺序控制电路

在装有多台电动机的生产机械上，各电动机所起的作用是不同的，有时需按一定的顺序启动或停止，才能保证操作过程的合理和工作的安全可靠，这就是顺序控制。顺序控制可以通过控制电路实现，也可通过主电路实现。

(1) 两台电动机顺序控制电路

如图 5-13 所示为两台电动机顺序联锁控制电路，必须 M_1 先启动运行后，M_2 才允许启动；停止则无要求。

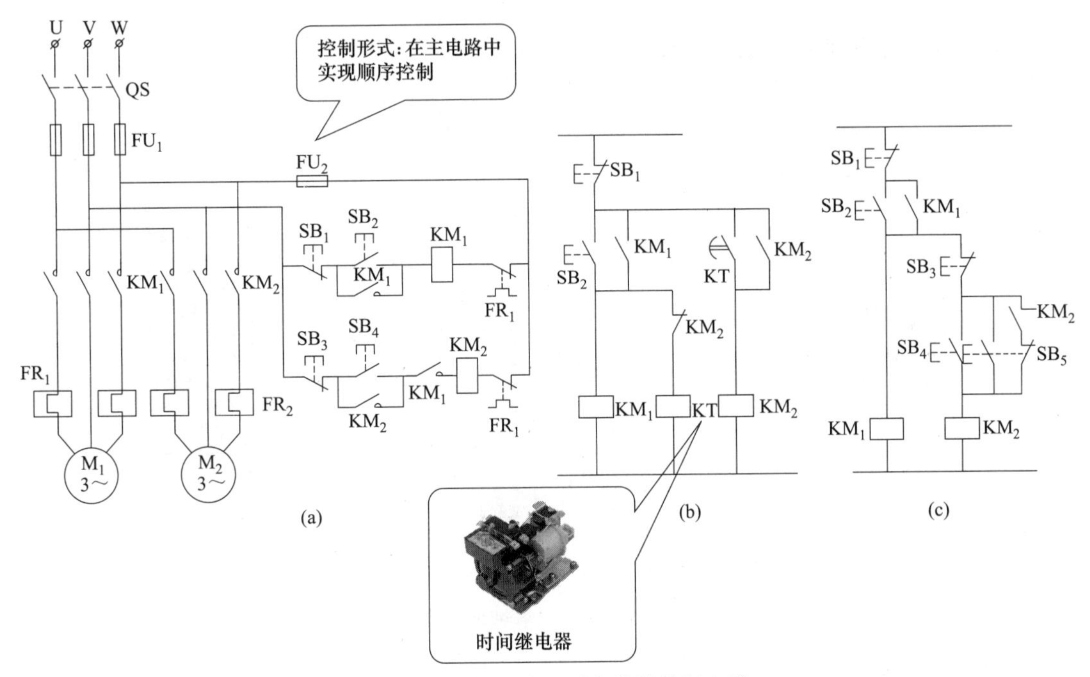

图 5-13 两台电动机顺序联锁控制电路

电路原理如下。

图 5-13（a）所示为两台电动机顺序启动联锁控制电路。启动时，必须先按下 SB_2，使 KM_1 有电，M_1 启动运行，同时 KM_1 串在 KM_2 线圈回路中的动合触点闭合（辅助触点实现自锁），为 KM_2 线圈得电作准备。当 M_1 运行后，按下 SB_4，KM_2 得电，其主触点闭合（辅助触点实现自锁），M_2 启动运行。

停止时有两种方式：

① 按顺序停止：当按下 SB_3 时，KM_2 断电，M_2 停车；再按下 SB_1，KM_1 断电，M_1 停车。

② 同时停止：直接按下 SB_1，交流接触器 KM_1、KM_2 线圈同时失电释放，各自的三相主触点均断开，两台电动机 M_1、M_2 同时断电停止工作。

图 5-13（b）是两台电动机自动延时启动电路。启动时，先按下 SB_2，使 KM_1 得电，M_1 启动运行，同时 KT 时间继电器得电，其延时闭合触点经过一段时间后闭合，使 KM_2 线圈回路接通，其主触点闭合，M_2 启动运行。

若按下停车按钮 SB_1，则两台电动机 M_1、M_2 同时停车。

图 5-13（c）是一台电动机先启动运行，然后才允许另一台电动机启动运行，并且具有点动功能的电路。启动时，先按下 SB_2，使 KM_1 得电，M_1 启动运行。这时按下 SB_4，使 KM_2 有电，M_2 启动，连续运行。若此时按下 SB_5，M_2 就变为了点动运行，因为 SB_5 的动断触点断开了 KM_2 的自锁回路。

【提示】

该电路的控制形式是在主电路中实现顺序控制。

有的工作设备操作要求是有顺序限制的，尤其是启动控制时，先启动电动机 M_1，再启动电动机 M_2。在图 5-13 中，图（b）和图（c）的主电路与图（a）相同，接触器 KM_1 和 KM_2 分别控制两台电动机 M_1 和 M_2。

在电路中，继电器和接触器的线圈只能并联，不能串联。

（2）两台电动机顺序启动逆序停止控制电路

如图 5-14 所示为两台电动机顺序启动逆序停止控制电路。

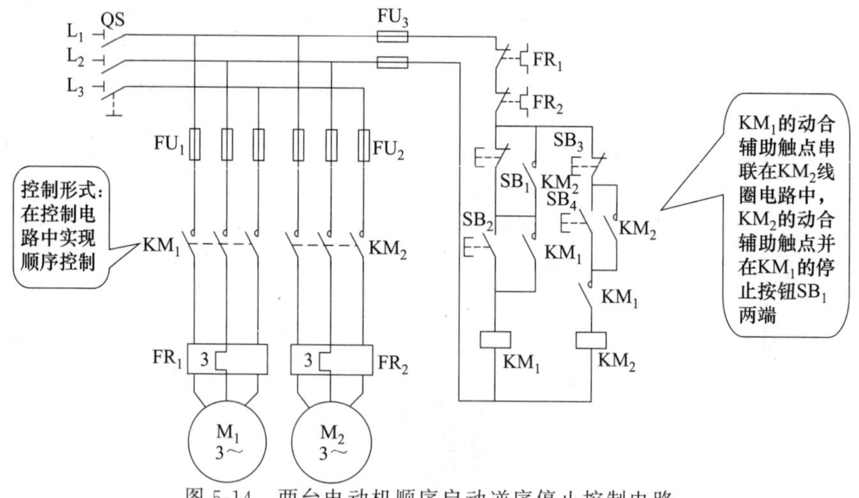

图 5-14 两台电动机顺序启动逆序停止控制电路

电路原理如下。

按下 SB_2，接触器 KM_1 获电吸合并自锁，其主触点闭合，电动机 M_1 启动运转。由于 KM_1 的动合辅助触点作为 KM_2 得电的先决条件串联在 KM_2 线圈电路中，所以只有在 M_1 启动后 M_2 才能启动，实现了按顺序启动。

需要电动机停止时，如果先按下电动机 M_1 的停止按钮 SB_1，由于 KM_2 的动合辅助触点作为 KM_1 失电的先决条件并联在 SB_1 的两端，所以 M_1 不能停止运转。只有在按下电动机 M_2 的停止按钮 SB_3 后，接触器 KM_2 断电释放，M_2 停止运转，这时再按下 SB_1，电动机 M_1 才能停止运转。这就实现了两台电动机按照顺序启动、逆序停止的控制。

【提示】

该电路的控制形式：在控制电路中实现顺序控制、逆序停止。

该电路的控制特点：将 KM_1 的动合辅助触点串联在 KM_2 线圈电路中，同时将 KM_2 的动合辅助触点并在 KM_1 的停止按钮 SB_1 两端。这样的连接方法实现该电路的功能是：启动时，先启动 M_1 后才能启动 M_2；停止时，先停 M_2 后才能停 M_1。即两台电动机按照先后顺序启动、以逆序停止。

5.1.5 电动机多点联锁控制电路

有时为减轻劳动者的生产强度，实际生产中常常采用在两处以上同时控制一台电气设备，这就是多地控制，也称为多点控制。如图 5-15 所示为电动机两点控制电路。

电路原理如下。

在该电路中，将启动按钮 SB_3、SB_4 全部并联在自锁触点两端，按下任何一个都可以启动电动机。停止按钮 SB_1、SB_2 全部串联在接触器线圈电路中，按下任何一个都可以停止电动机的工作。本电路可实现在两个地点控制同一台电动机的启动和停止。

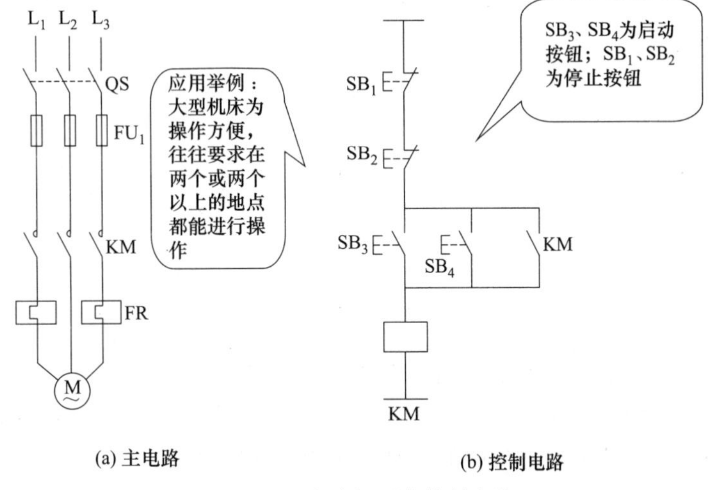

图 5-15 电动机两点控制电路

【提示】

两地控制电路的主电路与电动机正转电路相同，不同的是控制电路。要实现三地或多地控制，只要把各地的启动按钮并联，停止按钮串联即可。

如果将上述控制电路用图 5-16 所示的电路更换，就可实现在三个地点控制一台电动机的启停。图中，SB_1、SB_4 为第一地点控制按钮，SB_2、SB_5 为第二地点控制按钮，SB_3、SB_6 为第三地点控制按钮。

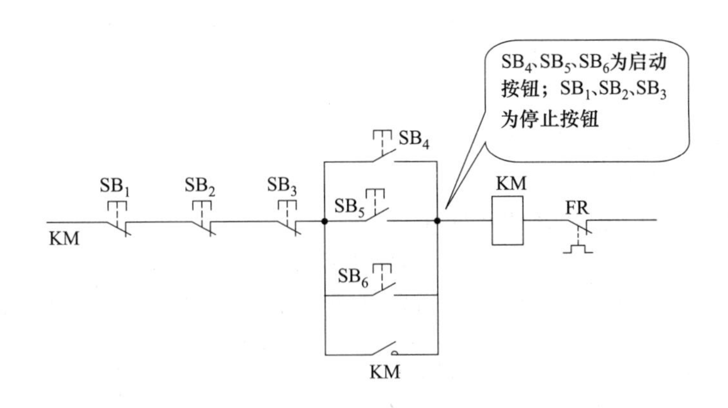

图 5-16 电动机三点控制电路

5.1.6 电动机时间控制电路

(1) 通电延时型时间继电器控制电路

如图 5-17 所示为通电延时型时间继电器控制电路。

电路原理如下：

$SB_2 \pm \rightarrow KA_{自} + \rightarrow KT + \xrightarrow{\Delta S} KM +$

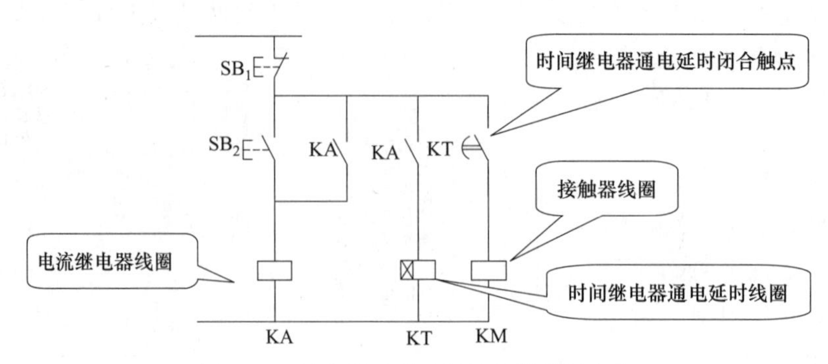

图 5-17　通电延时型时间继电器控制电路

(2) 断电延时型时间继电器控制电路

如图 5-18 所示为断电延时型时间继电器控制电路。图中，时间继电器 KT 为断电延时型时间继电器，其延时断开动合触点在 KT 线圈得电时立即闭合，KT 线圈断电时，经延时后该触点断开。

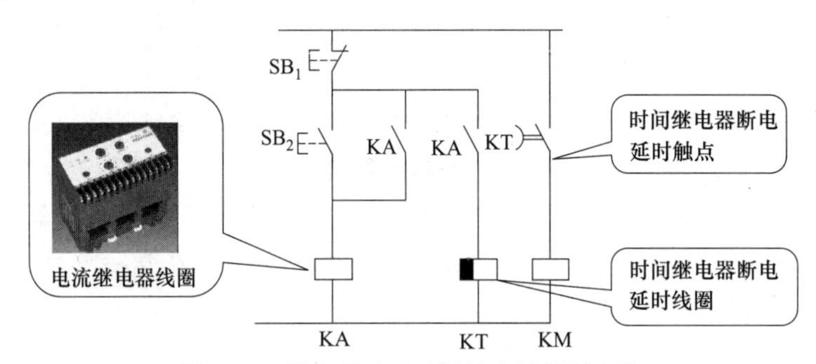

图 5-18　断电延时型时间继电器控制电路

电路原理如下：

$SB_2 \pm \rightarrow KA + \rightarrow KT + \rightarrow KM +$

$SB_1 \pm \rightarrow KA - \rightarrow KT - \rightarrow KM -$

(3) 按时间控制的自动循环控制电路

如图 5-19 所示为按时间控制的自动循环控制电路。

电路原理：当控制开关 SA 置于间歇运行位置时，开始时刻 KM 得电，使电动机启动运行，同时时间继电器 KT_1 有电。当 KT_1 延时时间到时，其动合触点闭合，使中间继电器 KA、时间继电器 KT_2 得电，KA 的动断触点断开，使 KM 失电，电动机停止运行。当 KT_2 的延时时间（间歇时间）到时，其动断触点断开，使 KA 失电。KA 的动合触点断开，使 KT_2 失电；KA 的动断触点闭合，使 KM 又得电，电动机启动运行，系统进入循环过程。

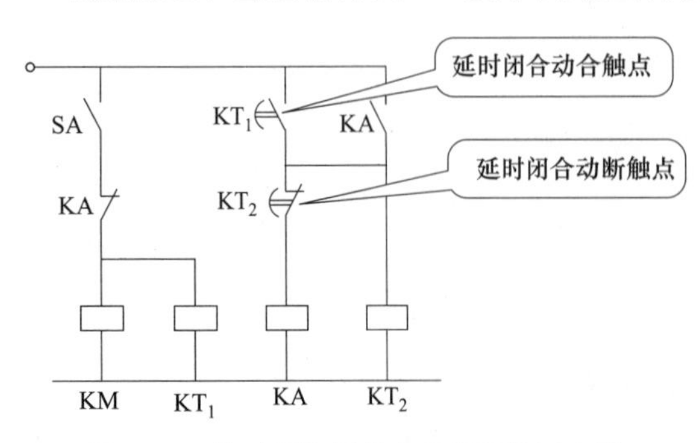

图 5-19　按时间控制的自动循环控制电路

5.1.7 三相异步电动机降压启动控制电路

大家知道，三相交流异步电动机直接启动电流很大，一般为正常工作电流的 4～7 倍，如果电源容量有限，则启动电流可能会明显地影响同一电网中其他电气设备的正常运行。因此，对于笼型异步电动机可采用：定子串电阻降压启动、定子串自耦变压器降压启动、星形-三角形降压启动、延边三角形降压启动等方式；而对于绕线型异步电动机，还可采用转子串电阻启动或转子串频敏变阻器启动等方式以限制启动电流。

(1) 定子串电阻降压启动控制线路

定子串电阻降压启动，是指启动时在电动机定子绕组上串联电阻，启动电流在电阻上产生电压降，使实际加到电动机定子绕组中的电压低于额定电压，待电动机转速上升到一定值后，再将串联电阻短接，使电动机在额定电压下运行。

① 按钮控制电动机定子串电阻降压启动电路　如图 5-20 所示为按钮控制电动机定子串电阻降压启动电路。

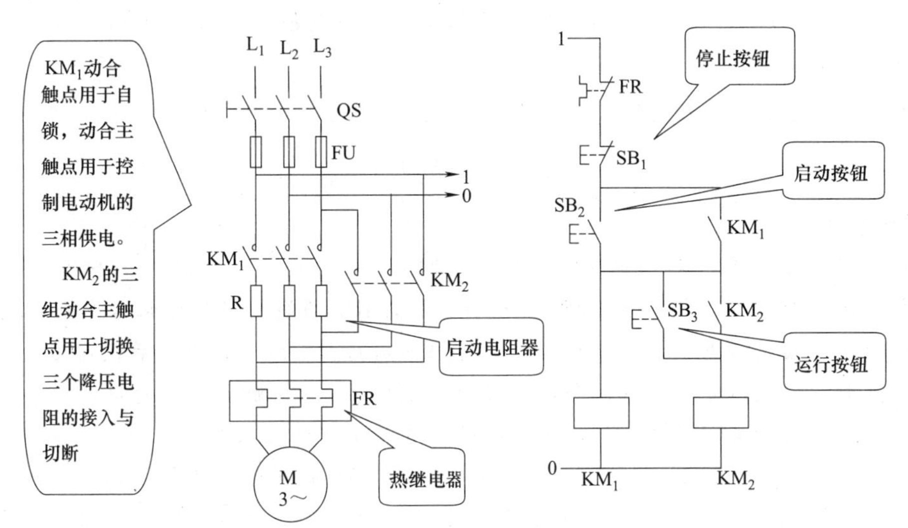

图 5-20　按钮控制电动机定子串电阻降压启动电路

电路原理如下。

启动时，合上电源开关 QS。

SB_2 ±→$KM_{1自}$ +→M+（串 R 降压启动）n_2↑…

SB_3 ±→KM_2 +（短接降压电阻 R）→M+（全压运行）

式中，n_2↑是指转子转速的上升。

按下 SB_1，电动机停止运行。

【提示】

定子串电阻降压启动控制电路的优点：结构简单，动作可靠，有利于提高功率因数。

定子串电阻降压启动控制电路的缺点：如果过早按下 SB_3 运行按钮，电动机还没有达到额定转速附近就加全压，会引起较大的启动电流。并且启动过程要分两次按下 SB_2 和 SB_3 也显得很不方便。因此，不能实现启动全过程自动化。通常用于中、小容量电动机且不经常启动时，才采用这种方法。

启动电阻一般采用 ZX1、ZX2 系列的铸铁电阻。铸铁电阻功率大，能够通过较大电流。

启动电阻 R 可用近似公式计算：

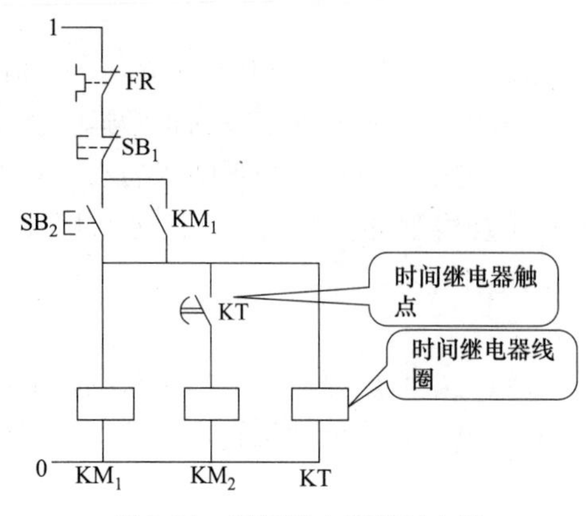

图 5-21　时间继电器控制电路

$$R=190\frac{I_1-I_2}{I_1I_2}$$

式中　I_1——未串联电阻前的启动电流，A，一般 $I_1=(4\sim7)I_N$；

I_2——串联电阻后的启动电流，A，一般 $I_2=(2\sim3)I_N$；

I_N——电动机的额定电流，A。

启动电阻的功率可用公式 $P=I_N^2R$ 计算。因启动电阻仅在启动过程中接入，且启动时间很短，所以实际选用的电阻功率可比计算值小 3～4 倍。

② 时间继电器控制电路　时间继电器控制电动机定子串电阻降压启动控制电路如图 5-21 所示，其主电路与图 5-20 相同。

电路原理如下：

$SB_2\pm$ → $KM_{1自}+$ → M+（串 R 降压启动）

　　　└→ KT+ $\xrightarrow{\Delta t}$ KM_2+ → M+（全压运行）

【提示】

该电路在图 5-20 所示控制电路的基础上，增加了一个时间继电器。当合上开关 QS，按下启动按钮 SB_2 后，交流接触器 KM_1 与时间继电器 KT 的线圈同时得电工作。KM_1 得电后主触点闭合使电动机得电串电阻启动工作，时间继电器 KT 线圈得电以后进入延时状态，到达预定时间时，其延时闭合触点闭合，又接通了 KM_2 交流接触器线圈的供电，其动合主触点闭合，使 3 个启动电阻器被短接，电动机顺利进入正常运行状态。

该电路的缺点是：按下启动按钮 SB_2 后，电动机 M 先串电阻 R 降压启动，经一定延时（由时间继电器 KT 确定），电动机 M 才全压运行。但在全压运行期间，时间继电器 KT 和接触器 KM_1 线圈均通电，不仅消耗电能，而且减少了电器的使用寿命。

该电路仅适用于对启动要求不高的轻载或空载场合。

(2) 电动机 Y-△降压启动电路

对于正常运行时电动机额定电压等于电源线电压，定子绕组为三角形连接方式的三相交流异步电动机，可以采用星形-三角形降压启动。它是指启动时，将电动机定子绕组接成星形，待电动机的转速上升到一定值时，再换成三角形连接。这样，电动机启动时每相绕组的工作电压为正常时绕组电压的 $1/\sqrt{3}$ 倍，启动电流为三角形直接启动时的 1/3。

这种启动方法只适用于正常工作时定子绕组作三角形连接的电动机，且只适用于空载或轻载启动。

① 手动控制的电动机星形-三角形降压启动控制电路　如图 5-22 所示为手动控制电动机星形-三角形降压启动控制电路。图中，手动控制开关 SA 有两个位置，分别对应的是电动机定子绕组星形（Y）和三角形（△）连接。

电路原理如下。

启动时，将开关 SA 置于“启动”位置，电动机定子绕组被接成星形，电动机降压启动。

当电动机启动且转速上升到一定值后，再将开关 SA 置于“运行”位置，电动机定子绕组接成三角形连接方式，电动机全压运行（正常运行状态）。

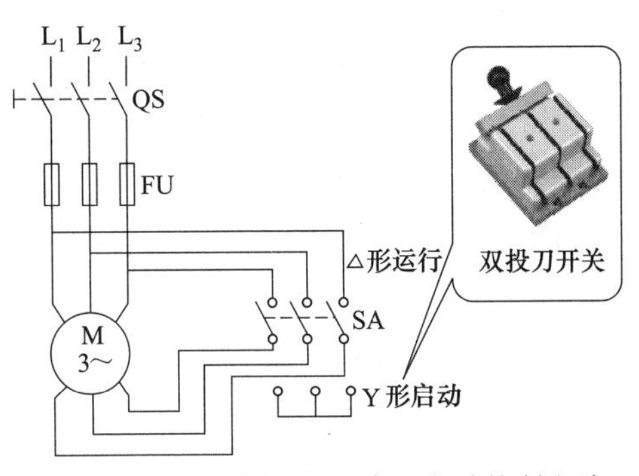

图 5-22 手动控制 Y-△降压启动控制电路

【提示】

该电路较简单，SA 可选用一把可双向控制的三相闸刀，也可用两把单向的三相闸刀。

② 自动控制的星形-三角形降压启动电路

如图 5-23 所示为采用接触器控制星形-三角形降压启动电路。图中使用了三个接触器 KM_1、KM_2、KM_3，一个通电延时型的时间继电器 KT 和两个按钮。时间继电器 KT 用于控制星形连接降压启动时间和完成星形-三角形的自动切换。

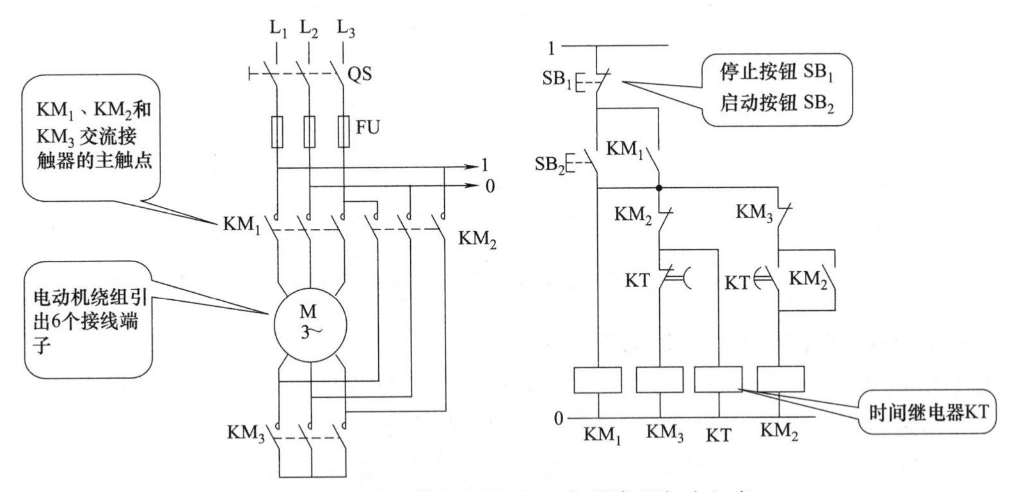

图 5-23 接触器控制星形-三角形降压启动电路

电路原理如下。

当接触器 KM_1、KM_3 主触点闭合时，电动机 M 为星形连接；当接触器 KM_1、KM_2 主触点闭合时，电动机 M 为三角形连接。

$SB_2\pm$ → KM_3+ → M+（Y 形启动）
→ $KM_{1自}+$
→ KT+ $\xrightarrow{\Delta t}$ KM_3- → M−
→ $KM_{2自}+$ → M+（△形运行）
→ KT−，KM_3-

停止时，按下 SB_1 即可。

【提示】

在该电路中，接触器 KM_3 得电以后，通过 KM_3 的辅助触点使 KT 得电动作，这样 KM_3 主触点是在无负载的条件下进行闭合的，故可延长接触器 KM_3 主触点的使用寿命。

在该电路中，电动机 M 三角形运行时，时间继电器 KT 和接触器 KM_3 均断电释放，这样，不仅使已完成星形-三角形降压启动任务的时间继电器 KT 不再通电，而且可以确保接触器 KM_2 通电后，KM_3 无电，从而避免 KM_3 与 KM_2 同时通电造成短路事故。

在该电路中，由于星形启动时启动电流为三角形连接时的 1/3，启动转矩也只有三角形连接时的 1/3，转矩特性较差。因此，该电路只适用于空载或轻载启动的场合。

如图 5-24 所示为另一种自动控制电动机星形-三角形降压启动的控制电路。它不仅只采用两个接触器 KM_1、KM_2，而且电动机由星形接法转为三角形接法时是在切断电源的同时间内完成的，即按下按钮 SB_2，接触器 KM_1 通电，电动机 M 接成星形启动，经一段时间后，KM_1 瞬时断电，KM_2 通电，电动机 M 接成三角形，然后 KM_1 再重新通电，电动机 M 三角形全压运行。电路原理请读者自己分析。

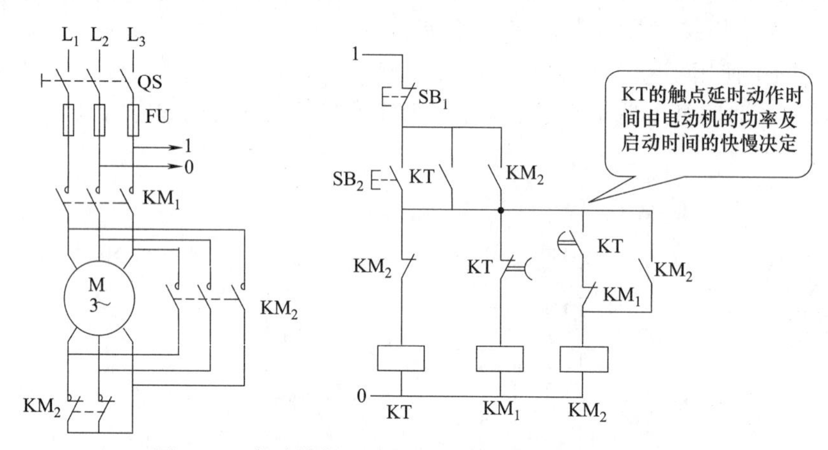

图 5-24　自动控制电动机星形-三角形降压启动电路

(3) 自耦变压器降压启动控制电路

对于容量较大的正常运行时定子绕组接成星形的笼型异步电动机，可采用自耦变压器降压启动。它是指启动时，将自耦变压器接入电动机的定子回路，待电动机的转速上升到一定值时，再切除自耦变压器，使电动机定子绕组获正常工作电压。这样，启动时电动机每相绕组电压为正常工作电压的 $1/k$ 倍（k 是自耦变压器的匝数比，$k=N_1/N_2$），启动电流也为全压启动电流的 $1/k^2$ 倍。

自耦变压器又称为补偿器，自耦变压器降压启动分为手动控制和自动控制两种。

① 自耦变压器降压启动手动控制电路　如图 5-25 所示为自耦变压器降压启动手动控制电路。图中操作手柄有三个位置：“停止”“启动”和“运行”。操作机构中设有机械联锁机构，它使得操作手柄未经“启动”位置就不可能扳到“运行”位置，从而保证了电动机必须先经过启动阶段以后才能投入运行。

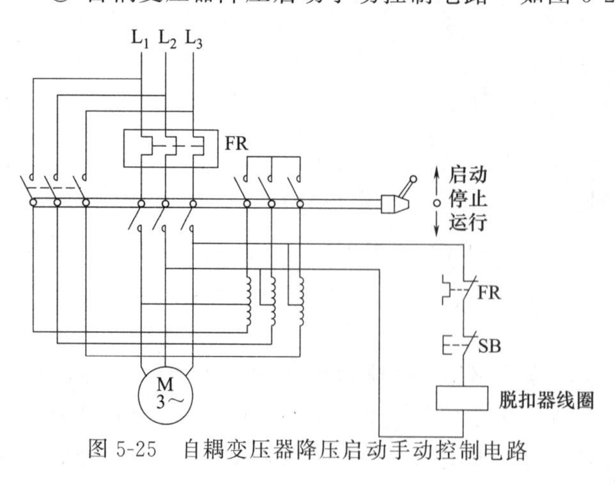

图 5-25　自耦变压器降压启动手动控制电路

电路原理如下。

当操作手柄置于“停止”位置时，所有的动、静触点都断开，电动机定子绕组断电，停止转动。

当操作手柄向上推至“启动”位

置时，启动触点和中性触点同时闭合，电流经启动触点流入自耦变压器，再由自耦变压器的65%（或85%）抽头处输出到电动机的定子绕组，使定子绕组降压启动。随着启动的进行，当转子转速升高到接近额定转速附近时，可将操作手柄扳到“运行”位置，此时启动工作结束，电动机定子绕组得到电网额定电压，电动机全压运行。

停止时必须按下SB按钮，使失压脱扣器的线圈断电而造成衔铁释放，通过机械脱扣装置将运行触点断开，切断电源，同时也使手柄自动跳回到“停止”位置，为下一次启动做好准备。

【提示】

自耦变压器只在启动过程中短时工作，在启动完毕后应从电源中切除。

自耦变压器降压启动控制的优点是启动转矩和启动电流可以调节，缺点是设备庞大、成本较高。因此，这种减压启动方法适用于额定电压为220/380V、△/Y连接、功率较大的三相异步电动机的降压启动。

自耦变压器备有65%和85%两挡电压抽头，出厂时一般是接在65%抽头上，可根据电动机的负载情况选择不同的启动电压。

② 自耦变压器降压启动自动控制电路　如图5-26所示为自耦变压器降压启动自动控制电路，它是依靠接触器和时间继电器实现自动控制的。

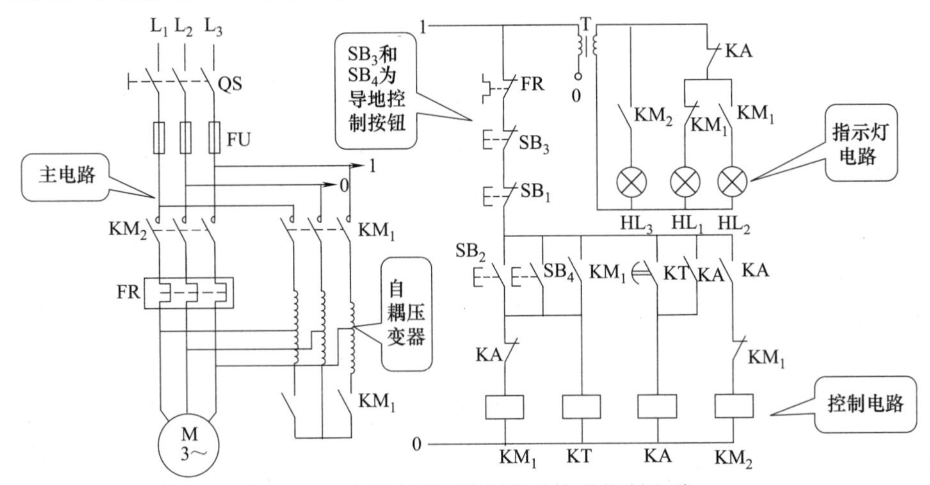

图5-26　自耦变压器降压启动自动控制电路

该电路由主电路、控制电路和指示灯电路三部分组成。其中，信号指示电路由变压器和三个指示灯等组成，它们分别根据控制线路的工作状态显示“启动”“运行”和“停机”。

电路原理如下：

$SB_2\pm$ → $KM_{1自}+$ → M+（利用自耦变压器降压启动）
　　　　　　　　→ KM_2-（互锁）
　　　　　　　　→ HL_2+（指示降压启动）
　　→ KT+ $\xrightarrow{\Delta t}$ $KA_{自}+$ → KM_1- → M−
　　　　　　　　　　　　　　　　→ KM_2 互锁解除
　　　　　　　　→ KM_2+ → M+（全压运行）
　　　　　　　　→ HL_2-，HL_1-
　　　　　　　　→ HL_3+（指示全压运行）

指示灯 HL_1 亮，表示电源有电，电动机处于停止状态；指示灯 HL_2 亮，表示电动机处于降压启动状态；指示灯 HL_3 亮，表示电动机处于全压运行状态。

停止时，按下停止按钮 SB_1，控制电路失电，电动机停转。

【提示】

电路图中设置了 SB_3 和 SB_4 两个按钮，它们不安装在自动补偿器箱中，可以安装在外部，以便实现远程控制（异地控制）。在自动启动补偿箱中一般只留下四个接线端，SB_3 和 SB_4 用引线接入箱内。

如图 5-27 所示为另一种自耦变压器降压启动控制电路。该电路由三个接触器控制；主电路增加了电流互感器 TA，它一般在容量为 100kW 以上电动机降压启动控制电路中使用；热继电器 FR 的发热元件上并联的 KA 动合触点是在启动时短接发热元件，以防止因启动电流过大而造成误动作，而运行时，KA 触点断开，主电路经电流互感器串入发热元件，达到过载保护的目的；三个指示灯 HL_1、HL_2、HL_3 分别表示停机且线路电压正常、降压启动和全压运行三种状态；SA 为选择开关，有自动（A）和手动（M）两种位置。电路原理请读者自己分析。

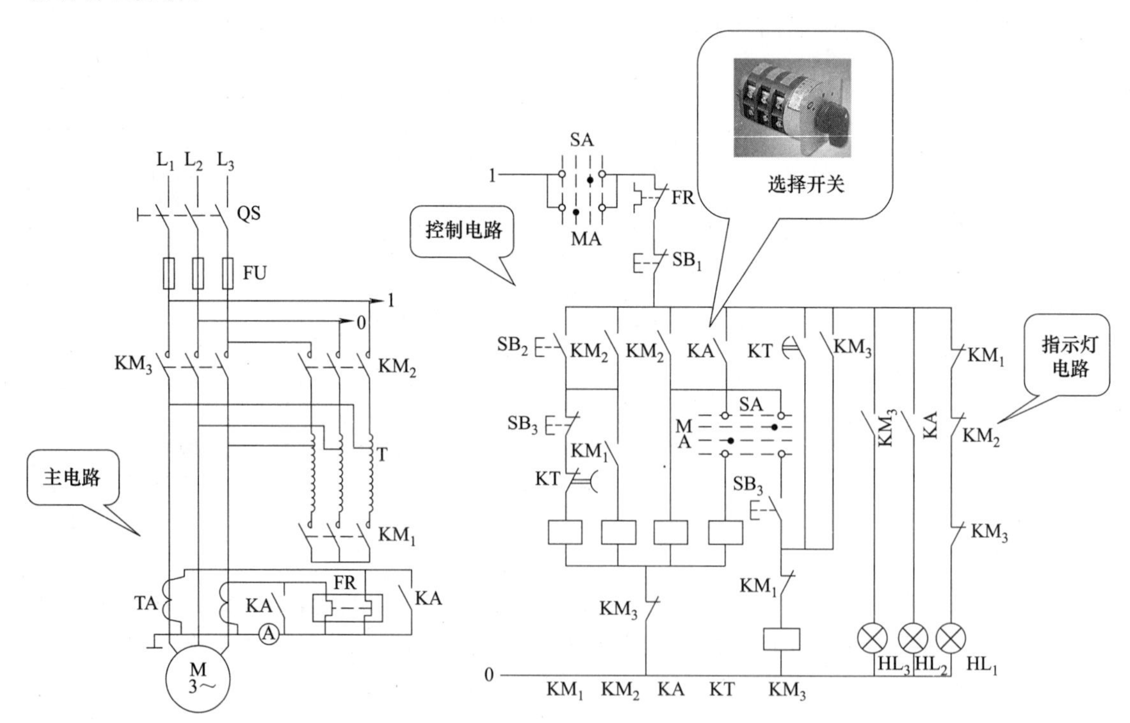

图 5-27　三个接触器控制的自耦变压器降压启动控制电路

(4) 绕线式异步电动机电阻降压启动控制电路

三相交流绕线式异步电动机的转子中绕有三相绕组，通过滑环可以串入外加电阻（或电抗），从而减少启动电流，同时也可以增加转子功率因数和启动转矩。

① 转子串电阻启动控制电路　绕线式异步电动机转子回路串电阻启动主要有两种：一种是按电流原则逐段切除转子外加电阻，另一种是按时间原则逐段切除转子外加电阻。

a. 电流原则控制绕线式异步电动机转子串电阻启动控制电路。如图 5-28 所示为电流继电器控制绕线式异步电动机转子串电阻启动控制电路。

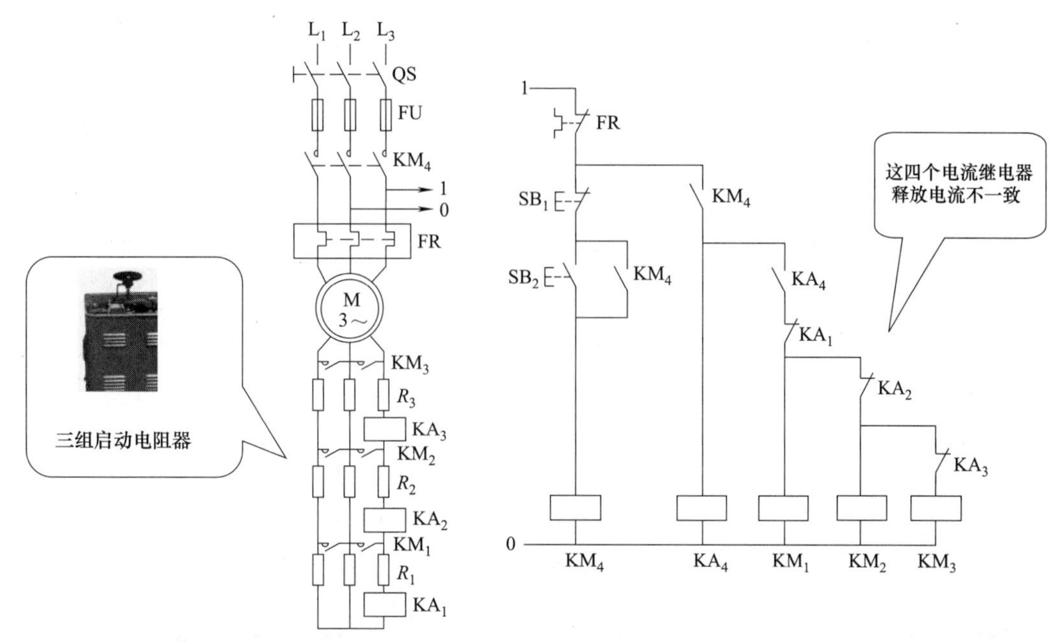

图 5-28 电流原则控制绕线式异步电动机转子串电阻启动控制电路

图中，KM_1、KM_2、KM_3 为短接电阻接触器，R_1、R_2、R_3 为转子外加电阻，KA_1、KA_2、KA_3 为电流（中间）继电器，它们的线圈串联在转子回路中，由线圈中通过的电流大小决定触点动作顺序。KA_1、KA_2、KA_3 三个电流继电器的吸合电流一致，但释放电流不一致，KA_1 最大，KA_2 次之，KA_3 最小。

电路原理如下。

合上电源开关 QS，按下 SB_2，在启动瞬间，转子转速为零，转子电流最大，三个电流继电器同时全部吸合（电动机串全部电阻启动），随着转子转速的逐渐提高，转子电流逐渐减小，由于 KA_1 整定值最大，所以最早动作，然后随转子电流进一步减小，KA_2、KA_3 依次动作，完成逐级切除电阻的工作。

启动结束，电动机在额定转速下正常运行。

$SB_2\pm \longrightarrow KM_{1自}+ \longrightarrow M+$（串 R_1，R_2，R_3 启动，且 KA_1+，KA_2+，KA_3+）$\xrightarrow{n_2\uparrow,\ I_2\downarrow} KA_1- \longrightarrow KM_1+$（切除电阻 R_1）$\xrightarrow{n_2\uparrow\uparrow,\ I_2\downarrow\downarrow} KA_2- \longrightarrow KM_2+$（切除电阻 R_2）$\xrightarrow{n_2\uparrow\uparrow\uparrow,\ I_2\downarrow\downarrow\downarrow} KA_3- \longrightarrow KM_3+$（切除电阻 R_3）$\longrightarrow M+$（正常运行）

式中，$n_2\uparrow$，$n_2\uparrow\uparrow$，$n_2\uparrow\uparrow\uparrow$ 分别表示转子转速逐渐提高，$I_2\downarrow$，$I_2\downarrow\downarrow$，$I_2\downarrow\downarrow\downarrow$ 分别表示转子电流逐渐减小。

【提示】

串电阻减压启动的缺点是减小了电动机的启动转矩，同时启动时在电阻上功率消耗也较大。如果启动频繁，则电阻的温度很高，对于精密的机床会产生一定的影响，故目前这种减压启动的方法在生产实际中的应用正在逐步减少。

b. 时间原则控制绕线式异步电动机转子串电阻启动控制电路。如图 5-29 所示为时间继电器控制绕线式异步电动机转子串电阻三级启动电路。

图中，KM_1、KM_2、KM_3 为短接电阻接触器；KM_4 为电源接触器；R_1、R_2、R_3 为 3

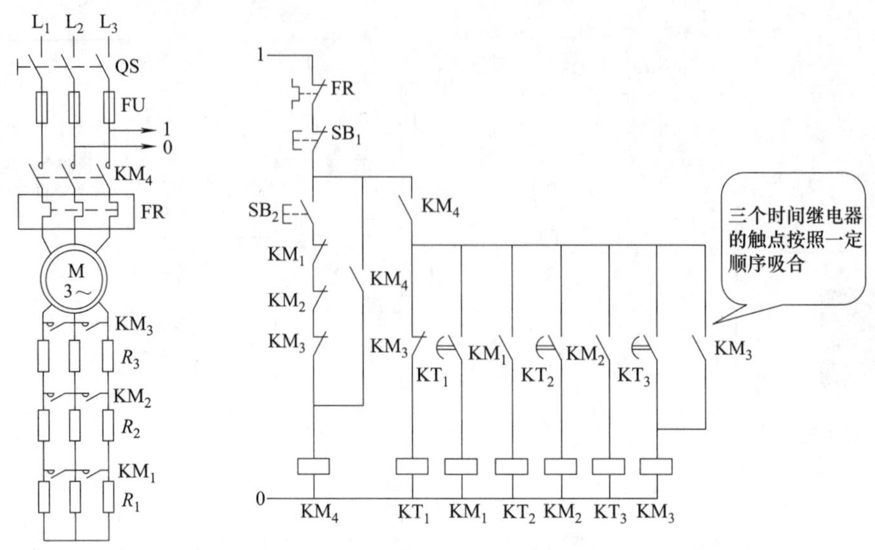

图 5-29　时间原则控制绕线式异步电动机转子串电阻启动控制电路

组启动电阻；KT_1、KT_2、KT_3 为通电延时型时间继电器，这三个时间继电器分别控制三个接触器 KM_1、KM_2、KM_3 按顺序依次吸合，自动切除转子绕组中的三级电阻（其延时时间的大小决定动作顺序，以达到按时间原则逐段切除电阻的目的）。

与启动按钮 SB_2 串接的 KM_1、KM_2、KM_3 三个动合触点的作用是保证电动机在转子绕组中接入全部启动电阻的条件下才能启动。若其中任何一个接触器的主触点因熔焊或机械故障而没有释放时，电动机就不能启动。

此电路原理与电流原则控制绕线式异步电动机转子串电阻启动控制电路的工作原理基本相同，请读者自己分析。

② 转子串频敏变阻器启动控制电路　绕线式异步电动机转子回路串接电阻启动，不仅使用电器多，控制电路复杂，启动电阻发热消耗能量，而且启动过程中逐段切除电阻，电流和转矩变化较大，会对生产机械造成较大的机械冲击。

频敏变阻器是一种静止的、无触点的电磁元件，它由几块 30～50mm 厚的铸铁板或钢板叠成的三柱式铁芯和装在铁芯上并接成星形的三个线圈组成。若将其接入电动机转子回路内，则随启动过程（转速升高或转子频率下降）的进行，阻抗值自动下降，这样不仅不需要逐段切除电阻而且启动过程也能平滑进行。

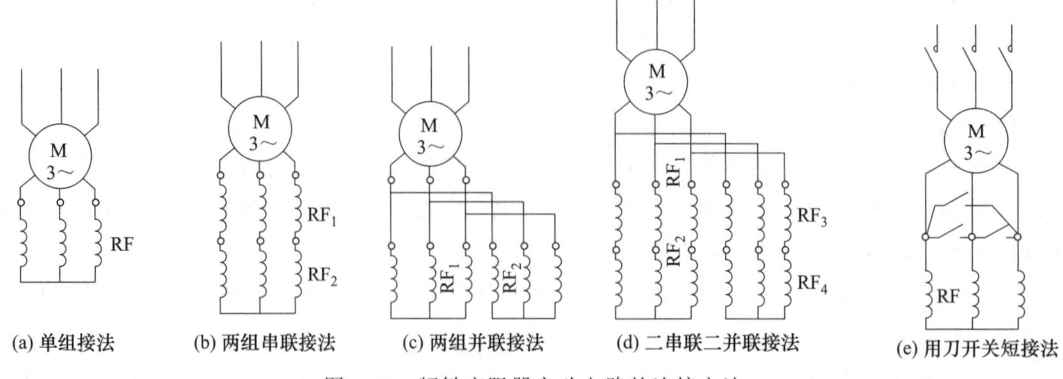

图 5-30　频敏变阻器启动电路的连接方法

频敏变阻器启动电路的连接种类有单组、两组串联、两组并联、二串联二并联等，如图5-30所示。频敏变阻器在启动完毕后应切除短接，若电动机本身有短路装置，则可直接使用；如果没有短路装置，则可另外安装刀开关来短路，如图5-30（e）所示。

如图5-31所示为绕线式异步电动机转子串频敏变阻器启动控制电路，它是利用频敏变阻器的阻抗随着转子电流频率的变化而自动变化的特点来实现的。

在该电路中，RF为频敏变阻器，采用的是一种单组连接方法；SB_1为停止按钮开关，SB_2为启动按钮开关；KM_1的三组动合触点用于控制三相电动机的供电；KM_2为切换频敏变阻器的交流接触器，KM_2的另一个触点用于控制时间继电器KT线圈的供电；KT为时间继电器，KT_1为延时动合触点，KT_2为动断触点；FR为热继电器。

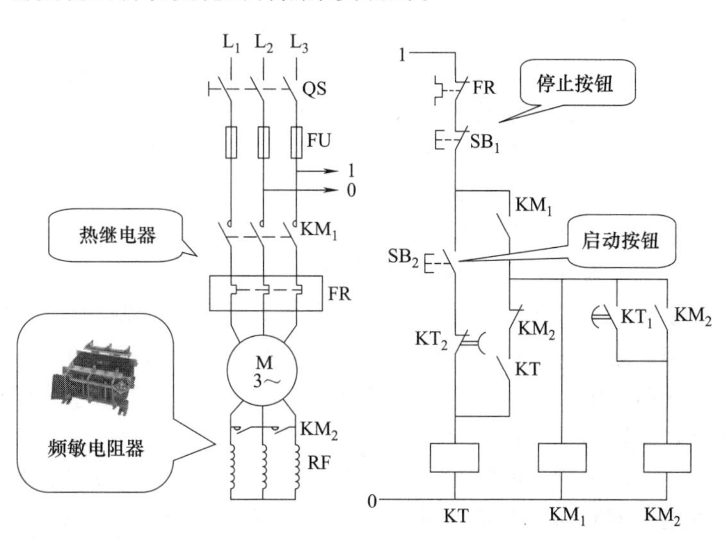

图5-31 绕线式异步电动机转子串频敏变阻器启动控制电路

启动时，按下启动按钮开关SB_2，KM_1交流接触器线圈得电吸合，其三组动合触点闭合后自锁，为三相电动机提供三相电源，电动机转子电路串入了频敏变阻器并启动。

在按下SB_2以后，KT时间继电器线圈也同时得电工作，经延迟一段时间后，其KT_1触点闭合，接通KM_2交流接触器线圈的供电，使KM_2得电吸合，其动断触点断开，切断对时间继电器KT线圈的供电，KM_2动合触点闭合，使频敏变阻器RF被短接，启动过程结束，电动机进入正常运行状态。

上述工作过程可归纳为：

$SB_2\pm$→KT+→$KM_{1自}$+→M+（串频敏变阻器降压启动）
└Δt，nt→KM_2+→M+（全压运行）
　　　　　　　└→KT−

【提示】

在使用过程中，如果出现启动电流过大、启动太快或者启动电流过小、启动转矩不够、启动太慢，可采用换接调整频敏电阻器抽头的方法来解决（适当增加或减少匝数）。

在刚启动时，启动转矩过大，有机械冲击现象；但启动结束后，稳定的转速又太低（偶尔启动用变阻器启动完毕短接时，冲击电流较大），可增加铁芯气隙。

5.1.8 电动机制动控制电路

所谓制动，就是给电动机一个与转动方向相反的电磁转矩（制动转矩）使其迅速停止。常用的制动方法有机械制动和电气制动。

电气制动是使电动机停车时产生一个与转子原来的实际旋转方向相反的电磁力矩（制动力矩）来进行制动。常用的电气制动有反接制动和能耗制动等。

机械制动是利用机械装置（如电磁抱闸、电磁离合器），使电动机在切断电源后迅速停止转动的方法。

（1）反接制动控制电路

反接制动是在电动机的原三相电源被切断后，立即通上与原相序相反的三相交流电源，以形成与原转向相反的电磁力矩，利用这个制动力矩使电动机迅速停止转动。这种制动方式必须在电动机转速降到接近零时立即切除电源，否则电动机仍有反向力矩可能会反向旋转，造成事故。为防止电动机反向启动，常利用速度继电器来自动切断电源。

反接制动的优点是制动力强，制动迅速；缺点是制动准确性差，制动过程中冲击强烈，易损坏传动零件，制动能量消耗较大，不宜经常制动。因此，反接制动一般适用于制动要求迅速、系统惯性较大、不经常启动与制动的场合。

如图 5-32 所示为三相异步电动机单向运转反接制动控制电路。

该电路是在普通电动机控制电路上增加一个速度继电器而得到的。同时，在反接制动时增加了两个限流电阻 R。KM_1 为正转运行接触器，KM_2 为反接制动接触器；KV 为速度继电器，其轴与电动机轴相连接。

主电路中所串电阻 R 为制动限流电阻，防止反接制动瞬间过大的电流损坏电动机。速度继电器 KV 与电动机同轴，当电动机转速上升到一定数值时，速度继电器的动合触点闭合，为制动做好准备。制动时转速迅速下降，当其转速下降到接近零时，速度继电器动合触点恢复断开，接触器 KM_2 线圈断电，防止电动机反转。

电路原理如下。

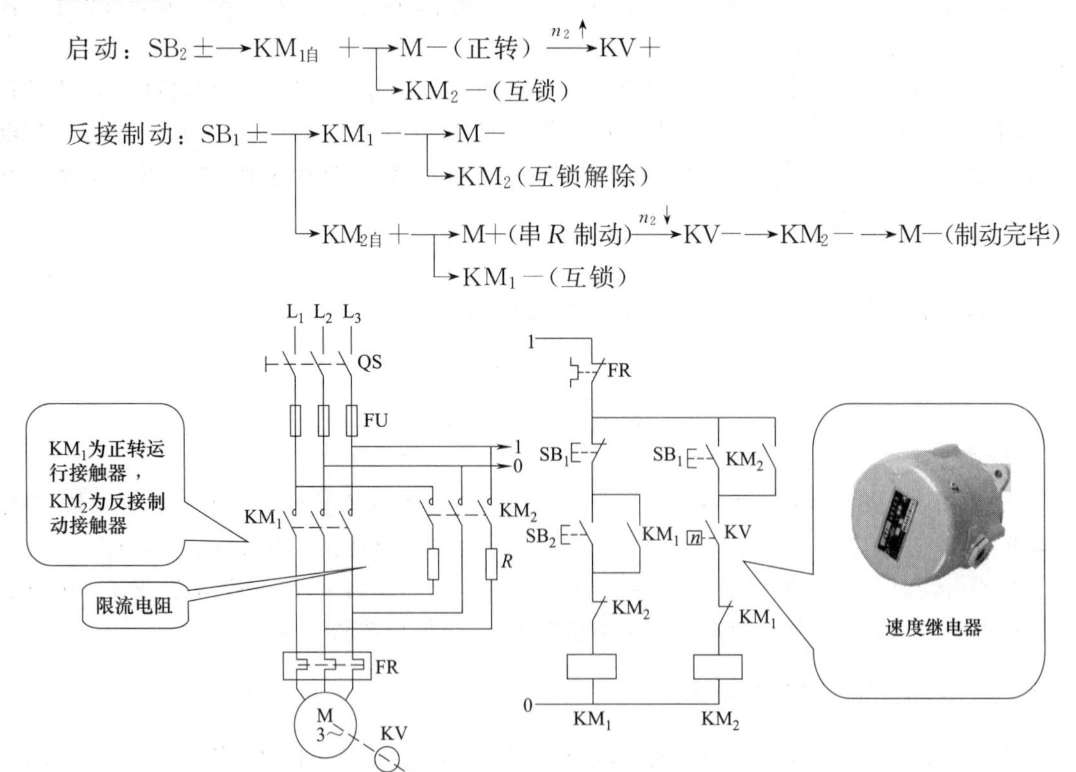

图 5-32 三相异步电动机单向运转反接制动控制电路

【提示】

反接制动时，由于旋转磁场与转子的相对速度很高，故转子绕组中感应电流很大，致使定子绕组中的电流也很大，一般为电动机额定电流的10倍左右。因此，反接制动适用于10kW以下小功率电动机的制动，并且对4.5kW以上的电动机进行反接制动时，需要在定子回路中串联限流电阻R，以限制反接制动电流。

采用不对称电阻法只是限制转动力矩，没加制动电阻的一相仍有较大的制动电流。这种制动方法电路简单，但能耗大、准确度差。此法适用于容量较小的电动机，且要求制动不频繁的场合。

(2) 能耗制动控制电路

在电动机切断三相交流电源后，立即在定子绕组中加一个直流电源（用来产生一个静止磁场，利用转子感应电流与静止磁场的作用，产生反向电磁力矩），迫使电动机停止转动的方法称为能耗制动，又称为动能制动。能耗制动时制动力矩大小与转速有关，转速越高，制动力矩越大，随转速的降低制动力矩也下降，当转速为零时，制动力矩消失。通入的直流电流越大，制动越迅速。

① 时间继电器控制的能耗制动控制电路　如图5-33所示为由时间继电器控制的能耗制动控制电路，适用于笼式电动机的能耗制动。

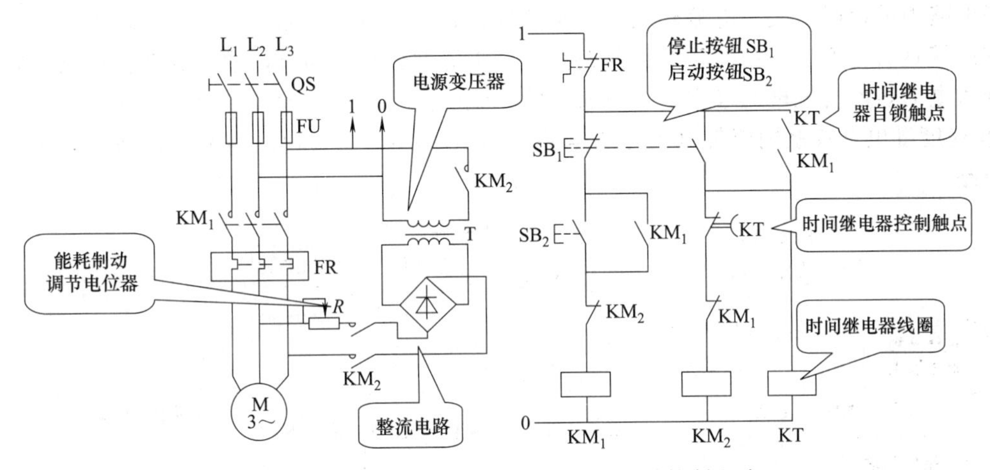

图5-33　时间继电器控制的能耗制动控制电路

在图中，主电路在进行能耗制动时所需的直流电源，由四个二极管组成单相桥式全波整流电路通过接触器KM_2引入，交流电源与直流电源的切换由KM_1和KM_2来完成，制动时间由时间继电器KT决定。

电路原理如下。

当启动电动机时，按下启动按钮开关SB_2后，KM_1交流接触器线圈得电吸合，其动合触点闭合后自锁，另一动合触点闭合后使时间继电器KT线圈得电工作；KM_1的动断触点断开后，可防止KM_2线圈误得电工作；KM_1三组动合主触点闭合后，使电动机得电工作。

在时间继电器KT线圈通电后，其动断延时分断触点瞬间接通，但由于KM_1的动断触点已断开，故KM_2不会得电工作。

在需要停机时，按下停止按钮开关SB_1后，KM_1线圈断电释放，其所有触点均复位，当KM_1已闭合的触点断开后，KT线圈断电；KM_1触点复位闭合使KM_2交流接触器线圈得电吸合，其KM_2动断触点断开可防止KM_1线圈得电误动作。KM_2的两组动合触点与

KM_2 动断触点（图中没有画出）闭合使电源变压器 T 一次侧得电工作。从二次侧输出的交流低压经桥式整流，得到的直流电压加到电动机定子绕组上，从而使电动机迅速制动停机。

经过一段时间后，时间继电器延时分断触点断开，使 KM_2 线圈的供电通路被切断，KM_2 释放并切断了直流电源，制动过程结束。

上述工作过程可归纳为：

启动：$SB_2\pm\rightarrow KM_{1自}+\rightarrow$ M＋(启动)
　　　　　　　　　　$\rightarrow KM_2$(互锁)

能耗制动：$SM_1\pm\rightarrow KM_1-\rightarrow$ M－(自由停车)
　　　　　　　　$\rightarrow KM_{2自}+\rightarrow$ M＋(能耗制动)
　　　　　　　　$\rightarrow KT_{自}+\xrightarrow{\Delta t}KM_2-\rightarrow$ M－(制动结束)

【提示】

能耗制动的优点是制动准确平稳且能量消耗较小，缺点是需附加直流电源装置、设备费用较高、制动力较弱、在低速时制动力较小。因此，能耗制动一般用于要求制动准确、平稳的场合。

能耗制动时产生的制动转矩的大小，与通入定子绕组中直流电流的大小、电动机的转速及转子电路中的电阻有关。电流越大，产生的静止磁场就越强，而转速越高，转子切割磁力线的速度就越大，产生的制动转矩也就越大。对于笼型异步电动机，增大制动转矩只能通过增大通入电动机的直流电流来实现，而通入的直流电流又不能太大，过大会烧坏定子绕组。

② 速度继电器控制的能耗制动控制电路　如图 5-34 所示为速度继电器控制的能耗制动控制电路。

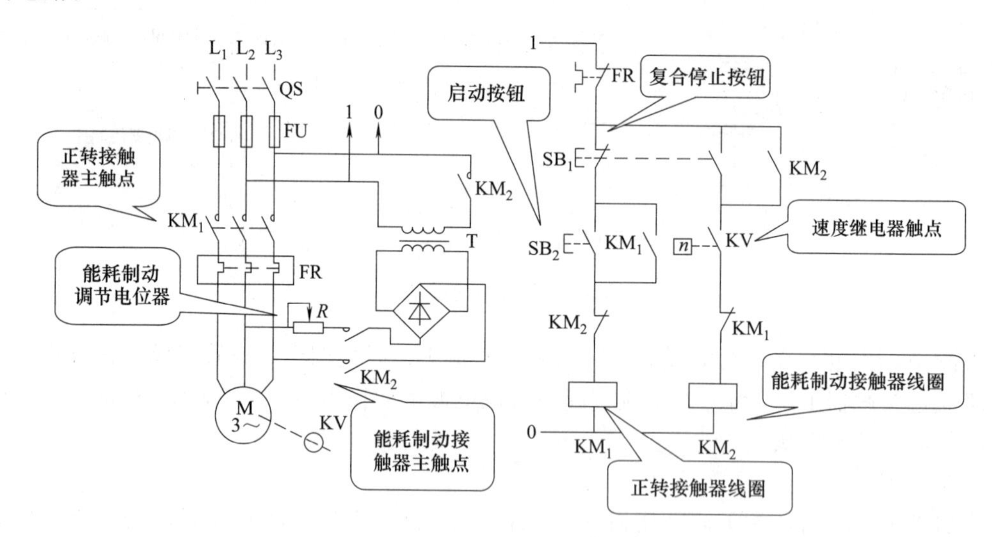

图 5-34　速度继电器控制的能耗制动控制电路

该电路的动作原理与图 5-32 单向运转反接制动控制电路相似。

合上电源开关 QS，按下正转启动按钮 SB_2，接触器 KM_1 得电吸合，电动机启动。当电动机转速超过 130r/min 时，速度继电器相应的正向触点闭合，接通 KM_2，为能耗制动停车做好准备。

停车制动时，按下 SB_1，KM_1 失电主触点释放断开，电动机靠惯性运行。此时，KM_1 辅助触点闭合自锁；由于 KM_2 得电，其主触点吸合，电动机定子绕组接入脉动直流电进行能耗制动。随着转速下降至 100r/min 时，速度继电器触点断开，KM_2 失电，其主触点断开，切除直流电源，能耗制动结束，以后电动机自然停车。

【提示】

全波整流能耗制动电路的制动电流较大，一般 10kW 以上的电动机常采用这种电路。

③ 无变压器单向能耗制动控制电路　如图 5-35 所示为无变压器半波整流单向能耗制动控制电路。

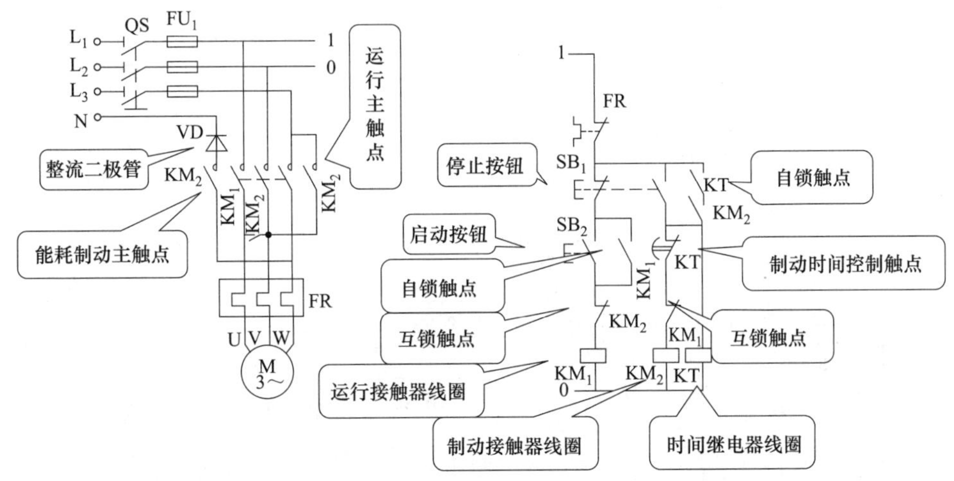

图 5-35　无变压器半波整流单向能耗制动控制电路

根据直流电源的整流方式，能耗制动分为半波整流能耗制动和全波整流能耗制动，该电路属于半波整流能耗制动。

在该电路中，KM_1 为电动机运行接触器，KM_2 为制动接触器，KT 为控制能耗制动时间的通电延时时间继电器。该电路整流电源电压为 220V，由 KM_2 主触点接至电动机定子绕组、再经整流二极管 VD 与电源中性线 N 构成闭合电路（注：有的电路在二极管支路上还串联一个限流电阻，本电路没有这个电阻）。制动时电动机的 U、V 相与 KM_2 主触点并联，因此只有单方向制动转矩。

该电路原理如下。

启动时，合上电源开关 QS，按下启动按钮 SB_2，接触器 KM_1 线圈获电吸合，KM_1 主触点闭合，电动机 M 启动。

停止制动时，按下停止按钮 SB_1，接触器 KM_1 线圈断电释放，KM_1 主触点断开，电动机 M 断电惯性运转，同时，接触器 KM_2 和时间继电器 KT 线圈获电吸合，KM_2 主触点闭合，电动机 M 进行半波能耗制动；能耗制动结束后，KT 动断触点延时断开，KM_2 线圈断电释放，KM_2 主触点断开半波整流脉动直流电源。

【提示】

在该电路中，时间继电器 KT 瞬时闭合动合触点与 KM_2 自锁触点串联，其作用是当 KT 线圈断线或发生机械卡阻故障，导致 KT 的通电延时断开的动断触点断不开，瞬动的动合触点也合不上时，只能按下停止按钮 SB_1，成为点动能耗制动。若无 KT 瞬动的动合触点串接 KM_2 的动合触点，在发生上述故障时，电动机在按下停止按钮 SB_1 后将使 KM_2 线圈长期通电吸合，使三相定子绕组长期通入半波整流的脉动直流电源。

半波整流能耗制动电路，一般用于 10kW 以下的小容量电动机，且对制动要求不高的场合。

（3）电磁抱闸断电制动电路

制动的方法有机械制动和电气制动，采用比较普遍的机械制动是电磁抱闸制动。电磁抱闸是一种机械制动装置，它主要由制动电磁铁和闸瓦制动器两部分组成。

如图 5-36 所示为电磁抱闸断电制动控制电路，这种制动只有在电源切断时才起制动作用，机械设备不工作时，制动闸处于“抱住”状态，广泛应用在电梯、起重机、卷扬机等一类升降机械上。

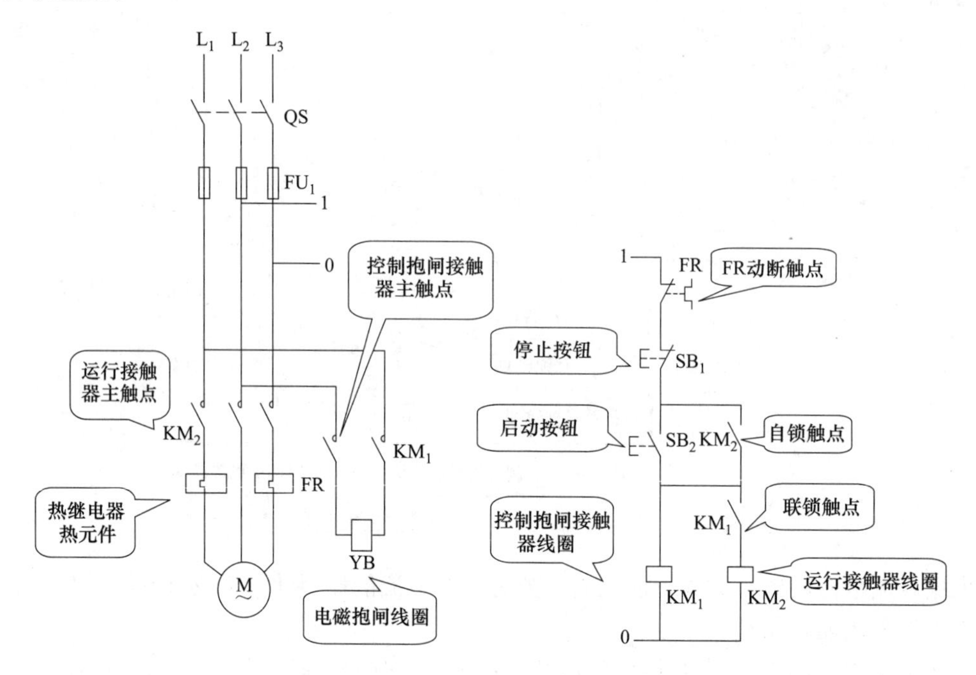

图 5-36　电磁抱闸断电制动电路

其电路原理如下。

按下 SB_2，KM_1 得电，主触点闭合，电磁抱闸的闸轮松开。同时，运行接触器 KM_2 也得电，KM_2 的自锁触点和主触点均闭合，电动机启动运行。

当制动时，按下电动机停止按钮 SB_1，接触器 KM_2 失电释放，主触点断开，自锁触点解除自锁，电动机断电。同时 KM_1 失电释放，主触点断开，联锁触点解除联锁，从而 YB 得电动作，在弹簧力的作用下，使抱闸与闸轮抱紧，电动机停止运行。

5.1.9　电动机速度控制电路

异步电动机变极调速是通过改变定子空间磁极对数的方式改变同步转速的，从而达到调速的目的。在恒定频率的情况下，异步电动机的同步转速与磁极对数成反比，磁极对数增加一倍，同步转速就下降一半，从而引起异步电动机转子转速的下降。显然，这种调速方法只能一级一级地改变转速，而不能平滑地调速。

（1）双速电动机手动调速电路

如图 5-37 所示为双速三相异步电动机的手动调速控制电路。

在该电路中，KM_1 主触点闭合，电动机定子绕组连接成三角形接法，磁极对数为 2 对极，同步转速为 1500r/min；KM_2 和 KM_3 主触点闭合，电动机定子绕组连接成双星形接法，磁极对数为 1 对极，同步转速为 3000r/min。

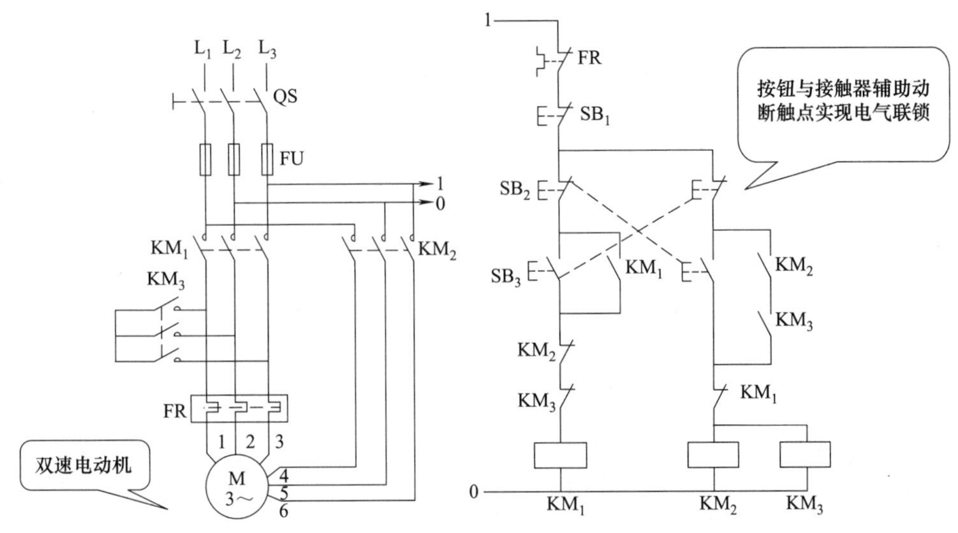

图 5-37 双速电动机手动调速控制电路

电路原理如下。

低速控制：SB_3 ±→$KM_{1自}$ +→M+(△形连接、低速)
→KM_2－、KM_3－(互锁)

高速控制：SB_2 ±→KM_1－(互锁)→M－
→KM_2、KM_3 互锁解除
→$KM_{2自}$ +，$KM_{3自}$ +→M+(双Y形连接、高速)
→KM_1－(互锁)

【提示】

改变电动机6个出线端子与电源的连接方法，低速时采取三角形接法，高速时采用双星形（YY）接法，这样可得到两种不同的转速。双速电动机高速运转时的转速接近低速时的2倍。

双速电动机定子绕组的结构及接线方式如图5-38所示。其中，图5-38（a）、（b）为定子绕组结构示意图，改变接线方法可获得两种接法：图5-38（c）为三角形接法，磁极对数为2对极，同步转速为1500 r/min，是一种低速接法；图5-38（d）为双星形接法，磁极对数为1对极，同步转速为3000 r/min，是一种高速接法。

注意：从一种接法改为另一种接法时，为确保方向不变，应将电源相序反过来。

(2) 双速电动机自动加速电路

如图5-39所示为双速三相交流异步电动机自动加速电路（变极调速）。

电路原理如下。

该电路的主电路与图5-37相同。

当开关SA在中间位置时，所有接触器和时间继电器都不接通，控制电路不起作用，电动机处于停止状态。

当SA选择“低速”时，接通KM_1线圈电路，其触点动作的结果是电动机定子绕组接成三角形，以低速运转。

当SA选择“高速”位置时，接通KM_2、KM_3和KT线圈，电动机先低速运行，经过时间继电器KT延时后自动切换到高速。这时，电动机定子绕组接成双星形，转速增加

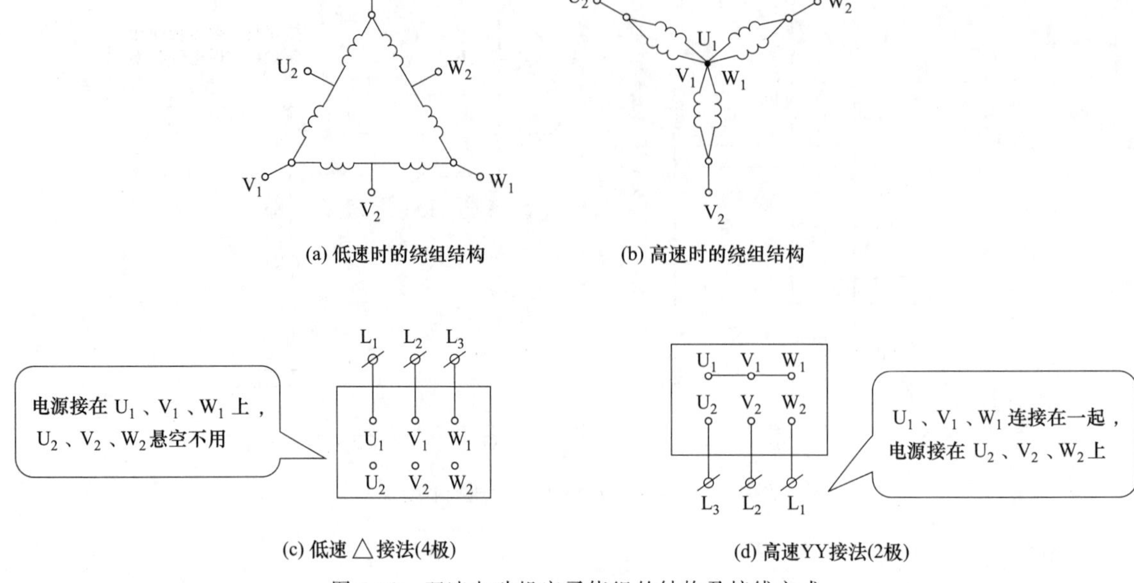

图 5-38　双速电动机定子绕组的结构及接线方式

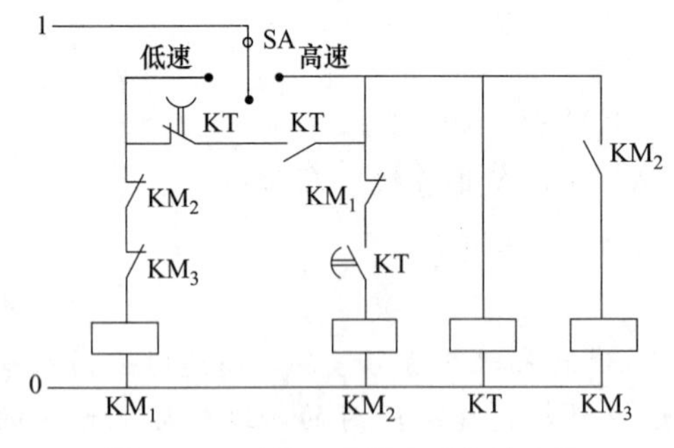

图 5-39　双速电动机自动加速电路

一倍。

【提示】

该线路高速运转必须由低速运转过渡。在使用时应根据说明书了解连接方法，做到接线正确。

(3) 三速电动机调速电路（一）

如图 5-40 所示为接触器控制三速笼型电动机调速电路。图中，SB_1、SB_2、SB_3 分别为低速、中速、高速按钮，KM_1、KM_2、KM_3 分别为低速、中速、高速接触器。

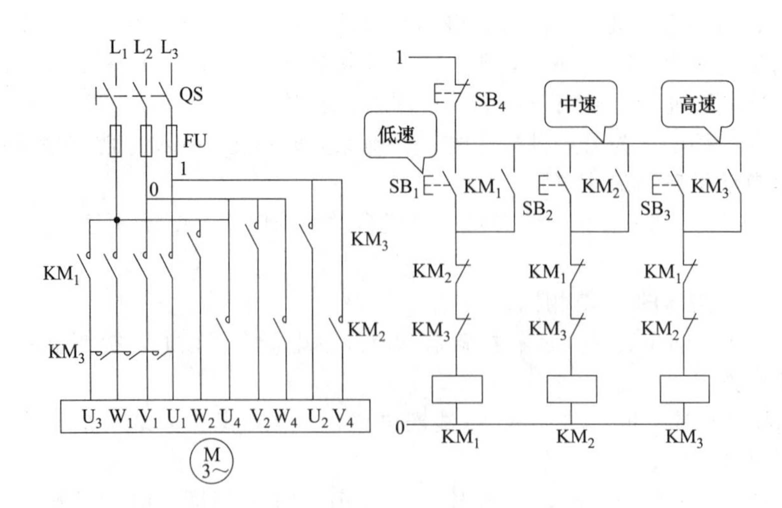

图 5-40　接触器控制三速笼型电动机调速电路

电路原理：按下任何一个速度启动控制按钮（SB_1、SB_2、SB_3），对应的接触器线圈得电，其自锁和互锁触点动作，完成对本线圈的自锁和对另外接触器线圈的互锁。主电路对应的主触点闭合，电动机定子绕组按对应的接法接线，使电动机工作在选定的转速下。

【提示】

在该电路中，从任何一种速度转换到另一种速度时，必须先按下停止按钮，因为 KM_1、KM_2 和 KM_3 三个接触器之间是电气互锁的。

三速笼型异步电动机的定子槽安装有两套绕组，分别是三角形绕组和星形绕组，其结构如图 5-41（a）所示。低速运行按图 5-41（b）所示接线，定子绕组为三角形接法。中速运行按图 5-41（c）所示接线，定子绕组为星形接法。高速运行按图 5-41（d）所示接线，定子绕组为双星形接法。

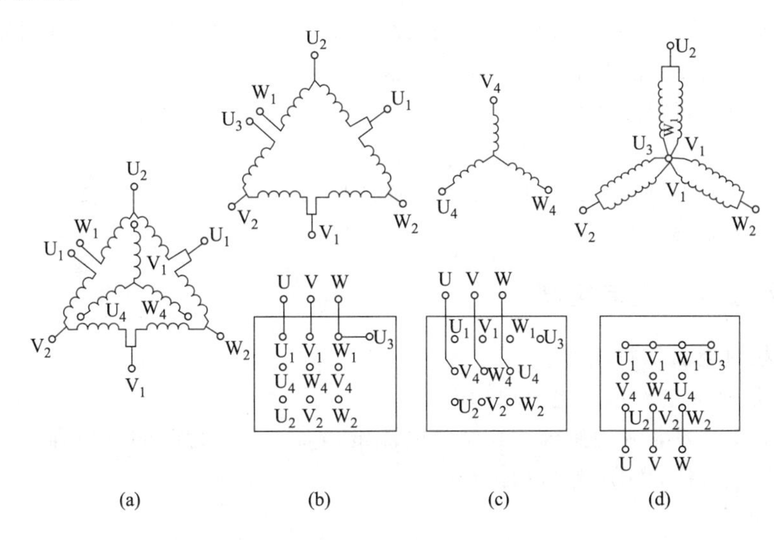

图 5-41　三速笼型异步电动机定子绕组接线图

(4) 三速电动机调速电路（二）

如图 5-42 所示为时间继电器控制三速笼型电动机调速电路。该电路的主电路与图 5-40 所示的主电路相同。

该电路共使用了三个交流接触器：KM_1 为低速运行接触器，KM_2 为中速运行接触器，KM_3 为高速运行接触器。还使用了两个时间继电器：KT_1 为中速运行的时间继电器，KT_2 为高速运行的时间继电器。KT 为中间继电器，用于在控制电路中增加触点数量，以传递控制信号。

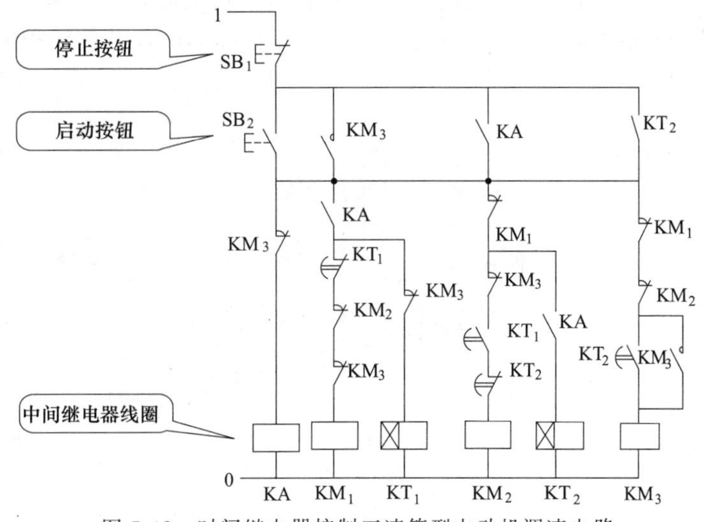

图 5-42　时间继电器控制三速笼型电动机调速电路

电路原理如下。

低速运行：按下启动按钮 SB_2，中间继电器 KA 得电吸合并自锁，使 KM_1 和 KT_1

同时得电。接触器 KM_1 得电后，其互锁触点断开，实现对接触器 KM_2、KM_3 和时间继电器 KT_2 的互锁。同时，KM_1 的主触点闭合，电动机定子线圈按△形连接，电动机启动后运转在低速状态。

中速运行：电动机在低速运行期间，当到达 KT_1 的整定时间后，KT_1 延时断开的触点断开，KM_1 失电释放，其主触点断开，电动机定子线圈暂时与电源断开。此时 KT_1 延时闭合的触点闭合，使 KM_2 得电吸合，其互锁触点动作，实现对 KM_1 和 KM_3 的互锁。主回路中 KM_2 主触点闭合，电动机定子线圈按 Y 形连接，此时电动机运转在中速状态。

高速运行：在电动机中速运行期间，当到达 KT_2 的整定时间后，KT_2 延时断开的触点断开，使 KM_2 失电释放，其互锁触点复位，解除对 KM_3 的互锁；KM_2 主触点断开，电动机定子绕组暂时与电源断开。KT_2 延时闭合的触点闭合，使 KM_3 得电吸合，其互锁触点动作，实现对 KM_1、KM_2、KA 的互锁。主回路中 KM_3 的主触点闭合，电动机定子线圈按双星形（YY）连接，此时电动机运行在高速状态。

按下 SB_1，电动机停止运行。

【提示】

调整好 KT_1、KT_2 的整定时间，是该电路保证电动机由低速运行过渡到中速运行和由中速运行过渡到高速运行的关键。

5.1.10 电动机保护控制电路

(1) 电动机过电流保护电路

如图 5-43 所示为电动机过电流保护电路。

在电路中，TA 为电流互感器，KA 为电流继电器，KT 为时间继电器，KM 为交流接触器，SB_1 为停止按钮，SB_2 为启动按钮。

电路原理如下。

在电动机启动时，由于启动电流较大，这时时间继电器的动断触点先短接电流继电器 KA，以避免电动机启动电流流过 KA 而产生误动作。电动机启动完毕后，电流下降至正常值，时间继电器 KT 经延时后动作，其动断触点断开，动合触点闭合，把电流继电器 KA 接入电流继电器线路中，以便电动机运行感应电流。

一旦三相电动机运行电流超过正常工作电流，过电流继电器 KA 达到吸合电流而吸合，其动断触点断开，KM 失电释放，使主回路断电，从而保护电动机过流时断开电源。

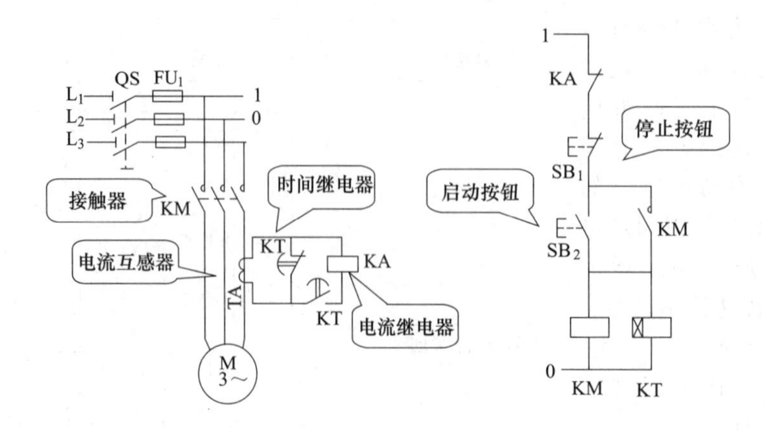

图 5-43 电动机过电流保护电路

【提示】

利用互感器及过电流继电器，实现电动机的过电流保护，克服了热继电器过电流保护的缺陷。

(2) 电动机断相保护电路

如图 5-44 所示为电动机断相保护电路。

电路原理如下。

该电路的原理比较简单，把电流继电器 KA_1、KA_2 的主触点分别串联在电动机供电回路中。当三相电源正常时，继电器 KA_1、KA_2 同时得电吸合，并闭合其主触点，电动机能够正常工作。

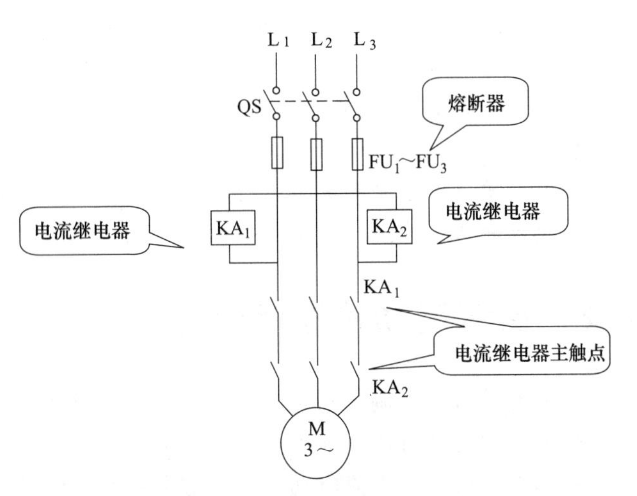

图 5-44 电动机断相保护电路

无论是电动机在启动前还是在运行过程中，也无论是供电电源的原因还是控制电路中接触器故障等原因造成的电动机供电电路断相，其断相的线路中均没有电流通过，对应的电流继电器就会失电而释放，从而断开电动机的电源。例如：L_1 相或 L_2 相突然断电，则继电器 KA_1 将失电跳闸；若 L_2 相或 L_3 相突然断电，则继电器 KA_2 将失电跳开，切断电源。故在 L_1、L_2、L_3 三相之中缺少了任一相，电动机的电源均将被切断，起到了保护电动机绕组的作用。

【提示】

电流继电器 KA_1、KA_2 的线圈额定电压为 380V。由于电动机断相故障时电流很大，因此要求电流继电器的主触点应能满足电动机的最大电流量。

(3) 电动机零序电流断相保护电路

如图 5-45 所示为电动机零序电流断相保护电路。

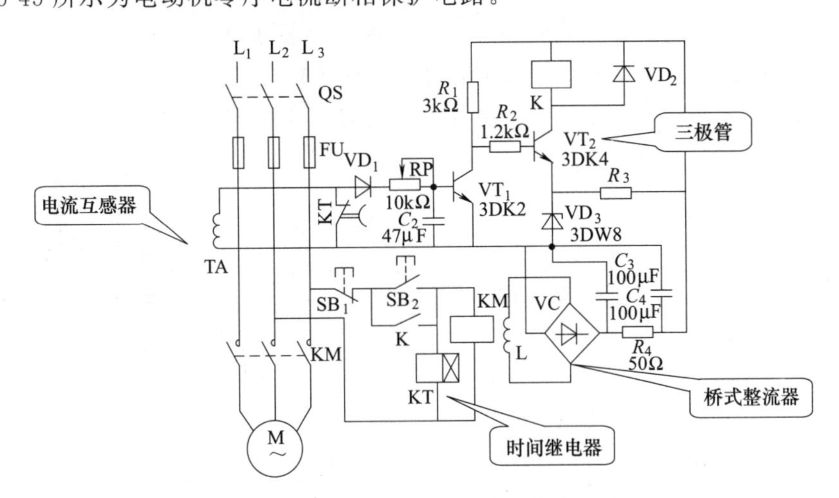

图 5-45 电动机零序电流断相保护电路

电路原理如下。

按下启动按钮 SB_1，交流接触器 KM 吸合，电动机 M 投入正常运行。此时电动机三相负载平衡，零序电流互感器 TA 次级电流等于零，VT_1 处于截止状态；VT_2 处于导通状态，继电器 K(JR-4 型）吸合，KM 自锁。

当三相电源中任意一相断电后，由于三相不平衡，TA 二次侧产生的感应电流经 VD_1 整流，使 VT_1 由截止翻转为导通，而 VT_2 由导通翻转为截止（VT_2 的电源由 KM 的线圈外加绕的 L 绕组取出 15～18V，经桥式整流器 VC 整流后供给）。K 失电触点断开，切断 KM 回路，电动机 M 失电停转，达到断相保护的目的。

【提示】

为避开启动时不平衡电流，可增加时间继电器 KT，其延时开启的动断触点将 TA 的二次侧在电动机 M 启动过程中暂时短路。对小功率自身三相平衡的电动机则无需增加 KT。

5.2 直流电动机控制电路

直流电动机具有调速精度高、能够实现无级平滑调速及可频繁启动等优点，应用非常广泛。例如金属切削机床、轧钢机、造纸机、龙门刨床、电气机车，有的家用电器、电子仪器设备中的电动机等。直流电动机的励磁方式有：他励、并励、串励、复励四种，本节主要介绍并励、串励直流电动机的启动、正反转、制动控制电路。

5.2.1 直流电动机启动控制电路

为了减小启动电流及防止启动时对机械负载冲击过大，直流电动机通常采用降压启动方式，其降压的方法有两种：一是电枢回路串联启动电阻启动，二是降低电源电压启动。

(1) 直流电动机手动启动控制电路

① 他励直流电动机启动控制电路　他励直流电动机三端启动器控制电路如图 5-46 所示。

电路原理如下。

合上 QS 后，将手柄从“0”位置扳到“1”位置，他励直流电动机开始串入全部电阻启动，此时因串入电阻最多，故能够将启动电流限制在比额定工作电流略大一些的数值上。随着转速的上升，电枢电路中反电动势逐渐加大，这时再将手柄依次扳到“2”“3”“4”和“5”位置上，启动电阻被逐段短接，电动机的转速不断提高。

② 并励直流电动机手动控制电路　并励直流电动机手动控制电路如图 5-47 所示。

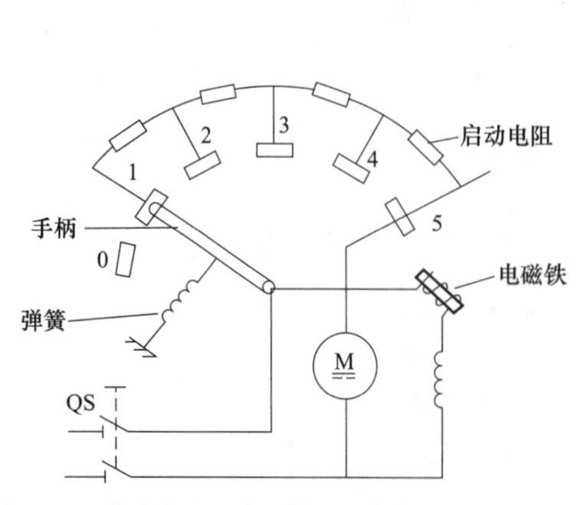

图 5-46　他励直流电动机使用三端启动器工作原理图

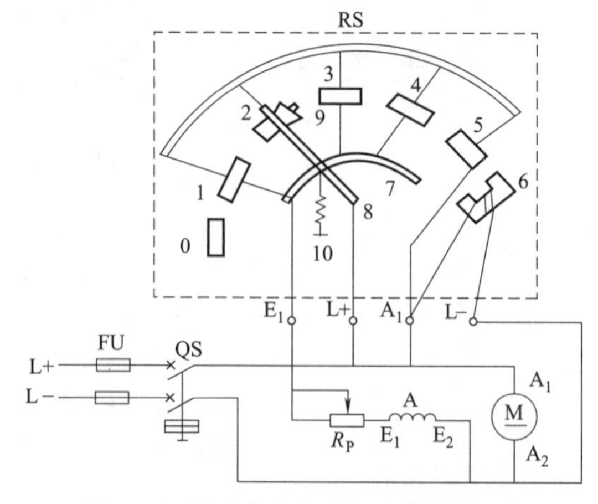

图 5-47　并励直流电动机手动控制电路

电路原理如下。

启动变阻器有四个接线端 E_1、L+、A_1 和 L−，分别与电源、电枢绕组和励磁绕组相连。手轮 8 附有衔铁 9 和恢复弹簧 10，弧形铜条 7 的一端直接与励磁电路接通，同时经过全部启动电阻与电枢绕组接通。在启动之前，启动变阻器的手轮置于 0 位，然后合上电源开关 QS，慢慢转动手轮 8，使手轮从 0 位转到静接头 1，接通励磁绕组电路，同时将变阻器 RS 的全部启动电阻接入电枢电路，电动机开始启动旋转。随着转速的升高，手轮依次转到静接头 2、3、4 等位置，使启动电阻全部切除，当手轮转到最后一个静接头 5 时，电磁铁 6 吸住手轮衔铁 9，此时启动电阻全部切除，直流电动机启动完毕，进入正常运转。

当电动机停止工作切断电源时，电磁铁 6 由于线圈断电吸力消失，在恢复弹簧 10 的作用下，手轮自动返回 0 位，以备下次启动。电磁铁 6 还具有失压和欠压保护作用。

由于并励电动机的励磁绕组具有很大的电感，所以当手轮回到 0 位时，励磁绕组会因突然断电而产生很大的自感电动势，可能会击穿绕组的绝缘，在手轮和铜条间还会产生火花，将动触点烧坏。因此，为了防止发生这些现象，应将弧形铜条 7 与静接头 1 相连，在手轮回到 0 位时励磁绕组、电枢绕组和启动电阻能组成一闭合回路，作为励磁绕组断电时的放电回路。

启动时，为了获得较大的启动转矩，应使励磁电路中的外接电阻 R_P 短接，此时励磁电流最大，可产生较大的启动转矩。

③ 串励直流电动机手动启动控制电路　串励直流电动机手动启动控制电路如图 5-48 所示。

串励直流电动机手动启动控制电路的电路原理比较简单，请读者自行分析。

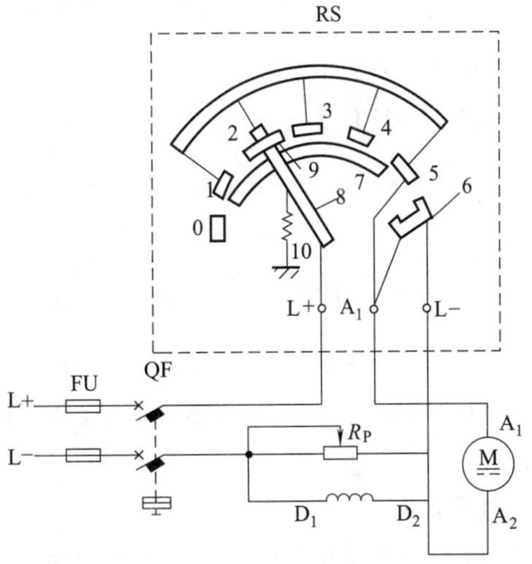

图 5-48　串励直流电动机手动启动控制电路

(2) 直流电动机自动启动控制电路

① 他励直流电动机启动控制电路　利用接触器构成的他励直流电动机启动控制电路如图 5-49 所示。

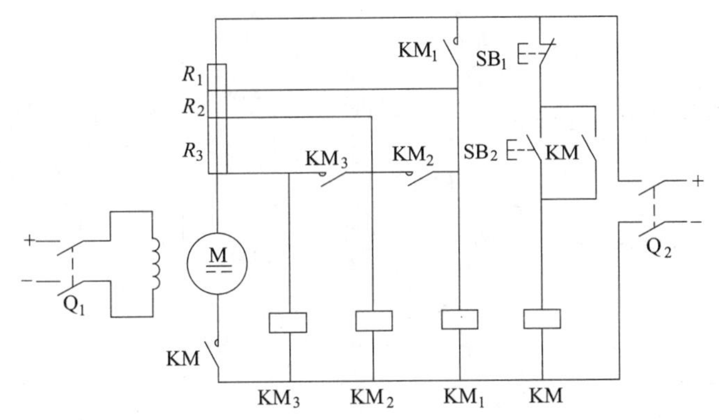

图 5-49　利用接触器构成的他励直流电动机启动控制电路

电路原理如下：

$Q_1+\rightarrow SB_2\pm\rightarrow KM_{自}+\rightarrow M+$(串 R_1、R_2、R_3 启动)$\xrightarrow{n_2\uparrow、U_{KM_1}\uparrow}KM_1+\rightarrow$

$R_1- \xrightarrow{n_2\uparrow\uparrow、U_{KM_2}\uparrow} KM_2+ \to R_2- \xrightarrow{n_2\uparrow\uparrow\uparrow、U_{KM_3}\uparrow} KM_3+ \to R_3- \to M+$（全压运行）

如图5-50所示为利用接触器和时间继电器配合他励直流电动机电枢串电阻降压启动控制电路。

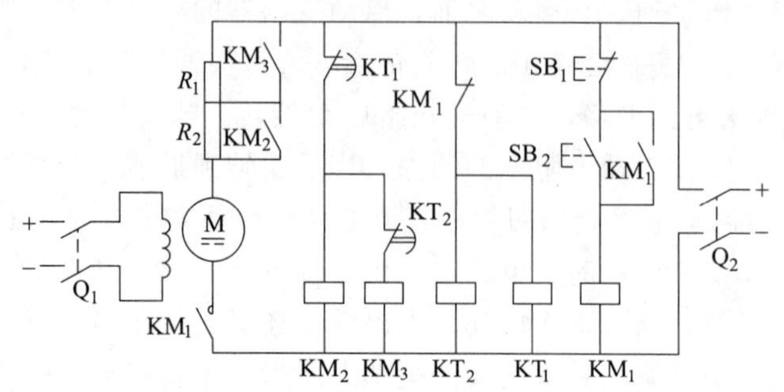

图5-50　用接触器和时间继电器配合他励直流电动机启动控制电路

电路原理如下：

$Q_2+ \to KT_1+ \to KM_2-$，$KM_3 \to SB_2\pm \to KM_{1自}+ \to$ ①

$\quad \to KT_2+ \to KT_3-$

① $\to M+$（串 R_1、R_2 启动）

$\to KT_1- \xrightarrow{\Delta t_1} KM_2+ \to R_2$（先切除 R_2）$\to M+$（串 R_1 启动）

$\to KT_2- \xrightarrow{\Delta t_2} KM_3+ \to R_1-$（后切除 R_1）$\to M+$（全压运行）

其中，$\Delta t_1<\Delta t_2$，即 KT_1 整定时间短，其触点先动作；KT_2 整定时间长，其触点后动作。

【提示】

图5-50所示控制电路和图5-49所示控制电路比较，前者不受电网电压波动的影响，工作可靠性较高，而且适用于较大功率直流电动机的控制；后者线路简单，所使用元器件的数量少。

② 并励直流电动机启动控制电路　并励直流电动机启动控制电路如图5-51所示。

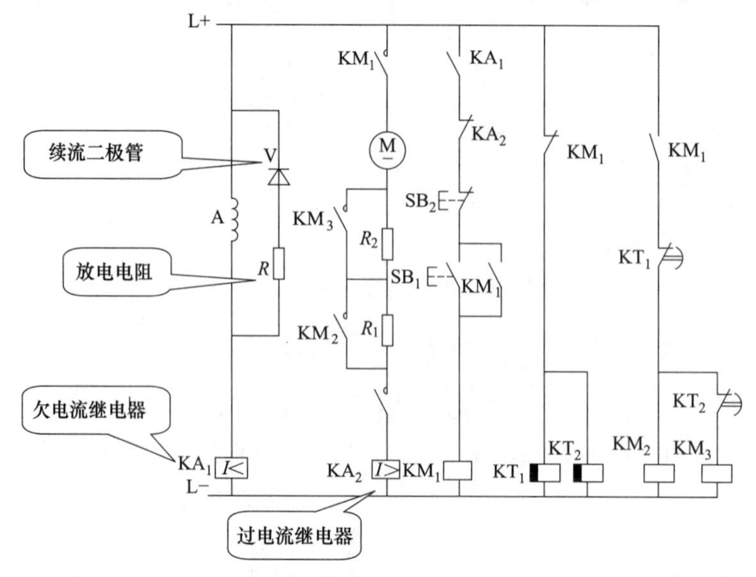

图5-51　并励直流电动机启动控制电路

电路原理如下。

接通电源，励磁绕组 A 得电，同时断电延时时间继电器 KT_1、KT_2 线圈得电并带动其动断触点瞬时断开接触器 KM_2、KM_3 的线圈回路，确保电阻 R_1、R_2 全部串入电枢回路，为电动机启动做好准备。

启动时：

SB_1 +→KM_1 +→串联 R_1、R_2 启动

KT_1、KT_2 延时：KT_1 延时闭合动断触点闭合$\xrightarrow{\Delta t}$$KM_2$ +→短接电阻 R_1 →M+（串接 R_2 继续启动）

KT_2 延时闭合动断触点闭合$\xrightarrow{\Delta t}$$KM_3$ +→短接电阻 R_2 →M+（启动结束，全压运转）

停止时，按下 SB_2 即可。

【提示】

为避免过电压损坏直流电动机，在励磁电路中接有放电电阻 R，其阻值一般为励磁绕组阻值的 5～8 倍。

③ 并励直流电动机启动控制电路　并励直流电动机启动控制电路如图 5-52 所示。

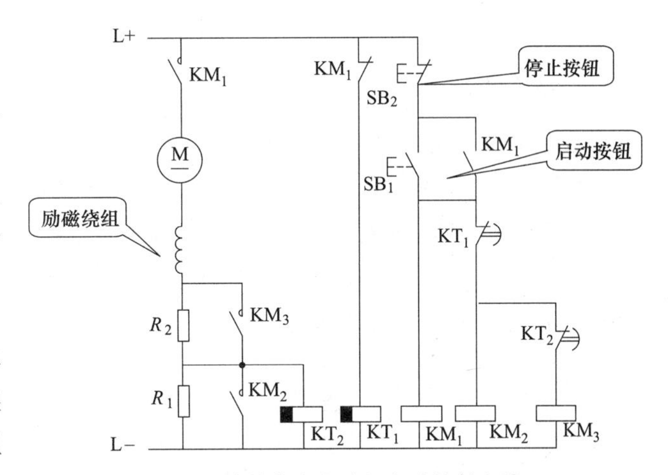

图 5-52　并励直流电动机启动控制电路

电路原理如下。

接通电源，时间继电器 KT_1 得电动作，断开 KM_2、KM_3 线圈，保证电动机启动时全部串入二级电阻 R_1、R_2。

启动时：

SB_1 +→KM_1 +→M 串联 R_1、R_2 启动

KT_1 −延时$\xrightarrow{\Delta t}$$KM_2$ +→短接电阻 R_1 和 KT_2

KT_2 −延时$\xrightarrow{\Delta t}$$KM_3$ +→短接电阻 R_2 →M+（启动结束，全压运转）

停止时，按下 SB_2 即可。

5.2.2　直流电动机正反转控制电路

由于工艺需要，有的生产设备常常要求直流电动机既能正转又能反转。让直流电动机反转有两种方法：一是电枢反接法，即改变电枢电流方向，保持励磁电流方向不变；二是励磁绕组反接法，即改变励磁电流方向，保持电枢电流方向不变。

(1) 并励直流电动机正反转控制

并励直流电动机正反转控制电路如图 5-53 所示。在实际应用中，并励直流电动机的反转常采用电枢反接法来实现。这是因为并励电动机励磁绕组的匝数多，电感大，当从电源上断开励磁绕组时，会产生较大的自感电动势，不但在开关的刀刃上或接触器的主触点上产生电弧烧坏触点，而且也容易把励磁绕组的绝缘击穿。同时励磁绕组在断开时，由于失磁会形

成很大的电枢电流，易引起“飞车”事故。

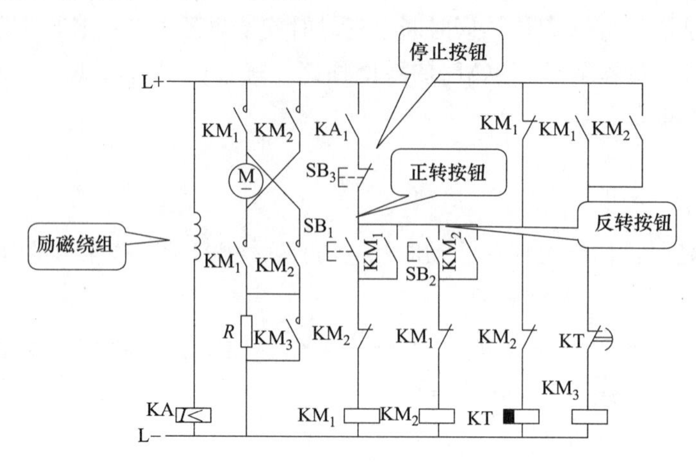

图 5-53 并励直流电动机正反转控制电路

电路原理如下。

接通电源→励磁绕组得电→KA＋→KT＋$\xrightarrow{\Delta t}$$KM_3$－→保证电动机串接 R 启动

SB_1＋（或 SB_2＋）→KM_1＋(或 KM_2＋)→为 KM_3＋做好准备

$KM_{1自}$＋（或 $KM_{2自}$＋)→M＋（串电阻 R 正转或反转启动）

KM_1－（或 KM_2－)→KT－$\xrightarrow{\Delta t}$$KM_1$（或 KM_2）对 KM_2（或 KM_1）联锁$\xrightarrow{\Delta t}$$KM_3$＋→短接电阻 R→M＋（启动结束，全压运转）

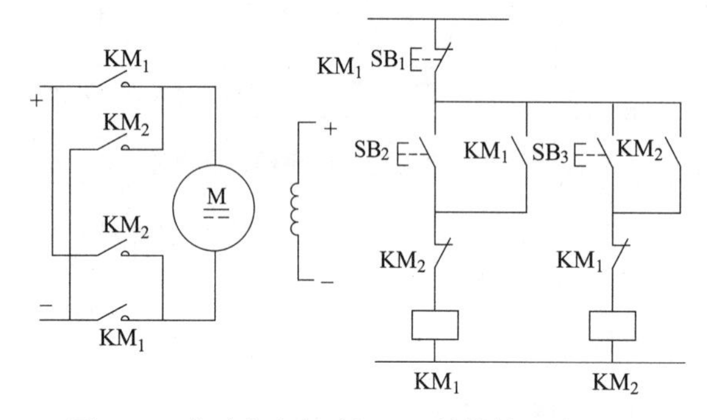

图 5-54 他励直流电动机正反转控制电路（一）

停止时，按下 SB_3 即可。

【提示】

值得注意的是，电动机从一种转向变成另一种转向时，必须先按下停止按钮 SB_3，使电动机停转后，再按相应的启动按钮。

(2) 他励直流电动机正反转控制电路

改变电枢电流方向控制他励直流电动机正反转控制电路如图 5-54 所示。

电路原理如下。

正转：SB_2±→$KM_{1自}$＋→M＋(正转)；→KM_2－(互锁)

停车：SB_1±→KM_1－→M－（停车）

反转：SB_3±→$KM_{2自}$＋→M＋(反转)；→KM_1－(互锁)

利用行程开关控制的他励直流电动机改变电枢电流正反转启动控制电路如图 5-55 所示。

电路原理如下。

接通电源后，按下启动按钮前，欠电流继电器 KA_2 得电动作，断电型时间继电器 KT_1 线圈得电，接触器 KM_3、KM_4 线圈断电。

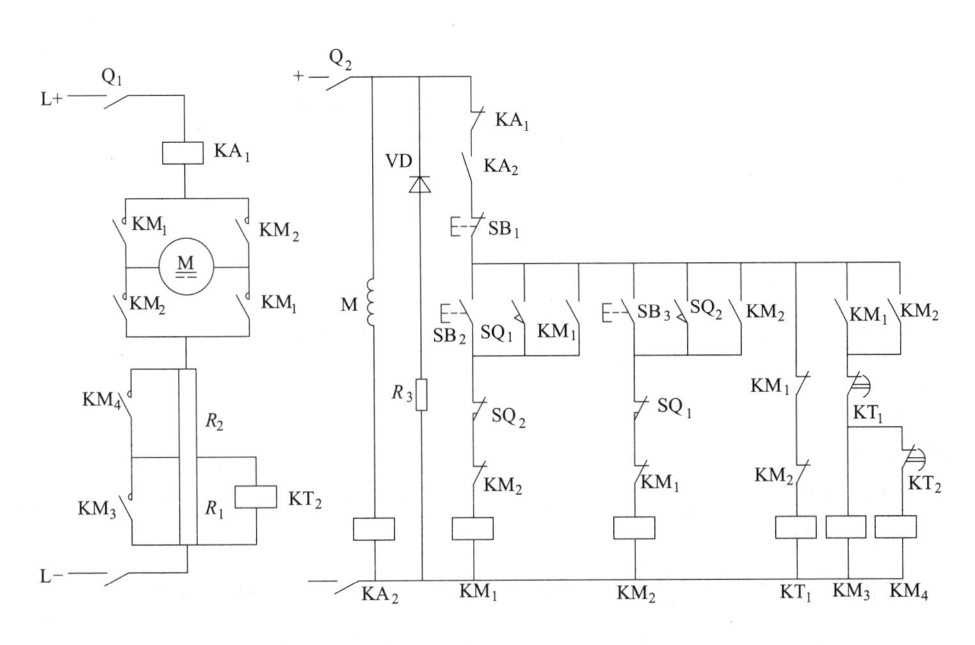

图 5-55　他励直流电动机正反转控制电路（二）

按下正转启动按钮 SB_2，接触器 KM_1 线圈得电，时间继电器 KT_1 开始延时。电枢电路直流电动机电枢电路串入 R_1、R_2 电阻启动。

随着转速不断提高，经过 KT_1 设置的时间后，接触器 KM_3 线圈得电。电枢电路中的 KM_3 动合主触点闭合，短接掉电阻 R_1 和时间继电器 KT_2 线圈。R_1 被短接，直流电动机转速进一步提高，继续进行降压启动过程。时间继电器 KT_2 被短接，相当于该线圈断电。KT_2 开始进行延时，经过 KT_2 设置的时间后，其触点闭合，使接触器 KM_4 线圈得电。电枢电路中 KM_4 的动合主触点闭合，电枢电路串联启动电阻 R_2 被短接。正转启动过程结束，电动机电枢全压运行。

(3) 串励直流电动机正反转控制电路

串励直流电动机正反转控制电路如图 5-56 所示。

本电路的原理与三相交流异步电动机正反转控制电路的原理基本相同，区别在于正反转启动时，都需要在电枢回路中串联启动电阻，其电路原理请读者自己分析。

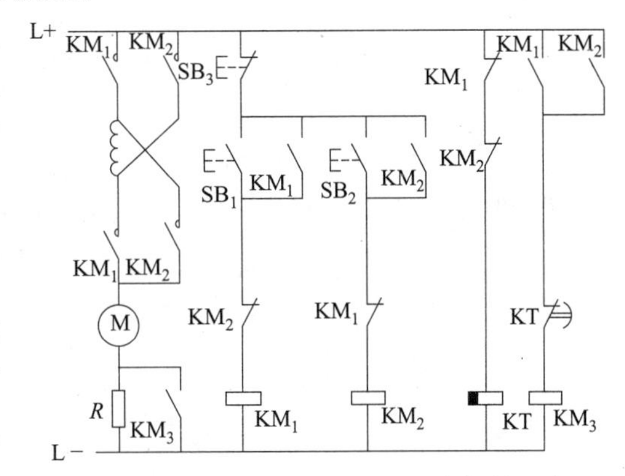

图 5-56　串励直流电动机正反转控制电路

5.2.3　直流电动机制动控制电路

直流电动机的制动与三相异步电动机的制动相似，其制动方法也有机械制动和电力制动两大类。由于电力制动具有制动力矩大、操作方便、无噪声等优点，所以，在直流电力拖动中应用较广。

(1) 并励直流电动机单向启动能耗制动控制

并励直流电动机单向启动能耗制动控制电路如图 5-57 所示。

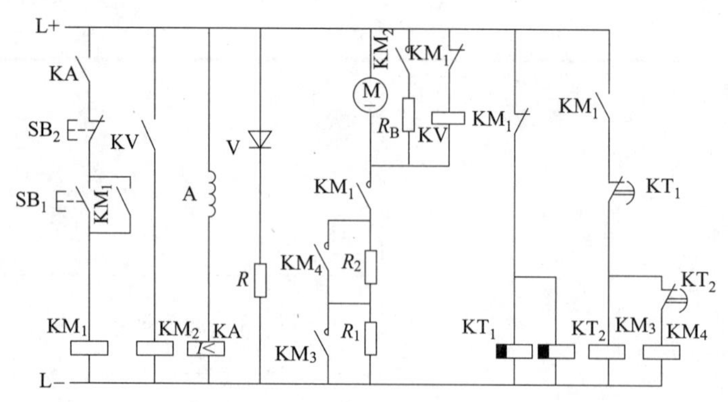

图 5-57 并励直流电动机单向启动能耗制动控制电路

电路原理如下。

该电路中电动机启动原理可参照并励直流电动机串电阻二级启动电路的工作原理自己分析。能耗制动停转的原理如下。

$SB_2-\rightarrow KM_1-\rightarrow KM_3-$、$KM_4-\rightarrow$电枢断电$\rightarrow KM_1$ 解除自锁$\rightarrow KT_1+$、$KT_2+\xrightarrow{\Delta t} KV+\rightarrow KM_2+\rightarrow R_B$ 接入电枢回路进行能耗制动$\xrightarrow{\Delta t} KV-\rightarrow KM_2-\rightarrow$能耗制动完成

(2) 他励式直流电动机能耗制动控制电路

他励式直流电动机单向启动能耗制动控制电路如图 5-58 所示。

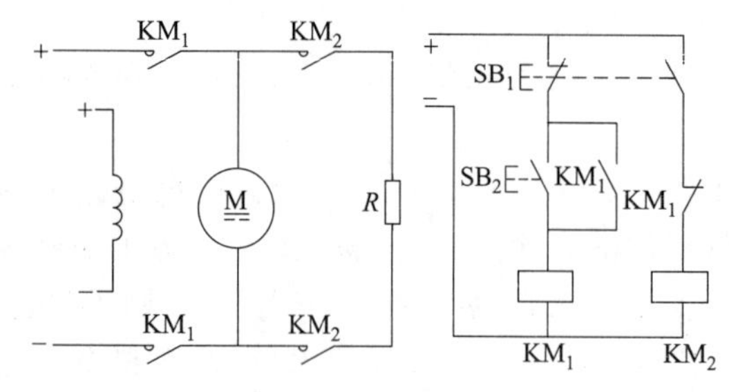

图 5-58 他励式直流电动机能耗制动控制电路

电路原理如下。

制动按钮 SB_1 按下时，接触器 KM_2 线圈得电，电枢电路中的电阻 R 串入，直流电动机进入能耗制动状态，随着制动的进行，电动机减速直到最后完全停转。

【提示】

这种制动方法不仅需要专用直流电源，而且励磁电路消耗的功率较大，所以经济性较差。

(3) 并励直流电动机反接制动电路

并励直流电动机反接制动电路如图 5-59 所示。

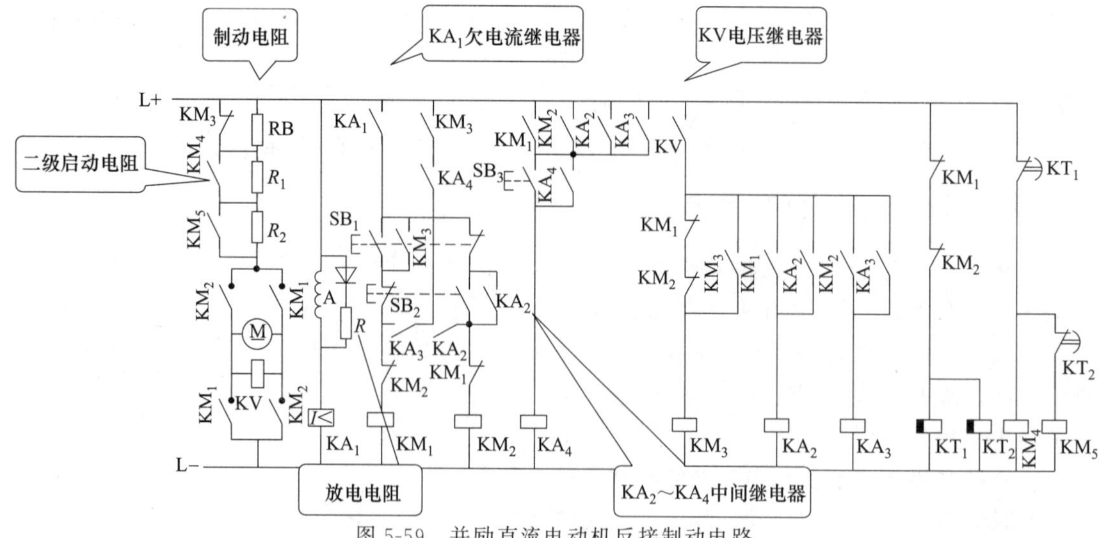

图 5-59 并励直流电动机反接制动电路

电路原理如下。

反接制动准备过程：在电动机刚启动时，由于电枢中的反电动势为零，电压继电器 KV 不动作，接触器 KM_3 和中间继电器 KA_2、KA_3 均处于失电状态；随着电动机转速的升高，反电动势建立后，电压继电器 KV 得电动作，其动合触点闭合，KM_3 得电，KM_3 动合触点均闭合，为反接制动做好准备。

反接制动过程为：

$SB_3-\rightarrow KA_4+\rightarrow KM_1-\rightarrow M-$（停止正转）

KM_1 联锁触点闭合$\rightarrow KM_2+$

KM_1 动合触点复位$\rightarrow KM_3+$、KT_1+、$KT_2+\rightarrow M$ 串入 $RB-\rightarrow$ 反接制动开始$\rightarrow KV-\rightarrow KM_3-\rightarrow$ 反接制动完成

【提示】

并励直流电动机的反接制动是把正在运行的电动机的电枢绕组突然反接来实现的，因此，在突然反接的瞬间会在电枢绕组中产生很大的反向电流，易使换向器和电刷产生强烈火花而损伤。故必须在电枢回路中串入附加电阻以限制电枢电流，附加电阻的大小可取近似等于电枢的电阻值。

当电动机转速等于零时，应及时准确可靠地断开电枢回路的电源，以防止电动机反转。

直流电动机励磁保护的方法是：在励磁电路中串联欠电流继电器，当励磁电流合适时，欠电流继电器吸合，其动合触点闭合，控制电路能够正常工作。当励磁电流减小或为零时，欠电流继电器因电流过低而释放，其动合触点恢复断开状态，切断控制电路，使电动机脱离电源，起到励磁保护的作用。

(4) 他励直流电动机反接制动电路

他励直流电动机单向反接制动电路如图5-60所示。

电路原理如下。

按下启动按钮 SB_2，接触器 KM_1 线圈得电，其自锁和互锁触点动作，分别对 KM_1 线圈实现自锁、对接触器 KM_2 线圈实现互锁；电枢电路中的 KM_1 主触点闭合，电动机电枢接入电源，电动机运转。

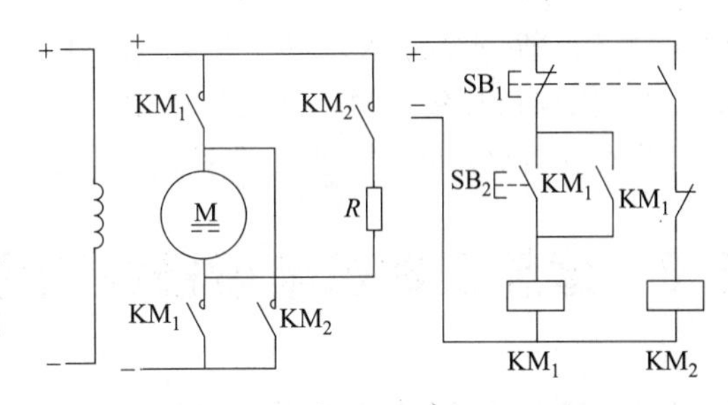

图 5-60 他励直流电动机反接制动电路

按下制动按钮 SB_1，其动断触点先断开，使接触器 KM_1 线圈断电，解除 KM_1 的自锁和互锁，主回路中的 KM_1 主触点断开，电动机电枢惯性旋转；SB_1 的动合触点后闭合，接触器 KM_2 线圈得电，电枢电路中的 KM_2 主触点闭合，电枢接入反方向电源，串入电阻进行反接制动。

(5) 串励直流电动机反接制动电路

串励直流电动机反接制动电路如图 5-61 所示。

电路原理如下。

准备启动时，主令控制器 AC 手柄置于“0”位置。接通电源，电压继电器 KV 得电，KV 动合触点闭合自锁。

电动机正转时，主令控制器 AC 手柄置于“前 1”位置。

需要电动机反转时，将主令控制器 AC 手柄由正转位置（前 1）向后扳向反转位置

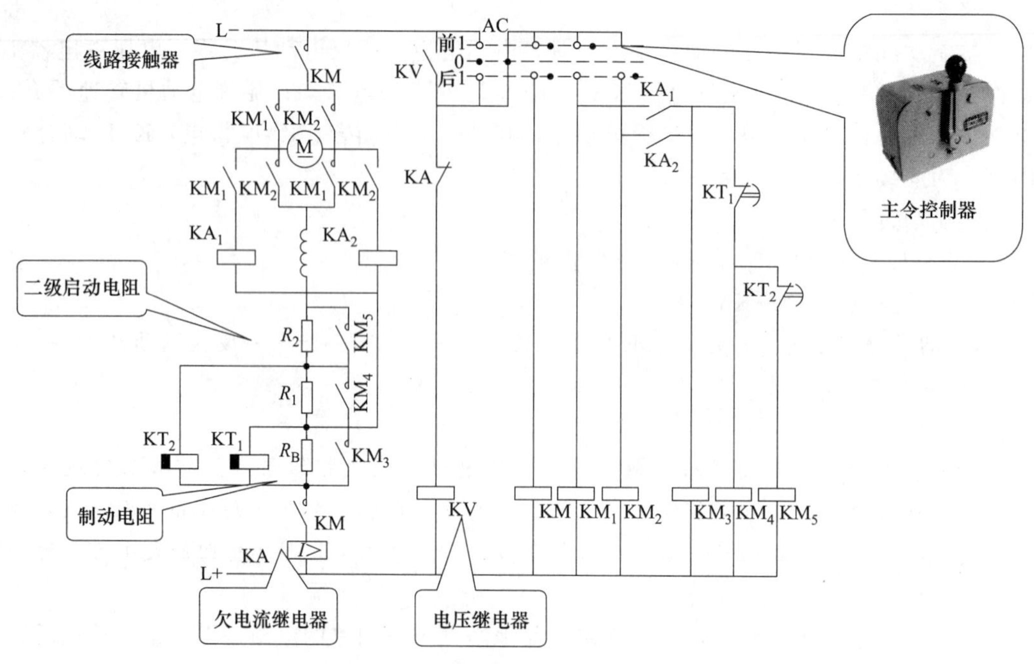

图 5-61　串励直流电动机反接制动电路

（后 1）。其工作过程如下。

KM_1－、KA_1－→M 在惯性作用下仍沿正转方向转动→电枢电源使 KM＋、KM_2＋→M＋（反接制动状态）→KA_2 动合触点分断→KM_3－、KM_4－、KM_5－→KM_3、KM_4、KM_5 动合触点分断→R_B、R_1、R_2 接入电枢电路→KA_2＋→KM_3＋、KM_4＋、KM_5＋→R_B、R_1、R_2 依次被短接→M＋（反转启动运行）

需要电动机停转时，把主令控制器 AC 手柄置于“0”位置。

5.3　建筑工地机电设备控制电路

5.3.1　电动葫芦电气控制电路

电动葫芦是将电动机、减速器、卷筒、制动装置和运行小车等紧凑地合为一体的起重设备，由两台电动机分别拖动提升和移动机构，具有重量较轻、结构简单、成本低廉和使用方便的特点，主要用于建筑材料运输与设备安装工作。电动葫芦电气控制电路如图 5-62 所示。

电路原理如下。

主电路共有 2 台电动机；M_1 为吊钩升降电动机，M_2 为吊钩前后移动电动机。主电路由三相电源通过开关 QS、熔断器 FU_1 后分成两条支路。第一条支路通过接触器 KM_1 和 KM_2 的主触点到吊钩升降电动机 M_1，再从其中的电源分出 380V 电压控制电磁抱闸，完成吊钩悬挂重物时的升、降、制动等动作。第二条支路通过接触器 KM_3 和 KM_4 的主触点到吊钩前后移动电动机 M_2，完成行车在水平面内沿导轨的前后移动。M_2 由接触器 KM_3 控制正转（向前移动），KM_4 控制反转（向后移动）。

(1) 升降机构动作

上升过程：按下上升按钮 SB_1→接触器 KM_1 线圈得电→KM_1 主触点闭合→接通电动

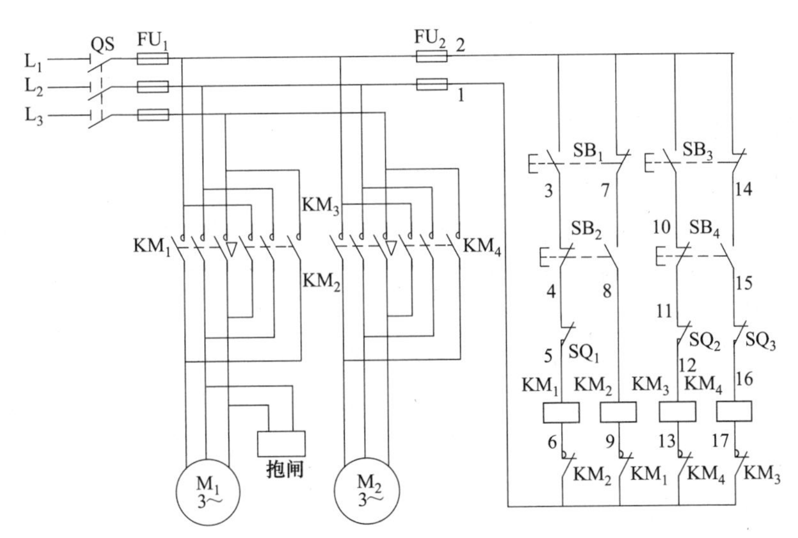

图 5-62 电动葫芦电气控制电路

机 M_1 和电磁抱闸电源→电磁抱闸松开闸瓦→M_1 通电正转提升重物。同时，SB_1 动断触点（2-7）分断，KM_1 的动断辅助触点（9-1）分断，将控制吊钩下降的 KM_2 控制电路联锁。

制动过程：当重物提升到指定高度时，松开 SB_1→KM_1 断电释放→主电路断开 M_1 且电磁抱闸断电→闸瓦合拢对电动机 M_1 制动使其迅速停止。

下降过程：按下按钮 SB_2→接通接触器 KM_2→KM_2 得电主触点闭合→电磁抱闸松开闸瓦且电动机 M_1 反转→吊钩下降。

制动过程：当下降到要求高度时，松开 SB_2→KM_2 断电释放→主电路断开 M_1 且电磁抱闸因断电而对电动机制动→下降动作迅速停止。

（2）移动机构动作

前进过程：按下前进按钮 SB_3→接触器 KM_3 线圈得电动作→KM_3 主触点闭合→电动机 M_2 通电正转→电动葫芦前进。

前进停止过程：松开 SB_3→KM_3 断电释放→电动机 M_2 断电→移动机构停止运行。

后退过程：按下 SB_4→接触器 KM_4 得电动作→接通电动机 M_2 反转电路→M_2 反转→电动葫芦后退。

后退停止过程：松开 SB_4→接触器 KM_4 断电→M_2 停止转动→电动葫芦停止后退。

（3）安全保护机构动作过程

在 KM_3 线圈供电线路上串接了 SB_4 和 KM_4 的动断触点，在 KM_4 线圈供电线路上，串接了 SB_3 和 KM_3 的动断触点，它们对电动葫芦的前进、后退构成了复合联锁。行程开关 SQ_2、SQ_3 分别安装在前、后行程终点位置，一旦移动机构运动到该点，其撞块碰触行程开关滚轮，使串入控制电路中的动断触点断开，分断控制电路，电动机 M_2 停止转动，避免电动葫芦超越行程造成事故。

【提示】

控制电路由两相电源引出，组成 4 条并联支路，其中以 KM_1、KM_2 线圈为主体的左边两条支路控制吊钩升降环节；以 KM_3、KM_4 线圈为主体的右边两条支路控制行车的前后移动环节。这两个环节分别控制两台电动机的正、反转，并用 4 个复合按钮进行点动控制。这样，当操作人员离开现场时，电动葫芦不能工作，以避免发生事故。控制电路中还装设了3个行程开关，限制电动葫芦上升、前进、后退的3个极端位置。

5.3.2 混凝土搅拌机电气控制电路

混凝土搅拌机工作分为几道工序：搅拌机滚筒正转搅拌混凝土，反转使搅拌好的混凝土出料；料斗电动机正转，牵引料斗起仰上升，将骨料和水泥倾入搅拌机滚筒，反转使料斗下降放平（以接受再一次的下料）；在混凝土搅拌过程中，还需要由操作人员按动按钮，以控制给水电磁阀的启动，使水流入搅拌机的滚筒中，加足水后，松开按钮，电磁阀断电，切断水源。

JZ350型混凝土搅拌机电路如图5-63所示，控制电源采用380V电压。图中，M_1 为搅拌电动机，M_2 为进料升降机，M_3 为供水泵电动机。当电动机正转时，进行搅拌操作；反转时，进行出料操作。

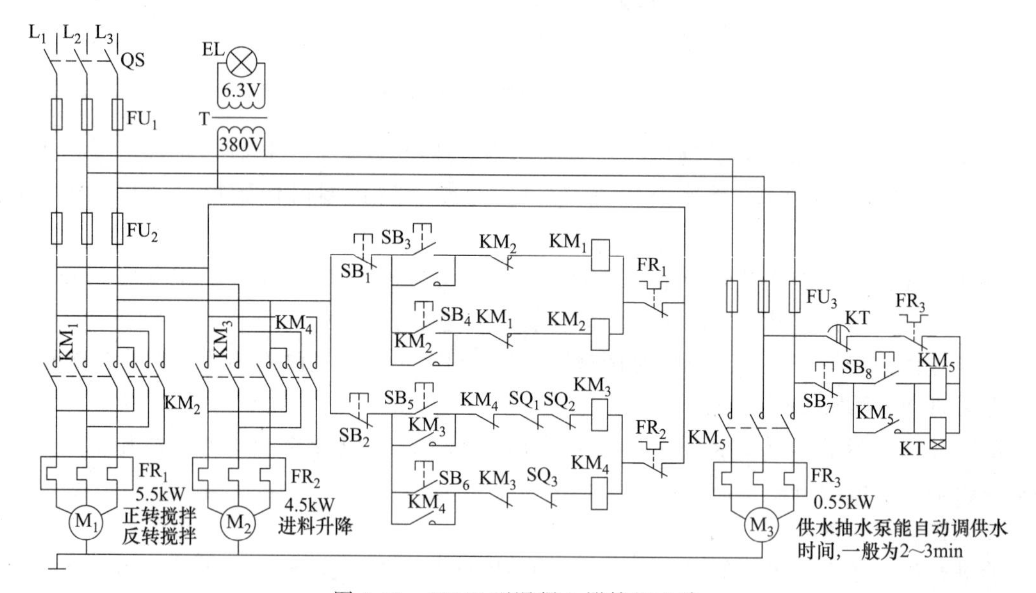

图5-63 JZ350型混凝土搅拌机电路

电路原理如下。

(1) 进料升降控制

把原料水泥、砂子和石子按比例配好后，倒入送斗内，按下上升按钮 SB_5，KM_3 得电吸合并自锁，其主触点接通 M_2 电源，M_2 正转，料斗上升。当料斗上升到一定的高度后，料斗挡铁碰撞上升限位开关 SQ_1 和 SQ_2，使接触器 KM_3 断电释放，料斗倾斜把料倒入搅拌机内。然后按下下降按钮 SB_6，KM_4 得电吸合并自锁，其主触点逆序接通 M_2 电源，使 M_2 反转，卷扬系统带动料斗下降。待下降到料斗口与地面齐平时，挡铁又碰撞下降限位开关 SQ_3，使接触器 KM_4 断电释放，料斗停止下降，为下次上料做好准备。

(2) 供水控制

待上料完毕后，料斗停止下降，按下水泵启动按钮 SB_8，使接触器 KM_5 得电吸合并自锁，其主触点接通水泵电动机 M_3 的电源，M_3 启动，向搅拌机内供水，同时时间继电器KT也得电吸合，待供水时间到（按水与原料的比例，调整时间继电器的延迟时间，一般为2～3min），时间继电器的延时断开的动断触点断开，使接触器 KM_5 断电释放，水泵电动机停止。也可根据供水的情况，手动按下停止按钮 SB_7，停止供水。

（3）搅拌和出料控制电路

待停止供水后，按下搅拌启动按钮 SB_3，搅拌控制接触器 KM_1 得电吸合自锁，正相序接通搅拌电动机 M_1 的电源，搅拌机开始搅拌，待搅拌均匀后，按下停止按钮 SB_1，搅拌机停止。这时如需出料可把送料的车斗放在锥形出料口处，按下出料按钮 SB_4，KM_2 得电吸合并自锁，其主触点反相序接通 M_1 电源，M_1 反转把搅拌好的混凝土泥浆自动搅拌出来。待出料完或运料车装满后，按下停止按钮 SB_1，KM_2 断电释放，M_1 停止转动和出料。

（4）保护环节

电源开关 QS 装在搅拌机旁边的配电箱内，它一方面用于控制总电源供给，另一方面用于出现机械性电气故障时紧急停电用。

三台电动机设有热继电器（FR_1、FR_2、FR_3），用于短路保护和过载保护。三台电动机还设置有接地保护措施。

料斗设有升降限位保护。

为防止电源短路，正反转接触器 KM_1、KM_2 间设有互锁保护。

电源指示灯 EL，用于指示电源电路通断状态。

【提示】

部分厂家生产的混凝土搅拌机，还在料斗电动机 M_2 的电路上并联一个电磁铁线圈（称为制动电磁铁），当给电动机 M_2 通电时，电磁铁线圈也得电，立即使制动器松开电动机 M_2 的轴，使电动机能够旋转；当 M_2 断电时，电磁铁圈也断电，在弹簧力的作用下，使制动器刹住电动机 M_2 的轴，则电动机停止转动。

5.3.3 塔式起重机控制电路

塔式起重机简称塔机，具有回转半径大、提升高度高、操作简单、装卸容易等优点，是目前建筑工地普遍应用的一种有轨道的起重机械。塔机外形示意图如图 5-64 所示，由金属结构部分、机械传动部分，电气系统和安全保护装置组成，其中电气系统由电动机、控制系统、照明系统组成，通过操作控制开关完成重物升降、塔臂回转和小车行走操作。

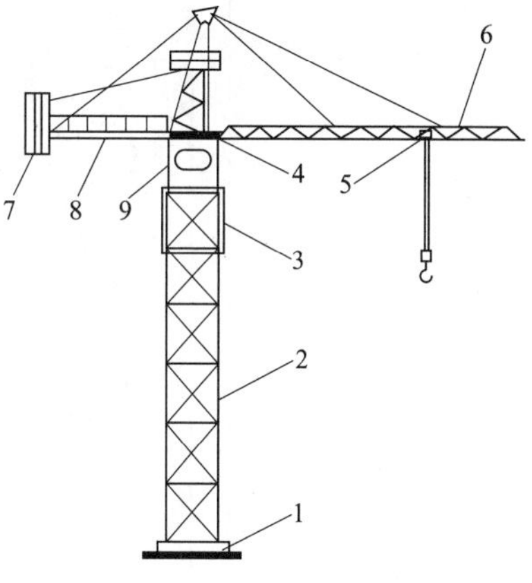

塔机又分为轨道行走式、固定式、内爬式、附着式、平臂式、动臂式等，目前建筑施工和安装工程中使用较多的是上回转自升固定平臂式。塔式起重机的种类较多，典型的塔式起重机电路如图 5-65 所示。

图 5-64 塔式起重机外形示意图
1—机座；2—塔身；3—顶升机构；
4—回转机构；5—行走小车；6—塔臂；
7—驾驶室；8—平衡臂；9—配重

电路原理如下。

塔式起重机共使用了 5 台绕线式电动机，它们是：提升电动机 M_1，行走电动机 M_2、M_3，回转电动机 M_4，变幅电动机 M_5。图中所示笼式电动机 M 是电力液压推杆制动器上的电动机，接在提升电动机 M_1 电路中，在提升电动机 M_1 制动时使用。

5 台绕线式电动机中，提升电动机 M_1 为转子串联启动电阻器启动，其余 4 台电动机均为转子串频敏变阻器启动。电动机的工作状态由主令控制器 QM_1、QM_2、QM_4、QM_5 控制接触器来完成转换。主令控制器是一种组合开关。

主电路最上部是单相电器回路，有司机室照明灯 EL_1、开关 S_3，单相插座 XS_1、XS_2，

开关 S_4、QC_1，电铃 DL、按钮 SB_3，探照灯 EL_2，开关 QC_2。单相电器回路里用熔断器 FU_2 作短路保护。图中 N 线用接地符号表示。

单相电器下面是塔机电源监视回路，有电压表 V，电压表转换开关，电流表 A，电流互感器 TA，电源指示灯 HL_1～HL_3，开关 S_1、S_2。回路里有熔断器 FU_3 作短路保护。

单相电器回路右侧是信号灯回路，信号灯电压 6V，由控制变压器 T 提供。HL_4～HL_9 是变幅幅度指示信号灯。其中：HL_5～HL_8 由变幅开关 TSA 控制；HL_4 由位置开关 SL_{51} 控制，是最高幅度限位信号灯；HL_9 由位置开关 SL_{52} 控制，是最低幅度限位信号灯。HL_{10} 是提升指示灯，在提升电动机不转时亮，由接触器 K_{11}、K_{22} 动断触点控制。

从上向下的 4 台绕线式电动机为变幅、行走、回转电动机，其中 2 台行走电动机要同时动作，因此用一对接触器控制。每台电动机回路中都有 3 个接触器，其中编号 K×1、K×2 的是正反转控制接触器，编号 K×3 的是频敏变阻器控制接触器，启动完成后接触器 K×3 通电闭合，将频敏变阻器短路。除 M_5 外其余每台电动机回路中都有 2 个过流继电器 KA× 作过流保护。回转电动机和变幅电动机上装有制动抱闸 YB_4 和 YB_5。其中：YB_5 在变幅电动机 M_5 停转后抱死；YB_4 在回转电动机 M_4 停转后，用接触器 K_{44} 控制通电抱死。

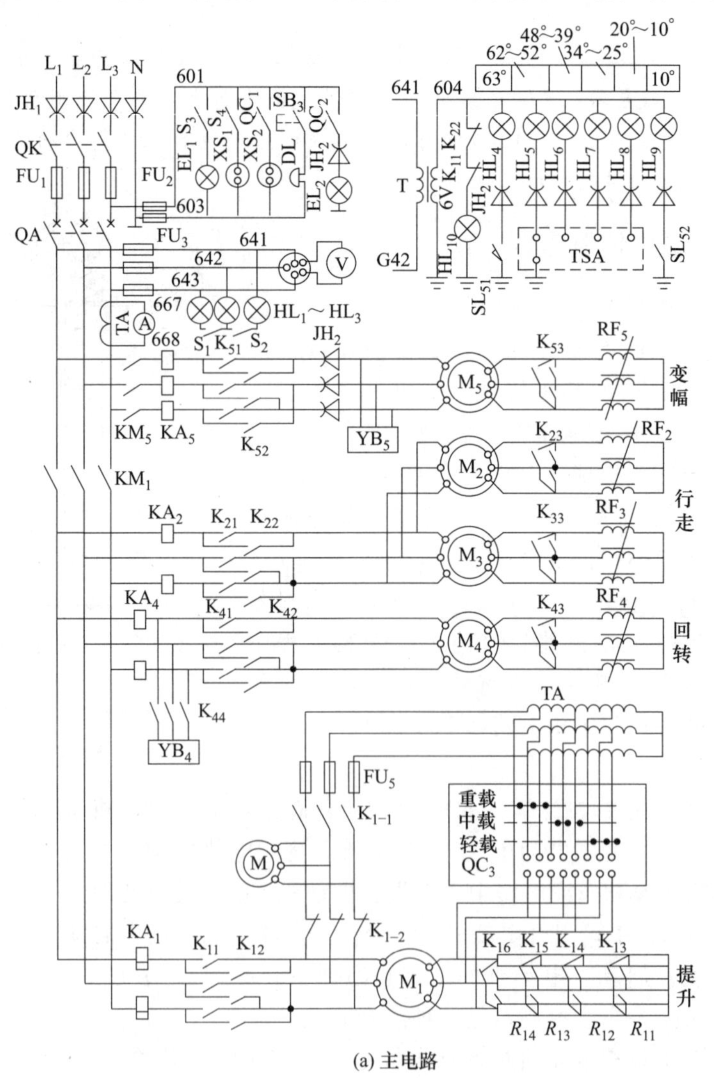

(a) 主电路

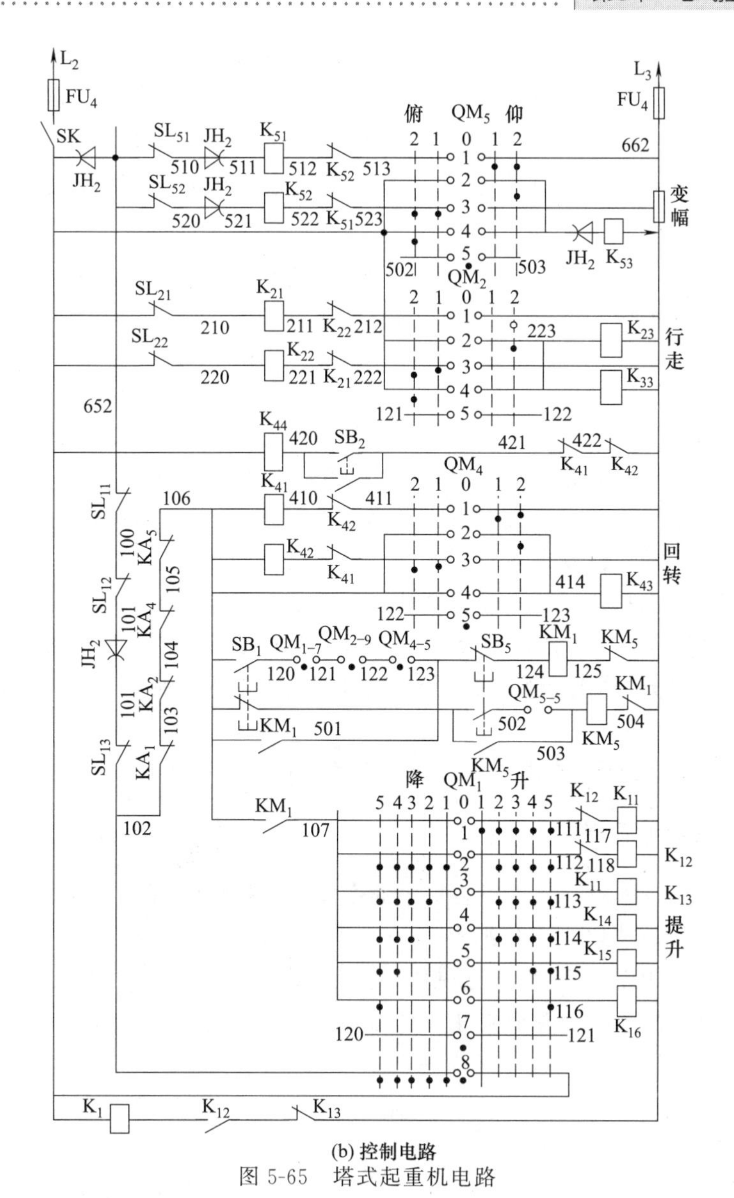

(b) 控制电路

图 5-65 塔式起重机电路

提升电动机 M_1 定子电路上也使用 2 个接触器作正反转控制，2 个过流继电器作过载保护。不同之处在制动装置，制动电动机 M 上端接自耦变压器 TA，自耦变压器经组合开关 QC_3 接在转子电路上。在不同转速情况下，自耦变压器上的电压不同，电动机 M 的转速也不同；M 转速高，制动器就刹得松些；M 转速低，制动器刹得紧些。可以根据起重量用 QC_3 选择 M 上的电压，这种制动方式只有在重物下降时使用。在提升时 M 下端接在 M_1 电源上，M_1 停转，制动器立刻刹车。M 的接线由中间继电器 K_1 的触点控制。提升电动机转子回路串联启动电阻器，由接触器 K_{13}～K_{16}分段短接切除。

控制电路如下。

控制电路接在电源 L_2、L_3 两相上，用熔断器 FU_4 作短路保护。电路中使用了 4 个组合开关 QM_1、QM_2、QM_4 和 QM_5 来代替按钮控制接触器线圈是否通电。其中 QM_2、QM_4、QM_5 为五层五位开关，在 1 位是串频敏变阻器启动状态，在 2 位是短接变阻器后电动机正常运转状态。QM_1 为八层十一位开关，分段短接切除启动电阻器。在变幅、行走回路中都有接触器互锁，并加入位置开关 SL，对行走和变幅进行限位控制。

回转电动机和提升电动机的控制回路接在各个过流继电器动断接点后面，任何一个电动机过载，塔吊都不能做回转和提升操作。同时在这一回路中还串入了超高限位开关 SL_{11}、脱槽保护开关 SL_{12}、超重保护开关 SL_{13}，当出现超高、超重、脱槽情况时，塔吊也不能进行回转和提升操作。

在主电路中有接触器 KM_1 和 KM_5 的主触点，KM_5 在变幅电动机回路，KM_1 在另 4 个电动机回路，当出现超高、超重、脱槽情况时，KM_1 和 KM_5 线圈断电，所有电动机停转。

塔吊总电源由铁壳开关 QK、自动空气开关 QA 控制，开机时合上 QK、QA 及控制电路事故开关 SK（出现事故扳动此开关，整个电路停止工作）。组合开关 QM_1、QM_2、QM_4 处于 0 位断开状态，按下按钮 SB_1，接触器 KM_1 吸合，可以进行提升、回转、行走操作，但此时不能变幅。要变幅时按下按钮 SB_5，切断 KM_1 线圈电路，KM_1 释放，KM_5 吸合，进行变幅。按塔吊操作要求，变幅与其他操作不能同时进行，为此，电路中采用按钮 SB_1 和 SB_5 联锁、KM_1 和 KM_5 动断触点联锁来保证不会出现误操作。

图中所示控制电路的最下面一行是提升电动机的制动电动机 M 的控制回路，提升电动机反转下降时，接触器 K_{12} 闭合，组合开关 QM_1 转到低速位置 1 时，接触器 K_{13} 断电，动断触点闭合，接触器 K_1 通电闭合，接通制动电动机 M 电源，制动电动机工作。

【提示】

图中所示的 JH_1 和 JH_2 是集电环，JH_1 在起重机电缆卷筒上，JH_2 在起重机塔顶。

5.3.4 空压机控制电路

空气压缩机简称空压机，是气源装置中的主体，它是将原动机（通常是电动机）的机械能转换成气体压力能的装置，是压缩空气的气压发生装置。空压机利用压缩空气的（储气缸）压力对压力开关作用（压缩空气控制开关的通或断），大于压力开关设定的压力值则开关断开，切断接触器的控制电源而停止，低于压力开关设定的压力值的 60%，则开关接通接触器的控制电源而运行，如图 5-66 所示为空压机控制电路。

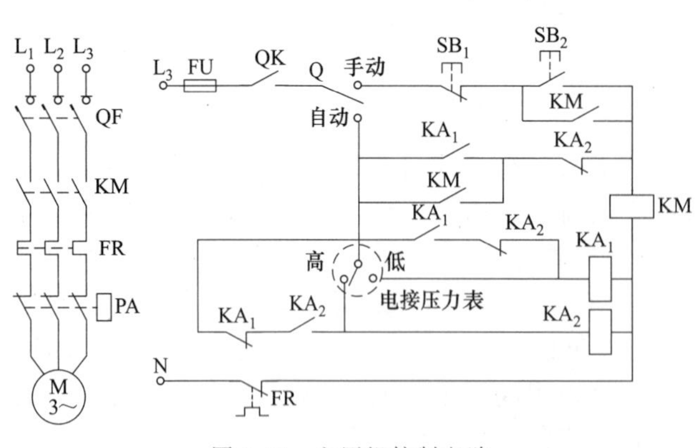

图 5-66 空压机控制电路

电路原理如下。

空压机电路由主电路和控制电路两部分组成。

主回路空气开关 QF 合闸，合上控制回路开关 QK，拨动开关 Q 置于自动位，接触器 KM 得电动作，其主触点闭合，空压机运行。

① 当空压机气缸压力低于低压设定点时，电接点压力表的动触点与低压设定点的静触点接通，中间继电器 KA_1 得电动作，其动合触点闭合，接触器 KM 得电动作并自锁，空压机启动运行。

为了避免空压机启动或停止时，由于惯性振动作用而对电接点压力表动静触点接触时造成影响，对中间继电器 KA_1、KA_2 进行自锁；为了增强整个控制的可靠性，KA_1、KA_2 之间进行互锁。

② 当压力逐渐上升到高于低压设定点时，电接点压力表的动触点与低压设定点的静触点断开，但是有 KA_1 及 KM 的自锁，空压机继续运行。

③ 当空压机气缸压力继续上升，高于高压设定点时，电接点压力表的动触点与高压设定点的静触点接通，中间继电器 KA_2 得电动作并自锁，其动断触点动作断开，中间继电器 KA_1 及接触器 KM 失电，空压机自动停止工作。

④ 当空压机气缸压力消耗至低于高压设定点时，因为 KA_2 自锁，所以继电器 KA_2 继续得电，其动断触点仍处于断开状态，空压机继续停止运行。

⑤ 当压力继续下降至低压设定点时，继电器 KA_1 又得电动作并自锁，中间继电器 KA_2 断开，其动断触点复位，接触器 KM 得电动作并自锁，空压机再次启动。如此循环往复，实现空压机自动控制的目的。

【提示】

PA 为气压自动开关，在控制电路设置了上限和下限 2 个气压极限点，气压调节有一个较大的时间差，可克服空压机频繁启动的弊端。一般情况下，空压机的电动机控制电路在二次回路中串联气压自动开关，来实现对空压机的自动控制。

5.3.5 水磨石机控制电路

水磨石机也叫磨石子机，在建筑施工中主要用于房屋装修地面设施工程。水磨石机一般分为单盘和双盘两种，其结构基本相同，只不过是双盘磨石机有两个磨盘，工作效率比单盘高。一般单盘水磨石机的电动机为 4.5kW 以下的单速电动机，也有的单盘水磨石机采用双速电动机，在工作时可变换为两种速度，分别用于粗磨和细磨。水磨石机的操纵手柄上安装有一个倒顺开关，手柄上装有橡皮套，以保证操作时的安全。双盘水磨石机控制电路如图 5-67 所示。

电路原理如下。

电源经刀开关 QS、熔断器 FU 进入装在操作手柄内的倒顺开关 SA 里，由倒顺开关 SA 控制电动机的启动、正向运转、停止与反向运转。倒顺开关是专用作小容量异步电动机的正反转控制转换开关。开关内右侧装有三个静触点，左侧也装有三个静触点，转轴上固定有两组共 6 个动触点。开关手柄有“倒”“停”“顺”三个位置，当手柄置于“停”位置时，两组动触点与静触点均不接触。

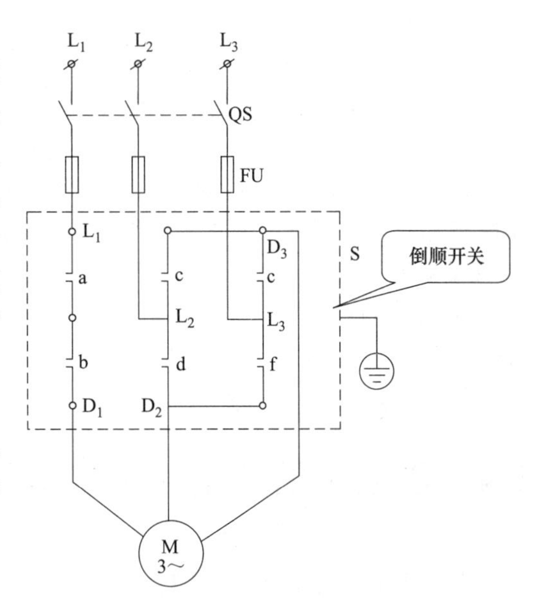

图 5-67 水磨石机控制电路

在操作时，将手柄开关的转向调到电动机转向与水磨石机所标的方向一致，即可进行磨石操作。

【提示】

建筑工地上使用的混凝土振动泵的控制电路与水磨石机控制电路完全相同，也以倒顺开关作为主要控制器件。

水磨石机在工作时，由于与水接触，并且工作时需用三相动力电源，因此应特别注意用电安全。每次操作前要用 500V 兆欧表对其电动机及水磨石机外壳和线路进行一次测试，如绝缘值低于 0.5MΩ 则要进行干燥处理。

5.3.6 卷扬机控制电路

卷扬机（又叫绞车）是由人力或机械动力驱动卷筒、卷绕绳索来完成牵引工作的装置，可以垂直提升、水平或倾斜拽引重物。卷扬机分为手动卷扬机和电动卷扬机两种，现在以电动卷扬机为主。电动卷扬机由电动机、联轴器、制动器、齿轮箱和卷筒组成，共同安装在机架上，对于起升高度和装卸量大、工作频繁的情况，调速性能好，能令空钩快速下降；对安装就位或敏感的物料，能以较小速度运行。

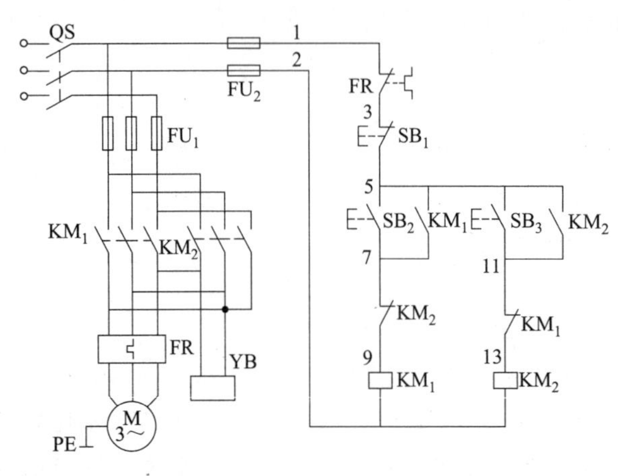

图 5-68 卷扬机电气控制电路

电控卷扬机是常见建筑设备，它由一台三相交流异步电动机驱动，同时配一台断电制动型电磁制动器进行制动，电动机正转时被提物上升，电动机反转时被提物下降，要求能够进行正反转控制，能够进行上升与下降的行程限位保护，有必要的短路保护，过载保护及联锁保护。

如图 5-68 所示为卷扬机电气控制电路，它由主电路和控制电路两部分组成。

电路原理如下。

闭合电源开关 QS，电动机和电磁制动器电路同时被接通。按下上升启动按钮 SB_2，电动机上升运动（正转）接触器 KM_1 得电吸合并自锁，电动机 M 正转启动，电磁制动器 YB 提起闸轮，卷扬卷筒正转放松钢丝绳带动提升设备从井架向楼层高处运送；按下停止按钮 SB_1，接触器 KM_1 及电磁制动器 YB 均失电，闸轮抱住电动机制动，让设备到位固定不动。

按下下降启动按钮 SB_3，电动机下降运动（反转）接触器 KM_2 得电吸合并自锁，电动机 M 开始反转，其反向下降运动原理与正向提升过程相同，请读者自己分析。

【提示】

YB 为电磁制动器，当电源输入后，电动机和电磁制动器电路同时被接通，此时制动器闸瓦打开，电动机开始旋转，将动力经弹性联轴器传入减速器，再由减速器通过联轴器，带动卷筒，从而达到工作目的。

5.4 住宅区机电设备控制电路

5.4.1 住宅区给水泵电气控制电路

(1) 采用磁力启动器控制的生活水泵电路

如图 5-69 所示为磁力启动器控制水泵的电路，这是一种比较简单，也比较常用的水泵控制电路。

电路原理如下。

该电路由主电路和控制电路组成。主电路包括电源开关QF、熔断器FU_1和FU_2、交流接触器KM的主触点、热继电器FR的元件以及交流电动机M等。控制电路包括按钮开关SB_1、SB_2以及交流接触器KM的线圈和辅助接点等。

使用时，合上电源开关QF，按下启动按钮SB_2，电流依次流过V_{11}→FU_2→SB_1→SB_2→FR的接点（202-203）→KM线圈→W_{11}，接触器KM的线圈得电动作，其接点（201-202）闭合自锁；接触器KM的主触点闭合，电动机得电运行。需要停止抽水时，按下停止按钮SB_1，接触器KM的线圈失电复位，其主触点断开电动机的工作电源，电动机停止下作。

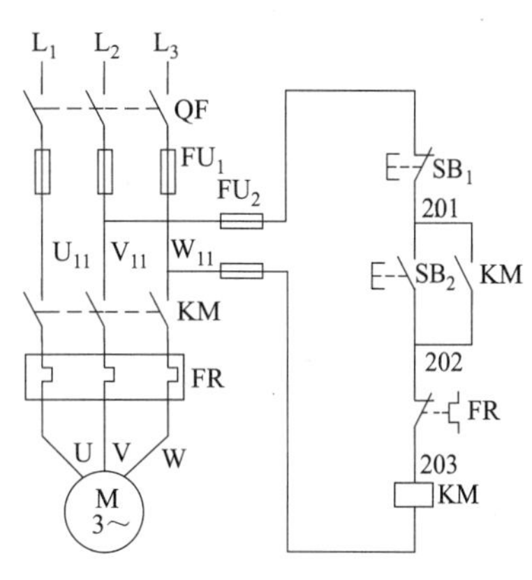

图5-69 磁力启动器控制水泵电路

磁力启动器由电源开关QF、交流接触器KM、启动按钮SB_2、停止按钮SB_1以及热继电器FR组装而成，所有电气线路全部集中安装在一个控制盒内。现场安装时，只要引入三相交流电源线到电源开关输入端，将连接电动机的三相电源线接到热继电器出口线端即可。

【提示】

磁力启动器属于全压直接启动，在电网容量和负载两方面都允许全压直接启动的情况下使用，优点是操纵控制方便，维护简单，而且比较经济，主要用于小功率电动机的启动，大于11kW的电动机不宜用此方法。

（2）采用备用泵的生活给水控制电路

该供水系统设置地下水池和高位水箱，地下水池设于大厦底层，高位水箱设于大厦顶层。如图5-70（a）所示为采用了备用泵的生活给水控制电路的主电路，其电源为交流380/220V；如图5-70（b）所示为控制电路，由水位信号控制回路、$1^{\#}$～$2^{\#}$电动机控制回路组成，其控制电压分别为交流220V、交流380V。

① 自动控制　将转换开关SA转至“Z_1”位，其触点5-6、9-10、15-16接通，其他触点断开，控制过程如下。

a. 正常工作时的控制。若高位水箱为低水位，干簧式水位信号器接点SL_1闭合，回路1-3-5-2接通，水位继电器KA_1线圈得电并自锁，其动合触点闭合，1-7点接通，109-107点接通，209-207点接通，则回路101-109-107-104-102接通，使接触器KM_1线圈得电，KM_1主触点闭合，使1号泵电动机M_1启动运转。当高位水箱中的水位到达高水位时，水位信号器SL_2动断触点断开，KA_1线圈失电，其动合触点恢复断开，109-107点断开，KM_1线圈失电，KM_1主触点断开，使1号泵电动机M_1脱离电源停止工作。

b. 备用泵自动投入控制。当高位水箱的低水位信号发出，水位继电器KA_1线圈得电，其动合触点闭合时，如果KM_1机械卡住触点不动作，或电动机M_1运行中保护电器动作导致电动机停车，KM_1的动断触点复位闭合，9-11点接通，则回路1-7-9-11-13-2接通，警铃HA发出事故音响信号；同时时间继电器KT线圈得电，经预先整定的时间延时后，备用继电器KA_2线圈通电，其动合触点211-207接通，故回路201-211-207-204-202接通，使KM_2线圈通电，其主触点闭合，备用2号泵M_2自动投入。

由于线路对称性，当万能转换开关SA手柄转至“Z_2”位时，M_2为工作泵，M_1为备用泵，其工作原理与SA位于“Z_1”挡类似。

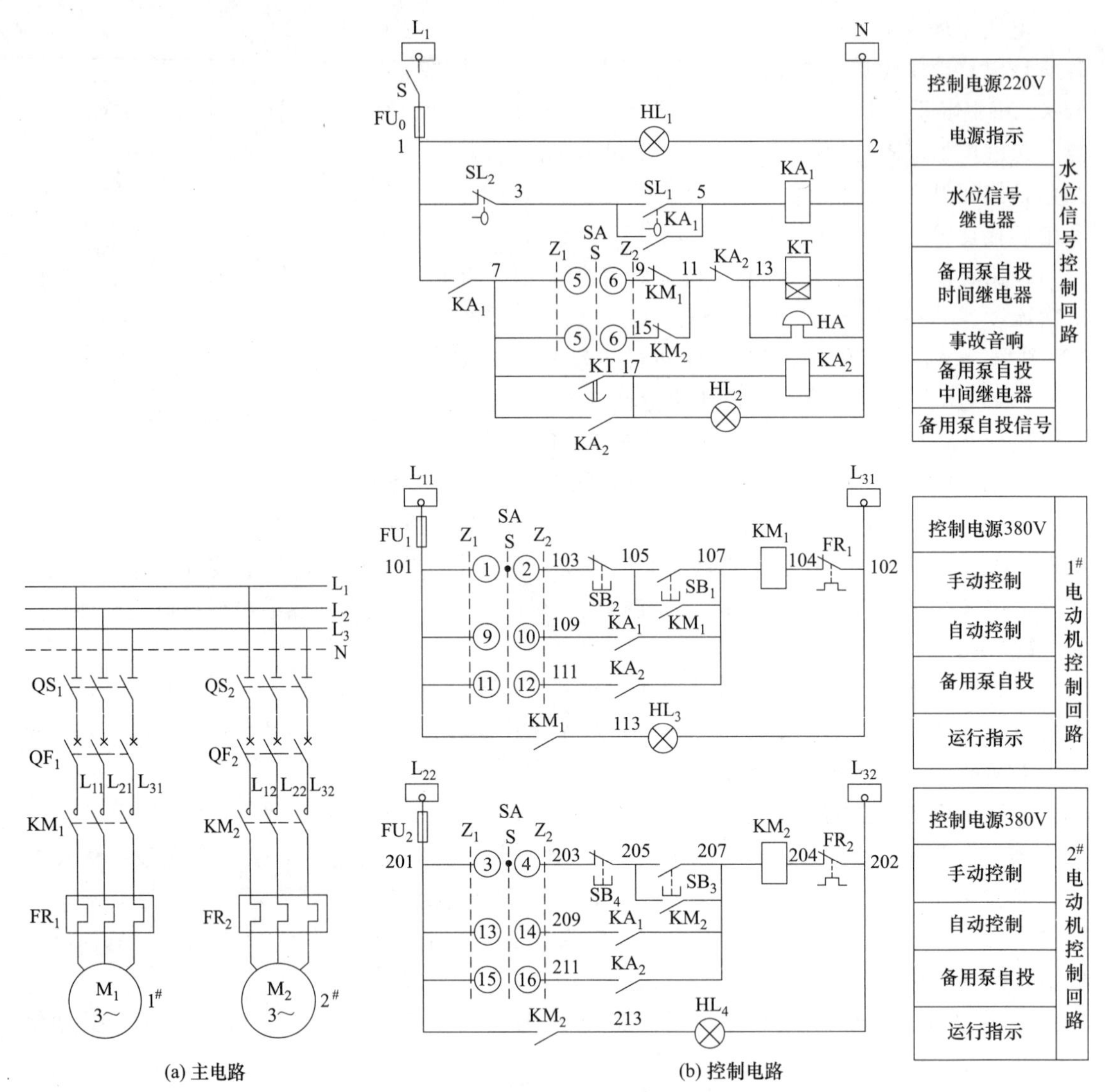

图 5-70　采用备用泵的生活给水控制电路

② 手动控制　将转换开关 SA 转至“S”挡，其触点 1-2、3-4 接通，其他触点断开，接通 M_1 和 M_2 泵手动控制电路，这时，水泵启停不受水位信号控制。当按下启动按钮 SB_1 或 SB_3 时，KM_1 或 KM_2 得电吸合并自锁，可任意启动 1 号泵 M_1 或 2 号泵 M_2。此挡主要用于调试。

③ 信号显示　合上开关 S，绿色信号灯 HL_1 亮，表示电源已接通，水位控制信号回路投入工作。电动机 M_1 启动时，开泵红色信号灯 HL_3 亮；M_2 启动时，开泵红色信号灯 HL_4 亮；当备用泵投入时，黄色事故信号灯 HL_2 亮。信号灯采用不同的颜色，可以直观地区别电气控制系统的不同状态。

【提示】

为了实现手动和自动控制的切换，利用万能转换开关 SA 的不同挡位进行手动和自动控制之间的转换。自动控制时，由水位信号器发出信号启动工作泵或备用泵；手动控制时，直接由控制柜上的按钮开关送出控制信号。万能转换开关的操作手柄一般是多挡位的，触点数量也较多，其触点的闭合或断开在电路中采用展开图来表示，即操作手柄的位置用虚线表示，虚线上的黑圆点表示操作手柄转到此位置时，该对触点闭合；如无黑圆点，表示该对触点断开。

(3) 采用气压罐的水压自动控制电路

气压给水设备是局部升压设备，无需水塔或水箱。系统由气压给水设备、气压罐、补气系统、管路阀门系统、顶压系统和电控系统组成，如图 5-71 所示。

利用密闭的钢罐，由水泵将水压入罐内，靠罐内被压缩的空气产生的压力将储存的水送入给水管网。随水量的减小，水位下降，罐空气密度增大，压力减小。当压力下降到设定的最小工作压力时，水泵便在压力继电器作用下启动，将水压入罐内。当罐内压力上升到设定的最大工作压力时，水泵停止工作，如此往复。罐内空气与水直接接触，运行中，空气由于损失和溶解于水而减少，当罐内空气压力不足时，经呼吸阀自动增压补气。

采用气压罐的水压自动控制电路如图 5-72 所示。

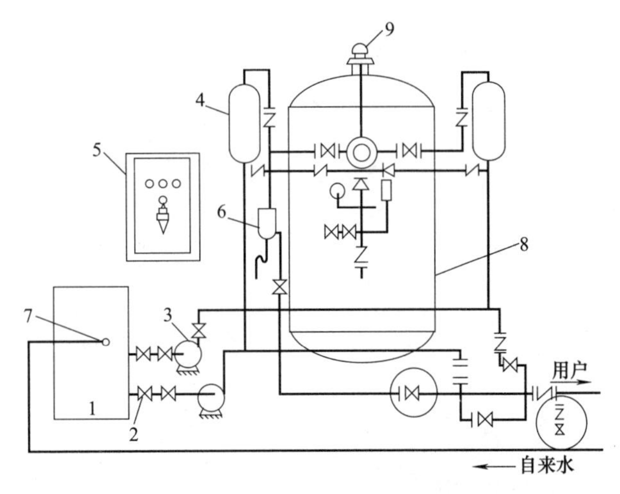

图 5-71 气压给水设备系统的组成

1—水池；2—闸阀；3—水泵；4—补气罐；5—电控箱；6—呼吸阀；7—液位报警器；8—气压罐；9—压力控制器

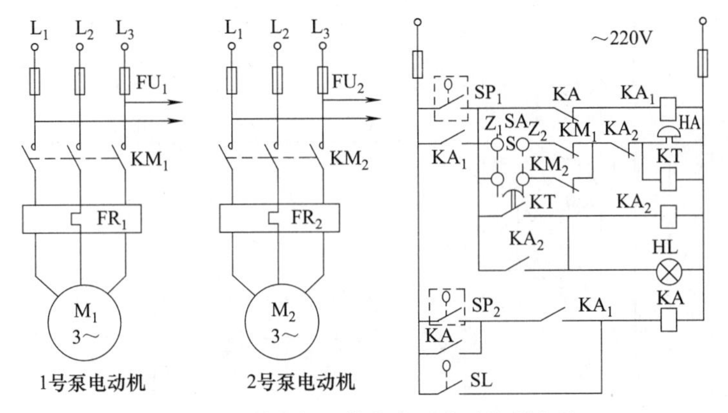

图 5-72 采用气压罐的水压自动控制电路

① 正常状态 令 2 号泵电动机工作，1 号泵电动机备用，将 SA 转至“Z_2”位，水位低于低水位，罐内压力低于最低压力值，下限 SP_1 闭合，KA_1 通电，KM_2 通电，2 号泵电动机 M_2 运转；水位到高水位，压力达最大压力值，上限接点 SP_2 闭合，KA 通电，使 KA_1 失电，KM_2 断电，2 号泵电动机 M_2 停止运行。保持罐内有足够的压力，以供用户用水。

② 高水位保护 SL 为浮球继电器触点，水位高于高水位时，SL 闭合，KA 通电，使 KA_1 失电，KM_2 断电，2 号泵电动机停止，防止压力过高气压罐发生爆炸。

(4) 变频调速恒压供水生活泵控制电路

变频调速恒压供水水泵的供水量随着用水量的变化而变化，无多余水量，无需蓄水设备。它通过计算机控制，改变水泵电动机的供电频率，调节水泵的转速，实现自动控制水泵的供水量，以确保在用水量变化时，供水量随之相应变化，从而维持水系统的压力不变，实现了供水量和用水量的相互匹配。

变频调速恒压供水电路组成由两台水泵（一台为由变频器 VVVF 供电的变速泵，另一台为全电压供电的定速泵）、控制器 KGS 及前述两台泵的相关器件组成，如图 5-73 所示。

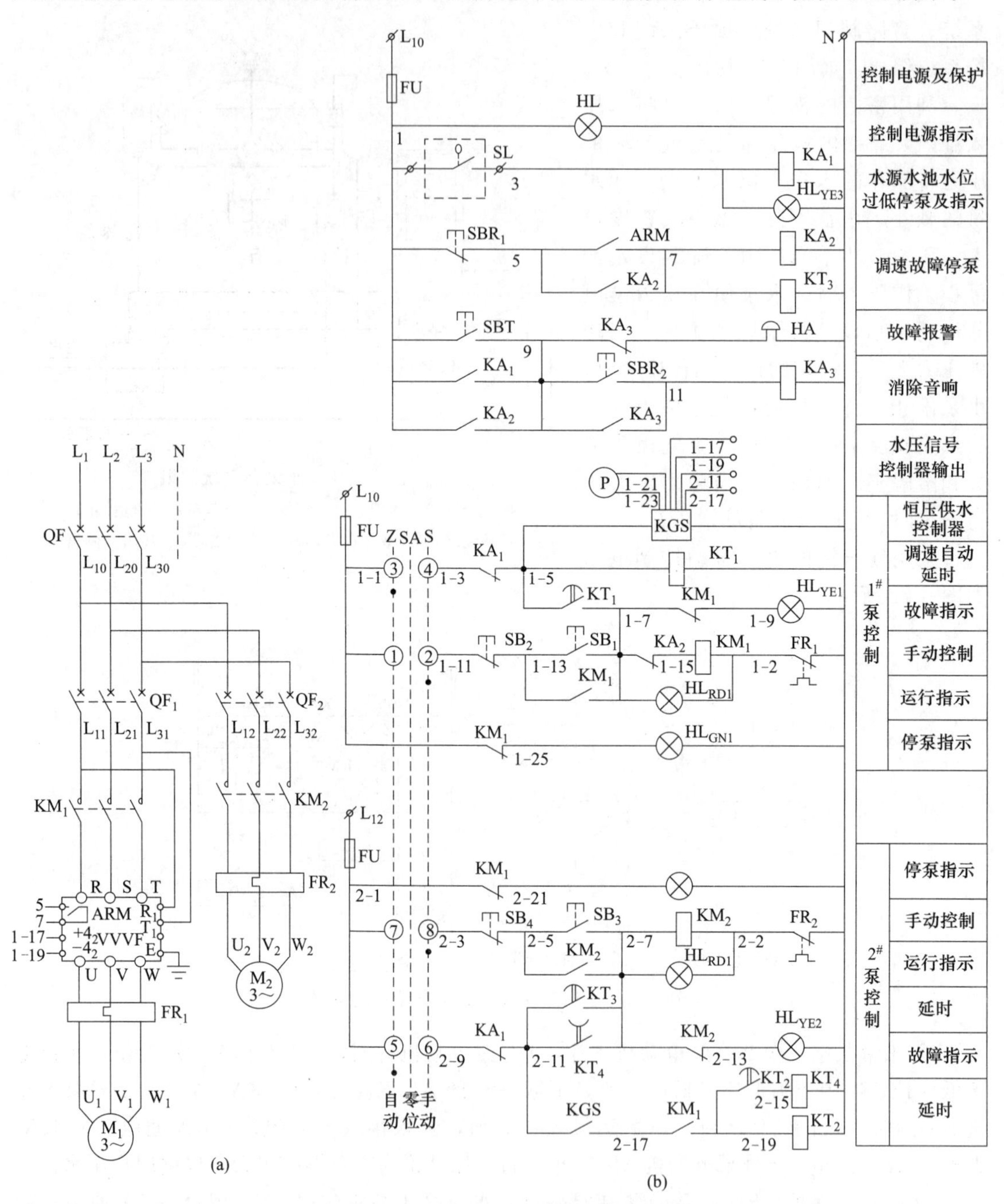

图 5-73　变频调速恒压供水生活泵控制电路

电路原理如下。

水压信号经水压变送器送到控制器 KGS，由 KGS 控制变频器 VVVF 的输出频率，从而控制水泵的转速。当系统用水量增大时，水压欲下降，KGS 使 VVVF 输出频率提高，水泵加速，实现需水量与供水量的匹配。当系统用水量减少时，水压欲上升，KGS 使 VVVF 输出频率降低，水泵减速。如此根据用水量的大小及水压的变化，通过控制器 KGS 改变

VVVF 的频率实现对水泵电动机转速的调整，以维持系统水压基本不变。

① 用水量较小时的控制过程

a. 正常状态：将 SA 转至“Z”位，合 QF_1、QF_2，恒压供水控制器 KGS 和 KT_1 同时通电，经过一段时间后 KT_1 延时闭合动合触点闭合，KM_1 通电，使变速泵 M_1 启动，恒压供水。

b. 变速泵故障状态：M_1 出现故障，变频器中的电接点 ARM 闭合，使 KA_2 通电，HA 报警，同时 KT_3 通电，经过一段时间后 KT_3 延时闭合动合触点闭合，使 KM_2 通电，定速泵 M_2 启动代替故障泵 M_1 投入工作。

② 用水量大时的控制过程

a. 用水量大时的控制：当变速泵启动后，随着用水量增加，变速泵不断加速，但如果仍无法满足用水量要求时，KGS 使 2 号泵控制回路中的 2-11 与 2-17 号接通，KT_2 通电，延时后其延时闭合动合触点使 KT_4 通电，KM_2 通电，使 M_2 运转以提高总供水量。

b. 用水量减小时定速泵停止过程：当系统用水量减小到一定值时，KGS 的 2-11 与 2-17 断开，使 KT_2、KT_4 失电，KT_4 延时断开动合触点延时断开后，KM_2 失电，定速泵 M_2 停止运转。

【提示】

变频调速恒压供水系统必须要求供电系统可靠，否则，由于没有蓄水设备，停电即停水。

5.4.2 排污水泵控制电路

(1) 排污水泵控制电路（一）

楼宇中，地下室的积水、各种管沟中的积水，特别是多层地下室的排水，它们都低于城市排水管网，因此，必须设集水井，采用排水泵将其排至地面排水管沟，汇集后排至城市排水管网。这部分排水、排污控制，一般都采用液位信号控制。如图 5-74 所示为排污水泵控制电路，两台排污泵的控制电路的结构完全相同。

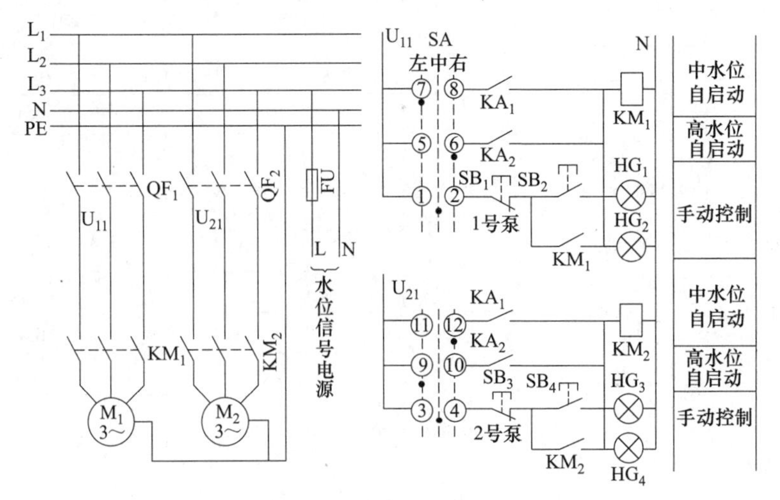

图 5-74 排污水泵控制电路（一）

电路原理如下。

每台排污泵线路都由主电路和控制电路两部分组成。主电路包括交流电动机 M_1、M_2，电源开关 QF_1、QF_2 以及交流接触器 KM_1、KM_2 的主触点等。控制电路包括主令开关 SA，

控制按钮开关 SB_1～SB_4，信号指示灯 HG_1～HG_4 以及交流接触器 KM_1、KM_2 的线圈等。

主电路中利用断路器的复式脱扣器进行电动机过电流及过载保护，省掉了热继电器。接触器用来接通或断开排污泵电源。利用 SA 开关，可选择 M_1 水泵中水位启动、M_2 水泵高水位同时启动，或选择 M_2 水泵中水位启动、M_1 水泵高水位同时启动。在中水位时一泵运行，高水位时两泵运行，低水位时两泵都停止运行。SA 开关选择中间挡位时，两台水泵可进行人工控制。

【提示】

图中 HG_2、HG_4 可集中安装在一个箱内，放在水泵值班室内，用于排污泵的运行和漫水信号监视。其余元器件安装在另一个箱内，设置在排污泵附近，供操作和维护使用。

(2) 排污水泵控制电路（二）

如图 5-75 所示为排污水泵控制电路。

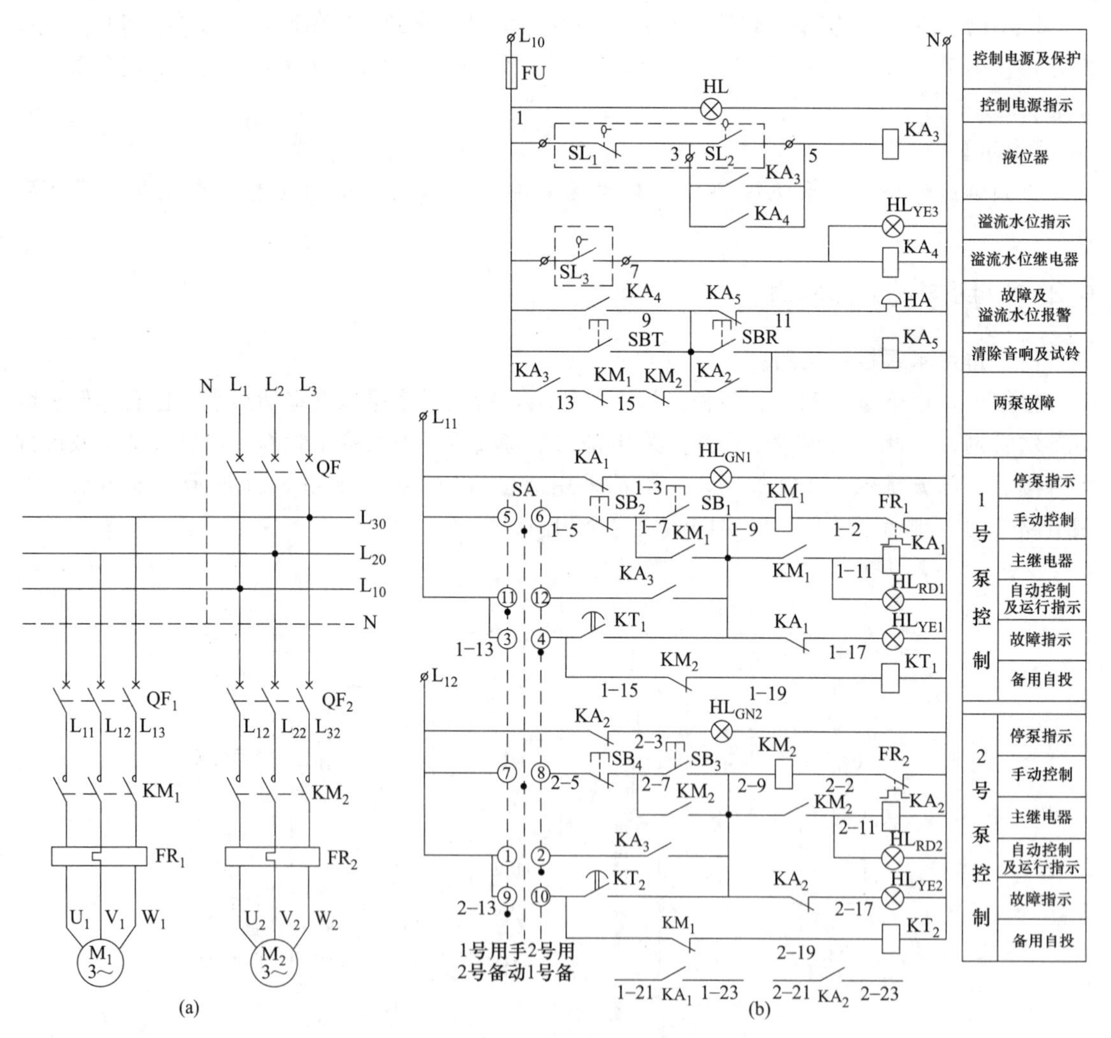

图 5-75　排污水泵控制电路（二）

电路原理如下：

① 正常下的自动控制　合上 QF、QF_1、QF_2，令 2 号工作泵，1 号备用泵，SA 至“2 号用，1 号备”位置，当集水池内水位升高时，液位器 SL_2 闭合，KA_3 通电，KM_2 通电，2

号 M_2 启动排污。KA_2 通电，同时 2 号运行 HL_{RD2}亮，故障 HL_{YE2}和停泵 HL_{GN2}灭。

当污水排完时，低水位 SL_1 断开，KA_3 失电，KM_2 失电，KA_2 失电，2 号 M_2 停止。如此根据污水的变化，排污泵处于间歇工作状态。

② 故障下的工作情况　当 KM_2 故障时，KT_1 通电，延后接通 1 号备用泵 M_1，同时 KA_1 通电，使运行灯 HL_{RD1}亮，故障灯 HL_{YE1}和停泵灯 HL_{GN1}灭。此时对 2 号进行检修。

③ 溢流水位自动报警　当污水液面升高，SL_2 因故障没闭合时，污水液面仍上升，当达溢流水位时，SL_3 闭合，KA_4 通电，HA 报警，KA_3 通电，电动机启动排污，以减少溢水。

【提示】

该排污泵系统为一用一备自动轮换工作，溢出水位双泵同时工作的方案，目前广泛采用的液位控制器有液位浮球、干簧管等。

5.4.3 中央空调控制电路

(1) 分散式空调系统电气控制电路

典型的恒温恒湿机组的分散式空调系统由制冷、空气处理设备和电气控制三部分组成，如图 5-76 所示，各个组成部分的作用见表 5-2。分散式空调系统的控制电路如图 5-77 所示。

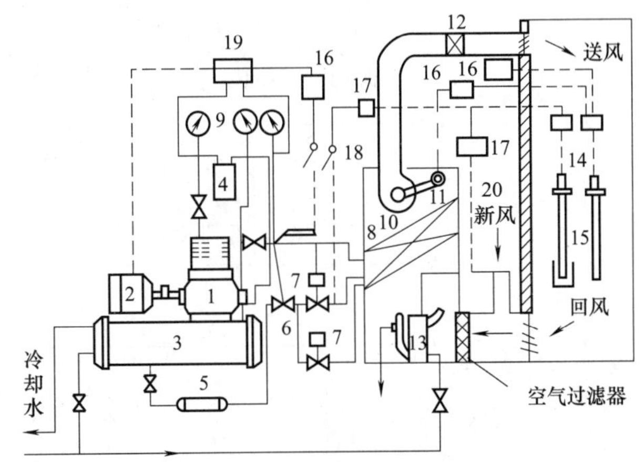

图 5-76　分散式空调系统的组成

1—压缩机；2—电动机；3—冷凝器；4—分油器；5—滤污器；6—膨胀阀；7—电磁阀；8—蒸发器；9—压力表；10—风机；11—风机电动机；12—电加热器；13—电加湿器；14—调节器；15—电接点干湿球温度计；16—接触器触点；17—继电器触点；18—选择开关；19—压力继电器触点；20—开关

表 5-2　分散式空调系统各个组成部分的作用

组成部分		作用
制冷部分	主要由压缩机、冷凝器、膨胀阀和蒸发器等组成	制冷部分是机组的冷源。该系统应用的蒸发器是风冷式表面冷却器，为调节系统所需的冷负荷，将冷却器制冷剂管路分成两条，利用两个电磁阀分别控制两条管路的通和断，使冷却器的蒸发面积全部或部分使用上，来调节系统所需的冷负荷量。分油器、滤污器为辅助设备
空气处理部分	由新风采集口、自风口、空气过滤器、电加热器、电加湿器和通风机等设备组成	将新风和回风经过空气过滤器过滤后，处理成所需要的温度和相对湿度，以满足房间空调要求
电气控制部分	由电接点干、湿球温度计及 SY-105 晶体管调节器、变压器、信号灯、继电器、接触器、开关等组成	实现恒温恒湿的自动调节，以实现对风机和压缩机的启、停控制

电路原理如下。

① 运行前的准备　闭合 QS、S_1，KM_1 通电，使通风机 M_1 启动，KM_1（1-2）闭合，HL_1 亮，KM_1（3-4）闭合，为温湿度自动调节做好准备，作用是：通风机未启动前，电加热器、电加湿器等都不能投入运行，起到安全保护作用，故将此触点称为联锁保护触点。

冷源由制冷压缩机供给。压缩机 M_2 由 S_2 控制，制冷量大小由能量调节阀 YV_1、YV_2 调节蒸发器的蒸发面积来实现，是否全部投入由选择开关 SA 控制。

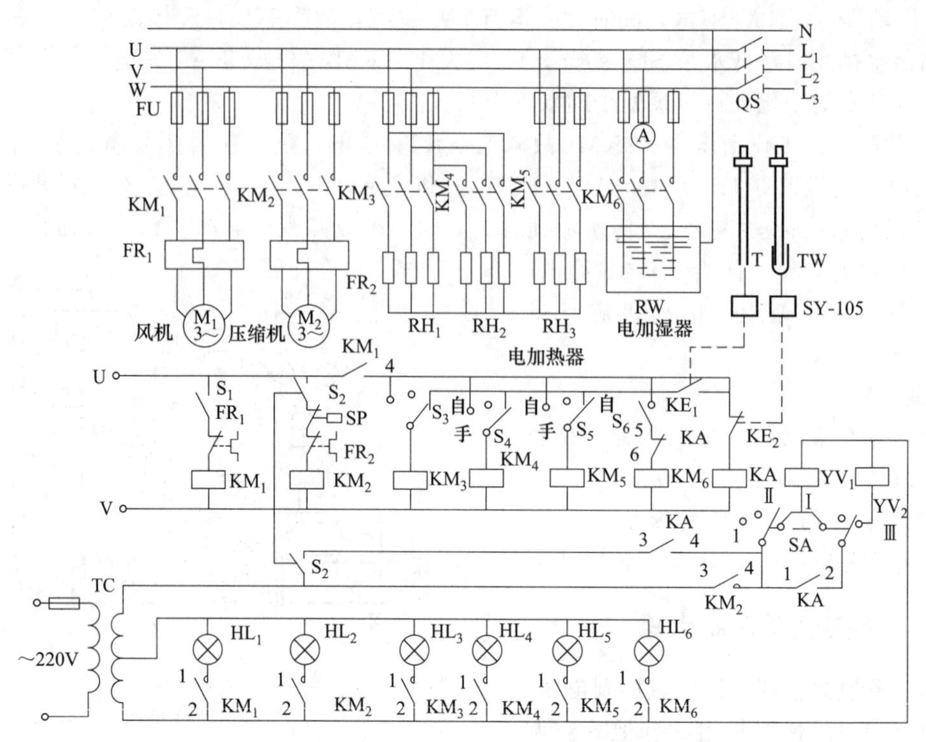

图 5-77 分散式空调系统的电气控制原理图

热源由电加热器供给。将电加热器分为三组，由开关 S_3、S_4、S_5 分别控制。

② 夏季运行的温湿度调节 夏季降温减湿，压缩机需投入运行，将 SA 转至“Ⅱ”挡，将 S_5 转至“自”位，S_3、S_4 转至“停”位，合上 S_2，KM_2 通电，此时 M_2 处于无保护的抽真空、充灌制冷剂运转状态，压缩机运行指示灯 HL_2 亮，制冷系统供液电磁阀 YV_1 通电打开，蒸发器有 2/3 的面积投入运行。

a. 刚开机时，室内的温度较高，敏感元件 T 和 TW 接点接通，与其相连的调节器 SY-105 中 KE_1 和 KE_2 均不得电，KE_2 的动断触点使 KA 得电，供液电磁阀 YV_2 通电打开，蒸发器由两只膨胀阀供液，蒸发器全部面积投入运行，空调机组向室内送入冷风，对新空气进行降温和冷却减湿。

b. 温度调节：当室内温度或相对湿度下降到 T 和 TM 的整定值以下时，其电接点断开，使 KE_1 和 KE_2 通电，KM_5 通电，使电加热器 RH_3 通电，对风道中被降温和减湿后的冷风进行精加热，使其温度相对提高。

c. 湿度调节：当室内的相对湿度低于 T 和 TW 整定值温度差时，TW 上的水分蒸发过快而带走热量，使 TW 电接点断开，KE_2 通电，使 KA 失电，KA（1-2）复位，YV_2 失电关闭，蒸发器只有 2/3 的面积投入运行，制冷量减少而使相对湿度上升。

d. 工况转换：春秋交界或夏秋交界，需制冷量小时，将开关 SA 转至“Ⅰ”位置，只有电磁阀 YV_1 受控，而电磁阀 YV_2 不投入运行，动作原理同上。

高低压力继电器 SP 的作用是：当发生高压（超高压）或压力过低时 SP 断开，KM_2 释放，M_2 停止。此时 KA（3-4）触点仍使电磁阀受控。当蒸发器吸气压力恢复正常时 SP 复位，M_2 又自行启动，从而防止了制冷系统压缩机吸气压力过高运行不安全和压力过低运行不经济。

③ 冬季运行的温湿度调节

a. 冬季是升温和加湿，制冷系统不需工作，将 S_2 断开，KM_2 失电，压缩机停止。将 S_3、S_4 转至“手”位置，KM_3、KM_4 均通电，RH_1、RH_2 同时运行且不受温度变化控制。将 S_5 转至“自”位，RH_3 受温度变化控制。

b. 温度调节：当室内温度低于整定值时，干球温度计 T 的电接点断开，KE_1 通电吸合，使 KM_5 通电，RH_3 投入运行，使送风温度升高。当室内温度高于整定值时，T 的电接点闭合，KE_1 释放，使 KM_5 释放，断开 RH_3。

c. 室内相对湿度的调节：当室内相对湿度低时，TW 的温包上水分蒸发快而带走热量（室温在整定值时），合上 S_6，TW 的接点断开，KE_2 通电，KA 释放，KM_6 通电，使 RW 投入运行，产生蒸汽对所送风量进行加湿。当室内相对湿度升高时，TW 的接点闭合，KE_2 释放，KA 通电，使 KM_6 失电，RW 被切除，停止加湿。

【提示】

本系统的恒温恒湿调节属于位式调节，只有在电加热器和制冷压缩机的额定负荷以下才能保证温度的调节。

(2) 集中式空调系统控制电路

如图 5-78 所示为集中式空调系统原理图，该系统能自动地调节温度、湿度和自动地进行季节工况的自动转换，做到全年自动化。开机时，只需按一下风机启动按钮，整个空调系统就自动投入正常运行（包括各设备间的程序控制、调节和季节的转换）；停机时，只要按一下风机停止按钮，空调系统就可以按一定程序停机。

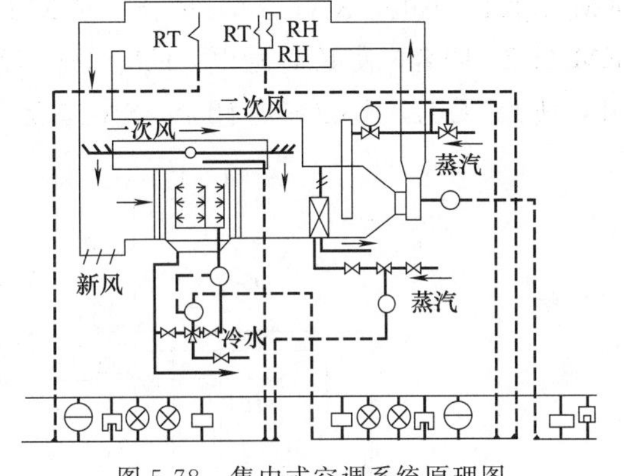

图 5-78 集中式空调系统原理图

系统在室内放有两个敏感元件，一个是温度敏感元件 RT（室内型镍电阻），另一个是相对湿度敏感元件 RH，二者组成温差发送器。

集中式空调系统的控制要求如下。

① 温度应自动控制　调节器根据室内实际温度与给定值的偏差对执行机构按比例规律进行控制，即夏季时，控制一、二次回风风门来维持恒温（一次风门关小时，二次风门开大，既防止风门振动，又加快调节速度）；冬季时，控制二次加热器（表面式蒸汽加热器）的电动两通阀实现恒温。

② 温度控制应按季节自动转换

a. 夏转冬：随着天气变冷，室温信号使二次风门开大升温，如果还达不到给定值，则将二次风门开到极限，碰撞风门执行机构的中断开关发出信号，使中间继电器动作，从而过渡到冬季运行工况。为了防止因干扰信号而使转换频繁，转换时应通过延时，如果在延时整定时间内恢复了原状态即转换开关复位，转换继电器还没动作，则不进行转换。

b. 冬转夏：利用加热器的电动两通阀关闭时碰撞转换开关后送出信号，经延时后自动转换到夏季运行工况。

③ 相对湿度控制　采用 RH 和 RT 组成的温差发送器，来反映房间内相对湿度的变化，将此信号送至冬、夏共用的温差调节器。调节器按比例规律控制执行机构，实现对相对湿度的自动控制。

夏季时，控制喷淋水的温度实现降温，如相对湿度较高时，通过调节电动三通阀来改变冷冻水与循环水的比例，实现冷却减湿。冬季时，采用表面式蒸汽加热器升温，相对湿度较低时，采用喷蒸汽加湿。

④ 湿度控制的季节自动转换

a. 夏转冬：当相对湿度较低时，采用电动三通阀的冷水端全关时送出电信号，经延时使转换继电器动作，转入冬季运行工况。

b. 冬转夏时：当相对湿度较高时，采用调节器上限电接点送出电信号，延时后，转入夏季运行工况。

集中式空调系统的电气控制电路由风机、喷淋泵控制线路，温度自动调节与季节转换电路，湿度自动调节与季节转换电路三部分组成，如图 5-79 所示。

电路原理如下。

① 风机、水泵控制电路工作情况

a. 准备：合上 QS，将 SA_2～SA_7 转至“自”位，做好启动前准备。

b. 风机的启动：按 SB_1（SB_2），KM_1 通电，将 TM 三相绕组的零点接到一起，KM_1(1-2)自锁，KM_1(3-4) 闭合，KM_2 通电，风机 M_1 串 TM 降压启动，同时，KT_1 吸合，KT_1(1-2) 延时闭合，使 KA_1 通电，KA_1(1-2) 自锁，KA_1(3-4) 断开，使 KM_1 释放，KM_2、KT_1 失电，KA1(5-6) 闭合，使 KM_3 通电，切除 TM，M_1 进入到全压稳定运行状态。KM_3(1-2) 闭合，使 KA_2 通电，KA_2(1-2) 闭合，为水泵 M_2 自动启动作准备，KA_2(3-4) 断开，使 L_{32} 无电，KA_2(5-6) 闭合，SA_1 在运行位置时，L_{31} 有电，为自动调节电路送电。

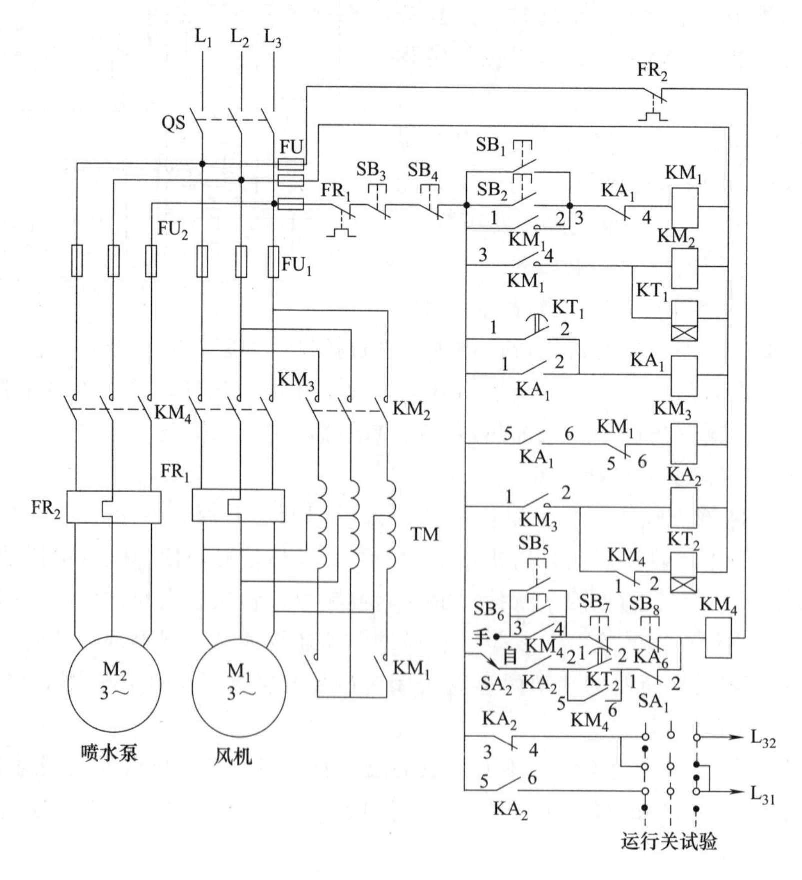

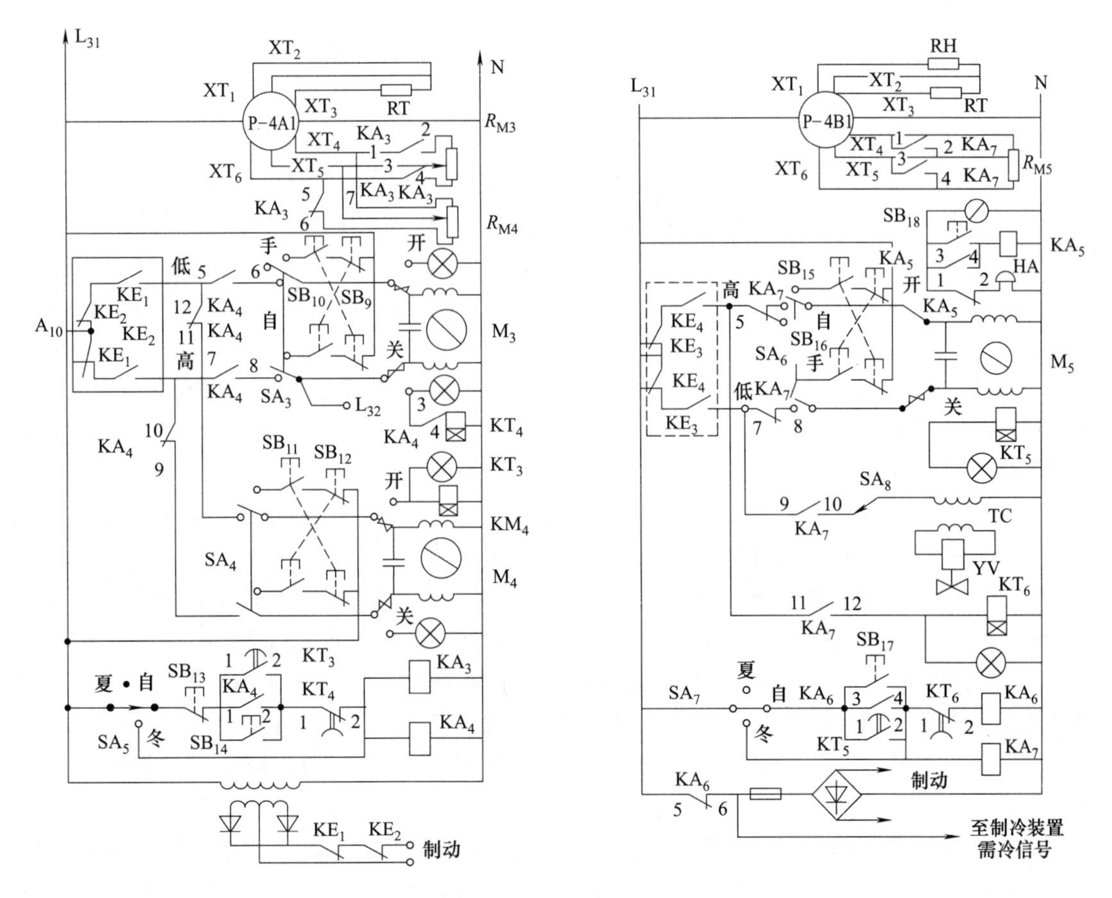

图 5-79 集中式空调系统的电气控制电路

c. 水泵的启动：在 M_1 正常运行时，在夏季需淋水的情况下，湿度调节电路中的 KA_6（1-2）闭合，当 KA_2 得电时，KT_2 吸合，KT_2（1-2）延时闭合，使 KM_4 通电，使水泵 M_2 直接启动。

在正常运行时，SA_1 转至“运行”位。当 SA_1 转至“试验”位时，不启动风机与水泵，也可以通过 KA_2（3-4）为自动调节电路送电，对温、湿度自动电路进行调节，这样既节省能量又减少噪声。

d. 停止过程：按 SB_3（SB_4）时，风机及系统停止运行，通过 KA_2（3-4）触点为 L_{32} 送电，使整个空调系统处于自动回零状态。

② 温度自动调节及季节自动转换

a. 夏季温度自动调节：SA_5 调节至“自”位，如正是夏季，二次风门一般处于不开足状态，KT_3、KA_3、KA_4 不通电，此时，一、二次风门的执行机构电动机 M_4 通过 KA_4（9-10）和 KA_4（11-12）动断触点处于受控状态，通过 RT 检测室温，再经调节器自动调节一、二次风门的开度。

当实际温度低于给定值时，经 RT 检测并与给定电阻值比较，使调节器中的 KE_1 吸合，M_4 经 KE_1 动合触点和 KA_4（11-12）触点通电转动，将二次风门开大，一次风门关小，利用二次回风量的增加来提高被冷却后的新风温度，使室温上升到接近于给定值。同时，采用电动执行机构的反馈电阻 R_{M4} 成比例地调节一、二次风门开度。当 R_{M4}、RT 与给定电阻值平衡时，KE_1 失电，一、二次风门调节停止。

如室温高于给定值，P-4A1 中的继电器 KE_2 线圈通电，其触点动作，发出关小二次风门的信号，于是 M_4 反转，关小二次风门。

b. 夏转冬工况：随着室外气温降低，需热量逐渐增加，将二次风门不断开大，直到二次风门开足时，转换开关动作并发出信号，使 KT_3 通电，KT_3(1-2) 延时 4min 闭合，使 KA_3、KA_4 通电，KA_4(1-2) 自锁，KA_4(9-10)、KA_4(11-12) 断开，使一、二次风门不受控，KA_3(5-6)、KA_3(7-8) 断开，切除 R_{M4}，KA_3(1-2)、KA_3(3-4) 闭合，将 R_{M_3} 接入 P-4A1 回路，KA_4(5-6)、KA_4(7-8) 闭合，使加热器电动两通阀 M_3 受控，空调系统由夏季转入冬季运行工况。

c. 冬季运行工况：将开关 SA_3 转至“手”位，按 SB_9，使蒸汽两通阀电动执行机构 M_3 得电，将蒸汽两通阀稍打开一定角度（开度小于 60°为好）后，再将 SA_3 扳回“自”位，系统重新回到自动调节转换工况。

这种手动与自动相结合的运行工况最适于蒸汽用量少的秋季，避开了二次风门在接近全开下调节，从而增加了调节阀的线性度，改善了调节性能。

d. 冬季温度控制：通过 RT 检测，P-4A1 中的 KE_1 或 KE_2 触点的通断，使 M_3 正（或反）转，使两通阀开大或关小。用 R_{M_3} 按比例规律调整蒸汽量的大小。例如：冬季天冷，室温低于给定值时，RT 检测后与给定电阻值比较，使 P-4A1 中 KE_1 通电，M_3 正转，两通阀打开，蒸汽量增加，室温升高。当室温高于给定值时，PT 检测后，使 P-4A1 中 KE_2 吸合（KE_1 失电释放），M_3 反转，将两通阀关小，蒸汽量减小，室温逐渐下降，如此进行自动调节。

e. 冬转夏工况：随着室外气温渐升，两通阀逐渐关小，当关足时，碰撞转换开关动作并送出信号，使 KT_4 通电，KT_4(1-2) 延时（1～1.5h）断开，使 KA_3、KA_4 释放，此时一、二次风门受控，而两通阀不受控，系统由冬季转入夏季运行工况。由分析可知，KA_3、KA_4 是工况转换用的继电器。

值得注意的是：不论是何季节，开机时系统总处于夏季运行工况。如在冬季开机，应按下强转冬按钮 SB_{14}，使 KA_3、KA_4 通电，强行转入冬季运行工况。

③ 湿度自动调节及季节自动转换

a. 夏季相对湿度调节：当室内湿度较高时，由 RH、RT 发出一个温差信号，通过 P-4B1 调节器放大，使继电器 KE_4 线圈通电，控制三通阀的电动机 M_5 得电，将三通阀冷水端开大，循环水关小。喷淋水温度降低，进行冷却减湿，利用 R_{M5} 按比例调节。当室内相对湿度低于整定值时，RT、RH 检测后，由 P-4B1 放大，调节器中的继电器 KE_3 线圈通电，M_5 反转，将电动三通阀冷水端关小，循环水开大，使喷淋水温度提高，室内湿度增加。

b. 夏转冬工况：当天气变冷时，相对湿度也下降，使喷淋水的电动三通阀冷水端逐渐关小，当关足时，碰撞转换开关使 KT_5 通电，KT_5(1-2) 延时 4min 闭合，KA_6、KA_7 通电，KA_6(1-2) 断开，使 KM_4 释放，水泵电动机 M_2 停止。KA_6(3-4) 自锁，KA_6(5-6) 断开，向制冷装置发出不需冷信号，KA_7(1-2)、KA_7(3-4) 闭合，切除 R_{M5}，KA_7(5-6)、KA_7(7-8) 断开，使 M_5 不受控，此时 KA_7(9-10) 闭合，喷蒸汽加湿用的 YV 受控，KA_7(11-12) 闭合，使 KT_6 受控，转入冬季运行工况。

c. 冬季相对湿度控制：当湿度低于整定值，RT、RH 检测后经 P-4B1 放大，KE_3 通电，YV 通电，将阀门打开，喷蒸汽加湿。当湿度高于整定值，RT、RH 检测后经 P-4B1 放大，KE_3 释放，YV 失电关阀，停止加湿。

d. 冬转夏工况：温度逐渐升高，新风与一次回风的混合空气相对湿度较高，不加湿湿度就已超过定值，检测经调节器放大后，KE_4 通电，使 KT_6 通电，KT_6(1-2) 经延时（1～1.5h）后，使 KA_6、KA_7 释放，表示长期存在高湿信号，自动转入夏季运行工况。如在延时时间内 KT_6(1-2) 不断开，KE_4 释放，则不能转入夏季运行工况。湿度工况转换通过 KA_6、KA_7 实现。开机时系统均处于夏季运行工况，只有经延时后才能转入冬季工况。如按强转冬按钮 SB_{17}，则可立即进入冬季运行工况。

【提示】

该控制系统季节的自动转换是由 KA_3、KA_4、KA_6、KA_7 及 KT_3、KT_4、KT_5、KT_6 配合实现的。

5.4.4 生活锅炉控制电路

SHL10 型锅炉电气控制电路如图 5-80 所示。

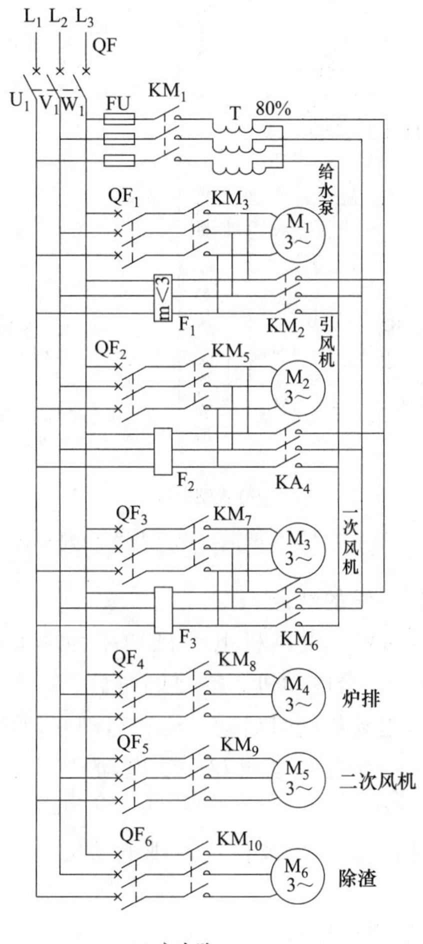

(a) 主电路

图 5-80

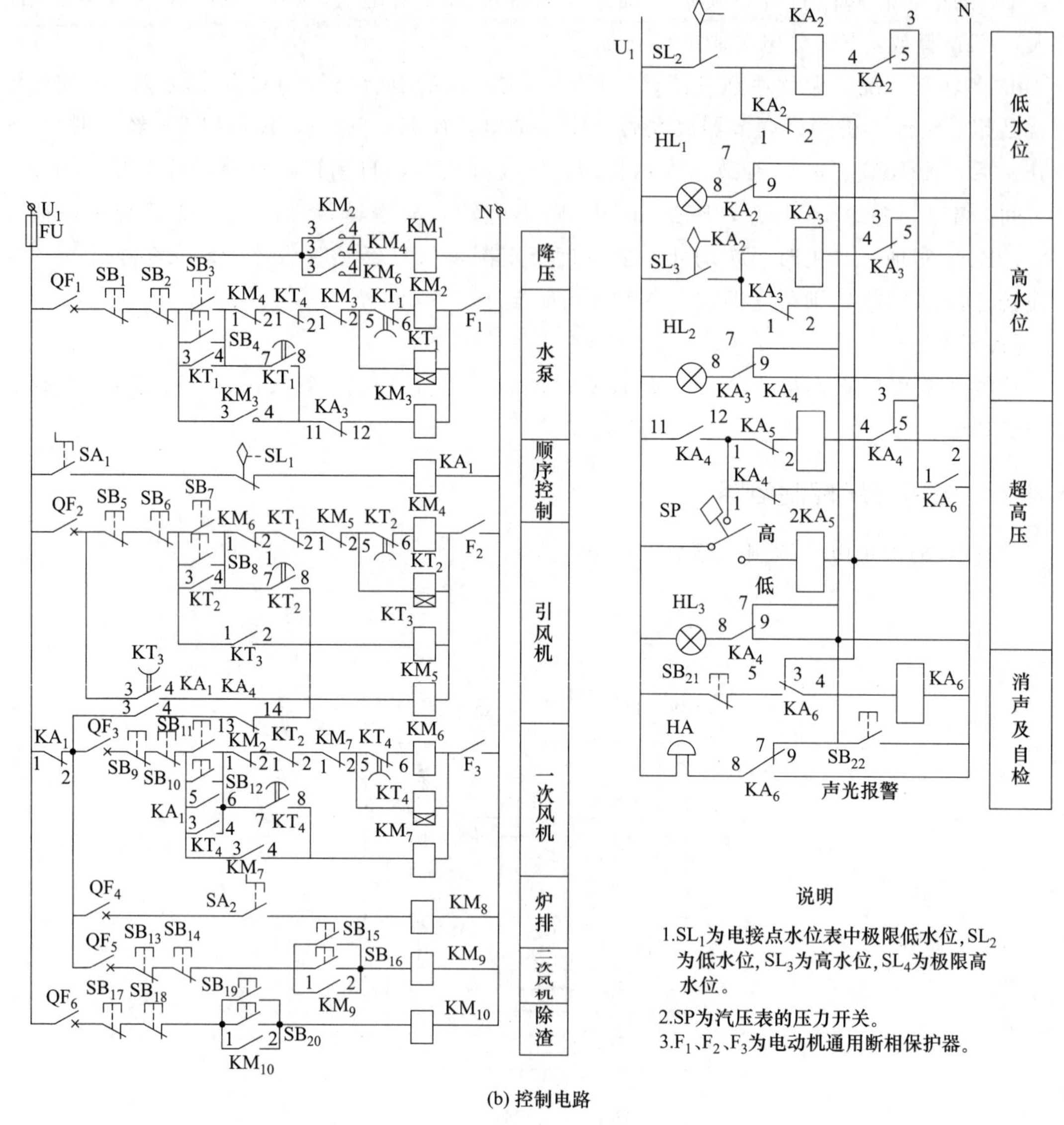

图 5-80　SHL10 型锅炉电气控制电路原理图

(1) SHL10 锅炉电气控制系统的特点

① 水泵电动机功率为 45kW，引风机电动机功率为 45kW，一次风机电动机功率为 30kW，需设置降压启动设备。三台电动机不需要同时启动，共用一台自耦变压器作为降压启动设备。为避免三台或两台电动机同时启动，设置启动互锁环节。在选择变压器时应考虑按最大一台电动机的容量选取。炉排电动机和除渣电动机的功率均为 1.1kW，二次风机电动机功率为 7.5kW，可直接启动。

② 锅炉点火时，为防止倒烟，一次风机、炉排电动机、二次风机必须在引风机启动数秒后才能启动；停炉时相反。

③ 在链条炉中，二次风能将高温烟气引向炉前，帮助新燃料着火，加强对烟气的扰动混合，同时还可提高炉膛内火焰的充满度等优点。二次风量一般控制在总风量的 5%～15% 之间，二次风由二次风机供给。

④ 有必要的声、光报警及保护装置。

(2) 自动调节特点

① 汽包水位调节为双冲量给水调节系统。

② 过热蒸汽温度调节是通过调节仪表自动调节减温水电动阀门的开度，调节减温水的流量，实现过热器出口蒸汽温度的控制。

③ 燃烧过程的调节是通过司炉工观察各显示仪表的指示值，操作调节装置，遥控引风风门挡板和一次风风门挡板，实现引风量和一次风量的调节。对炉排进给速度的调节，是通过操作能实现无级调速的滑差电动机调节装置，以改变链条炉排的进给速度。

④ 系统设置有必要的显示仪表和观察仪表。

(3) 电路原理

① 锅炉点火前的准备　锅炉点火前应进行检查，注意进水时间和温度，停水后要检查水阀是否关严，还要做好水压试验、烘炉和煮炉工作。

将 QF、QF_1～QF_6 合上，其主触点和辅助触点均闭合，为主电路和控制电路通电作准备。如果电源相序均正常，电动机通用断相保护器 F_1～F_3 动合触点均闭合，为控制电路操作作准备。

② 给水泵的控制　上水时，按下 SB_3 或 SB_4 按钮，KM_2 吸合，使给水泵 M_1 降压启动；KM_2(1-2) 断开，切断 KM_6 通路，实现对一次风机不许同时启动的互锁；KM_2(3-4) 闭合，使 KM_1 得电，给水泵 M_1 接通自耦变压器及电源。同时，KT_1 得电，KT_1(1-2) 瞬时断开，切断 KM_4 通路，KT_1(3-4) 瞬时闭合，实现启动时自锁；KT_1(5-6) 延时断开，使 KM_2 失电，KM_1 失电，M_1 及自耦变压器均切除电源；KT_1(7-8) 延时闭合，KM_3 得电，使 M_1 全压稳定运行保证上水；KM_3(1-2) 断开，KT_1 失电，当汽包水位达到一定高度时，需将给水泵停止，做升火前的其他准备工作。

如锅炉正常运行，水泵也需长期运行时，将重复上述启动过程。

③ 引风机的控制　按下 SB_7 或 SB_8，KM_4 得电，使引风机 M_2 接通降压启动线路，为启动作准备；切断 KM_2，实现互锁；KM_4(3-4) 闭合，使 KM_1 得电，M_2 接通自耦变压器及电源，引风电动机实现降压启动。同时，KT_2 得电，其触点 KT_2(1-2) 瞬时断开，切断 KM_6 通路，实现互锁；KT_2(3-4) 瞬时闭合，实现自锁；KT_2(5-6) 延时断开，KM_4 失电，KM_1 失电，M_2 及自耦变压器均切除电源；KT_2(7-8) 延时闭合，KT_3 得电，KT_3(1-2) 闭合自锁；KT_3(3-4) 瞬时闭合，KM_5 得电，使 M_2 接上全压电源稳定运行；KM_5(1-2) 断开，KT_2 失电，引风机启动结束后，就可启动炉排电动机和二次风机。

触点 KA_4(13-14) 为锅炉出现高压时，自动停止一次风机、炉排风机、二次风机的继电器 KA_4 触点，正常时不动作，其原理在声光报警电路中分析。

④ 一次、二次风机和炉排电动机的控制

a. 一次风机的控制：闭合 SA_1，汽包水位高于极限低水位，水位表中极限低水位 SL_1 闭合，KA_1 得电，KA_1(1-2) 断开，使一次风机、炉排电动机、二次风机必须按引风电动机先启动的顺序实现控制；KA_1(3-4) 闭合，为顺序启动作准备；KA_1(5-6) 闭合，使一次风机在引风机启动结束后自行启动。

当引风机 M_2 降压启动结束时，KT_3(1-2) 闭合，只要 KA_4(13-14) 闭合、KA_1(3-4) 闭合、KA_1(5-6) 闭合，KM_6 就得电，使一次风机 M_3 接通电源，为启动作准备。

KM_6(1-2) 断开，互锁；KM_6(3-4) 闭合，KM_1 吸合，M_3 接通自耦变压器及电源，一

次风机实现降压启动。同时，KT_4 得电，KT_4(1-2) 瞬时断开，互锁；KT_4(3-4) 瞬时闭合，实现自锁；KT_4(5-6) 延时断开，KM_6 失电，KM_1 失电，M_3 及自耦变压器切除电源；KT_4(7-8) 延时闭合，KM_7 得电，M_3 接全压稳定运行；KM_7(1-2) 断开，KT_4 失电；KM_7(3-4) 闭合，自锁。

b. 炉排电动机的控制：用 SA_2 直接控制 KM_8 得电，其主触点闭合，使炉排电动机 M_4 接通电源，直接启动。

c. 二次风机启动：按 SB_{15} 或 SB_{16} 按钮，KM_9 得电，二次风机 M_5 接通电源，直接启动；KM_9(1-2) 闭合，自锁。

需要二次风机 M_5 停止时，按 SB_{13}、SB_{14} 即可。

⑤ 锅炉停炉控制

a. 暂时停炉：负荷短时间停止用汽时，用压火的方式停止。

b. 正常停炉：停用汽及检修有计划停炉，熄火和放水。

正常停炉和暂时停炉的控制：按 SB_5 或 SB_6，KT_3 失电，KM_7、KM_8、KM_9 失电，一次风机 M_3、炉排 M_4、二次风机 M_5 都断电停止运行；KT_3(3-4) 延时恢复，KM_5 失电，引风机 M_2 停止。实现停止时，应遵循一次风机、炉排电动机、二次风机先停数秒后，再停引风机电动机的顺序控制要求进行。

c. 紧急停炉：锅炉运行中发生事故，如不立即停炉，就有扩大事故的可能，需停止供煤、送风，减少引风，其具体工艺操作按说明书中的相关规定执行。

⑥ 声光报警及保护

a. 水位报警：当汽包低于低水位时，SL_2 闭合，KA_6 得电，KA_6(4-5) 自锁；KA_6(8-9) 闭合，HA 报警；同时，KA_6(1-2) 闭合，使 KA_2 得电，KA_2(4-5) 自锁；KA_2(8-9) 闭合，HL_1 亮光报警。KA_2(1-2) 断开，为消声作准备。当值班人员听到声响后，知道发生低水位时，按 SB_{21}，使 KA_6 失电，HA 不响。水位上升后，SL_2 复位，KA_2 失电，HL_1 不亮。

如汽包低于极限低水位时，SL_1 断开，KA_1 失电，一次风机、二次风机均失电停止。

当汽包水位超过高水位时，SL_3 闭合，KA_6 得电，KA_6(4-5) 自锁；KA_6(8-9) 闭合，HA 发出响声报警；KA_6(1-2) 闭合，使 KA_3 吸合，KA_3(4-5) 自锁；KA_3(8-9) 闭合，HL_2 亮；KA_3(1-2) 断开；KA_3(1-2) 断开，使 KM_3 失电，给水泵 M_1 停止运行。消声与前同。

b. 超高压报警：当蒸汽压力超过设计整定值时，其蒸汽压力表中的压力开关 SP 高压端接通，使 KA_6 吸合，KA_6(4-5) 自锁；KA_6(8-9) 闭合，HA 发出响声报警；KA_6(1-2) 闭合，使 KA_4 吸合，KA_4(11-12)、KA_4(4-5) 自锁；KA_4(8-9) 闭合，HL_3 亮，报警；KA_4(13-14) 断开，使一次风机、二次风机和炉排电动机均停止运行。

当值班人员知道并处理后，蒸汽压力下降，到蒸汽压力表中的压力开关 SP 低压端接通时，使 KA_5 得电，KA_5(1-2) 断开，使 KA_4 失电，KA_4(13-14) 复位，一次风机和炉排电动机将自行启动，二次风机需用按钮操作。

SB_{22} 为自检按钮，HA 及各光器件均应能动作。

c. 断相保护：F_1、F_2、F_3 为电动机通用断相保护器，各作用于 M_1、M_2 和 M_3 电动机启动和正常运行时的断相保护（缺相保护），如相序不正确也能保护。

d. 过载保护：各台电动机的电源开关都用自动开关控制，自动开关一般具有过载自动跳闸功能，也可有欠压保护和过流保护等功能。

5.4.5 消防泵控制电路

用于消防系统的泵分以下几种：消防喷淋泵、消火栓泵、消防稳压泵、消防增压泵，根据使用的实际情况来定。消防泵主要分为立式消防泵和卧式消防泵。

消防泵主要用于消防系统管道增压送水，供输送不含固体颗粒的清水及物理化学性质类似于水的液体之用。也可用于工业和城市给排水、高层建筑增压送水、远距离送水、采暖、浴室、锅炉冷暖水循环增压空调制冷系统送水及设备配套等场合。

消防泵控制电路的合理性是在发生火灾时，消防泵功能正常发挥的重要保证，是将火灾损失减少到最低限度的比较有效的方法。

(1) 消火栓泵电气控制电路

典型的消火栓泵电气控制电路如图 5-81 所示，它由信号控制回路、主泵控制回路和备用泵控制回路三部分组成。

电路原理如下。

在主电路中采用了两台电动机 M_1 和 M_2，可互为主泵和备用泵。由于消火栓泵的容量比较大，所以采用了星形-三角形降压启动方式，在总电源输入端采用了双电源切换开关。QF_1、QF_2 为断路器，KM_1、KM_2 为电动机主接触器，KMY_1、KMY_2 为电动机绕组三角形连接时的接触器，KMJ_1、KMJ_2 为电动机绕组星形连接时的接触器，FR_1、FR_2 为热继电器。

① 信号控制回路　信号控制回路用于综合消防控制室的远控信号、消防按钮的远控信号和备用泵自投信号等。通常采用时间继电器 KT 发出备用泵自投转换信号，当主泵因故障跳闸而使工作泵接触器 KMY_1、KMJ_1 失电或当 KMY_1、KMJ_1 不能正常吸合时，其动断触点接通 KT 线圈电路，经过 Δt（整定时间）的延时，接通备用泵控制线路，备用泵自行启动。备用泵自投时，发出声、光报警信号，其中声响信号经 KT 的延时时间后消除，而光信号直至故障排除、备用泵停止工作后方可消除。

② 主泵和备用泵控制回路　主泵和备用泵的职能分配由转换开关 SA 实现。SA 有 3 挡，位于零位时为就地检修挡，此时信号控制回路不起作用，主泵及备用泵的启动及停止均由手动操作按钮进行。SA 位于左右挡时，两台泵分别为 1# 主 2# 备和 2# 主 1# 备。由于线路左右对称，下面以 A_1 挡为例进行分析。

当 SA 打向 A_1 挡时，信号控制回路中⑦-⑧点接通，主泵控制线路中⑨-⑩点接通，备用泵控制线路中⑮-⑯接通。此时，若发生火灾，则：打碎消火栓报警按钮玻璃后，其动合触点复位断开，KA_1 失电，动断触点复位，KA_2 接通；或消防控制室送出消火栓启泵信号，（按下 ST）其动合触点复位断开，KA_1 失电，动断触点 01-11 复位，时间继电器 KT 线圈接通，延时 Δt，通电延时闭合动合触点 01-13 闭合，中间继电器 KA_2 线圈接通。此时，1# 主泵控制回路中，回路 101-SA⑨-SA⑩-115-109-113-KMY_1-102 接通，KMY_1 线圈通电，1# 泵电动机定子绕组星形连接，回路 101-SA⑨-SA⑩-115-109-119-KM_1-102 接通，KM_1 线圈通电，1# 泵电动机 M_1 启动，到达 KT_1 延时时间后，定子绕组换接为三角形连接，全压运行。

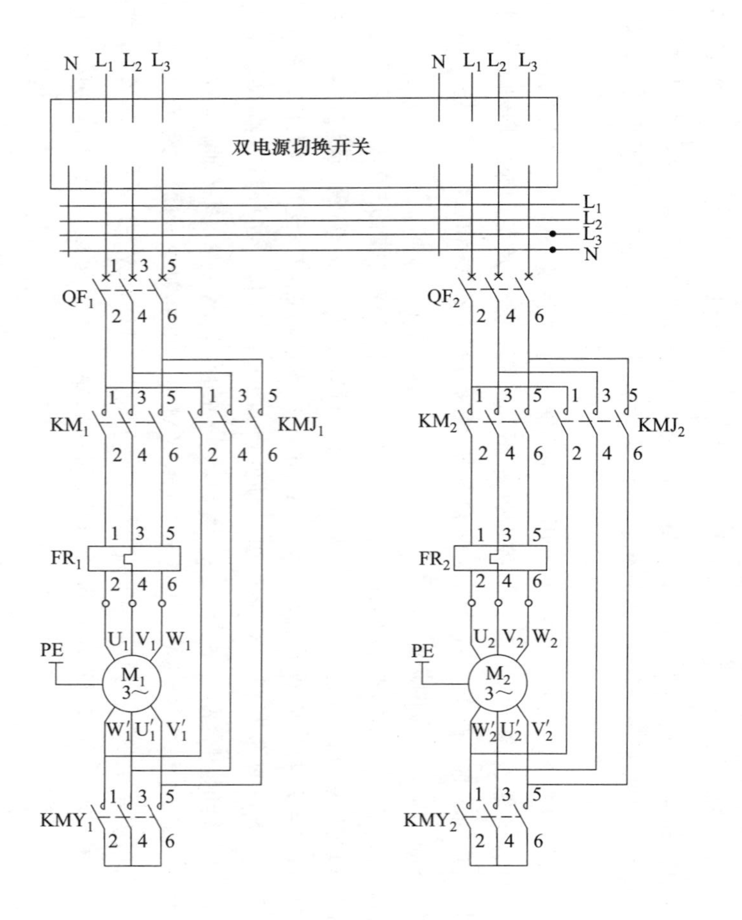

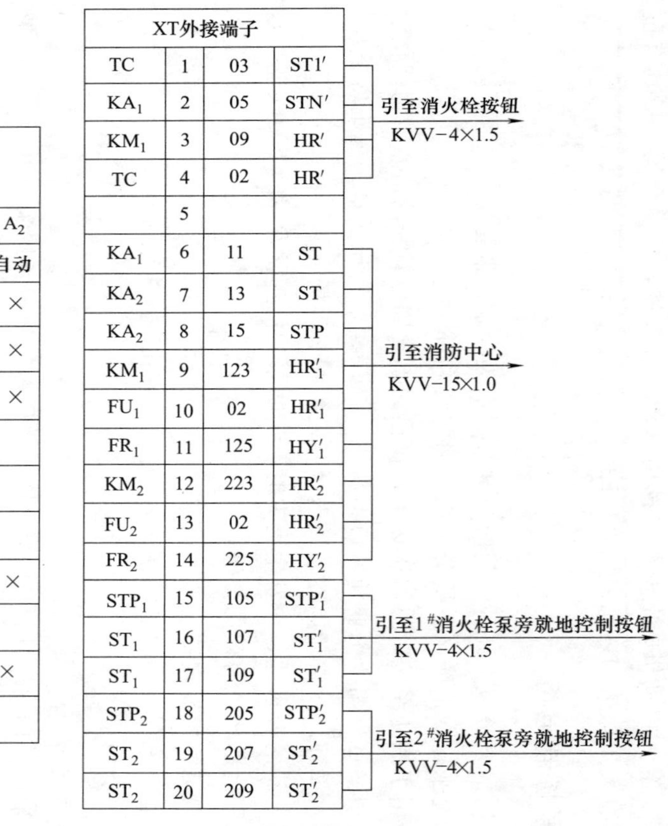

LW5-15D1365/5				
触点编号	定位特征	A_1 自动	M 手动	A_2 自动
—╱—	1-2			×
—╱—	3-4			×
—╱—	5-6			×
—╱—	7-8	×		
—╱—	9-10	×		
—╱—	11-12		×	
—╱—	13-14	×		×
—╱—	15-16	×		
—╱—	17-18	×		×
—╱—	19-20		×	

万能开关触点闭合表

XT外接端子			
TC	1	03	ST1′
KA_1	2	05	STN′
KM_1	3	09	HR′
TC	4	02	HR′
	5		
KA_1	6	11	ST
KA_2	7	13	ST
KA_2	8	15	STP
KM_1	9	123	HR_1'
FU_1	10	02	HR_1'
FR_1	11	125	HY_1'
KM_2	12	223	HR_2'
FU_2	13	02	HR_2'
FR_2	14	225	HY_2'
STP_1	15	105	STP_1'
ST_1	16	107	ST_1'
ST_1	17	109	ST_1'
STP_2	18	205	STP_2'
ST_2	19	207	ST_2'
ST_2	20	209	ST_2'

XT外接端子

(a) 主电路

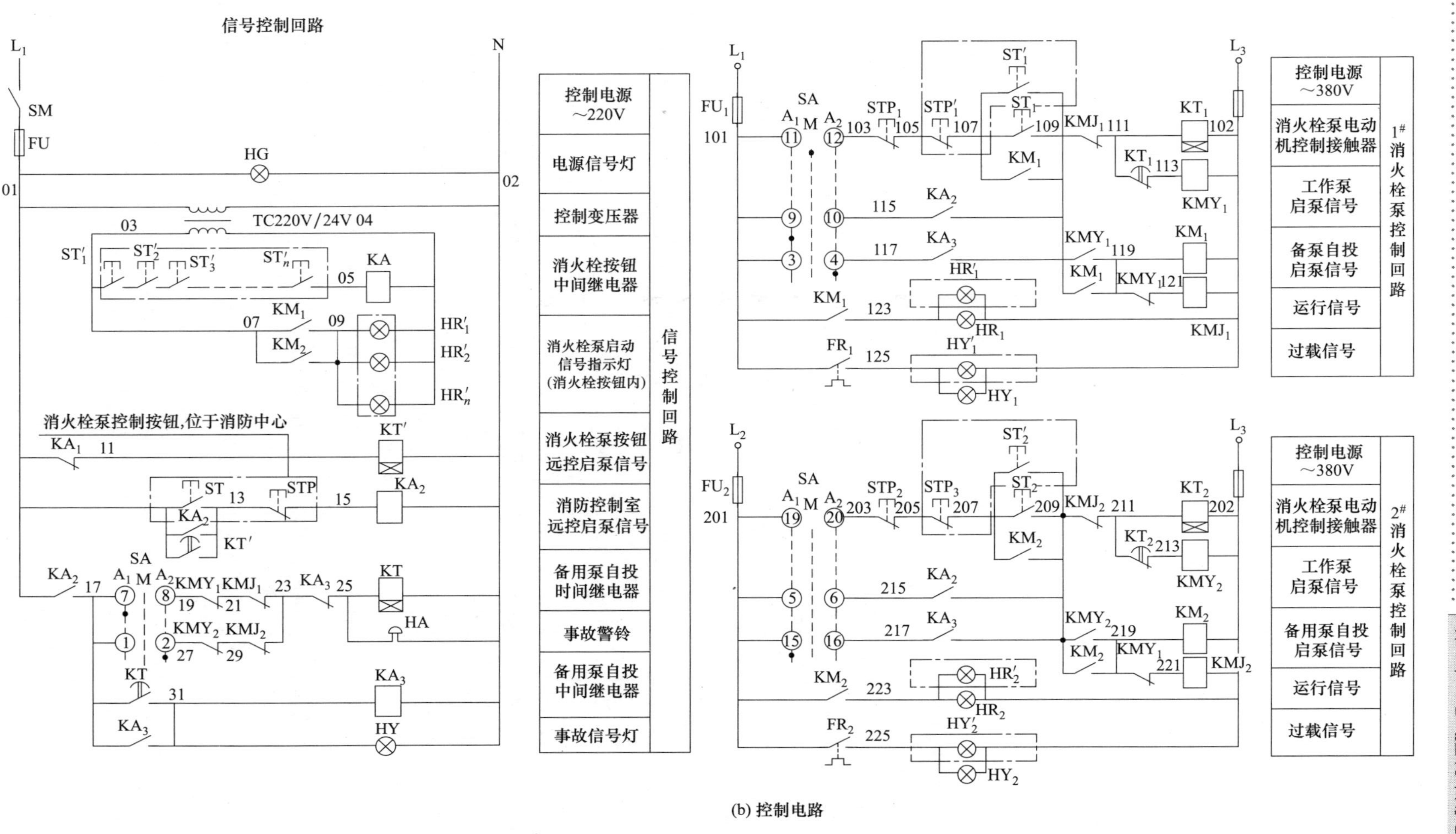

(b) 控制电路

图 5-81 消火栓泵电气控制电路

若因 KMY_1、KMJ_1 故障不能吸合，则信号控制回路中，01-17-SA⑦-SA⑧-19-21-23-25-KT-02 接通，时间继电器 KT 线圈得电。到达 KT 整定时间后，KT 的延时触点 17-31 闭合，KA_3 线圈接通，KA_3 触点 217-209 闭合。回路 201-SA⑮-SA⑯-217-209-211-KMY_2-202 接通，KMY_2 线圈通电，2# 泵电动机定子绕组星形连接，回路 201-SA⑮-SA⑯-217-209-219-KM_2-202 接通，KM_2 线圈通电，2# 泵电动机 M_2 启动，到达 KT_2 延时时间后，定子绕组换接为三角形连接，全压运行，完成备用泵自投。

同理可以分析转换开关 SA 打向 A_2 挡时“2# 主 1# 备”的工作情况。

工作泵或备用泵运行时，其运行信号由 KM_1 或 KM_2 的动合触点送出，通过控制电缆引至消防显示盘。

工作泵或备用泵过载时，其过载信号由热继电器的动合触点送出，通过控制电缆引至消防显示盘。

【提示】

消火栓泵一般采用多地控制方式，可通过楼层消火栓箱内（旁）的消火栓破碎玻璃按钮启动，也可以由消火栓泵控制柜启动，还可以由消防控制室通过手动控制盘直接启泵或停止。

消火栓箱内左上角或左侧壁上方装有消防按钮，用于远距离启动消火栓泵。消防按钮为打碎玻璃启动的专用消防按钮。当打碎按钮面板上的玻璃时，受玻璃压迫而闭合的触点复位断开，发出启动消火栓泵的指令。

消火栓按钮在电气控制线路中的连接形式有串联、并联及通过模块与总线相接三种，如图 5-82 所示。

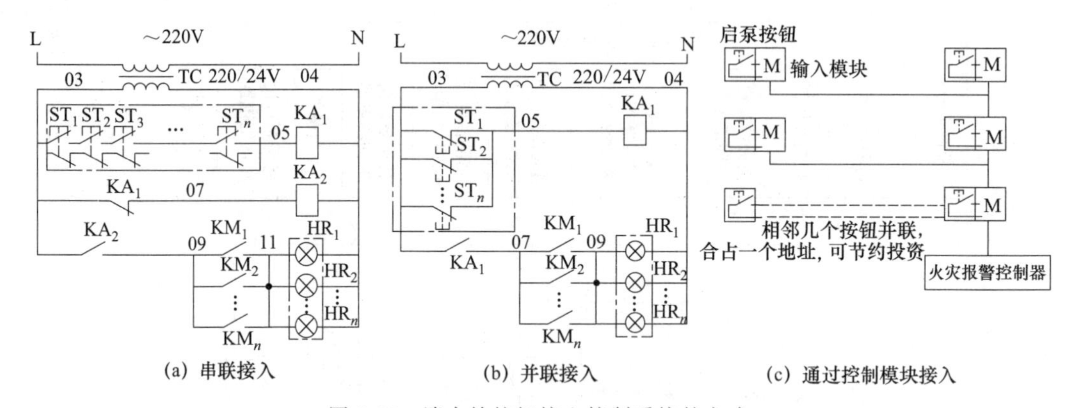

图 5-82　消火栓按钮接入控制系统的方式

图 5-82（a）为消火栓按钮串联式电路，图中消火栓按钮的动合触点在正常监控时均为闭合状态。中间继电器 KA_1 正常时通电，当任一消火栓按钮动作时，KA_1 线圈失电，中间继电器 KA_2 线圈得电，其动合触点闭合，启动消火栓泵，所有消火栓按钮上的指示灯点亮。

图 5-82（b）为消火栓按钮并联电路，图中消火栓按钮的动断触点在正常监控时是断开的，中间继电器 KA_1 不得电，火灾发生时，当任一消火栓按钮动作时，KA_1 即通电，启动消火栓泵，当消火栓泵运行时，其运行接触器动合触点闭合，所有消火栓按钮上的指示灯点亮，显示消火栓泵已启动。

在大中型工程中常使用图 5-82（c）所示的接线方式。这种系统接线简单、灵活（输入模块的确认灯可作为间接的消火栓泵启动反馈信号），但火灾报警控制器一定要保证常年正常运行，且常置于自动联锁状态，否则会影响泵启动。

(2) 消防喷淋泵控制电路

消防喷淋泵电气控制电路如图 5-83 所示。

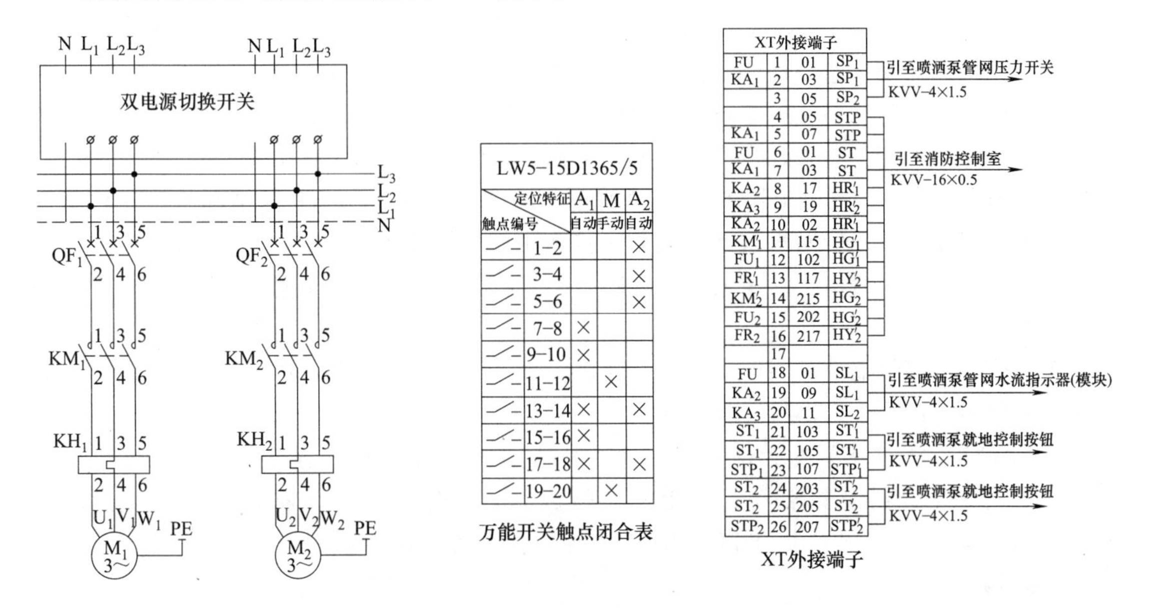

(a) 主电路

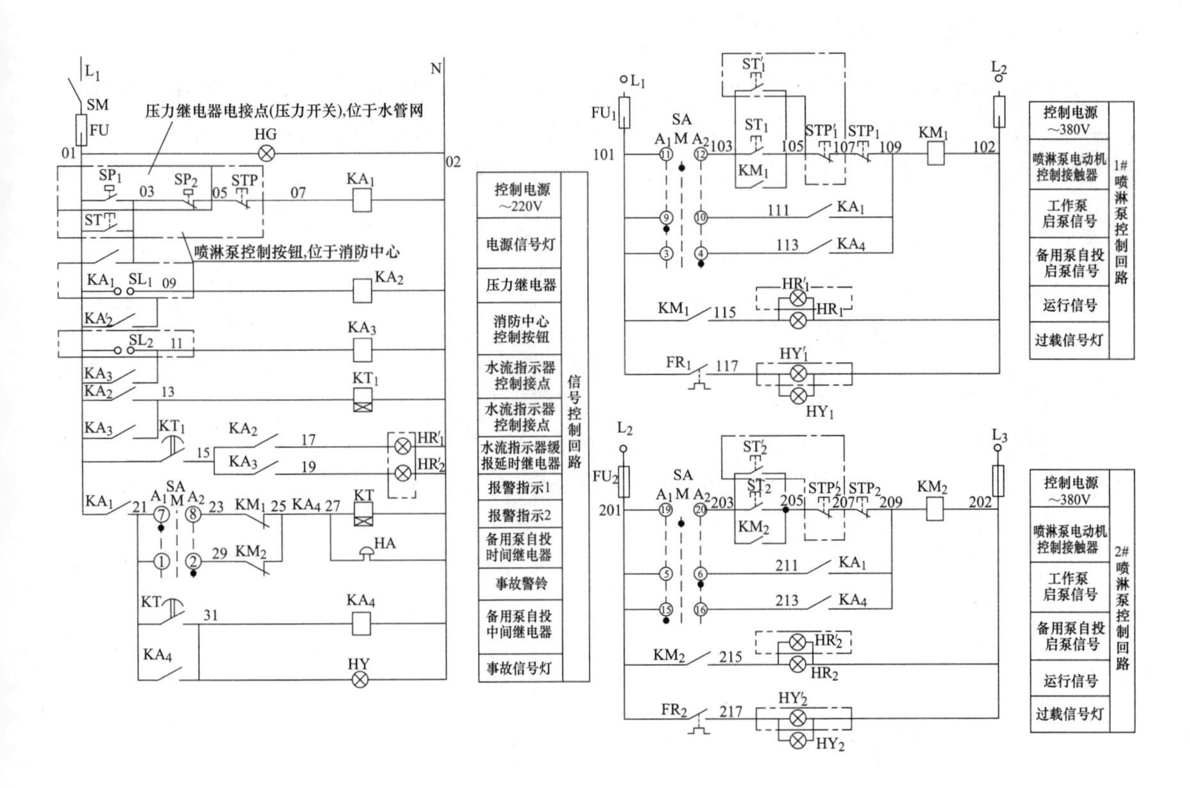

(b) 控制电路

图 5-83 消防喷淋泵电气控制电路

电路原理如下。

主电路分析与消火栓泵的相同。两台喷淋泵一工一备，其工作（备用）职能由转换开关SA分配。

① 自动控制　下面以SA位于九挡为例进行分析。当发生火灾时，温度上升，喷头上装有热敏液体的玻璃球达到动作温度时，由于液体的膨胀而使玻璃球炸裂，喷头开始喷水灭火。喷头喷水导致管网的压力下降，管网中的水流指示器感应到水流动时，经过20～30s的延时，发出电信号到控制室。当管网压力下降到一定值时，管网中压力开关（压力继电器）SP_1动合触点闭合，中间继电器KA_1线圈得电，动合触点闭合，启动$1^{\#}$喷淋泵（工作泵）。同时，水流指示器因水管网水流动而动作，接通中间继电器KA_2（KA_3），将火灾信号送至消防控制室。运行信号由喷淋泵电源接触器动合触点接通信号指示灯将启泵信号送回消防控制室。

当工作泵因接触器故障不能启动时，KT接通，经过短暂延时，中间继电器KA_4线圈得电，动合触点闭合，启动喷淋备用泵。

② 手动控制　将SA拨至M挡（手动控制挡），信号控制回路不起作用，$1^{\#}$、$2^{\#}$水泵电动机控制为电动机直接启动控制电路，两台电动机分别由手动控制按钮ST_1（ST_2）、STP_1（STP_2）及ST'_1（ST'_2）、STP'_1（STP'_2）控制。本挡可用作检修挡。

【提示】

民用建筑电气工程中，喷淋泵容量一般不大，通常采用多地控制方式和直接启动方式。

5.4.6 引风机和鼓风机控制电路

锅炉房中的锅炉启炉时或锅炉运行中，为防炉内正压向炉外喷火，操作规程中对鼓风机的启动有着特殊的规定，即先启动引风机，后启动鼓风机，在锅炉运行中一旦引风机故障，鼓风机应随之自动停机。引风机、鼓风机控制电路如图5-84所示。

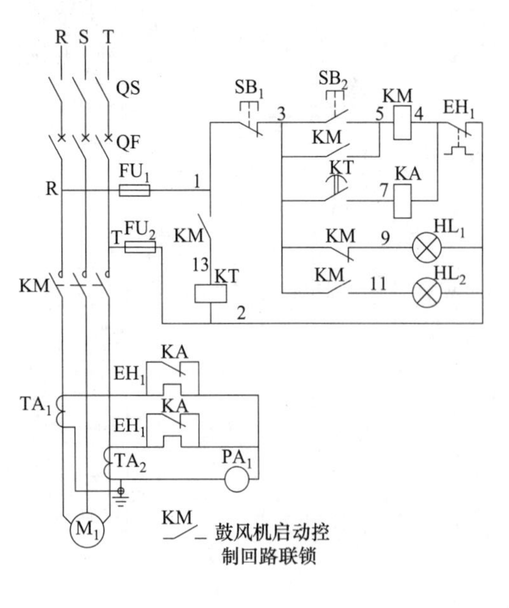

(a) 引风机控制电路

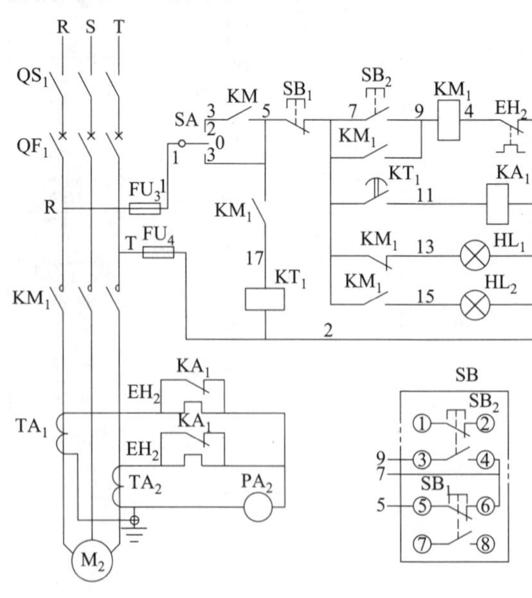

(b) 鼓风机控制电路

图5-84　引风机和鼓风机控制电路

电路原理如下。

(1) 引风机控制电路

合上 QS、QF 后，电源 R 相→控制保险 FU_1→1# 线→停止按钮 SB_1 动断触点→3# 线→接触器 KM 动断触点→9# 线→信号灯 HL_1→2# 线→控制保险 FU_2→电源 T 相。信号灯 HL_1 得电，灯亮表示引风机具备启动条件。

如图 5-84 (a) 所示，按下启动按钮 SB_2，电源 R 相→控制保险 FU_1→1# 线→停止按钮 SB_1 动断触点→3# 线→启动按钮 SB_2 动合触点（按下时闭合）→5# 线→接触器 KM 线圈→4# 线→热继电器 EH_1 动断触点→2# 线→控制保险 FU_2→电源 T 相。接触器 KM 线圈得到 380V 交流电源动作，动合触点 KM 闭合（起回路自保作用）。主回路中接触器 KM 三个主触点同时闭合，电动机 M_1 绕组获得交流 380V 电源启动运转，驱动引风机工作。

当接触器 KM 动作时，电源 R 相→1# 线→动合触点 KM→13# 线→时间继电器 KT 线圈→2# 线→控制保险 FU_2→电源 T 相。时间继电器 KT 得电动作，电动机 M_1 启动，其转速由低逐渐上升，启动电流下降时，也正是时间继电器 KT 的整定延时的时间到时，动合触点 KT 闭合。

电源 R 相→控制保险 FU_1→1# 线→停止按钮 SB_1 动断触点→3# 线→时间继电器 KT 延时闭合的动合触点→7# 线→中间继电器 KA 线圈→4# 线→热继电器 EH_1 动断触点→2# 线→控制保险 FU_2→电源 T 相。中间继电器 KA 线圈得电动作，电流互感器 TA_1、TA_2 二次回路中与热继电器发热元件 EH_1 并联的辅助动断触点 KA 断开，这时热继电器 EH_1 发热元件流过电动机的负荷电流，电流表 PA_1 指示出引风机（电动机 M_1）的负荷电流值，这时引风机进入正常的、有过负荷保护的运行状态。辅助的动合触点 KM 闭合，红色信号灯 HL_2 得电灯亮，表示电动机 M_1 运转状态。

按下启动按钮 SB_2 引风机启动运转，按下停止按钮 SB_1，引风机停止运转。

(2) 鼓风机控制电路

引风机进入正常运行状态，引风机接触器辅助动合触点 KM 闭合，这时合上 QS_1、QF_1，鼓风机电动机 M_2 才具备启动的条件，如图 5-84 (b) 所示。

将转换开关 SA 切换到联锁位置 1、2 接通。引风机进入正常运行后，按下鼓风机启动按钮 SB_2。

电源 R 相→控制保险 FU3→1# 线→转换开关 SA 接通的①、②触点→3# 线→闭合的引风机接触器 KM 辅助动合触点→5# 线→停止按钮 SB_1 动断触点→7# 线→启动按钮 SB_2（按下时闭合）→9# 线→电动机接触器 KM_1 线圈→4# 线→热继电器 EH_2 动断触点→控制保险 FU_4→电源 T 相。接触器 KM_1 线圈得到 380V 交流电源动作，动合触点 KM_1 闭合（起回路自保作用）。主回路中接触器 KM_1 三个主触点同时闭合，电动机 M_2 绕组获得交流 380V 电源启动运转，驱动鼓风机工作。

当接触器 KM_1 动作时，动合触点 KM_1 闭合→17# 线→时间继电器 KT_1 线圈。时间继电器 KT_1 得电动作。电动机 M_2 启动，其转速由低速逐渐上升，启动电流下降时，也正是时间继电器 KT_1 整定的延时时间到时，动合触点 KT_1 闭合。

电源 R 相→控制保险 FU_3→1# 线→停止按钮 SB_1 动断触点→7# 线→时间继电器 KT_1 闭合的动合触点→11# 线→中间继电器 KA_1 线圈→2# 线→控制保险 FU_4→电源 T 相。中间继电器 KA_1 线圈得电动作，电流互感器 TA_1、TA_2 二次回路中与热继电器发热元件 EH_2 并联的辅助动断触点 KA_1 断开，热继电器 EH_2 发热元件流过电动机的负荷电流，电流表 PA_2 指示出鼓风机（电动机 M_2）的负荷电流值，这时鼓风机进入正常的、有过负荷保护的运行状态。

辅助的动合触点 KM_1 闭合→15[#]线→红色信号灯 HL_2 得电灯亮，表示电动机 M_2 正常运转状态。

送（鼓）风机不需要联锁控制时，将控制开关 SA 切换到 1、3 位置，按下启动按钮 SB_2，送（鼓）风机启动运转，按下停止按钮 SB_1，送（鼓）风机停止运转。

如果控制开关 SA 在联锁位置，引风机正常运行后，按下鼓风机的启动按钮 SB_2，鼓风机不启动，原因是引风机接触器 KM 的动合触点接触不良，这时可以将控制开关 SA 切换到不联锁的位置，按下鼓风机启动按钮 SB_2，鼓风机运转。

【提示】

与引风机控制电路比较，鼓风机控制电路中只增加了一个有三个位置的转换开关 SA，通过选择不同的位置来满足鼓风机控制的操作需要。

5.5 典型二次回路控制电路

5.5.1 断路器控制电路

工矿企业供电系统的 6～10kV 线路采用油断路器或真空断路器控制，也有采用高压熔断器配合高压接触器（F-C）控制的。断路器的操动机构有电磁机构、弹簧机构等，控制方式有远方控制和就地控制，一般都有运行指示灯监视（合闸和跳闸指示灯）。发电厂和大型变电所指示灯大都带有闪光功能，一般每条线路装设一组逻辑回路的熔断器。

(1) 双灯监控断路器控制电路

如图 5-85 所示为双灯监视的断路器控制电路，其中运行指示灯有两个，即合闸指示灯

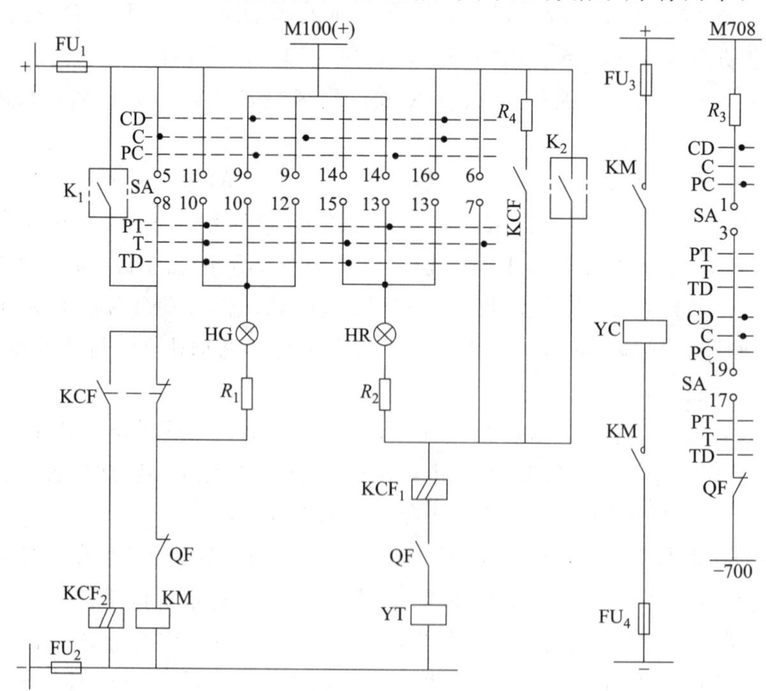

图 5-85 双灯监视的断路器控制电路

和跳闸指示灯。图中，＋、－分别为控制小母线和合闸小母线（合闸母线接大容量的电源）；$M_1$00（＋）为闪光小母线；M708 为事故音响小母线；－700 为信号小母线的负极端；SA 为控制开关；FU_1～FU_4 为熔断器。

电路原理如下：

① 手动合闸回路　手动合闸，SA 的 5-8 触点接通（或自动装置动作，其 K_1 动合触点闭合），将绿灯（HG）短路，控制母线电压加到合闸接触器 KM 的线圈上，其动合触点闭合，启动断路器合闸线圈 YC，断路器合闸。

② 手动跳闸　手动跳闸，SA 的 6-7 触点接通（或保护动作，K_2 触点闭合），将红灯（HR）短路，断路器跳闸线圈 YT 的电阻大于跳跃闭锁继电器 KCF_1 电流线圈的电阻，YT 上承受足够大的电压，使 YT 启动，QF 跳闸。

③ 跳、合闸控制回路完整性监视　在跳、合闸回路中串入了指示灯。

a. 跳闸回路。合闸后 SA 的 16-13 接通，在红灯 HR 与 YT 回路中，HR 亮表示 QF 在合闸位置（QF 动合触点闭合），且跳闸回路完好。虽 YT 回路接通，但红灯及附加电阻 R_2 的阻值远大于 YT 的阻值，YT 上的电压达不到其动作值，所以 QF 不动作；只有手动跳闸 SA 的 6-7 触点接通或保护动作，K_2 触点闭合，将 HR 短路时，YT 上的电压达到其动作值，断路器才跳闸。HR 上的附加电阻 R_2 是防止在 HR 短接时 YT 误动作而设置的。

b. 合闸回路。同理，跳闸后 SA 的 10-11 触点接通，绿灯亮，不仅表示断路器是跳闸位置，而且说明合闸回路是完好的（KM 回路接通）。

④ 自动跳、合闸的监视信号　断路器自动跳、合闸，则灯光发闪光信号。

a. 自动合闸。跳闸后 SA 的 14-15 触点接通，此时若 QF 自动合闸，则 HR 经 SA 的 14-15 触点接闪光小母线 $M_1$00（＋），HR 闪光。

b. 自动跳闸。合闸后 SA 的 9-10 触点接通，此时若 QF 自动跳闸，则 HG 经 SA 的 9-10 触点接闪光小母线 $M_1$00（＋），HG 闪光。

⑤ 熔断器完好监视　HR 或 HG 有一个亮，则表明熔断器 FU 是完好的。

⑥ KCF 的动合触点串电阻 R_4 且与 K_2 动合触点并联　当 K_2 先于 QF 跳开时，必先烧 K_2 的触点；而加入 KCF 的动合触点后，QF 在合闸位，即使 K_2 先跳开，因有 KCF 及 R_4 与之并联，所以 K_2 触点也不会烧坏。

【提示】

断路器控制回路包括回路接线及熔断器，必须对其有经常性的监视，否则当熔断器或控制回路断线（经常是接触不良）时，将不能正常进行跳、合闸。目前广泛采用的监视方式有两种，即灯光监视和音响监视。中小型发电厂和变电站一般采用双灯监视方式，而大型发电厂和变电站则多采用单灯加音响监视方式。

灯光监视控制回路结构简单，红、绿灯指示断路器的位置比较明显；但在大型发电厂和变电站中，因控制屏多，所以必须加入音响信号，以便及时引起值班人员注意。

(2) 单灯加音响监视断路器的控制电路

如图 5-86 所示是电力系统中常用的音响监视的单灯制断路器控制电路。

电路原理如下。

与双灯监视的断路器控制回路图 5-85 相比，其主要区别及特点如下。

① 控制回路与信号回路是分开的，控制开关只有一个信号灯，灯泡装在控制开关手柄内，其触点图表见表 5-3。

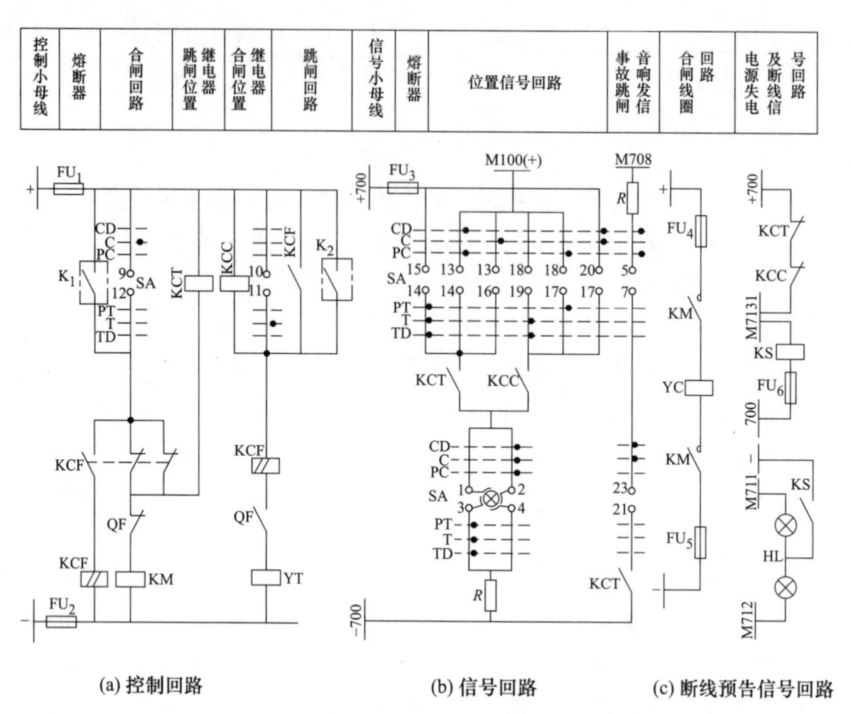

(a) 控制回路　　(b) 信号回路　　(c) 断线预告信号回路

图 5-86　单灯加音响监视的断路器控制电路

表 5-3　控制开关触点图表

在“跳闸”后位置的手柄（前视）的样式和触点盒（后视）接线图																			
手柄和触点盒形式	F1	灯		1a		4		6a			40			20			20		
触点号 / 位置	—	1-3	2-4	5-7	6-8	9-12	10-11	13-14	13-16	15-14	18-17	18-19	20-17	23-21	21-22	22-24	25-27	25-26	26-28
跳闸后		•	—	—	•	—	—	—	—	•	—	•	—	—	—	•	—	—	•
预备合闸		—	•	•	—	—	—	•	—	—	•	—	—	—	•	—	—	•	—
合闸		—	•	—	—	•	—	—	•	—	—	—	•	•	—	—	•	—	—
合闸后		—	•	•		—	—	•	—	—	—	—	•	•	—	—	•	—	—
预备跳闸		•	—	—	•		—	—	—	•	•	—	—	—	•	—	—	•	—
跳闸		•	—	—	—	—	•	—	—	•	—	•	—	—	—	•	—	—	•

② 控制回路中，在合闸回路中用 KCT 线圈代替绿灯（HG），在跳闸回路中用 KCF 线圈代替红灯（HR），其余完全相同。

③ 信号回路中，用 KCC 的动合触点代替 QF 的动合辅助触点，用 KCT 的动合触点代替 QF 的动断辅助触点。

④ 断线监视信号回路中，将跳闸位置继电器 KCT 的动断触点和合闸位置继电器 KCC 的动断触点串联接于控制回路断线小母线 M7131 与“+”电源之间，开关手柄中信号灯是经常亮着的，若灯光熄灭，则说明熔断器熔断、控制回路断线或灯泡烧坏。同时“控制回路断线”光字牌点亮，并发出相应音响信号。

⑤ 断路器位置状态的判断方法

a. 手动合闸。SA 在“合闸后”位，其触点 20-17 通，2-4 通，KCC 动合触点闭合，灯发平光，则表明 QF 在（手动）合闸位。

b. 自动跳闸。SA 在“合闸后”位，其触点 13-14 通；如有事故发生，则保护使 QF 自动跳闸，KCC 动合触点断开，KCT 动合触点闭合，信号灯发闪光，表明 QF 自动跳闸。

c. 手动跳闸。SA 在“跳闸后”位，其触点 1-3 通，14-15 通，经 KCT 动合触点，信号灯发平光，表明 QF 手动跳闸。

d. 自动合闸。SA 在“跳闸后”位，其触点 18-19 通，若自动装置动作，K_1 触点闭合，则 KCC 动合触点闭合，信号灯发闪光，表明 QF 自动合闸。

【提示】

单灯制控制回路需由灯光（平光或闪光）及控制开关 SA 手柄的位置来共同确定断路器 QF 的位置状态。

(3) 电磁操作机构断路器控制电路

如图 5-87 所示为采用电磁操作机构的断路器控制电路，其控制开关采用双向自复式并具有保持触点的 LW5 型万能转换开关，其手柄正常为垂直位置（0°）。顺时针扳转 45°，为合闸（ON）操作，手松开即自动返回（复位），保持合闸状态。反时针扳转 45°，为分闸（OFF）操作，手松开也自动返回，保持分闸状态。图中虚线上打黑点（·）的触点，表示在此位置时该触点接通；而虚线上标出的箭头（→），表示控制开关手柄自动返回的方向。

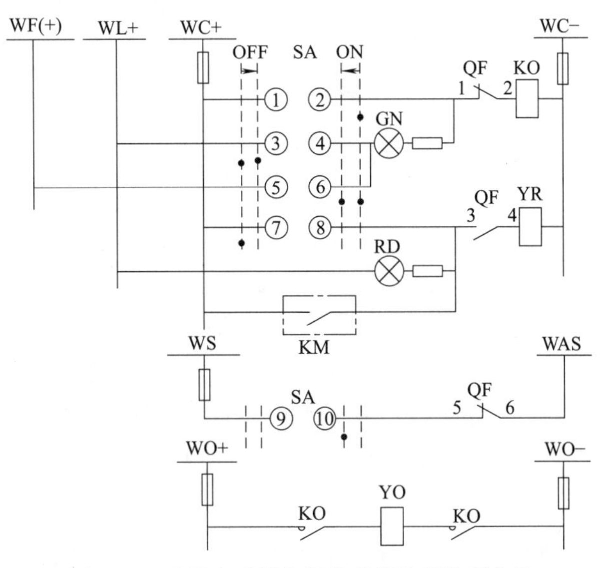

图 5-87 采用电磁操作机构的断路器控制电路

图中，WC 为控制小母线，WL 为灯光信号小母线，WF 为闪光信号小母线，WS 为信号小母线，WAS 为信号音响小母线，WO 为合闸小母线。

电路原理如下。

合闸时，将控制开关 SA 手柄顺时针扳转 45°，这时其触点 SA①-②接通，合闸接触器 KO 通电［其中 QF（1-2）原已闭合］，其主触点闭合，使电磁合闸线圈 YO 通电，断路器合闸。合闸后，控制开关 SA 自动返回，其触点 SA①-②断开，切断合闸回路，同时 QF（3-4）闭合，红灯 RD 亮，指示断路器已经合闸，并监视着跳闸线圈 YR 回路的完好性。

分闸时，将控制开关 SA 手柄反时针扳转 45°，这时其触点 SA⑦-⑧接通，跳闸线圈 YR 通电［其中 QF（3-4）原已闭合］，使断路器 QF 分闸。分闸后，控制开关 SA 自动返回，其触点 SA（4-8）断开，断路器辅助触点 QF（3-4）也断开，切断跳闸回路，同时触点 SA ③-④闭合，QF（1-2）也闭合，绿灯 GN 亮，指示断路器已经分闸，并监视着合闸线圈 KO 回路的完好性。

由于红、绿指示灯兼起监视分、合闸回路完好性的作用，长时间运行，因此耗能较多。

为了减少操作电源中储能电容器能量的过多消耗，另设灯光指示小母线 WL（+），专用来接入红、绿指示灯。储能电容器的电能只给控制小母线 WC 供电。

【提示】

当一次电路发生短路故障时，继电保护装置动作，其出口继电器 KM 触点闭合，接通跳闸线圈 YR 回路［其中 QF（3-4）原已闭合］，使断路器自动跳闸。随后 QF（3-4）断开，使红灯 RD 灭，并切断跳闸回路，同时 QF（1-2）闭合，而 SA 在合闸位置，其触点 SA⑤-⑥也闭合，从而接通闪光电源 WF（+），使绿灯 GN 闪光，表示断路器自动跳闸。由于断路器自动跳闸，SA 在合闸位置，其触点 SA⑨-⑩闭合，而断路器已跳闸，其触点 QF（5-6）也闭合，因此事故音响信号回路接通，又发出音响信号。当值班员得知事故跳闸信号后，可将控制开关 SA 的操作手柄扳向分闸位置（反时针扳转 45°后松开），使 SA 的触点与 QF 的辅助触点恢复"对应"关系，全部事故信号立即解除。

（4）断路器故障跳闸控制电路

如图 5-88 所示是断路器利用故障电流跳闸的两种控制电路。

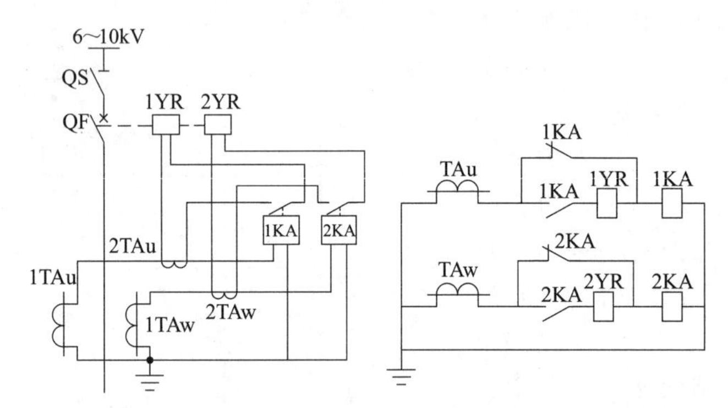

(a) 采用速饱和电流互感器跳闸的电路　　(b) 故障电流直流跳闸电路

图 5-88　断路器利用故障电流跳闸的控制电路

电路原理如下。

图 5-88（a）所示电路采用了中间电流互感器 2TA，它具有饱和倍数低的特点，所以称为速饱和电流互感器，就是说其一次绕组中的电流成倍数地增大时，二次绕组中的电流并不按比例增大，而是只增长一个不大的数值（例如只能达到正常电流的 1.5 倍）。由于这个特点，它的二次绕组是允许开路的，所以它的二次绕组经保护继电器 1KA、2KA 的动合触点与断路器的跳闸线圈 1YR、2YR 连接，当本线路发生短路故障，电流增大，过电流保护动作后，电流继电器触点接通，跳闸线圈利用故障电流吸起铁芯而顶开机构使断路器跳闸。

图 5-88（b）所示是电流互感器的二次电流直接跳闸的接线。正常运行时，电流互感器 TA 二次绕组是经过过电流继电器 1KA、2KA 的动断触点和线圈构成闭合回路的，而且跳闸线圈 1YR、2YR 被过电流继电器 1KA、2KA 的动断触点短接，所以正常运行时虽回路中流过线路的二次工作电流，但不会跳闸。线路故障时，过电流继电器动作，其动合触点先闭合，动断触点后打开，跳闸线圈中通过电流而使断路器跳开。

【提示】

图 5-88（a）所示电路，电流互感器二次绕组不会开路，但要注意电流互感器 1TA 的二次负荷不得超过规定值。

图 5-88（b）所示电路，在接线时要注意过电流继电器必须是动合触点先闭合，动断触

点后打开，否则会造成电流互感器二次回路开路的危险。

如果断路器带故障电流发生多次跳跃，将使得断路器损坏，造成事故扩大，为防止跳跃产生，在断路器控制回路中应加入防跳跃继电器。

6～10kV线路断路器的控制电源主要有三类，见表5-4。

表5-4 6～10kV线路断路器的控制电源

控制电源类型	说明
完全独立的控制电源	采用蓄电池作为电源来供给断路器的控制回路，它可保证任何情况下（包括严重短路故障电压大幅度下降时）线路断路器的跳合闸操作
保证故障时跳闸的控制电源	没有蓄电池的变电所，一般采用硅整流和电容器配合的操作电源。此类控制电源可以实现正常情况下断路器的合闸，当一次系统故障电压下降时，由电容器放电以保证断路器的可靠跳闸
利用故障电流跳闸的控制电源	这种方式是控制电源只实现正常状态时断路器的合闸和跳闸。当线路故障电压下降时，靠该线路的故障电流跳开断路器，因为此时故障线路的电流要比正常运行时大得多。实际接线是把电流互感器的二次电流直接或变换后连接到断路器的跳闸线圈，但要注意两点： ①任何情况下不得造成电流互感器的二次绕组开路，特别是保护动作时； ②电流互感器的二次负荷不能超过规定值

5.5.2 隔离开关控制电路

(1) 电动式操作隔离开关控制电路

如图5-89所示是CJ5型电动式操作隔离开关的控制电路，常用于GW4-220D/1000型户外式220kV隔离开关的分、合闸操作。图中，SB_1、SB_2为合、跳闸按钮；SB为紧急解除按钮；QF为断路器（辅助触点）；KM_1、KM_2为合、跳闸接触器；K为热继电器；QSE为接地刀开关的辅助触点；S_1、S_2为隔离开关QS合、跳闸终端开关。

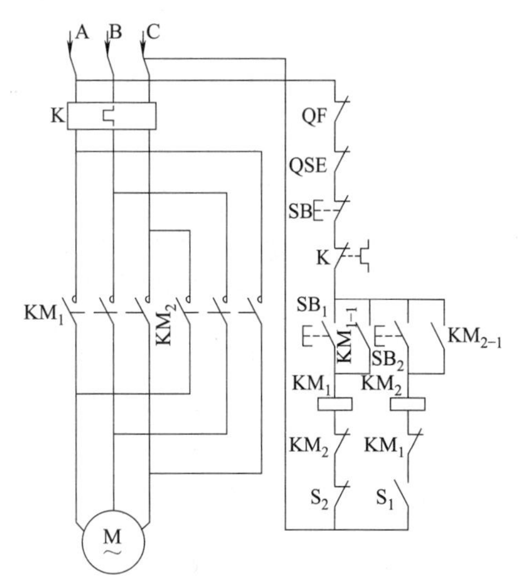

图5-89 电动式操作隔离开关的控制回路

电路原理如下。

① 隔离开关合闸（投入）操作 断路器QF在分闸状态时，其动断辅助触点闭合；接地刀开关QSE在断开位置，其辅助动断触点闭合；隔离开关QS在跳闸终端位置（其跳闸终端开关S_2闭合）、无跳闸操作（即KM_2的动断触点闭合）时，按下隔离开关合闸按钮SB_1，启动合闸接触器KM_1，KM_1的动合触点闭合，使三相交流电动机M正向转动，使隔离开关QS进行合闸，并经KM_1的动合触点KM_{1-1}进行自保持，以确保隔离开关合闸到位。隔离开关合闸后，跳闸终端开关S_2断开，同时S_1合上为跳闸做好准备，合闸接触器KM_1失电返回，电动机M停止转动，自动解除合闸脉冲。

② 隔离开关分闸操作 断路器QF在分闸状态时，其动断辅助触点闭合；接地刀开关QSE动断辅助触点闭合，隔离开关QS在合闸终端位置（S_1已闭合）；KM_1动断触点闭合。

此时，欲使隔离开关 QS 分闸，只需按下跳闸按钮 SB_2，启动跳闸接触器 KM_2，KM_2 的动合触点闭合，使三相电动机 M 反向转动，使隔离开关 QS 进行跳（分）闸。并经 KM_2 的动合触点 $KM_{2\text{-}1}$ 自保持，使隔离开关分闸到位。隔离开关分闸后，合闸终端开关 S_1 断开，分闸接触器 KM_2 失电返回，电动机 M 停止转动，同时 S_2 闭合为合闸操作做好准备。

③ 电动机紧急停止　在跳、合闸操作过程中，如遇某种原因需立即停止跳、合闸操作，则可按下紧急解除按钮 SB，使跳、合闸接触器失电，电动机立即停止转动。

④ 跳、合闸回路保护　电动机 M 启动后，若遇电动机自身或近处故障发热，则热继电器 K 动作，主触点切断电动机电源回路，使电动机停止转动，同时 K 的动断触点断开控制回路，停止操作。此外，KM_1 与 KM_2 的动断触点互相闭锁跳、合闸回路，以避免操作混乱。

【提示】

如图 5-90 所示是 CYG-1 型电动液压操作隔离开关的控制电路，常用于 DW6-220G、DW4-220、DW4-330 等型的户外式高压隔离开关。隔离开关的跳闸、合闸操作与电动操作式类似，请读者自己分析。

(2) 双母线系统隔离开关电气闭锁电路

如图 5-91 所示为双母线系统隔离开关控制回路。当 QS_4 断开，QF_1 在分闸位置时，可操作 QS_3；当 QS_3 断开，QF_1 在分闸位置时，可操作 QS_4。当母联断路器 QF 及两侧隔离开关 QS_1、QS_2 均投入时（即双母线并列运行时），如果 QS_3 已投入，可操作 QS_4；QS_4 已投入，则可操作 QS_3。QF_1 在分闸时，可操作 QS_5。

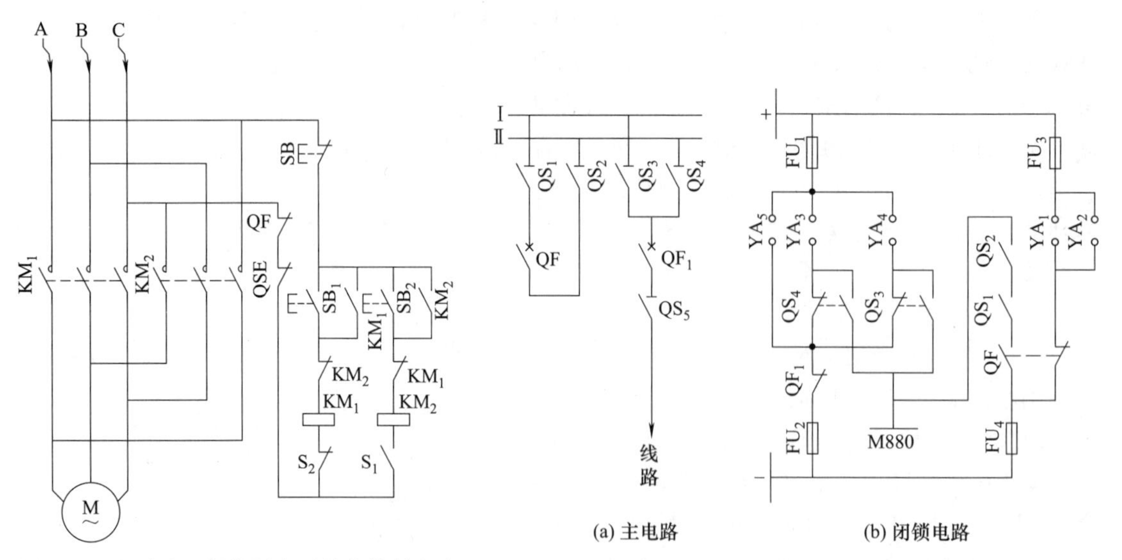

图 5-90　电动液压操作隔离开关的控制电路　　图 5-91　双母线系统隔离开关电气闭锁电路

电路原理如下。

下面以隔离开关 QS_3、QS_5 在合闸位，QS_4 在断开时的情况为例，分析其工作原理。

① 手动断开线路的操作　先断开线路断路器 QF_1，并把合闸小母线电源加到电锁 YA_3 和 YA_5 的插座上。用电钥匙打开线路隔离开关 QS_5 手柄上的电锁 YA_5，并断开 QS_5。然后用电钥匙打开母线隔离开关 QS_3 手柄上的电锁 YA_3，并断开 QS_3，这样便完成了手动断开线路的操作过程。

② 手动投入线路的操作　先用电钥匙打开 QS_3 手柄上的电锁 YA_3，再用电钥匙打开 QS_5 手柄上的电锁 YA_5，合上 QS_5；最后合上线路断路器 QF_1，使线路接到母线Ⅰ上运行。

当断路器在合闸位置时，由于电气闭锁回路断路器的动断辅助触点切断，电钥匙线圈不带电，不能吸出电锁铁芯，隔离开关被闭锁，不能动作，故不会造成隔离开关误动作。

③ 把线路从母线Ⅰ切换到母线Ⅱ　假定母联断路器 QF 和隔离开关 QS_1、QS_2 以及 QS_4 在断开位置，线路断路器 QF_1，线路隔离开关 QS_5、QS_3 在合闸位，要求在不断开 QF_1 及 QF5 的条件下，将线路转到母线Ⅱ上供电，其倒闸操作顺序如下。

先用电钥匙打开两个母线联络隔离开关 QS_1 和 QS_2 的电锁 YA_1 和 YA_2，并合上两隔离开关；再合上母线联络断路器 QF（注意：两母线并列需符合并列条件）；用电钥匙打开母线隔离开关 QS_4 操动机构上的电锁 YA_4，并把 QS_4 投入到母线Ⅱ上去；当 QS_4 投入后，由于 QS_3 与 QS_4 之间无电位差，因此可用电钥匙继续打开电锁 YA_3，并把 QS_3 从母线Ⅰ上断开。完成上述操作后，就可断开母线联络断路器 QF，随后用电钥匙分别打开电锁 YA_1 和 YA_2，并断开母线联络隔离开关 QS_1 和 QS_2。

【提示】

在双母线配电装置中，除一般断开或投入线路的操作外，为了切换负荷，还经常需要在不断开断路器的情况下，进行母线隔离开关的切换操作。

隔离开关的操作原则是：等电位时，隔离开关可自由操作。

5.5.3 信号系统控制电路

(1) 冲击继电器构成的预告信号装置控制电路

如图 5-92（a）所示是利用 ZC-23 型冲击继电器构成的中央复归重复动作的预告信号装置控制电路，其信号启动回路如图 5-92（b）所示。图中，M709、M710 为预告信号小母线；SB_1、SB_2 为试验按钮；SB_4 为音响解除按钮；SM 为转换开关；K_1、K_2 为冲击继电器；KS 为信号继电器；KVS_2 为熔断器监视继电器；HL 为熔断器监视信号灯；HL_1、HL_2 为光字牌；HA 为警铃。

电路原理如下。

① 预告信号的启动　转换开关 SM 有“工作”和“试验”两个位置，当 SM 处于“工作”时，其触点 13-14、15-16 接通。如果此时设备发生故障或不正常状态，则图 5-92（b）回路中的相应出口继电器 K 的动合触点闭合，将信号电源＋700 经触点 K、光字牌 HL 引至预告信号小母线 M709、M710 上。因此，冲击继电器 K_1 和 K_2 的变流器 T 的一次绕组中电流发生突变（如由 0 变为 4A 左右），在其二次绕组回路中均感应出一个尖峰脉冲电流。由于变流器 K_2-T 是反向连接的，其二次侧的脉冲电流被二极管 VD_1 短路掉，所以只有 K_1 的干簧继电器 KRD 动作，其动合触点 KRD-1 闭合启动继电器 K_1-KC，K_1-KC 的一对动合触点 KC-1 用于自保持，另一对接于 K_1（6-14）端子间的动合触点 KC-2 闭合，启动时间继电器 KT_2，其延时闭合的动合触点经 0.2～0.3s 延时后闭合，启动中间继电器 KC_2，KC_2 的动合触点闭合使警铃发出音响信号，同时接通光字牌 HL 发出灯光信号，以显示故障性质（此图中未画出）。

② 预告信号的冲击自动返回　如果在时间继电器 KT_2 的延时触点尚未闭合之前，故障消失，保护出口继电器触点断开，变流器 T 一次绕组电流突然减小或消失（如由 4A 变为 0），在相应的二次绕组回路中均感应出负的（反方向）脉冲电流 i_2'，此时 K_1-T 二次侧的脉

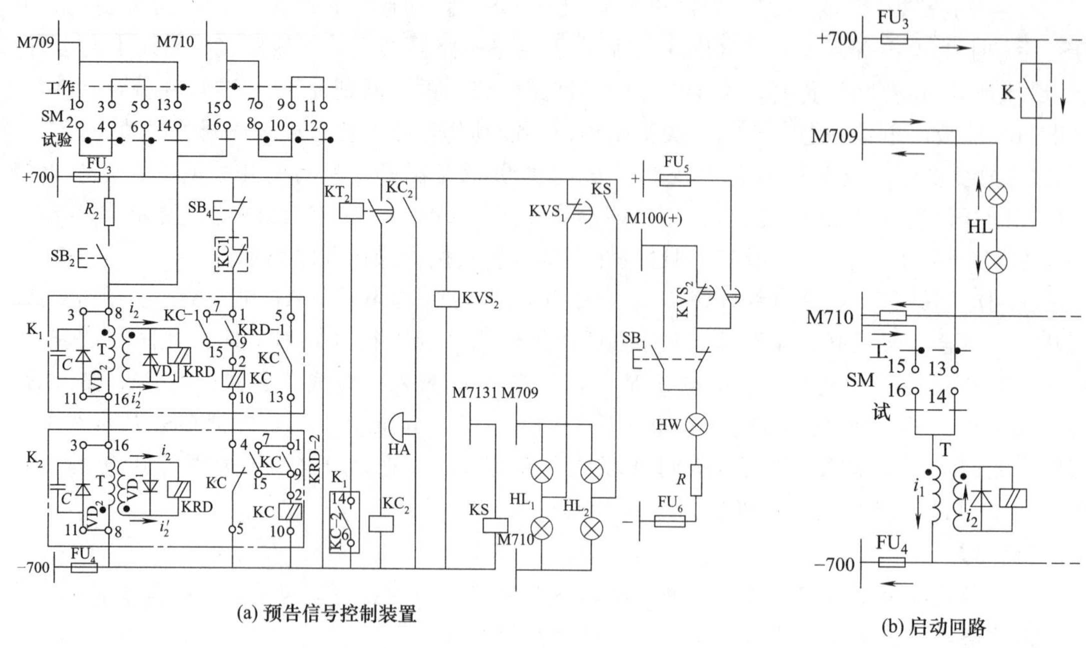

图 5-92　中央复归重复动作的预告信号装置控制回路

冲电流被二极管 VD_1 短路掉，只有干簧继电器 K_2-KRD 动作，其动合触点 KRD-2 闭合启动继电器 K_2-KC，KC 与线圈串联的一对动合触点进行自保持，接于 K_2 端子 4-5 间的动断触点 KC 断开，切断继电器 K_1-KC 的自保持回路，使 K_1-KC 复归，时间继电器 KT_2 也随之复归，使预告信号未发出，便冲击自动返回。

③ 预告信号的重复动作　音响信号的重复动作，是由不对应启动回路并入一个电阻（第一条线路自动跳闸后，又有第二条线路自动跳闸，相当于在不对应回路上又并入一个电阻），使流过冲击继电器的变流器 T 一次绕组中电流再次发生突变，变流器 T 的二次侧再次感应出脉冲电流，又一次启动音响信号，如此可实现多次重复动作。只不过启动回路的电阻是由光字牌中的灯泡代替的。

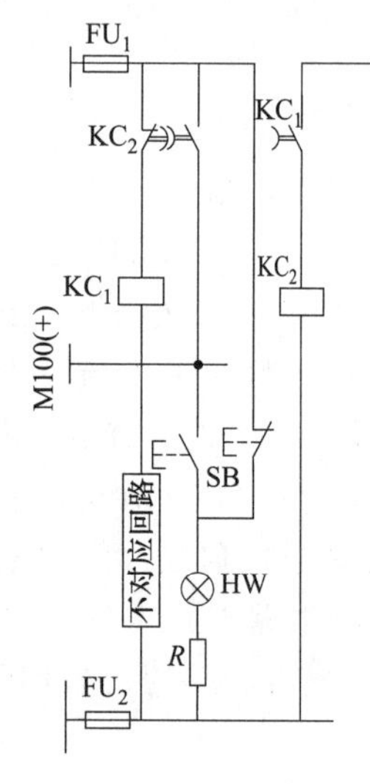

图 5-93　两个继电器构成的闪光装置电路

④ 预告信号回路的监视　利用监察继电器 KVS_2 对回路的完好性进行监视，KVS_2 正常时带电，其延时断开的动合触点在闭合状态，白色信号灯 HW 点亮；如果熔断器熔断或回路断线、接触不良，其动断触点延时闭合，接通闪光小母线 M100（+），HW 闪光，表示回路完好性被破坏。

【提示】

由于预告信号电路设置了 0.2～0.3s 的短延时，所以冲击继电器应具有冲击自动返回的特性，以使瞬时性故障时不发出预告信号，而 ZC-23 型冲击继电器不具有冲击自动复归的特性，所以此处将两个冲击继电器反极性串联，以实现冲击自动返回的特性。

(2) 两个继电器构成的闪光装置电路

在发电厂和变电站中，为区别手动跳、合闸和由继电保护及自动装置动作引起的跳、合闸，需要设置更易引起值班人员注意的闪光信号，即灯泡一明一暗周期变化的信号。在其他一些特别需要引起值班人员注意的地方，也需采用闪光信号。闪光信号一般受以继电器构成的闪光装置控制，如图 5-93 所示为由两个继电器、一个试验按钮和一个信号灯构成的闪光装置控制电路。

电路原理如下。

当某一断路器的位置与其控制开关不对应时，负电源通过不对应回路与闪光母线 M100（＋）接通，使中间继电器 KC_1 带电。KC_1 的动作电压较低，在其回路中即使串联有信号灯（红灯 HR 或绿灯 HG）及操作线圈（跳闸线圈 YT 或合闸接触器 YC）也能启动。KC_1 动作后，其动合触点闭合，启动中间继电器 KC_2；KC_2 的动断触点断开 KC_1 的线圈回路，同时其动合触点闭合，将正电源直接接至闪光母线 M100（＋）上，使不对应回路的信号灯发出较强的光。KC_1 的线圈断电后，其动合触点延时（约 0.1s）返回，又切断 KC_2 的线圈回路；KC_2 断电后，其触点经一定延时（约 0.8s）后进行切换，动合触点断开，动断触点闭合，使 KC_1 线圈再次与 M100（＋）母线接通，不对应回路中的信号灯由于串入了 KC_1 的线圈而变暗。

如此重复动作下去，信号灯即一明一暗地发出闪光。

【提示】

为测试闪光装置是否完好，装设了试验按钮 SB 和信号灯 HW（白灯）。信号灯 HW 平时经 SB 的动断触点接于正、负电源之间，起监视闪光装置直流电源及熔断器 FU_1 和 FU_2 的作用。当按下试验按钮 SB 时，其动合触点闭合，即相当于不对应回路接通，如果闪光装置工作正常，则 HW 灯发出闪光。

(3) 就地复归的事故信号音响装置电路

就地复归事故音响信号装置控制回路如图 5-94 所示。图中，HA 为蜂鸣器，M708 为事故音响小母线。

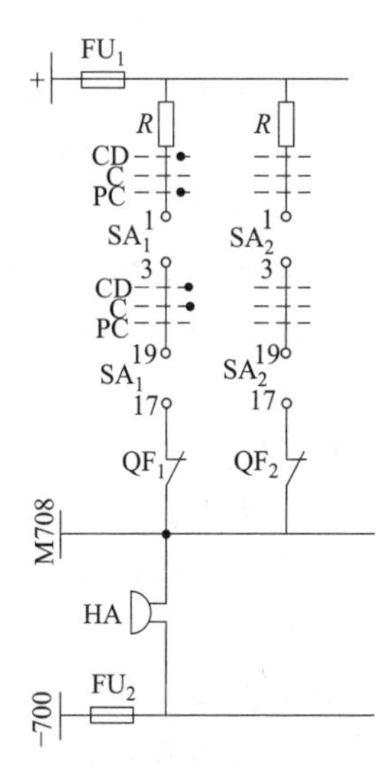

图 5-94 就地复归事故音响信号装置控制回路

电路原理如下。

当有任何一个断路器发生事故跳闸时，由于控制开关与断路器位置不对应，使直流信号小母线负极-700 与事故音响信号小母线 M708 正电源接通，蜂鸣器发出音响。

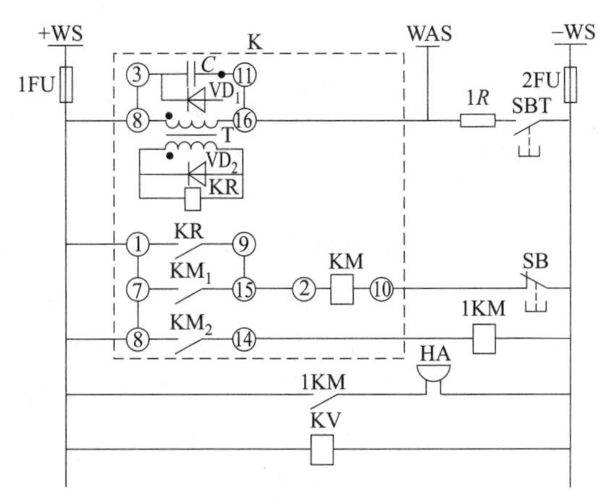

图 5-95 中央复归可重复动作的事故信号装置控制电路

【提示】

为了解除音响，值班人员需找到指示灯（由红灯变绿灯且闪光）的相应控制开关 SA_1 或者 SA_2，就地将手柄打到相应的跳闸后位置，其触点 1-3 与 19-17 断开，则音响解除，同时信号灯闪光消失。

(4) 中央复归事故信号装置控制电路

机电元件组成的中央复归可重复动作的信号装置的核心部件是一个称为冲击继电器的元件，目前使用的型号主要有 ZC-23 型等，其基本工作原理是继电器线圈中通入稳定的电流时，继电器是不会动作的，只有线圈中的电流发生突变增加时（即冲击电流）继电器才会动作，这是由于继电器在直流电路中采用了一个变压器元件的原因。

如图 5-95 所示是中央复归可重复动作的事故信号装置控制电路。图中的 SBT 是试验按钮，通过电阻 1*R* 接在信号回路的负电源－WS 和 WAS 之间，WAS 就称为事故音响小母线。实际上所有断路器的事故信号都和按钮 SBT 一样全部是并接在－WS 和 WAS 小母线上的。只不过是用各个断路器的辅助触点和控制开关触点取代了 SBT。

电路原理如下。

当按下按钮 SBT（或某一个运行中的断路器跳闸），冲击继电器 K 中的变压器 T 的一次线圈得电，二次线圈在瞬间感应出电流使灵敏度极高的继电器 KR 动作，KR 触点闭合使中间继电器 KM 动作，KM 的触点 KM_2 闭合启动继电器 1KM，蜂鸣器 HA 带电发出报警响声。在运行人员按下复归按钮 SB 后，KM 释放，HA 停止报警响声。

如果在变压器 T 一次绕组中的电流稳定后，即使－WS 和 WAS 之间仍然接通（也就是说操作人员尚未将已跳闸的断路器控制开关把手恢复到跳闸后位置，相当于按钮 SBT 继续闭合），变压器的二次绕组回路中也不会有电流了，继电器 KR 和后面的电路就都不会再动作。此时如果又有一个断路器自动跳闸，变压器 T 的一次线圈又得到一个冲击脉冲电流，二次线圈在瞬间又感应出电流使灵敏度极高的继电器 KR 动作，电路将重复第一次的动作过程。

【提示】

在发生事故时，通常希望音响信号能尽快地解除，以免干扰值班人员进行事故处理，而将光字牌信号保留一段时间，以便判断事故的性质及发生地点，这就要求音响信号能在一个集中、方便的地点（一般在主控制台上）手动解除，这就是中央复归。

在大型变电所和发电厂，高低压断路器等设备数量很多，电气接线复杂，需要在故障时发出的信号越清楚越好，不重复动作的装置不能满足其要求，因此需要采用可重复动作的信号装置。

该电路的另一个关键之处是，所有在－WS 和 WAS 之间连接的断路器事故信号触点都必须串联有与图中 1*R* 相同的电阻，这样才能产生多次的冲击电流。

5.5.4 二次回路线路保护电路

(1) 线路定时限流保护电路

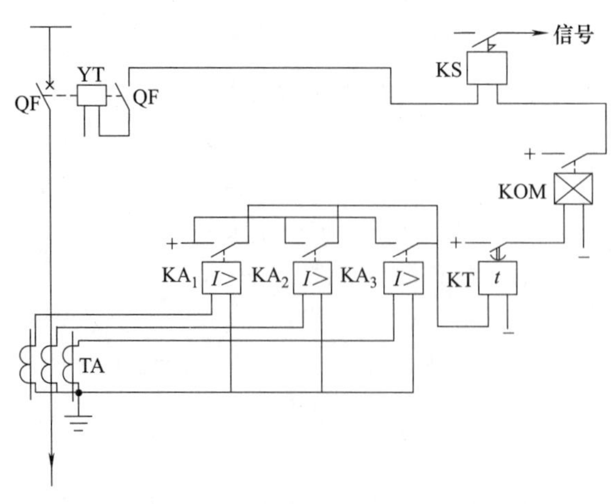

图 5-96 线路定时限流保护电路

如图 5-96 所示为线路定时限流保护电路。

电路原理如下。

当被保护线路发生故障时，短路电流经电流互感器 TA 流入 KA_1～KA_3，短路电流大于电流继电器整定值时，电流继电器启动。因三个电流继电器触点并联，所以只要一个电流继电器触点闭合，便启动时间继电器 KT，按预先整定的时限，其触点闭合，并启动出口中间继电器 KOM。KOM 动作后，接通跳闸回路，使 QF 断路器跳闸，同时使信号继电器动作发出动作信号，其保护的动作时限与短路电流的大小无关，是固定的。

【提示】

定时限过电流保护的动作电流按躲过最大负荷电流进行整定，灵敏度高、保护范围大，不但能保护整条线路，而且能保护下一段线路的全部，但为了保证选择性，其动作时限较长，所以定时限过电流保护往往用作后备保护，它能用作本线路的近后备保护也能用作下一段线路的远后备保护。

远后备保护的作用是当下一线路出现短路故障，但此时下一段线路上的所有保护均失灵或断路器拒动时，由本线路的过电流保护来动作跳开本线路上的断路器，此时虽然扩大了停电范围，但有时这种做法是十分有必要的，它可以避免故障范围的进一步扩大造成更大的损失。

(2) 线路过电流保护电路

过电流保护就是当电流超过预定最大值时，使保护装置动作的一种保护方式。当流过被保护元件中的电流超过预先整定的某个数值时，保护装置启动，并用时限保证动作的选择性，使断路器跳闸或给出报警信号。如图 5-97 所示为线路过电流保护电路。

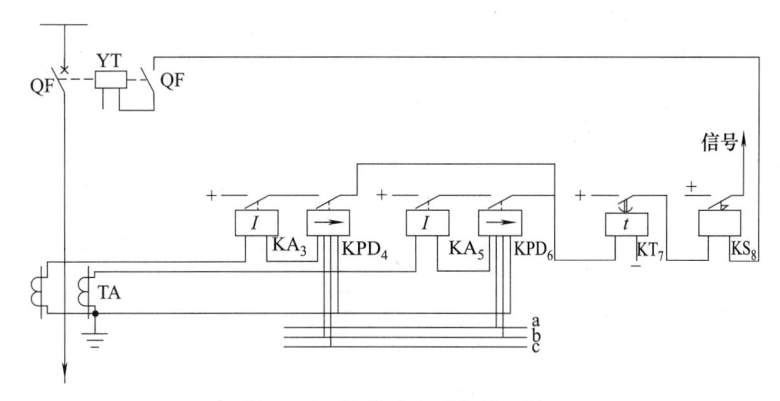

图 5-97 线路过电流保护电路

电路原理如下。

电流继电器 KA_3、KA_5 是启动元件，功率方向继电器 KPD_4、KPD_6 是方向元件，采用 90°接线（U_{bc}、I_a 及 U_{ab}、I_c）。各相电流继电器的触点和对应功率方向继电器触点串联，以达到按相启动的作用。时间继电器 KT_7 使保护装置获得必要的动作时限，其触点闭合，经信号继电器 KS_8 发出跳闸脉冲，使断路器 QF 跳闸。

该过电流保护电路由于加装了功率方向继电器，因此线路发生短路时，虽然电流继电器都可能动作，但只有流入功率方向继电器的电流与功率方向继电器规定的方向一致时（当规定指向线路时，即一次电流从母线流向线路时），功率方向继电器才动作，从而使断路器跳闸。而当流入功率方向继电器的电流与功率方向继电器规定的方向相反时（即一次电流从线路流向母线时），功率方向继电器不动作，将方向过电流保护闭锁，保证了方向过电流保护的选择性。

【提示】

方向过电流保护的动作时限，是将动作方向一致的保护按逆向阶梯原则进行整定的。在正常运行时，负荷电流的方向也可能符合功率方向继电器的动作方向，其触点闭合，但此时电流继电器未动作，所以整套方向过电流保护仍被闭锁不动作。

(3) 输电线路三段式电流保护电路

如图 5-98 所示为输电线路三段式电流保护电路。

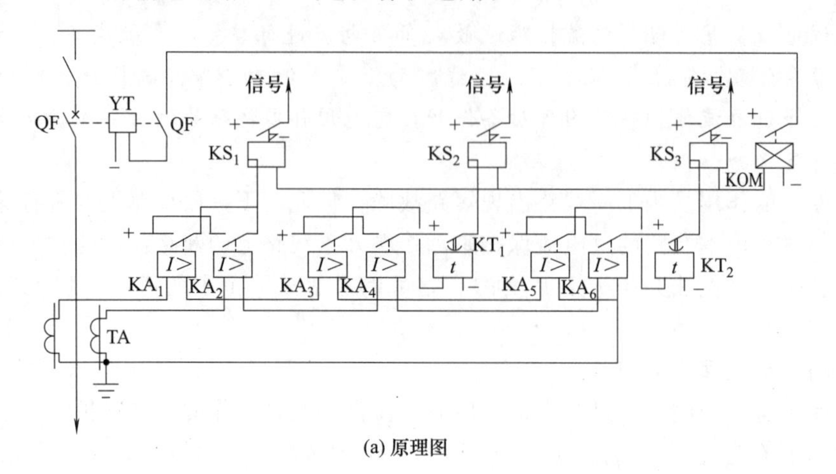

(a) 原理图

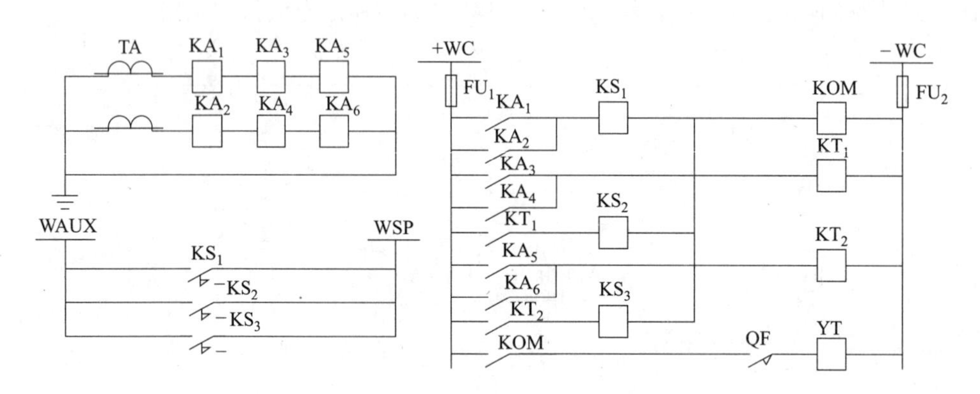

(b) 展开图

图 5-98　三段式电流保护电路

电路原理如下。

图中，KA_1、KA_2、KS_1 构成第Ⅰ段瞬时电流速断；KA_3、KA_4、KT_1、KS_2 构成第Ⅱ段限时电流速断；KA_5、KA_6、KT_2、KS_3 构成第Ⅲ段定时限过电流。三段保护均作用于一个公共的出口中间继电器 KOM，任何一段保护动作均可启动 KOM，使断路器跳闸，同时相应段的信号继电器动作掉牌，值班人员便可从其掉牌指示中判断是哪套保护动作，进而对故障的大概范围做出判断。

【提示】

无时限电流速断只能保护线路的一部分，带时限电流速断只能保护本线路全长，但却不能作为下一线路的后备保护，因此还必须采用过电流保护作为本线路和下一线路的后备保护。由无时限电流速断、带时限电流速断与定时限过电流保护相配合构成的一整套输电线路阶段式电流保护，叫做三段式电流保护。

(4) 输电线路三段式零序电流保护电路

如图 5-99 所示为输电线路三段式零序电流保护电路。

电路原理如下。

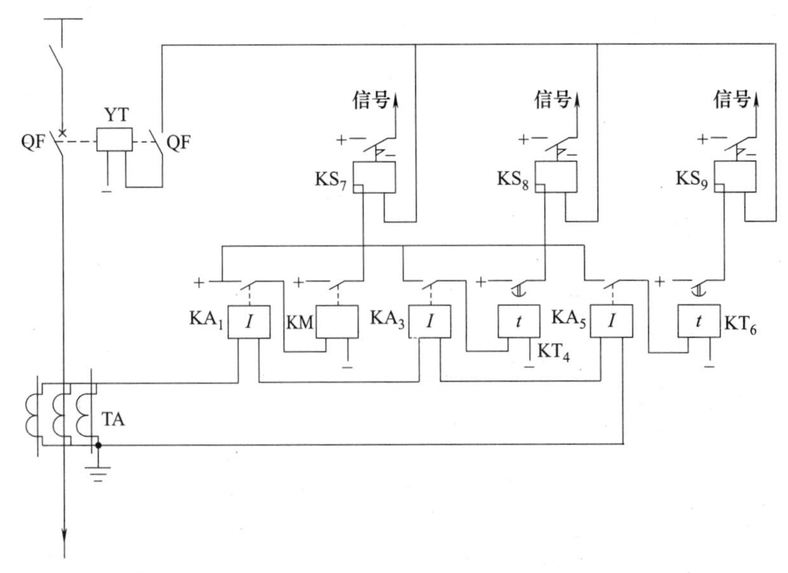

图 5-99 输电线路三段式零序电流保护电路

零序电流保护采用阶段式保护，通常采用三段式，目前的“四统一”保护屏则采用四段式。图 5-99 为三段式零序电流保护的原理接线图。瞬时零序电流速断（零序Ⅰ段有，由 KA_1、KM 和 KS_7 构成），一般取保护线路末端接地短路时，流过保护装置 3 倍最大零序电流 $3I_{om}$的 1.3 倍，保护范围不小于线路全长的 15%～25%。

零序Ⅱ段（由 KA_3、KT_4 和 KS_8 构成）的整定电流，一般取下一级线路的零序Ⅰ段整定电流的 1.2 倍，时限 0.5s，保证在本线末端单相接地时，可靠动作。

零序Ⅲ段（由 KA_5、KT_6 和 KS_9 构成）的整定电流可取零序Ⅱ（或Ⅰ）段整定的 1.2 倍，或大于三相短路的最大不平衡电流，其灵敏性要求下一级末端故障时，能可靠动作。

电路原理如下。

该电路在被保护线路的三相上分别装设型号和变比完全相同的电流互感器，将它们的二次绕组互相并联，然后接至电流继电器的线圈。当正常运行和发生相间故障时，电网中没有零序电流，故 $I_R=0$，继电器不动作，只有发生接地故障时，才出现零序电流，如其值超过整定值，继电器就动作。

实际工作中，由于三个电流互感器的励磁特性不一致，当发生相间故障时，会造成较大的不平衡电流。为了使保护装置在这种情况下不误动作，通常将保护的动作电流按躲过最大不平衡电流来整定。

(5) 双回线电流平衡保护电路

电流平衡保护是横联差动保护的另一种形式，它是按比较双回线路中电流的绝对值而工作的，如图 5-100 所示为双回线电流平衡保护电路。

电路原理如下。

电流平衡继电器 KBL_1、KBL_2 各有一个工作线圈匝 N_W，一个制动线圈匝 N_B 和一个电压线圈匝 N_V。KBL_1 的工作线圈接于线路 L-1 电流互感器的二次侧，由电流 I_1 产生动作力矩 M_{W1}，其制动线圈接于线路 L-2 电流互感器的二次侧，由电流 I_1 产生动作力矩 M_{B1}。KBL_2 的工作线圈接于线路 L-2 电流互感器的二次侧，由 I_2 产生动作力矩 M_{W2}，其制动线圈接于线路 L-1 电流互感器的二次侧，由 I_1 产生动作力矩 M_{B2}。KBL_1、KBL_2 的电压线圈

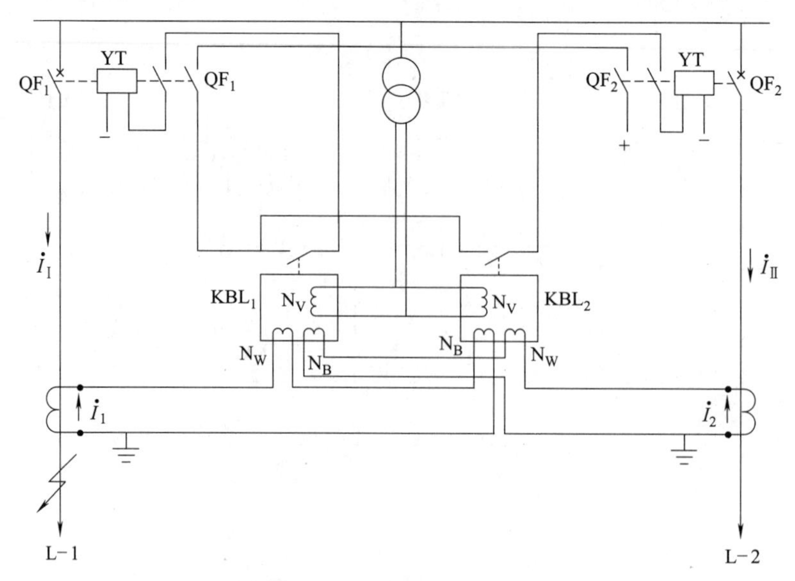

图 5-100 电流平衡保护电路

均接于母线电压互感器的二次侧。继电器的动作条件是 $M_W > M_B + M_V$（M_V 为电压线圈中产生的力矩）。

正常运行及外部短路时，由于 $I_1 = I_2$，KBL_1、KBL_2 由于其反作用力矩 M_V 和继电器内弹簧反作用力矩 M_S 的作用，使触点保持在断开位置，保护不会动作。

当一回线路发生故障时，由于 $I_1 > I_2$，并由于电压大大降低，电压线圈的反作用力矩显著减少，因此 KBL_1 中由 I_1 产生的动作力矩 M_{W1} 大于 I_2 产生的制动力矩 M_{B1} 与电压产生的制动力矩 M_V 之和，所以 KBL_1 动作，切除故障线路 L-1；对于 KBL_2，由于流过其制动线圈的电流 I_1 大于工作线圈流过的电流 I_2，即制动力矩大于动作力矩，所以它不会动作。

由于双回平行线横联差动保护及平衡保护，在靠近对侧出口短路时，本侧两条线路流过的电流的横差值不足以启动保护，只有等待对侧的保护动作，切除故障后，本侧的非故障线电流降为零，才由故障线电流启动本侧保护，切除故障线路。这种情况被称为相继动作，线路上相继动作区域大小与保护整定值及短路电流有关。

【提示】

单端电源的双回线路上，平衡保护只能装于送电侧，受电侧不能装设。因为任一回线路短路，流过受电侧两个平衡继电器的工作线圈和制动线圈的电流大小是相等的，保护将不起作用。

横联差动保护，其方向继电器接有母线电压，在平行线路出口三相短路时，电压为零，如方向继电器的电压回路没有良好的记忆作用，便会误动，称为电压死区。

5.5.5 变压器二次回路保护电路

(1) 变压器差动保护电路

变压器差动保护是利用比较变压器高低压各侧的电流平衡原理实现的，如图 5-101 所示为变压器的差动保护电路。

电路原理如下。

① 正常运行时 不考虑变比时，在正常运行状态下，高压侧一次电流与低压侧一次电流是相同的，电流互感器的二次电流也是相同的，即平衡的。通过把高低压侧电流互感器的二次回路连接在一起的接线方式，就能实现正常时电流只在互感器二次绕组之间流通，而不流过继电器（例如某台 6/0.4kV 的变压器高压侧的额定电流为 100A，低压侧的额定电流为 1500A，则高压侧选用 100/5A 的电流互感器，低压侧选用 1500/5A 的电流互感器，两互感器二次电流必定是相同的)。

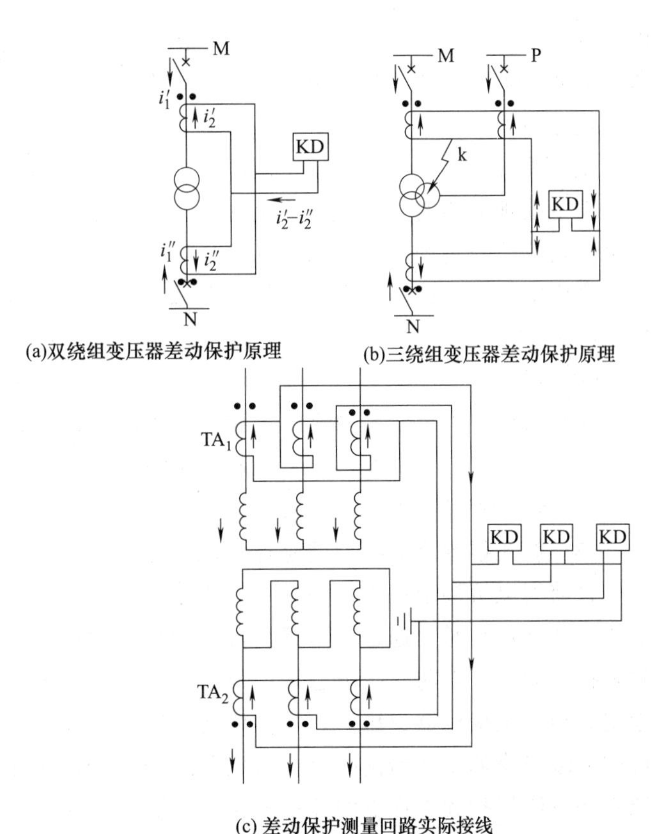

图 5-101 变压器差动保护电路

② 单电源时区内故障 如果变压器是单电源的（只有高压侧是电源），当保护范围内（即高低压侧互感器安装地点之间）有故障时，电源（高压侧）向故障点输送故障电流，而负荷侧无故障电流流过，破坏了平衡状态，继电器中流过电流而动作跳闸切断故障。

③ 双电源时区内故障 如果变压器是双电源的（即高低压侧都有电源），当保护范围内故障时，高压侧和低压侧都向故障点输送故障电流，差动继电器中的电流为两侧的电流之和，保护动作。

④ 保护区外故障 当保护范围外发生故障时，虽然电流大大增加，但两侧互感器流过的电流一样大，仍然是平衡的，所以继电器中仍然无电流流过，保护不会动作。

【提示】

图 5-101（b）所示是三绕组变压器差动保护的原理，与双绕组是相同的。

图 5-101（c）所示是变压器差动保护测量回路的实际接线。它的接线特点是变压器的主绕组是△/Y 接线，所以主绕组为星形接线的电流互感器二次绕组接成三角形接线，而主绕组为三角形接线的电流互感器二次绕组接成星形接线，此时两个二次绕组中的电流相位完全一致。

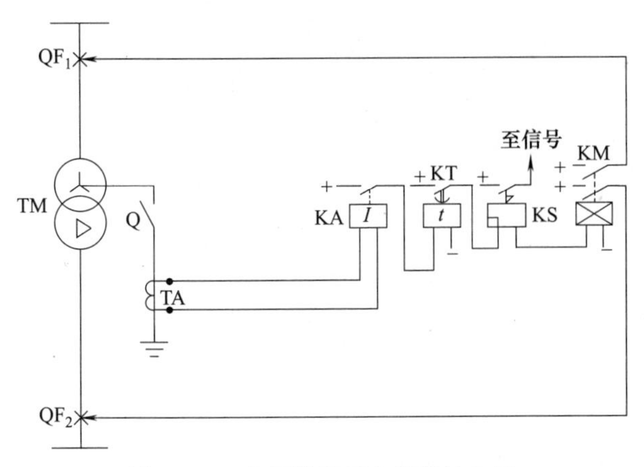

图 5-102 变压器零序电流保护电路

(2) 变压器零序电流保护电路

对 110kV 以上中性点直接接地系统中的电力变压器，一般应装设零序电流（接地）保护，作为变压器主保护的后备保护和相邻元件短路的后备保护。如图 5-102 所示为变压器零序电流保护电路，它安装在变压器中性点接地引出线的电流互感器上。

电路原理如下。

正常情况下，TA 中没有电流通过，零序电流保护装置不动作。

发生接地短路时，出现零序电流，当它大于保护的动作电流时，电流继电器 KA 动作，经 KT 延时后，跳开变压器两侧断路器。

零序电流保护的动作电流，应大于该侧出线零序电流保护后备段的动作电流，保护的动作时限也要比后者大一个 Δt。

【提示】

变压器零序保护应装在变压器中性点直接接地侧，用来保护该侧绕组的内部及引出线上接地短路，也可作为相应母线和线路接地短路时的后备保护，因此当该变压器中性点接地刀闸合上后，零序保护即可投入运行。

(3) 变压器零序保护和间隙保护电路

目前大电流接地系统普遍采用分级绝缘的变压器，当变电站有两台及以上的分级绝缘的变压器并列运行时，通常只考虑一部分变压器中性点接地，而另一部分变压器的中性点则经间隙接地运行，以防止故障过程中所产生的过电压破坏变压器的绝缘。为保证接地点数目的稳定，当接地变压器退出运行时，应将经间隙接地的变压器转为接地运行。由此可见并列运行的分级绝缘的变压器同时存在接地和经间隙接地两种运行方式，为此应配置中性点直接接地零序电流保护和中性点间隙接地保护，这两种保护的原理接线如图 5-103 所示。

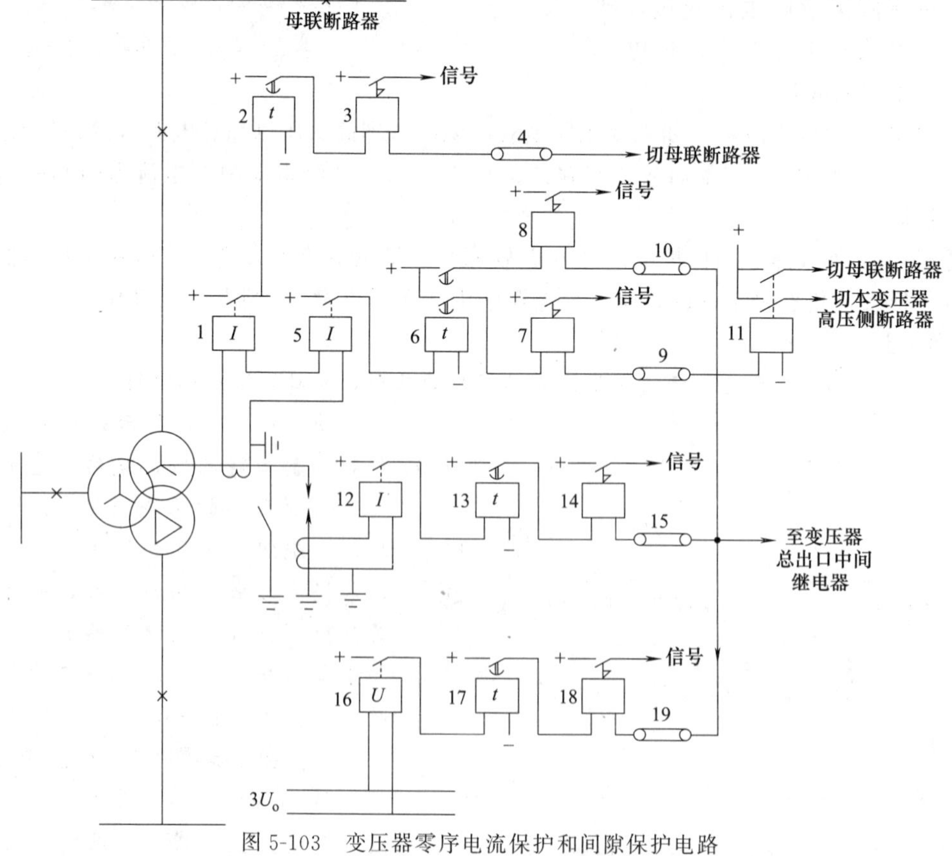

图 5-103 变压器零序电流保护和间隙保护电路

电路原理如下。

① 中性点直接接地零序电流保护 中性点直接接地零序电流保护一般分为两段。第一段由电流继电器1、时间继电器2、信号继电器3及压板4组成，其定值与出线的接地保护第一段相配合，延时0.5s后切除母联断路器。第二段由电流继电器5、时间继电器6、信号继电器7和8、压板9和10等元件组成，其定值与出线接地保护的最后一段相配合，以短延时切除母联断路器及主变压器高压侧断路器，长延时切除主变压器三侧断路器。

② 中性点间隙接地保护 当变电站的母线或线路发生接地短路时，若故障元件的保护拒动，则中性点接地变压器的零序电流保护动作将母联断路器断开，如故障点在中性点经间隙接地的变压器所在的系统中，此局部系统变成中性点不接地系统，此时中性点的电位将升至相电压，分级绝缘变压器的绝缘会遭到破坏，而中性点间隙接地保护的任务就是在中性点电压升高至危及中性点绝缘之前，可靠地将变压器切除，以保证变压器的绝缘不受破坏。间隙接地保护包括零序电流保护和零序过电压保护，两种保护互为备用。

a. 零序电流保护由电流继电器12、时间继电器13、信号继电器14和压板15组成。一次启动电流通常取100A左右，时间取0.5s。110kV变压器中性点放电间隙长度根据其绝缘可取115～158mm，击穿电压可取63kV（有效值）。当中性点电压超过击穿电压（还没有达到危及变压器中性点绝缘的电压）时，间隙击穿，中性点有零序电流通过，保护启动后，经0.5s延时切变压器三侧断路器。

b. 零序电压保护由过电压继电器16、时间继电器17、信号继电器18及压板19组成，电压定值按照躲过接地故障母线上出现的最高零序电压整定，110kV系统一般取150V；当接地点的选择有困难、接地故障母线$3U_0$电压较高时，也可整定为180V，动作时间取0.5s。

【提示】

当变压器高压零序电流保护与间隙零序电流保护接于同一个CT时，变压器接地运行时，应投零序电流保护，退间隙保护；变压器不接地运行时，应投间隙保护，退零序电流保护。

(4) 变压器瓦斯保护电路

变压器瓦斯保护电路如图5-104所示。

电路原理如下。

该电路的主要元件就是瓦斯继电器，它安装在油箱与油枕之间的连接管中。当变压器发生内部故障时，因油的膨胀使油和所产生的瓦斯气体沿连接管经瓦斯继电器向油枕中流动。当流动的速度达到一定值时，瓦斯继电器内部的挡板被冲动，并向一方倾斜，使瓦斯继电器的触点闭合，接通跳闸回路或发出信号。

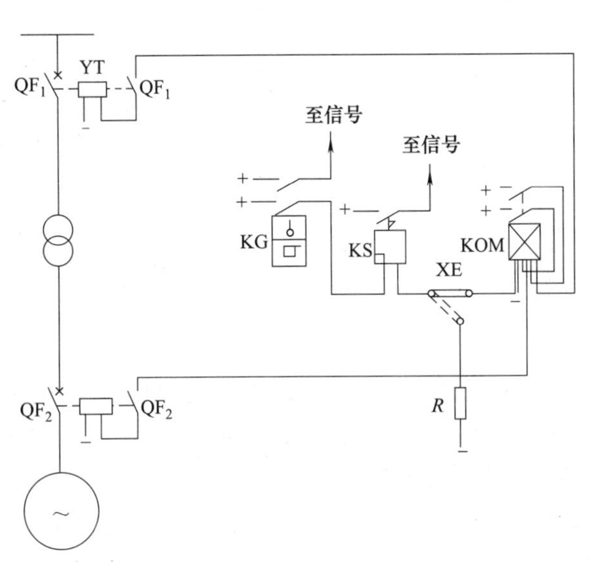

图5-104 变压器瓦斯保护电路

图中，瓦斯继电器KG的上触点接

至信号，为轻瓦斯保护；下触点为重瓦斯保护，经信号继电器 KS、连接片 XE 启动出口端的中间继电器 KOM，KOM 的两对触点闭合后，分别使断路器 QF_1、QF_2、跳闸线圈励磁，跳开变压器两侧断路器，即：

直流＋→KG→KS→XE→KOM→直流－，启动 KOM。

直流＋→KOM→QF_1→YT→直流－，跳开断路器 QF_1。

直流＋→KOM→QF_2→YT→直流－，跳开断路器 QF_2。

【提示】

连接片 XE 也可接至电阻 R，使重瓦斯保护不投跳闸而只发信号。

5.5.6 弱电回路监控电路

(1) 断路器弱电选线控制电路

如图 5-105 所示为信号返回屏的断路器弱电选线控制电路。选线控制过程可分为对象选择和跳合闸操作两个步骤。在发电厂和变电站内控制对象的选择采用一对一的方式，即每一安装单位的高压断路器都有各自的选控按钮；而跳合闸操作是分组进行的，一般将电压等级和运行特点相近的划为一组，每组设一个公用的弱电控制小开关 SA，用来对本组内的所有断路器进行跳合闸操作。为了操作方便，将发电机、变压器和厂用变压器各分为一组；而将具有 220kV、110kV 及 10kV 等不同电压等级的线路断路器各分为一组。

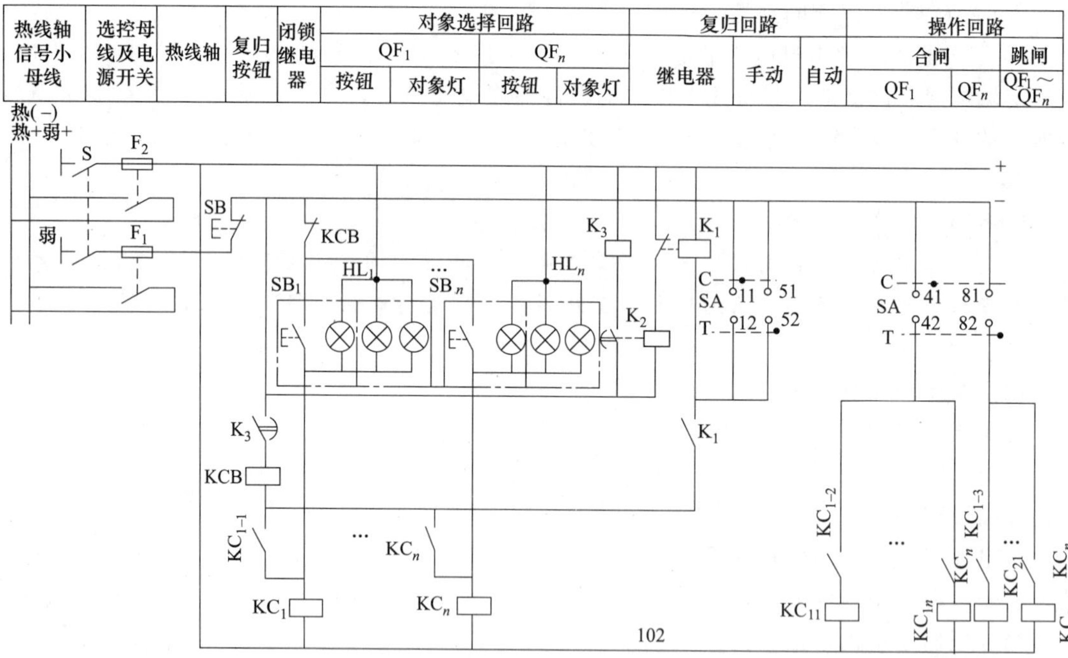

热线轴信号小母线	选控母线及电源开关	热线轴	复归按钮	闭锁继电器	对象选择回路				复归回路			操作回路		
					QF_1		QF_n		继电器	手动	自动	合闸		跳闸
					按钮	对象灯	按钮	对象灯				QF_1	QF_n	QF_1～QF_n

图 5-105 断路器弱电选线控制电路

通常在发电厂主控制室中设有控制台，在控制台的正面是独立的信号返回屏，屏后有弱电继电器屏。一般将选控按钮 SB_1～SB_n（内附信号灯）、公用的弱电控制小开关 SA、复归按钮 SB 安装在控制台上；将选控继电器 KC_1～KC_n、合闸继电器 KC_{11}～KC_{1n}、跳闸继电器 KC_{21}～KC_{2n}、复归继电器 K_1～K_3 以及闭锁继电器 KCB 安装在弱电继电器屏上；而将与选控按钮信号灯并接的对象指示灯 HL_1～HL_n 安装在信号返回屏上。

弱电控制小开关 SA 与 LW2 型强电控制开关的作用相似，型号为 RLW5 型，其触点图表见表 5-5。手柄有三个位置：中间为断开位置，左转 45°为跳闸，右转 45°为合闸。

表 5-5 RLW5 系列控制开关的触点图表

触点号		11-12	21-22	31-32	41-42	51-52	61-62	62-63	71-72	72-73	81-82
手柄位置	合闸“C”	•	—	—	•	—	—	•	—	•	—
	断开“O”	—	—	—	—	—	•	—	•	—	—
	跳闸“T”	—	—	—	—	•	—	•	•	—	•

注：• 为接通，—为断开。

电路原理如下。

下面以图中的 QF_1 为例分析断路器选控的操作过程。

① 对象选择　按下选控按钮 SB_1（欲选断路器 QF_1），按钮内的信号灯与信号返回屏上的对象灯 HL_1 亮，同时选控继电器 KC_1 被启动，其第一对动合触点 $KC_{1\text{-}1}$ 进行自保持，第二对动合触点 $KC_{1\text{-}2}$ 串于合闸继电器 KC_{11} 线路回路中，第三对动合触点 $KC_{1\text{-}3}$ 串于跳闸继电器 KC_{21} 线圈回路中，使所选择的被控对象 QF_1 准备好合闸和跳闸回路。

② 对象闭锁　选控继电器 KC_1 启动后，其动合触点 $KC_{1\text{-}1}$ 闭合，启动闭锁继电器 KCB，KCB 的动断触点断开，切断向本选控分组所有的选控按钮供电的电源，以确保每次只能选择一个被控对象。

③ 误选复归　根据信号屏上点亮的对象灯 HL_1，核对所选对象是否正确，核对无误后，方可操作控制开关。若选择有误（如选为 HL_n），则应按下复归按钮 SB，切断选控继电器 KC_n 的自保持回路，使 KC_n 及闭锁继电器 KCB 复归，然后再重新进行选择。

④ 对象操作　对象的跳合闸操作是利用公用的控制开关 SA 进行的。如要进行合闸时，运行人员将控制开关 SA 置于“合闸”位置，SA 的触点 11-12、41-42 接通，由 SA 的 41-42 触点、$KC_{1\text{-}2}$ 动合触点使合闸继电器 KC_{11} 启动，其触点接通强电合闸回路，断路器 QF_1 合闸。如要进行跳闸操作时，可将控制开关 SA 置于“跳闸”位置，SA 的触点 51-52、81-82 接通，由 SA 的 81-82 触点、$KC_{1\text{-}3}$ 触点接通跳闸继电器 KC_{21} 线圈，其动合触点接通强电跳闸回路，使断路器 QF_1 跳闸。

⑤ 选控复归　当选控操作完成后，应及时自动复归，这是由复归继电器 K_1、K_2、K_3 共同完成的。在手动合闸操作中，SA 的触点 11-12 接通，使复归继电器 K_1 线圈带电，其动合触点闭合形成自保持回路，其动断触点断开，切断 K_2 线圈的电源，K_2 的延时动合触点延时切断 K_3 线圈的电源。K_3 线圈失电后，其动合触点延时断开，切断选控继电器 KC_1 的自保持回路，使整个选控电路复归，准备下一次动作。

【提示】

弱电选线操作按所采用的逻辑元件不同，分为有触点和无触点两大类。有触点选线是利用弱电小开关和有触点的电磁继电器等构成的逻辑电路，对断路器进行操作。无触点选线是利用无触点器件（如半导体器件）为主要逻辑元件所构成的逻辑电路，对断路器进行操作。目前还是有触点弱电选线控制系统在大中型发电厂中应用较为广泛。

(2) 弱电中央信号事故控制电路

由 CJ1 型冲击继电器构成的弱电中央信号事故控制电路如图 5-106 所示。图中，SB_1～SB_3 为试验按钮；SB_4～SB_6 为音响解除按钮；SB 为自保持线圈按钮；KC_1～KC_3、KC_{13}、

KC_{14}为中间继电器；KH为闪光继电器；KCA_1、KCA_2为用于配电装置的事故信号继电器；F_1、F_2为热线轴；HA为蜂鸣器；KP_1、KP_2为冲击继电器。

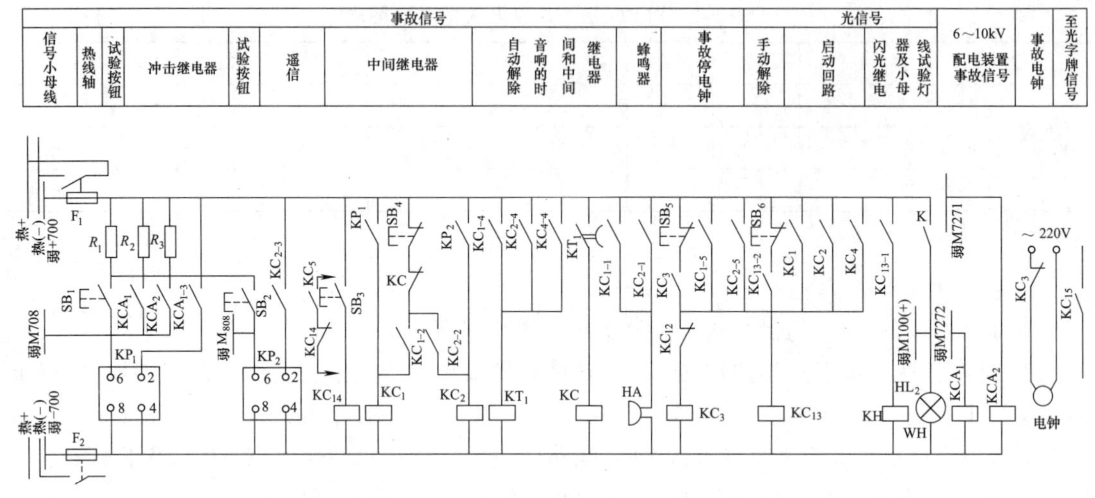

图 5-106　弱电中央信号事故控制电路

电路原理如下：

① 事故信号　当继电器事故跳闸时，事故信号启动回路（即弱电事故小母线“弱M708”或“弱M808”）经冲击继电器KP_1（或KP_2）的变流器6-8端子接通正电源，启动冲击继电器；或事故信号继电器KCA_1（或KCA_2）动作，其动合触点闭合，使冲击继电器KP_1（或KP_2）启动。当冲击继电器的动合触点闭合时，中间继电器KC_1（或KC_2）启动，KC_1或KC_2的第一对动合触点KC_{1-1}（或KC_{2-1}）闭合，启动蜂鸣器HA发出音响；第二对动合触点KC_{1-2}（或KC_{2-2}）闭合，用于自保持；第三对动合触点KC_{1-3}（或KC_{2-3}）接通冲击继电器的2-4端子间的返回线圈2，使其复归；第四对动合触点KC_{1-4}（或KC_{2-4}）闭合，启动时间继电器KT_1，KT_1的延时闭合的动合触点KT_1经延时后闭合，启动中间继电器KC，切断KC_1（或KC_2）的自保持回路，使蜂鸣器HA音响解除。

② 闪光信号　闪光信号回路由闪光继电器KH和中间继电器KC_{13}构成。当发生事故（或故障）时，KC_{13}被启动，其动合触点KC_{13-1}闭合启动闪光继电器KH，从而使闪光小母线M100（+）成为闪光电源，使白色信号灯HL_2闪光。

③ 自动停止电钟的运行　当事故跳闸时，冲击继电器KP_1或KP_2动作，启动中间继电器KC_1或KC_2，其第五对动合触点KC_{1-5}或KC_{2-5}闭合启动中间继电器KC_3，KC_3的动合触点闭合形成自保持回路，其动断触点切断电钟的电源，所以电钟停止的时间就是事故发生的时间。

【提示】

中央信号系统的电源可以采用强电电源，也可以采用弱电电源。强电控制可用强电或弱电信号；弱电选线控制则多数用弱电信号。

中央信号可采用由冲击继电器或脉冲继电器构成的装置，也可采用由制造厂成套供应的闪光报警装置。

5.6 通用变频器控制电路

5.6.1 变频器基本控制电路

(1) 变频器调速电动机正转控制电路(1)

如图 5-107 所示为变频器正转控制电路(1)。

① 电路特点 该电路由主电路和控制电路两大部分组成:主电路包括低压断路器 QF、交流接触器 KM 的主触头、中间继电器 KA 的触点、变频器内置的 AC/DC/AC 转换电路以及三相交流电动机 M 等;控制电路包括控制按钮 SB_1~SB_4、中间继电器 KA、交流接触器的线圈和辅助接点以及频率给定调节电路 RP 等。

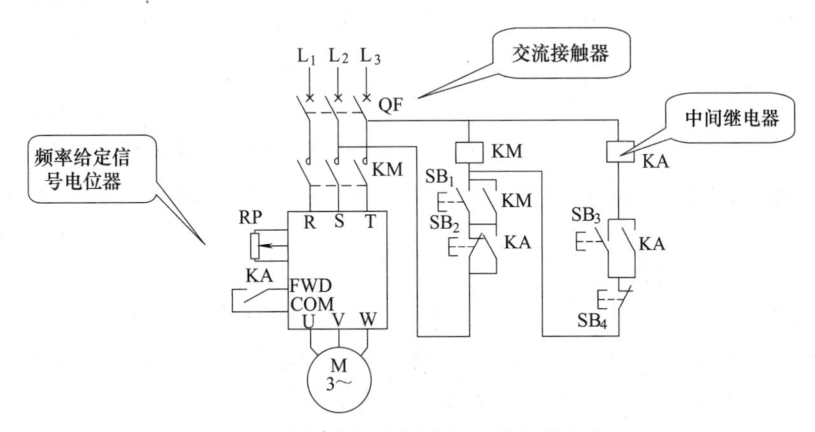

图 5-107 变频器调速电动机正转控制电路(1)

在该电路中,SB_1、SB_2 用于控制接触器 KM 的线圈,从而控制变频器的电源通断;SB_3、SB_4 用于中间控制继电器 KA,从而控制电动机的启动和停止。RP 为变频器频率给定信号电位器,频率给定信号通过调节其滑动触点得到。当电动机工作过程中出现异常时,KM、KA 线圈失电,电动机停止运行。

② 工作过程 闭合电源开关 QF,控制电路得电。按下启动按钮 SB_1 后,KM 线圈得电动作并自锁,为中间继电器 KA 运行做好准备;KM 主触点闭合,主电路进入热备用状态。

按下控制按钮 SB_3 后,中间继电器 KA 线圈得电动作,其触点闭合自锁;防止操作 SB_2 时断电;变频器内置的 AC/DC/AC 转换电路工作,电动机 M 得电运行。

停机时,按下 SB_4,中间继电器 KA 的线圈失电复位,KA 的触点断开,变频器内置的 AC/DC/AC 电路停止工作,电动机 M 失电停机。同时,KA 的触点解锁,为 KM 线圈停止工作做好准备。

如果设备暂停使用,就按下开关 SB_2,KM 线圈失电复位,其主触点断开,变频器的 R、S、T 端脱离电源。如果设备长时间不用,应断开电源开关 QF。

【提示】

本控制电路中的接触器与中间继电器之间有联锁关系:一方面,只有在接触器 KM 动作使变频器接通电源后,中间继电器 KA 才能动作;另一方面,只有在中间继电器 KA 断开,电动机减速并停机时,接触器 KM 才能断开变频器的电源。

变频器的通电与断电是在停止输出状态下进行的，在运行状态下一般不允许切断电源。因为电源突然停电，变频器立即停止输出，运转中的电动机失去了降速时间，这在某些运行场合会造成较大的影响，甚至导致事故发生。

(2) 变频器调速电动机正转控制电路 (2)

如图 5-108 所示为变频器调速电动机正转控制电路 (2)。

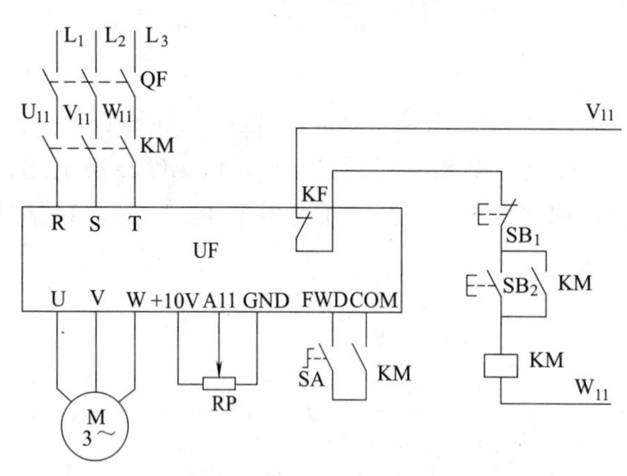

图 5-108 变频器调速电动机正转控制电路 (2)

① 电路特点 该控制电路由主电路和控制电路组成：主电路包括低压断路器 QF、交流接触器 KM 的主触点、变频器内置的 AC/DC/AC 转换电路以及三相交流电动机 M 等；控制电路包括控制按钮 SA、SB_1、SB_2，交流接触器 KM 的线圈和辅助接点以及频率给定电路等。

在控制电路中，变频器的过热保护接点用 KF 表示；+10V 电压由变频器 UF 提供；RP 为频率给定信号电位器，频率给定信号通过调节其滑动触点得到。

② 工作过程 合上电源开关 QF，电路输入端得电进入备用状态。

按下控制按钮 SB_2 后，电流依次经过 V_{11}→KF→SB_1→SB_2→KM 线圈→W_{11}，接触器的线圈得电吸合，它的一组动合接点闭合自锁，另一组动合接点也闭合，为 SA 按钮操作做好准备。同时，接触器主触点闭合，变频器进入热备用状态。

操作旋转开关 SA，闭合 FWD（正转控制端子）-COM（公共端）端子，变频器启动运行，电动机工作在变频调速状态。

【提示】

变频器可按厂方设定的参数值运行，也可按用户给定的参数条件运行。

(3) 变频器调速电动机正转控制电路 (3)

如图 5-109 所示为变频器调速电动机正转控制电路 (3)。

① 电路特点 该控制电路由主电路和控制电路组成：主电路包括低压断路器 QF、接触器 KM 的主触点、变频器内置的 AC/DC/AC 转换电路以及三相交流电动机 M 等；控制电路包括按钮开关 SB_1、SB_2，交流接触器 KM 的线圈和辅助接点以及旋转开关 SA 等。

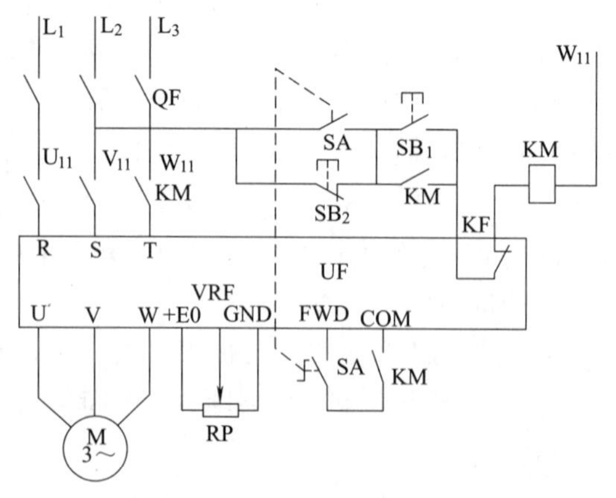

图 5-109 变频器调速电动机正转控制电路 (3)

该电路巧妙地利用接触器 KM 的辅助动合触点，将其串联在 FWD 端与 COM 端之间，利用旋转开关的动合接点并将其接在停止按钮 SB_2 上。只有接触器 KM 接通，电动机才能启动；只有 SA 旋转开关断开，才能切断变频器电源。

从 KF 端引出的变频器内置动断接点串接在控制电路中，以便在变频器发出跳闸信号时断开接触器线圈工作电源，确保系统停止工作。

② 工作过程　合上电源开关 QF，按下 SB_1，电流依次经过 V_{11}→SB_2→SB_1→KF→KM 线圈→W_{11}，接触器 KM 的线圈得电动作并自锁，FWD 端与 COM 端之间的接点同时闭合，为变频器投入工作做好准备。接通 SA 旋转开关（SB_2 的停止功能暂时失效），R、S、T 端与 U、V、W 端之间的变频电路工作，电动机启动运行。可通过调节 RP 确定变频器的工作频率。

需要停机时，首先断开旋转开关 SA，恢复 SB_2 的停止功能，变频器内置的 AC/DC/AC 转换电路停止工作，电动机失电停止运行。按下 SB_2 后，接触器 KM 的线圈失电复位，其主触点、辅助接点同时断开，交流电源与变频器 R、S、T 端之间的通路被切断，变频器退出热备用状态。

【提示】

应用变频器正转控制电路的注意事项如下。

① 变频器的接线必须严格按产品上标注的符号对号入座，R、S、T 是变频器的电源线输入端，接电源线；U、V、W 是变频器的输出端，接交流电动机。一旦将电源进线误接到 U、V、W 端上，将电动机误接到 R、S、T 端上，必将引起相间短路而烧坏变频管。

② 变频器有一个接地端，用户应将这个端子与大地相接。如果多台变频器一起使用，则每台设备必须分别与大地相接，不得串联后再与大地相接。

③ 模拟量的控制线所用的屏蔽线，应接到变频器的公共端（COM），但不要接到变频器的地端或大地端。

④ 控制线不要与主电路的导线交叉，无法回避时可采取垂直交叉方式布线。控制线与主电路的导线的间距应大于 100mm。

(4) 变频器调速电动机正反转控制电路（1）

如图 5-110 所示为变频器调速电动机正反转控制电路（1）。

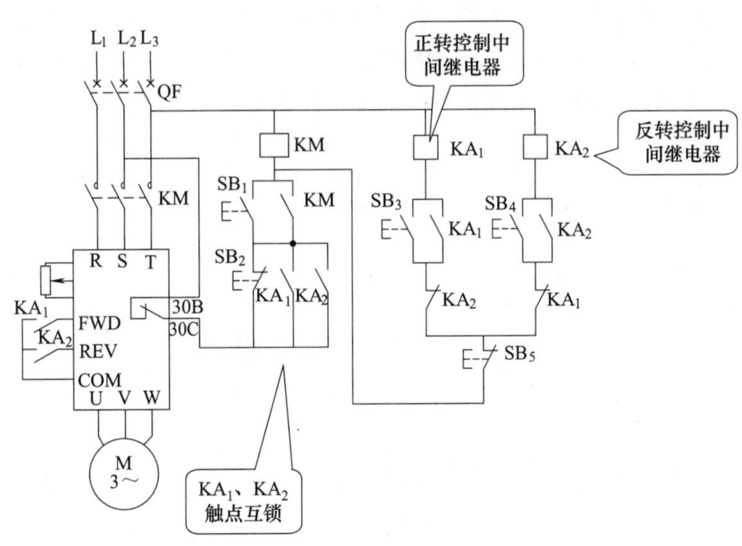

图 5-110　变频器调速电动机正反转控制电路（1）

① 电路特点　电路中，QF 为低压断路器，KM 为交流接触器，KA_1、KA_2 为中间继电器，SB_1 为通电按钮，SB_2 为断电按钮，SB_3 为正转按钮，SB_4 为反转按钮，SB_5 为停止

按钮，30B 和 30C 为报警输出接点，RP 为频率给定信号电位器，频率给定信号通过调节其滑动触点得到。

该电路与变频调速电动机正转控制电路不同的是：在电路中增加了 REV 端与 COM 端之间的控制开关 KA_2。按下开关 SB_1，接触器 KM 的线圈得电动作并自锁，主回路中 KM 的主触点接通，变频器输入端（R、S、T）获得工作电源，系统进入热备用状态。

② 工作过程　按钮 SB_1 和 SB_2 用于控制接触器 KM 的吸合与释放，从而控制变频器的通电与断电。按钮 SB_3 用于控制正转继电器 KA_1 的吸合，当 KA_1 接通时，电动机正转。按钮 SB_4 用于控制继电器 KA_2 的吸合，当 KA_2 接通时，电动机反转。按钮 SB_5 用于控制停机。

电动机正反转主要通过变频器内置的 AC/DC/AC 转换电路来实现。如果需要停机，可按下 SB_5 按钮开关，变频器内置的电子线路停止工作，电动机停止运转。

电动机正反转运行操作，必须在接触器 KM 的线圈已得电动作且变频器（R、S、T 端）已得电的状态下进行。同时，正反转继电器互锁，正反转切换不能直接进行，必须停机再改变转向。

按钮开关 SB_2 并联 KA_1、KA_2 的触点，可防止电动机在运行状态下切断接触器 KM 的线圈工作电源而直接停机。KA_1、KA_2 互锁，可保持变频器状态的平稳过渡，避免变频器受冲击。换句话说，只有在电动机正反转工作都停止，变频器退出运行的情况下，才能操作开关 SB_2，通过切断接触器 KM 的线圈工作电源而停止对电路的供电。

【提示】

变频器故障报警时，控制电路被切断，变频器主电路断电，电动机停机。

(5) 变频器调速电动机正反转控制电路（2）

变频器调速电动机正反转控制电路（2）如图 5-111 所示。

① 电路特点　该电路由负载工作主电路和控制电路两部分组成：负载工作主电路包括低压断路器 QF、交流接触器 KM 的主触点、变频器内置的 AC/DC/AC 转换电路以及笼型三相异步交流电动机 M 等；控制电路包括变频器内置的辅助电路、控制按钮开关 SB_2、停止按钮开关 SB_1、交流接触器 KM 的线圈以及选择开关 SA 等。

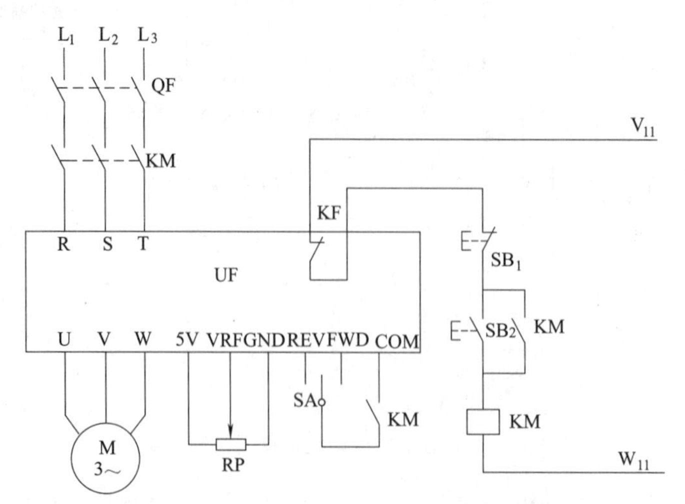

图 5-111　变频器调速电动机正反转控制电路（2）

② 工作过程　合上电源开关 QF，控制电路得电。按下按钮开关 SB_2，交流接触器 KM 的线圈得电吸合并自锁，其主触点闭合，SA 端与 COM 端之间的辅助接点接通，为变频器工作做好准备。

操作选择开关 SA，当 SA 接通 FWD 端时，电动机正转；当 SA 接通 REV 端时，电动机反转。

需要停机时，使 SA 开关位于断开位置，变频器首先停止工作。再按下 SB_1 按钮，交流接触器 KM 的线圈失电复位，其主触点断开三相交流电源。

(6) 变频器调速电动机正反转控制电路（3）

变频器调速电动机正反转控制电路（3）如图 5-112 所示。

① 电路特点　该电路由以下两部分组成：电动机工作主电路和实现电动机正反转的控制电路。主电路包括交流接触器 KM 的主触点、变频器内置的正相序和反相序 AC/DC/AC 变换器以及三相交流电动机 M 等。控制电路包括变频器 UF 的内置辅助电路，控制按钮 SB_1、SB_2，停止按钮 SB_3，正反转控制按钮 SF、SR，接触器 KM 的线圈，继电器 KA_1、KA_2 以及电位器 RP 等。

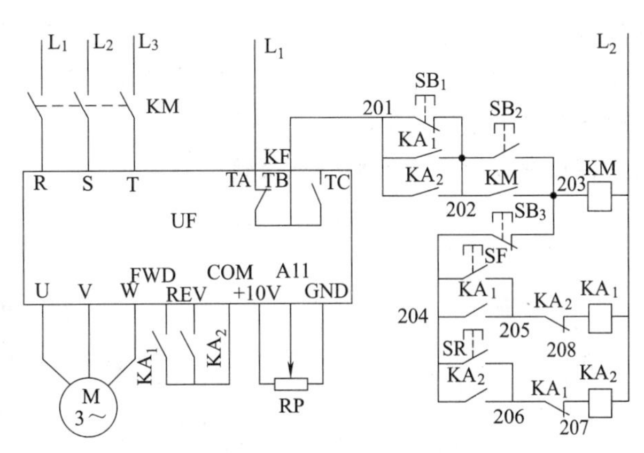

图 5-112　变频器调速电动机正反转控制电路（3）

图中，TA-TB 为变频器内置的输出动断接点，TC-TB 为变频器内置的输出动合接点；＋10V 电源由变频器提供；RP 为频率给定信号电位器，频率给定信号通过调节其滑动触点得到。

变频器电源的接通与否由接触器的主触点控制。本电路与变频调速电动机正转控制电路不同的是：在电路中增加了 REV 端与 COM 端之间的控制开关 KA_2。当 KA_1 接通时，电动机正转；当 KA_2 接通时，电动机反转。

② 工作过程　按下开关 SB_2，接触器 KM 的线圈得电动作并自锁，主回路中 KM 的主触点接通，变频器输入端（R、S、T）获得工作电源，系统进入热备用状态。

a. 电动机正转操作。按下 SF 开关，KA_1 得电动作，其接点（204-205）闭合自锁；KA_1 的接点（206-207）断开，禁止 KA_2 线圈参与工作；KA_1 的接点（201-202）闭合，SB_1 退出运行；KA_1 的接点（FWD-COM）闭合，变频器内置的 AC/DC/AC 转换电路工作，电动机正转。

如果需要停机，可按下 SB_3 按钮开关，KA_1 线圈失电，其接点（FWD-COM）断开，变频器内置的电子线路停止工作，电动机停止运转。

如果在操作过程中欲使电动机反转，则必须先按下 SB_3，使继电器 KA_1 的线圈失电复位，然后再进行换向操作。

b. 电动机反转操作。按下 SR 开关，KA_2 线圈得电动作，其接点（204-206）闭合自锁；KA_2 的接点（205-208）断开，禁止 KA_1 线圈参与工作；KA_2 的接点（201-202）闭合，SB_1 退出运行；KA_2 的接点（REV-COM）闭合，变频器内置的电子线路工作，电动机得电反转。如果需要停机，可按下按钮开关 SB_3，KA_2 线圈失电，其接点（REV-COM）断开，变频器内置的电子线路停止工作，电动机停止运转。

为了保证电动机正转启动与反转启动互不影响，应分别在 KA_1 的线圈回路中串联 KA_2 的动断接点（205-208），在 KA_2 的线圈回路中串联 KA_1 的动断接点（206-207），这样的电路结构称为电气联锁。在电动机正、反向运行都未进行时，若要断开变频器供电电源，只要按下 SB_1 即可。

电动机的正、反转运行操作，必须在接触器 KM 的线圈已得电动作且变频器（R、S、T 端）已得电的状态下进行。与按钮 SB_1 并联的 KA_1、KA_2 的触点，主要用于防止电动机在运行状态下切断接触器 KM 的线圈工作电源而直接停机。只有在电动机正、反转工作都停止，变频器退出运行的情况下，才能操作开关 SB_1，通过切断接触器 KM 的线圈工作电源而停止对电路的供电。

(7) 变频器调速电动机正反转控制电路（4）

如图 5-113 所示为变频器调速电动机正反转电路（4）。

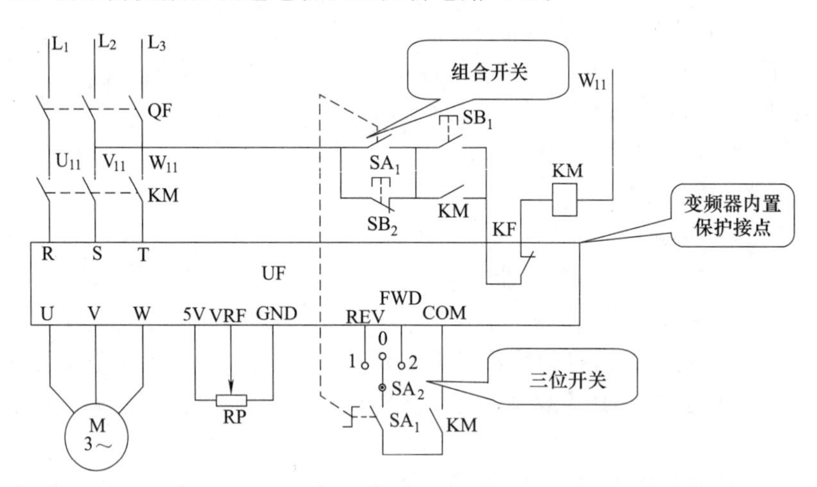

图 5-113　变频器调速电动机正反转电路（4）

① 电路特点　该电路由以电动机为负载的主电路和以选择开关为转换要素的控制电路两部分组成：主电路包括低压断路器 QF、交流接触器 KM 的主触点、变频器 UF 内置的 AC/DC/AC 转换电路以及三相交流电动机 M 等；控制电路包括控制按钮开关 SA_1、SA_2、SB_1、SB_2，交流接触器 KM 的线圈及其辅助接点，变频器内置的保护接点 KF 以及选频电位器 RP 等。

SA_2 为三位（正转、反转、停止）开关，旋转开关 SA_1 为机械联锁开关，接触器 KM 为电气联锁触点。SA_2 与“2”位置接通时，电动机正转；SA_2 与“1”位置接通时，电动机反转。

② 工作过程　闭合 QF，按下按钮开关 SB_1，KM 线圈得电动作，其辅助接点同时闭合，变频器的 R、S、T 端得电进入热备用状态。

将 SA_1 开关旋转到接通位置时，SB_2 不再起作用，然后将 SA_2 拨到“2”位置，变频器内置的 AC/DC/AC 转换电路开通，电动机启动并正向运行。

如果要使电动机反向运行，应先将 SA_2 拨到“0”位置，然后再将开关 SA_2 转到“1”位置，于是电动机反向运行。

停机时，将 SA_1 转到“0”位置，断开 SA_1 对 SB_2 的封锁，做好变频器输入端（R、S、T）脱电准备。按下 SB_2，KM 线圈失电复位，切断交流电源与变频器（R、S、T 端）之间的联系。

如果一开始就要电动机反向运行，则先将旋转开关 SA_1 转到接通位置（SB_2 退出），然后按下 SB_1，接触器 KM 的线圈得电动作，其辅助触点同时闭合，变频器的 R、S、T 端得电，进入热备用状态。将 SA_2 转到“1”位置时，变频器内置的电路换相，电动机反向运行。

同样，如果在反向运行过程中要使电动机正向运行，则先将 SA_2 拨到“0”位置，然后再将开关 SA_2 转到“2”位置，电动机正向运行。

(8) 无反转控制功能变频器控制电动机正反转电路

无反转控制功能变频器实现电动机正反转控制电路如图 5-114 所示。

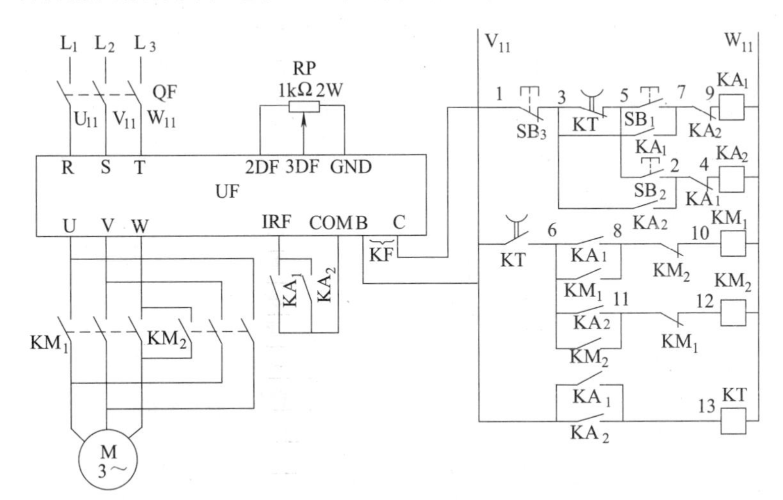

图 5-114　无反转控制功能变频器实现电动机正反转控制电路

① 电路特点　该电路由以下两部分组成：一是以电动机为负载的主电路；二是以交流接触器和中间继电器等为主的控制电路。主电路包括低压断路器 QF，变频器内置的 AC/DC/AC 转换电路，交流接触器 KM_1、KM_2 的主触点以及三相交流异步电动机 M 等。控制电路包括启动按钮开关 SB_1、SB_2，停止按钮开关 SB_3，交流接触器 KM_1、KM_2 的线圈和辅助接点，中间继电器 KA_1、KA_2，时间继电器 KT 以及频率给定电位器 RP 等。

② 工作过程

a. 电动机正转控制。合上电源开关 QF，按下 SB_1，电流依次经过 V_{11}→KF 的接点（B-C）→SB_3→KT 的接点（3-5）→SB_1→KA_2 的接点（7-9）→KA_1 线圈→W_{11}。

KA_1 线圈得电后动作，其接点（3-7）闭合并自锁；KA_1 的接点（IRF-COM）闭合，变频器内置电路开通，并将变频电源送达变频器的输出端（U、V、W）；KA_1 的接点（2-4）断开，禁止 KA_2 线圈工作；KA_1 的接点（6-8）闭合，为 KM_1 接触器投入运行做好准备。

KA_1 的接点（V_{11}-13）闭合后，时间继电器 KT 的线圈得电动作。这时，时间继电器的接点（3-5）瞬时断开，防止 SB_2 被误操作；时间继电器的接点（V_{11}-6）瞬时闭合，电流依次经过 V_{11}→KT 的接点（V_{11}-6）→KA_1 的接点（6-8）→KM_2 的接点（8-10）→KM_1 线圈→W_{11}。

KM_1 线圈得电后动作，其接点（6-8）闭合自锁；KM_1 的接点（11-12）断开，禁止 KM_2 线圈工作；KM_1 的主触点闭合，电动机获得正相序电源而正向旋转。

b. 电动机反转控制。需要电动机反转时，首先按下停止按钮 SB_3，KA_1 线圈失电复位，时间继电器 KT 的线圈也失电复位。

按下反向启动按钮 SB_2 后，电流依次经过 V_{11}→KF 的接点（B-C）→SB_3→KT 的接点（3-5）→SB_2→KA_1 的接点（2-4）→KA_2 线圈→W_{11}。

KA_2 的线圈得电后动作，其接点（3-2）闭合自锁；KA_2 的接点（7-9）断开，禁止 KA_1 线圈工作；KA_2 的接点（1RF-COM）闭合，变频器内置电路开通，将变频电源送达 U、V、W 端；KA_2 的接点（6-11）闭合，为 KM_2 接触器线圈投入运行做好准备。

KA_2 的接点（V_{11}-13）闭合后，时间继电器 KT 的线圈得电动作。时间继电器 KT 的接点（3-5）瞬时断开，防止 SB_1 被误操作；KT 的接点（V_{11}-6）瞬时闭合，电流依次经过 V_{11}→KT 的接点（V_{11}-6）→KA_2 的接点（6-11）→KM_1 的接点（11-12）→KM_2 线圈→W_{11}。

KM_2 的线圈得电后动作，其接点（6-11）闭合自锁；KM_2 的接点（8-10）断开，禁止 KM_1 线圈工作；KM_2 的主触点闭合，电动机 M 获得反相序电源而反向旋转。

（9）变频器并联运行控制电路

如图 5-115 所示为变频器并联运行控制电路。

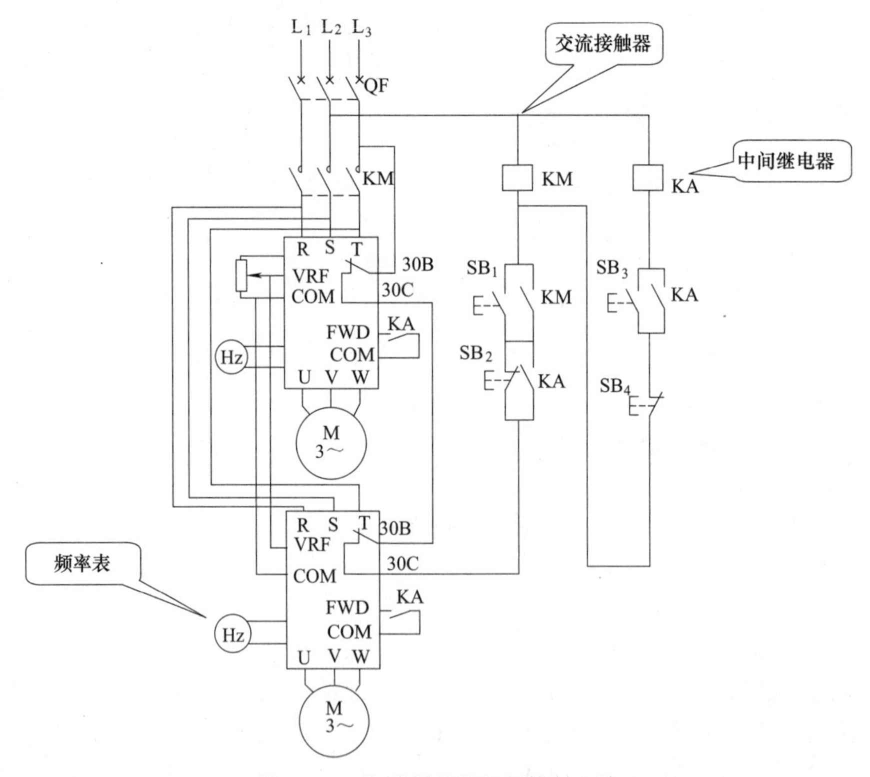

图 5-115　变频器并联运行控制电路

① 电路特点　该电路采用了两台变频器，共用一套控制电路。两台变频器的电源输入端并联，VRF、COM 端并联；总电源受低压断路器 QF 控制；接触器 KM 控制两台变频器的通电、断电；两台变频器的故障输出端子（30B、30C）均串联在控制电路中，任何一个变频器控制报警时都要切断控制电路，从而切断变频器的电源。

② 工作过程 通电按钮 SB_1 与接触器 KM 的动合触点并联，使 KM 能够自锁，以保证变频器能够持续通电；断电按钮 SB_2 与接触器 KM 的线圈串联，同时与运行继电器 KA 动合触点并联，受运行继电器 KA 的控制。

运行按钮 SB_3 与运行继电器 KA 的动合触点并联，使 KA 能够自锁，以保证变频器可连续运行。停止按钮 SB_4 与继电器 KA 的线圈串联，用于停止变频器的运行，但不能切断变频器的电源。

两台变频器的速度给定控制采用同一个电位器。若两台变频器同速运行，可将两台变频器的频率增益等参数设置成相同的数值。若两台变频器按比例运行，应根据不同比例分别设置各自的频率增益，每台变频器的输出频率由各自的多功能输出端子接频率表（Hz）指示。

两台变频器的运行端子由继电器触点控制。

【提示】

变频器并联运行多用于传送带、流水线的控制场合。

(10) 变频调速两地控制电动机电路

变频调速两地控制电动机电路如图 5-116 所示。

① 电路特点 该电路由以下三部分所组成：主电路、电源控制电路和分组升降控制电路。主电路包括低压断路器 QF、交流接触器 KM 的主触点、变频器内置的 AC/DC/AC 转换电路以及三相交流异步电动机 M 等。电源控制电路包括甲组控制按钮 SB_5、SB_8，乙组控制按钮 SB_6、SB_7 以及交流接触器 KM 的线圈等。分组升降控制电路包括甲组控制按钮 SB_1、SB_2 以及乙组控制按钮 SB_3、SB_4 等。

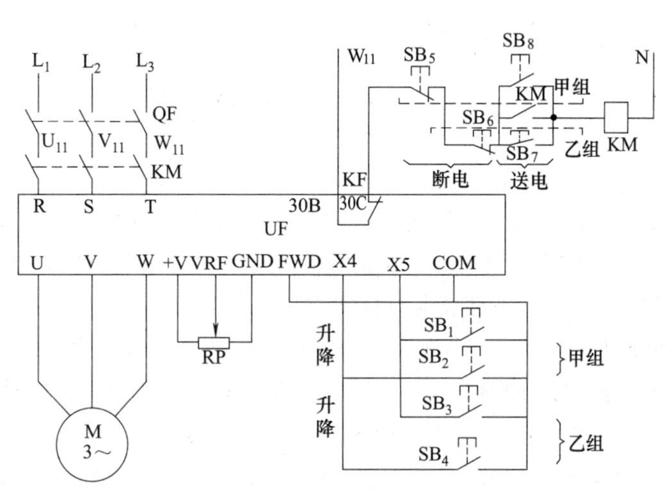

图 5-116 两地控制变频调速电动机电路

② 工作过程 合上电源开关 QF，电源控制电路得电。如果是甲组操作，则按下 SB_8，KM 线圈得电动作并自锁，其主触点闭合，三相交流电源送达 R、S、T 端。如果是乙组操作，则按下 SB_7，KM 线圈得电动作并自锁，其主触点闭合，三相交流电源送达 R、S、T 端，变频器进入热备用状态。

如果是甲组操作，上升时按 SB_1，下降时按 SB_2。如果是乙组操作，上升时按 SB_3，下降时按 SB_4。

如果要停止对变频器的 R、S、T 端送电，可按下 SB_5 或 SB_6，交流接触器的线圈失电，其主触点断开交流电源。

(11) 变频-工频调速控制电动机控制电路

变频器拖动系统中根据生产要求常常需要进行变频-工频运行切换，例如，变频器运行中出现故障时需及时将电动机由变频运行切换到工频运行。如图 5-117 所示为变频-工频运行切换电路。

① 电路特点 该电路由主电路和控制电路两部分组成：主电路由低压断路器 QF、交流

接触器 KM_1～KM_3 的主触点、变频器内置的变频电路（AC/DC/AC）以及三相交流电动机 M 等组成；控制电路由控制按钮 SB_1～SB_4、选择开关 SA、交流接触器 KM_1～KM_3 的线圈、中间继电器 KA_1 和 KA_2、时间继电器 KT、变频器内置的保护接点 30A 和 30C、选频电位器 RP、蜂鸣器 HA 以及信号指示灯 HL 等组成。

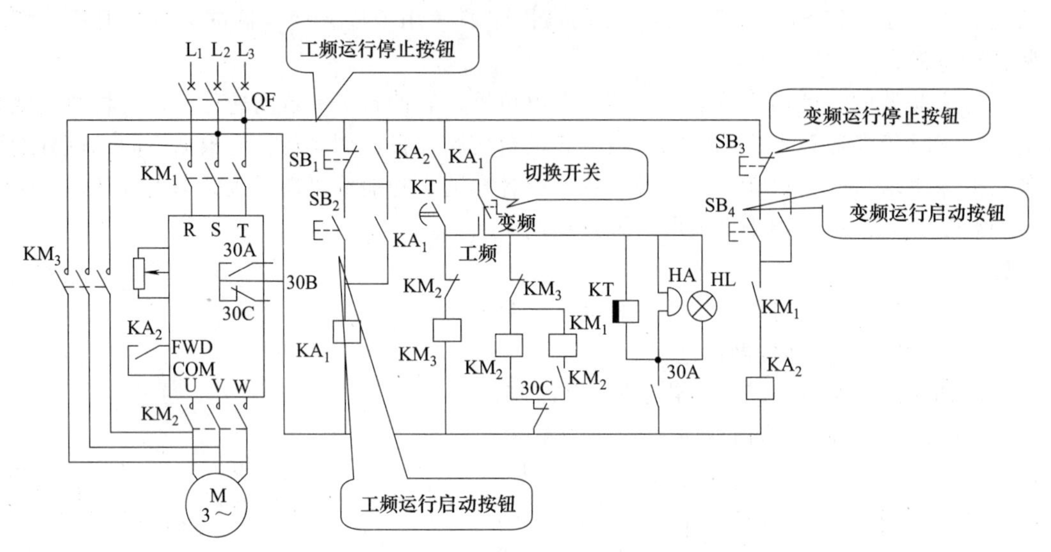

图 5-117　变频-工频运行切换电路

② 工作过程　该电路有两种运行方式，即工频运行方式和变频运行方式。

a. 工频运行方式。开关 SA 切换到“工频”位置，按下启动按钮 SB_2，中间继电器 KA_1 线圈得电后其一对触点吸合并自锁，另一对触点也吸合，KM_3 线圈得电动作，此时 KM_3 的动断触点断开，禁止 KM_1、KM_2 参与工作。KM_3 的主触点闭合，电动机按工频条件运行。按下停止按钮 SB_1 后，中间继电器 KA_1 和接触器 KM_3 的线圈均失电，电动机停止运行。

b. 变频运行方式。将 SA 切换到“变频”位置，接触器 KM_2、KM_1 以及时间继电器 KT 等均参与工作。按下启动按钮 SB_2 后，中间继电器 KA_1 的线圈得电吸合并自锁，KA_1 的接点闭合，接触器 KM_2 的线圈得电动作，主触点闭合，其动断触点断开，禁止 KM_3 线圈工作。此时与 KM_1 线圈支路串联的 KM_2 动合触点闭合，KM_1 线圈得电吸合，其主触点闭合，交流电源送达变频器的输入端（R、S、T）；KM_1 主触点闭合，为变频器投入工作做好准备。

按下 SB_4 后，因 KM_1 动合触点闭合，KA_2 线圈得电动作，变频器的 FWD 端与 COM 端之间的接点接通，电动机启动并按变频条件运行。KA_2 工作后，其动合接点闭合，停止按钮 SB_1 被短接而不起作用，防止误操作按钮开关 SB_1 而切断变频器工作电源。

在变频器正常调速运行时，若要停机，可按下停止按钮 SB_3，则 KA_2 线圈失电，变频器的 FWD 端与 COM 端之间的触点断开，U、V、W 端与 R、S、T 端之间的 AC/DC/AC 转换电路停止工作，电动机失电而停止运行。此时交流接触器 KM_1、KM_2 仍然闭合待命。同时，KA_2 与 SB_1 并联的接点也断开，为下一步操作做好准备。

如果变频器在运行过程中发生故障，则变频器内置保护元件 30C 的动断接点将断开，KM_1、KM_2 线圈失电，从而切断电源与变频器之间以及变频器与电动机之间的联系。与此同时，变频器内置保护开关 30A 的动合接点接通，蜂鸣器 HA 和指示灯 HL 发出声光报警。

时间继电器KT的线圈同时得电，延时时间结束后，其速断延时闭合接点接通，KM_3线圈得电动作，主电路中的KM_3触点闭合，电动机进入工频运行程序。

操作人员听到警报后，可将选择开关SA旋至“工频”位置或“停止”位置，声光报警停止，时间继电器因失电也停止工作。

该主电路没有设置热继电器，应用时可根据实际情况在电动机三相绕组电源输入端增设热继电器，以便于对电动机进行过载保护。

该控制电路的关键之处是KM_3和KM_2、KM_1的互锁关系，即KM_2、KM_1闭合时KM_3必须断开；而KM_3闭合时，KM_2、KM_1必须断开，二者不能有任何时间重叠。

该电路首先使用调试时，在变频器投入运行后，可先进行工频运行，而后手动切换为变频运行，当两种运行方式均正常时，再进行故障切换运行。故障切换运行可设置一个“外部紧急停止”端子，当这个端子有效时，变频器发出故障警报，30C和30A触点动作，自动将变频器切换到工频运行并发出声光报警。

【提示】

在进行变频器调试时，一些具体和相关的功能参数要根据变频器的具体型号和要求进行预置。

(12) 点动、连续运行变频调速电动机控制电路

点动、连续运行变频调速电动机控制电路如图5-118所示。

① 电路特点　该电路由以下两部分组成：主电路和控制电路。主电路包括低压断路器QF、变频器内置的AC/DC/AC转换电路以及三相交流电动机M等。控制电路包括控制按钮SB_1～SB_3，继电器K_1、K_2，电阻器R_1以及选频电位器RP_1、RP_2等。

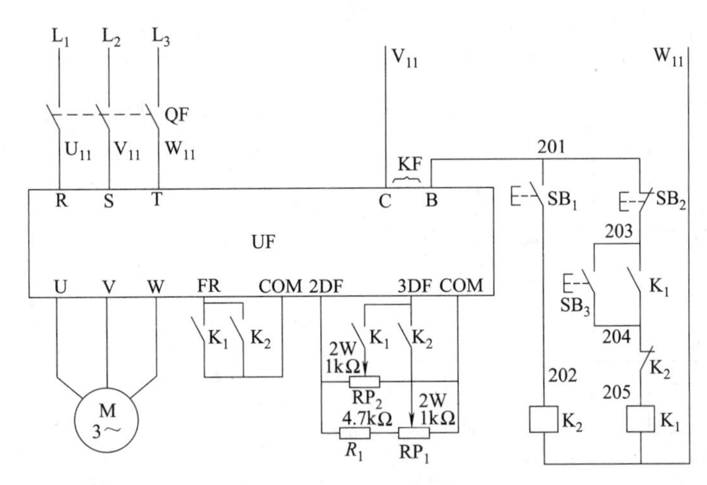

图5-118　点动、连续运行变频调速电动机控制电路

② 工作过程

a. 点动工作方式。合上电源开关QF，变频器输入端R、S、T得电，控制电路也得电进入热备用状态。

按下按钮开关SB_1，继电器K_2的线圈得电，K_2在变频器的3DF端与电位器RP_1的可动触点间的接点闭合。同时，K_2在变频器的FR端与COM端间的接点也闭合，变频器的U、V、W端有变频电源输出，电动机得电运行。

调节电位器RP_1，可获得电动机点动操作所需要的工作频率。松开按钮开关SB_1后，

继电器 K_2 的线圈失电，变频器的 3DF 端与 RP_1 的可动触点间的联系中断。同时，K_2 在 FR 端与 COM 端间的接点断开，于是变频器内置的 AC/DC/AC 转换电路停止工作，电动机失电而停机。

b. 连续运行工作方式。如果电路已进入热备用状态，可按下按钮开关 SB_3，电流依次经过 V_{11}→KF→SB_2→SB_3→K_2 的接点（204-205）→K_1 线圈→W_{11}。K_1 线圈得电后动作并自锁，它在变频器的 3DF 端与 RP_2 的可动触点间的接点闭合，同时它在变频器的 FR 端与 COM 端间的接点也闭合，变频器内置的 AC/DC/AC 转换电路开始工作，电动机得电运行。调节电位器 RP_2，可获得电动机连续运行所需要的工作频率。

需要停机时，按下 SB_2，K_1 线圈失电，于是变频器的 3DF 端与 RP_2 的可动触点间的联系切断。同时，FR 端与 COM 端间的联系也断开，于是变频器内置的 AC/DC/AC 转换电路退出运行，电动机失电而停止工作。

（13）变极变频调速电动机控制电路

变极变频调速电动机控制电路如图 5-119 所示。

① 电路特点　该电路由主电路和控制电路两部分所组成：主电路包括低压断路器 QF，变频器内置的 AC/DC/AC 转换电路，交流接触器 KM_1～KM_3 的主触点以及热继电器 KH_1、KH_2 的元件等；控制电路包括控制按钮 SB_1～SB_3，交流接触器 KM_1～KM_3 的线圈和辅助接点，时间继电器 KT 以及热继电器 KH_1、KH_2 的接点等。

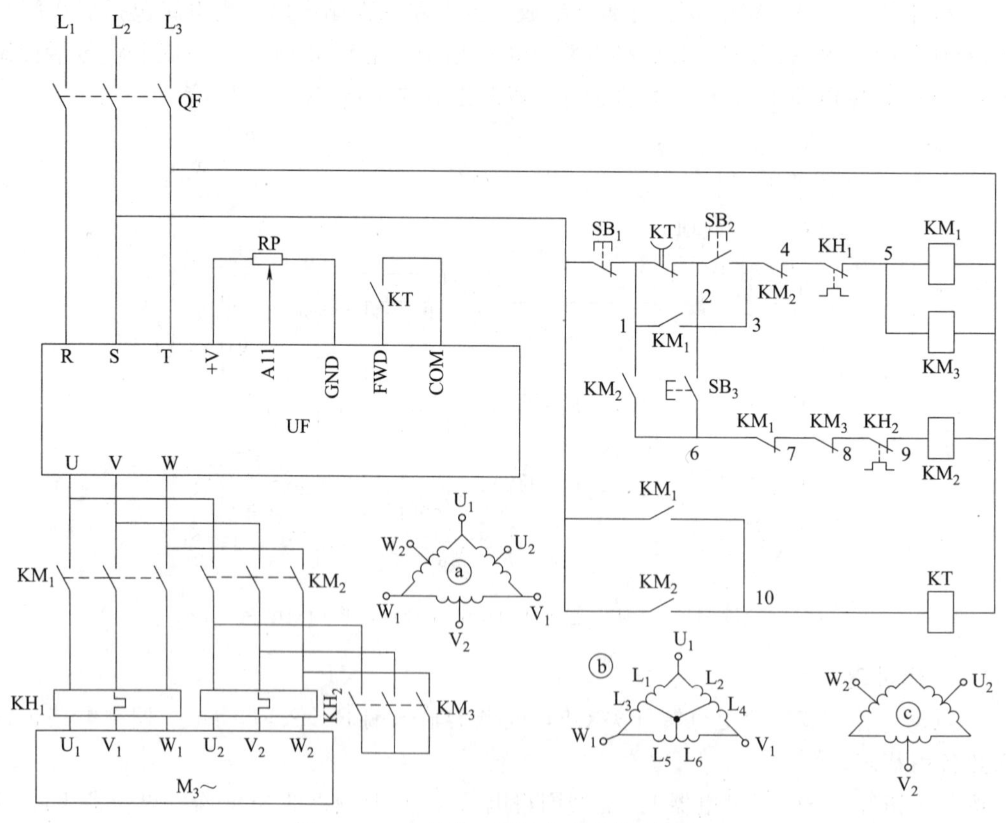

图 5-119　变极变频调速电动机控制电路

② 工作过程

a. 高速运行。合上电源开关 QF，变频器的 R、S、T 端与控制电路同时得电。

按下开关 SB_2 后，交流电流依次经过 S 端→SB_1→KT 的接点（1-2）→SB_2→KM_2 的接点（3-4）→KH_1 的接点（4-5）→KM_1 线圈（KM_3 线圈）→T 端。接触器 KM_1、KM_3 的线圈得电后吸合，KM_1 的接点（1-3）闭合自锁，KM_1 的接点（6-7）和 KM_3 的接点（7-8）断开，禁止 KM_2 线圈参与工作；KM_1 的接点（S-10）闭合，时间继电器 KT 的线圈得电动作，其接点（1-2）瞬时断开，时间继电器在变频器上的接点（FWD-COM）闭合，变频器内置的 AC/DC/AC 转换电路工作，50Hz 的三相交流电变换成一定范围内频率可调的三相交流电并送达变频器的 U、V、W 端。KM_1、KM_3 接触器的主触点闭合后，使图 5-119 中电动机绕组由 a 型连接变为 b 型连接，电动机按星形高速运行。

b. 低速运行。合上电源开关 QF，变频器的输入端 R、S、T 与控制电路同时得电。

按下开关 SB_3，交流电流依次经过 S 端→SB_1→KT 的接点（1-2）→SB_3→KM_1 的接点（6-7）→KM_3 的接点（7-8）→KH_2 的接点（8-9）→KM_2 线圈→T 端，接触器 KM_2 的线圈得电吸合，其接点（1-6）闭合自锁；KM_2 的接点（3-4）断开，禁止 KM_1、KM_3 线圈投入工作；KM_2 的接点（S-10）闭合，时间继电器 KT 的线圈得电动作，其接点（1-2）瞬时断开，时间继电器在变频器上的接点（FWD-COM）闭合，变频器内置的 AC/DC/AC 转换电路工作，三相交流电压送达变频器的 U、V、W 输出端。接触器 KM_2 的主触点闭合后，电动机绕组按图 5-119 中的 c 型接法低速运行。

【提示】

变极变频调速电动机控制电路应用时要注意以下事项。

① 时间继电器 KT 的给定时间应大于电动机从高速降速到自由停止的时间。

② 从高速到低速或从低速到高速的转换，必须在电动机停止后再操作。这种安全保证是由时间继电器延时闭合接点（1-2）来实现的。

（14）变频器控制电动机带抱闸制动电路

如图 5-120 所示为变频器控制电动机带抱闸制动电路。

① 电路特点　当电磁线圈未通电时，由机械弹簧将闸片压紧，转子不能转动，处于禁止状态；当给电磁线圈通入电流后，电磁力将闸片吸开，转子可以自由转动，处于抱闸松开状态。

将变频器的多功能接点输出端子设为频率到达功能，动合触点便输出→频率到达预置为 0.5Hz。

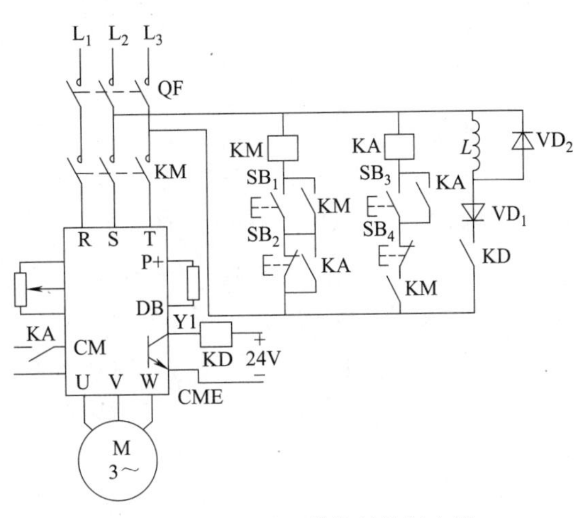

图 5-120　电动机带抱闸控制电路

② 工作过程

a. 抱闸控制过程：当频率小于 0.5Hz 时，变频器内部动合触点断开→抱闸继电器线圈失电→机械弹簧将闸片压紧→转子不转动（禁止）。

b. 松闸控制过程：当频率大于 0.5Hz 时，变频器内部动合触点闭合→抱闸继电器线圈得电→转轴自由转动→电动机启动运行。

【提示】

这种制动方法在起重机械上被广泛应用，如行车、卷扬机、电动葫芦（大多采用电磁离合器制动）等，其优点是能准确定位，可防止电动机突然断电时重物自行坠落而造成事故。

5.6.2 变频器典型应用电路

（1）一台变频器控制多台电动机电路

一台变频器控制多台并联电动机电路如图 5-121 所示。

① 电路特点　该电路由主电路和控制电路等所组成：主电路包括低压断路器 QF、交流接触器 KM 的主触点、变频器内置的 AC/DC/AC 转换电路、热继电器 KH_1～KH_3 以及三相交流电动机 M_1～M_3 等；控制电路包括按钮开关 SB_1～SB_5、交流接触器 KM 的线圈以及继电器 KA_1、KA_2 等。

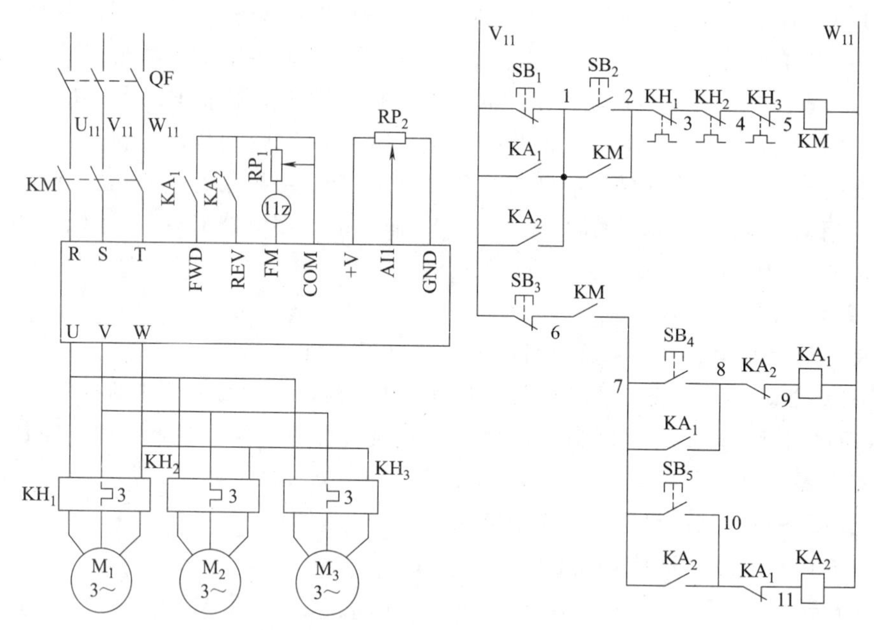

图 5-121　一台变频器控制多台并联电动机电路

② 工作过程　合上电源开关 QF 后，控制电路得电。

a. 正向运行。按下开关 SB_2 后，交流电流依次经过 V_{11}→SB_1→SB_2→KH_1 的接点（2-3）→KH_2 的接点（3-4）→KH_3 的接点（4-5）→KM 线圈→W_{11}，KM 线圈得电吸合并自锁，其接点（6-7）闭合，为 KA_1 或 KA_2 继电器工作做好准备。接触器 KM 的主触点闭合，三相交流电压送达变频器的输入端 R、S、T。

按下按钮开关 SB_4 后，交流电流依次经过 V_{11}→SB_3→KM 的接点（6-7）→SB_4→KA_2 的接点（8-9）→KA_1 线圈→W_{11}，KA_1 线圈得电吸合并自锁；KA_1 的动断接点（10-11）断开，禁止继电器 KA_2 参与工作；继电器 KA_1 的动合接点（V_{11}-1）闭合，封锁 SB_1 按钮开关的停机功能；变频器上的 KA_1 接点（FWD-COM）闭合，变频器内置的 AC/DC/AC 转换器工作，从 U、V、W 端输出正相序三相交流电，电动机 M_1～M_3 同时正向启动运行。

b. 反向运行。当电动机需要反向运行时，先按下 SB_3 按钮开关，于是继电器 KA_1 的线圈失电复位，变频器处于热备用状态。

按下 SB_5 按钮开关，交流电流依次经过 V_{11}→SB_3→KM 的接点（6-7）→SB_5→KA_1 的接点（10-11）→KA_2 线圈→W_{11}，继电器 KA_2 的线圈得电吸合并自锁；KA_2 的动断接点

(8-9) 断开，禁止继电器 KA_1 的线圈参与工作；KA_2 的动合接点（V_{11}-1）闭合，迫使 SB_1 按钮开关暂时退出；变频器上的 KA_2 接点（REV-COM）闭合，变频器内置的 AC/DC/AC 转换电路工作，从 U、V、W 接线端输出逆相序三相交流电，电动机 M_1～M_3 同时反向启动运行。

如果需要让电动机正向运行，同样必须先按下 SB_3 按钮，于是 KA_2 线圈失电复位，变频器重新处于热备用状态。

c. 停机。如果需要长时间停机，可按下 SB_1 按钮，接触器 KM 的线圈失电复位，其主触点断开三相交流电源，然后再关断电源开关 QF。

【提示】

由于并联使用的单台电动机的功率较小，某台电动机发生过载故障时，不能直接启动变频器的内置过载保护开关，因此，每台电动机必须单设热继电器。只要其中一台电动机过载，都将通过热继电器常闭接点的动作，将接触器 KM 线圈的工作条件中断，由交流接触器断开设备的工作电源，从而实现过载保护。

(2) 变频器控制风机电路

变频器控制风机调速电路如图 5-122 所示。

① 电路特点 该电路由四部分组成，即主电路、电源控制电路、变频器运行控制电路以及报警信号电路等。主电路包括低压断路器 QF、交流接触器 KM 的主触点、变频器内置的 AC/DC/AC 转换电路以及三相交流异步电动机 M 等。电源控制电路包括控制按钮 SB_1、SB_2，交流接触器 KM 的线圈以及电源信号指示灯 HL_1 等。变频器运行控制电路包括正转按钮开关 SF、停止按钮开关 ST、继电器 KA、信号指示灯 HL_2、复位按钮开关 SB_5 以及变速按钮开关 SB_3、SB_4 等。报警信号电路包括变频器内置的动合接点 KF、信号指示灯 HL_3 以及蜂鸣器 HA 等。图中“Hz”是频率指示仪表。

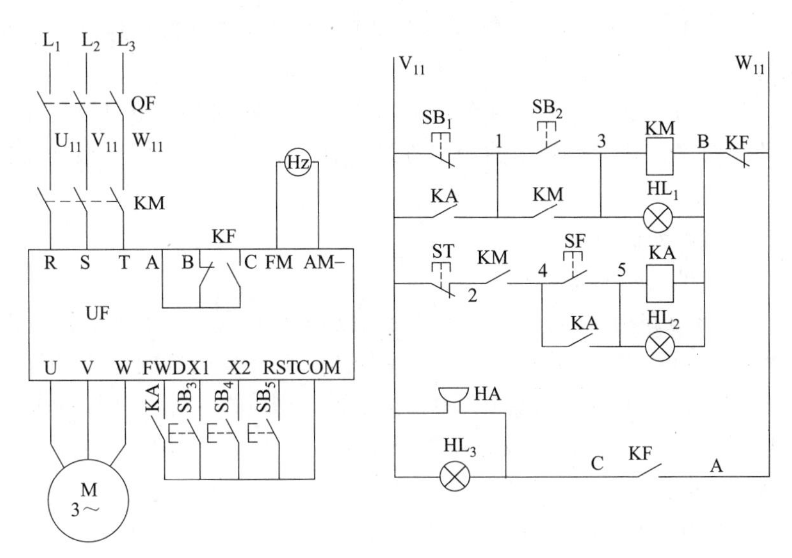

图 5-122 变频器控制风机调速电路

② 工作过程 合上电源开关 QF 后，控制电路得电进入热备用状态。

按下开关 SB_2 后，电流依次经过 V_{11}→SB_1→SB_2→KM 线圈→KF→W_{11}，KM 线圈得电吸合并自锁，信号指示灯 HL_1 点亮，接触器主触点闭合，交流电压送达变频器的 R、S、

T 输入端。同时，接触器的辅助接点（2-4）闭合，为继电器 KA 投入运行做好准备。

按下 SF 按钮开关后，电流依次经过 V_{11}→ST→KM 的接点（2-4）→SF 的接点（4-5）→KA 线圈→KF→W_{11}，继电器 KA 的线圈得电吸合并自锁，信号指示灯 HL_2 点亮，变频器上的 FWD 端与 COM 端接通，变频器内置的 AC/DC/AC 转换电路正常工作，变频电源送达 U、V、W 端，电动机得电运行。与此同时，继电器 KA 的接点（V_{11}-1）闭合，SB_1 按钮开关被封锁，从而防止变频器运行中主电路工作电源被随意切断。需要升速时，按下 SB_3 按钮；需要降速时，按下 SB_4 按钮。

如果运行中电动机出现过载等故障，KF 将发出故障信号，其接点（A-B）断开，继电器 KA 的线圈与接触器 KM 的线圈同时失电，交流电源将停止对变频器和电动机供电，系统停止工作。与此同时，KF 的接点（C-A）闭合，信号指示灯 HL_3 点亮，蜂鸣器 HA 发出警报声。

正常工作中需要停机时，首先按下 ST 按钮开关，继电器 KA 的线圈失电复位，信号指示灯 HL_2 熄灭，变频器内置电路停止工作，KA 的接点（V_{11}-1）释放，恢复 SB_1 开关的功能。

如果长时间不使用设备，可按下 SB_1 按钮，接触器 KM 的线圈失电复位，信号指示灯 HL_1 熄灭，接触器 KM 的主触点断开三相交流电源。

【提示】

图 5-122 中与按钮开关 SB_2 并联的交流接触器 KM 的接点（1-3）为接触器 KM 的自锁接点，当按钮 SB_2 复位时，它可以保持 KM 线圈继续得电工作。与按钮 SF 并联的 KA 的接点（4-5）为继电器 KA 的自锁接点，当按钮 SF 复位时，它可以保持 KA 线圈继续得电工作。

变频器的升速时间可预置为 30s，降速时间可预置为 60s，上限频率可预置为额定频率，下限频率可预置为 20Hz 以上，X1 功能预置为“10”，X2 功能预置为“11”，或按设备使用说明书进行预置。

变频器工作频率的给定方式有数字量增减给定、电位器调节给定以及程序预置给定等多种。不同型号的变频器，其工作频率的给定方式会有所不同，使用中可根据变频器的具体条件酌情给定。

(3) 变频器控制起升机电路

变频器控制起升机电路如图 5-123 所示。

① 电路特点　该电路由主电路、电源控制电路和变频器运行控制电路三部分组成：主电路包括低压断路器 QF、交流接触器 KM 的主触点、变频器内置的 AC/DC/AC 转换电路、三相交流异步电动机 M、负荷开关 QT、制动接触器 KMB 的主触点以及制动电磁铁 YB 等；控制电路包括控制按钮 SB_1、SB_2，交流接触器 KM 的线圈及其辅助接点等；变频器运行控制电路包括 24V 直流电源，多挡选择开关 SA，限位开关 SQ_1、SQ_2，正反转变速继电器 K_2～K_6，“0”位保护继电器 K_1，制动继电器 K_7 的线圈以及制动接触器 KMB 的线圈等。

② 变频器各端子的作用

a. STOP 端与 SD 端之间接通时，变频器保持原运行状态被自锁；当接触器 KMB 失电时，自锁功能随之消失。

b. STF 端、STR 端由继电器 K_3 和 K_4 分别进行正、反转控制。

c. RL 端、RM 端、RH 端由主令控制器 SA 通过继电器 K_2、K_5、K_6 进行低、中、高

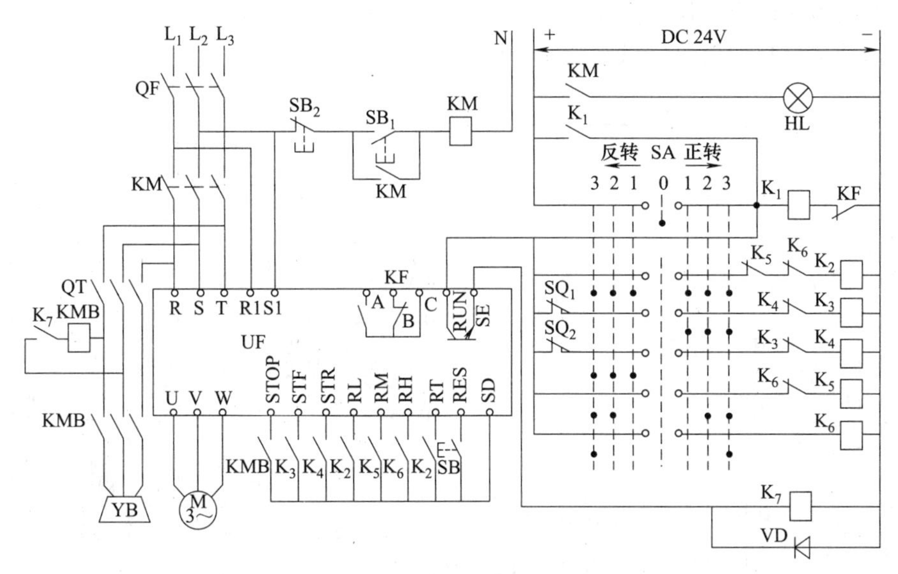

图 5-123 变频器控制起升机构电路

三挡转速控制。RT 端为第二加减速控制端，它与低速挡端子 RL 同受继电器 K_2 控制以设定低速挡的升、降速时间。

d. RES 端为复位端，用于变频器出现故障并修复后的复位。

e. RUN 端在变频器预置为升降机运行模式时，其功能为：当变频器从停止转为运行，其输出频率到达预置频率时，内部的晶体管导通，从而使继电器 K_7 的线圈得电动作，接触器 KMB 得电吸合，STOP 与 SD 之间接通，变频器保持运行状态，制动电磁铁 YB 得电并释放；当变频器输出频率到达另一预置频率时，内置晶体管截止，继电器 K_7 失电，KMB 也失电，制动电磁铁 YB 失电并开始抱闸。

f. B 端、C 端为变频器内置的动断接点，在控制电路中用“KF”表示。当变频器发生故障时，通过动断接点（B-C）将控制电路断开，使电动机停止工作。

③ 工作过程　合上电源开关 QF，电源控制电路得电，同时通过 R_1、S_1 端子为变频器内置电路送电。合上负荷开关 QT，为制动电路工作做好准备。

按下 SB_1 后，接触器 KM 的线圈得电并自锁，其辅助接点闭合，信号指示灯 HL 点亮。与此同时，接触器 KM 的主触点闭合，变频器的 R、S、T 端得电。

将主令控制器 SA 的手柄置于“0”位，继电器 K_1 的线圈得电吸合并自锁，为电动机不同方向的运行做好准备。然后，再根据需要操做主令控制器 SA。

正转 1 挡：K_2、K_3 继电器工作，SQ_1 起作用。

正转 2 挡：K_2、K_3、K_5 继电器工作，SQ_1 起作用。

正转 3 挡：K_2、K_3、K_5、K_6 继电器工作，SQ_1 起作用。

反转 1 挡：K_2、K_4 继电器工作，SQ_2 起作用。

反转 2 挡：K_2、K_4、K_5 继电器工作，SQ_2 起作用。

反转 3 挡：K_2、K_4、K_5、K_6 继电器工作，SQ_2 起作用。

【提示】

需要暂时停止使用时，将 SA 转回到“0”位，电动机暂时停止工作。不再使用设备时，按下停止按钮 SB_2，接触器 KM 的线圈失电复位，主电路电源被切断。

(4) 变频器调速恒压供水电路

多台电动机变频调速恒压供水电路如图 5-124 所示。

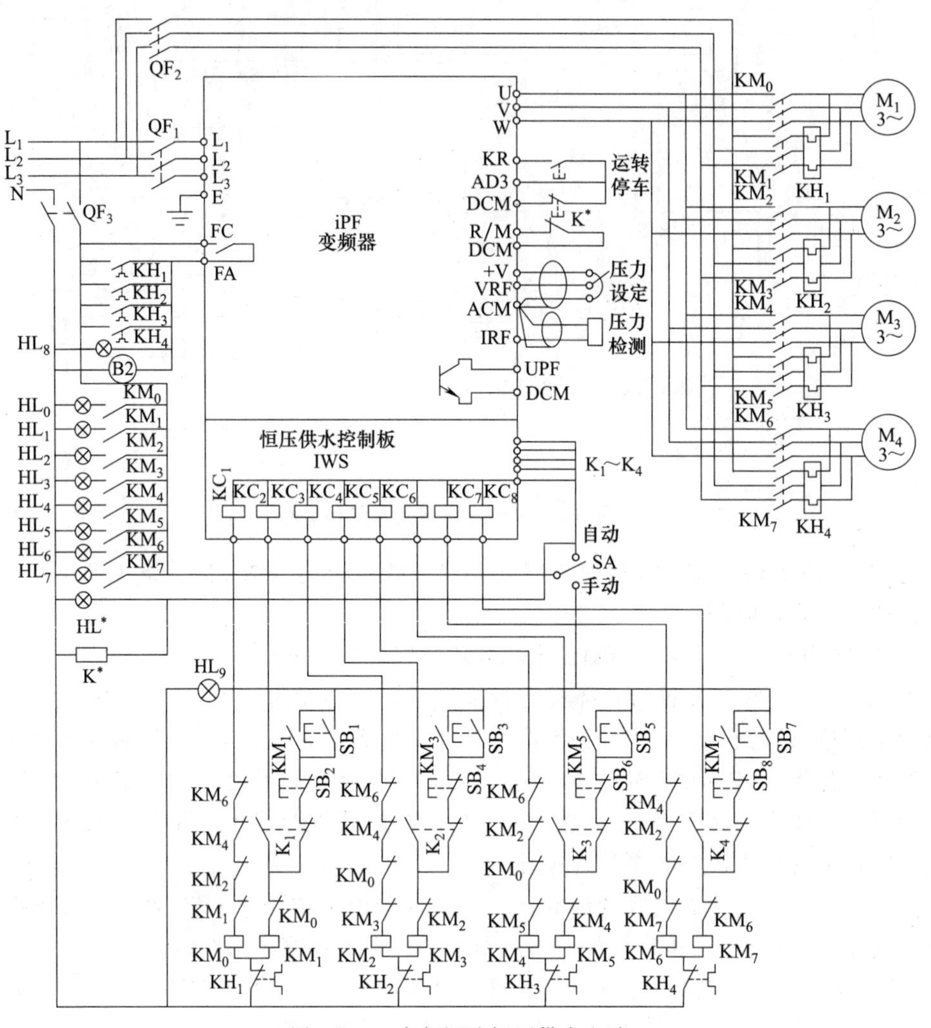

图 5-124　变频调速恒压供水电路

① 电路特点　该电路由主电路、控制电路和信号指示电路等组成。

主电路包括低压断路器 QF_1、QF_2，变频器内置的 AC/DC/AC 转换电路，交流接触器 KM_0、KM_2、KM_4、KM_6 的主触点，KM_1、KM_3、KM_5、KM_7 的主触点，热继电器 KH_1～KH_4 的元件以及三相交流电动机 M_1～M_4 等。

控制电路包括恒压供水控制板（内含 KC_1～KC_8）、交流接触器 KM_0～KM_7 的线圈和辅助接点，热继电器 KH_1～KH_4 的接点、中间继电器 K_1～K_4（由于它们的技术参数和接法相同，图中采用了 K^* 省略表示法），变频器的导通与截止按钮（运转、停车）及其外围配置（如压力设定、压力检测等器件）。

信号指示电路包括 HL_0～HL_9 以及 HL_{01}～HL_{04}（由于它们的技术参数和接法相同，图中采用了 HL^* 省略表示法）。HL_9 点亮，表示电路处于手动工作状态；HL^* 点亮，表示电动机处于自动工况下的工频运行状态。HL_0～HL_7 反映电动机是否在运行，如电动机 M_3 在运行，则 HL_4 或 HL_5 被点亮；HL_8 点亮，表示有电动机过载等。

该系统选用三星 IPF 系列变频器，配置四台 7.5kW 的离心式水泵。该变频器内置 PID 调节器，具有恒压供水控制扩展口，只要装上恒压供水控制板（IWS），就可以直接控制多个电磁接触器，实现功能强大且成本较低的恒压供水控制。该系统可以选择变频泵循环（自动）和变频固定（手动）两种控制方式。变频循环方式最多可以控制 4 台水泵，系统按照“先开先关”的顺序来关闭水泵。

② 工作过程

a. 手动工作方式。当开关 SA 位于“手动”挡位时，开关 SB_1、SB_3、SB_5、SB_7 各支路进入热备用状态。只要按下其中任意一个按钮开关，被操作支路中的线圈将得电动作，与其相关的接触器主触点将闭合，电动机按工频方式运行。例如，若要让 M_1 电动机按工频方式运行，则按下 SB_1，电流依次经过 L_1→QF_3→SA→SB_1→SB_2→K_1 接点→KM_0 接点→KM_1 线圈→KH_1 接点→QF_3→N，KM_1 线圈得电动作，其动合接点接通自锁，动断接点闭合，禁止 KM_0 线圈工作。这时，KM_1 主触点闭合，电动机 M_1 投入运行。需要停机时，按下按钮 SB_2，KM_1 线圈失电复位，电动机停止工作。

b. 自动工作方式。合上 QF_1，使变频器接通电源，将开关 SA 选择“自动”挡，按下“运转”按钮，中间继电器 K_1 动作，做好 KC_2 输出继电器支路投入工作的准备；恒压供水控制板 IWS 的输出继电器 KC_1 接通，KM_0 线圈得电，其四个动断接点打开，禁止手动控制的 KM_1 线圈和自动控制的 KM_2、KM_4、KM_6 各线圈支路投入运行；KM_0 的主触点闭合，启动电动机 M_1 按给定的压力在上、下限频率之间运转。如果电动机 M_1 达到满速后，经上限频率持续时间，压力仍达不到设定值，则 IWS 的 KC_1 断开，KC_2 接通，K_1 闭合，KM_1 线圈得电，将电动机 M_1 由变频电源切换至工频电源运行。

参 考 文 献

［1］ 杨清德，周万平．电工计算．北京：化学工业出版社，2015.
［2］ 杨清德．电工必识元器件直通车．北京：电子工业出版社，2012.
［3］ 杨清德．物业电工技能直通车．北京：电子工业出版社，2011.
［4］ 杨清德，林安全．图表细说常用电工器件及电路．北京：化学工业出版社，2013.
［5］ 杨清德，林安全．图表细说企业电工应知应会．北京：化学工业出版社，2013.
［6］ 杨清德．电工技能．北京：化学工业出版社，2015.
［7］ 孙克军．袖珍电工技能手册．北京：化学工业出版社，2016.

化学工业出版社电气类图书推荐

书号	书　　名	开本	装订	定价/元
19148	电气工程师手册(供配电)	16	平装	198
21527	实用电工速查速算手册	大 32	精装	178
21727	节约用电实用技术手册	大 32	精装	148
20260	实用电子及晶闸管电路速查速算手册	大 32	精装	98
22597	装修电工实用技术手册	大 32	平装	88
18334	实用继电保护及二次回路速查速算手册	大 32	精装	98
25618	实用变频器、软启动器及 PLC 实用技术手册(简装版)	大 32	平装	39
19705	高压电工上岗应试读本	大 32	平装	49
22417	低压电工上岗应试读本	大 32	平装	49
20493	电工手册——基础卷	大 32	平装	58
21160	电工手册——工矿用电卷	大 32	平装	68
20720	电工手册——变压器卷	大 32	平装	58
20984	电工手册——电动机卷	大 32	平装	88
21416	电工手册——高低压电器卷	大 32	平装	88
23123	电气二次回路识图(第二版)	B5	平装	48
22018	电子制作基础与实践	16	平装	46
22213	家电维修快捷入门	16	平装	49
20377	小家电维修快捷入门	16	平装	48
19710	电机修理计算与应用	大 32	平装	68
20628	电气设备故障诊断与维修手册	16	精装	88
21760	电气工程制图与识图	16	平装	49
21875	西门子 S7-300PLC 编程入门及工程实践	16	平装	58
18786	让单片机更好玩:零基础学用 51 单片机	16	平装	88
21529	水电工问答	大 32	平装	38
21544	农村电工回答	大 32	平装	38
22241	装饰装修电工问答	大 32	平装	36
21387	建筑电工问答	大 32	平装	36
21928	电动机修理问答	大 32	平装	39
21921	低压电工问答	大 32	平装	38
21700	维修电工问答	大 32	平装	48
22240	高压电工问答	大 32	平装	48
12313	电厂实用技术读本系列——汽轮机运行及事故处理	16	平装	58
13552	电厂实用技术读本系列——电气运行及事故处理	16	平装	58
13781	电厂实用技术读本系列——化学运行及事故处理	16	平装	58
14428	电厂实用技术读本系列——热工仪表及自动控制系统	16	平装	48
17357	电厂实用技术读本系列——锅炉运行及事故处理	16	平装	59
14807	农村电工速查速算手册	大 32	平装	49
14725	电气设备倒闸操作与事故处理 700 问	大 32	平装	48
15374	柴油发电机组实用技术技能	16	平装	78
15431	中小型变压器使用与维护手册	B5	精装	88
16590	常用电气控制电路 300 例(第二版)	16	平装	48
15985	电力拖动自动控制系统	16	平装	39
15777	高低压电器维修技术手册	大 32	精装	98
15836	实用输配电速查速算手册	大 32	精装	58

书号	书　　名	开本	装订	定价/元
16031	实用电动机速查速算手册	大 32	精装	78
16346	实用高低压电器速查速算手册	大 32	精装	68
16450	实用变压器速查速算手册	大 32	精装	58
16883	实用电工材料速查手册	大 32	精装	78
17228	实用水泵、风机和起重机速查速算手册	大 32	精装	58
18545	图表轻松学电工丛书——电工基本技能	16	平装	49
18200	图表轻松学电工丛书——变压器使用与维修	16	平装	48
18052	图表轻松学电工丛书——电动机使用与维修	16	平装	48
18198	图表轻松学电工丛书——低压电器使用与维护	16	平装	48
18943	电气安全技术及事故案例分析	大 32	平装	58
18450	电动机控制电路识图一看就懂	16	平装	59
16151	实用电工技术问答详解(上册)	大 32	平装	58
16802	实用电工技术问答详解(下册)	大 32	平装	48
17469	学会电工技术就这么容易	大 32	平装	29
17468	学会电工识图就这么容易	大 32	平装	29
15314	维修电工操作技能手册	大 32	平装	49
17706	维修电工技师手册	大 32	平装	58
16804	低压电器与电气控制技术问答	大 32	平装	39
20806	电机与变压器维修技术问答	大 32	平装	39
19801	图解家装电工技能 100 例	16	平装	39
19532	图解维修电工技能 100 例	16	平装	48
20463	图解电工安装技能 100 例	16	平装	48
20970	图解水电工技能 100 例	16	平装	48
20024	电机绕组布线接线彩色图册(第二版)	大 32	平装	68
20239	电气设备选择与计算实例	16	平装	48
21702	变压器维修技术	16	平装	49
21824	太阳能光伏发电系统及其应用(第二版)	16	平装	58
23556	怎样看懂电气图	16	平装	39
23328	电工必备数据大全	16	平装	78
23469	电工控制电路图集(精华本)	16	平装	88
24169	电子电路图集(精华本)	16	平装	88
24306	电工工长手册	16	平装	68
23324	内燃发电机组技术手册	16	平装	188
24795	电机绕组端面模拟彩图总集(第一分册)	大 32	平装	88
24844	电机绕组端面模拟彩图总集(第二分册)	大 32	平装	68
25054	电机绕组端面模拟彩图总集(第三分册)	大 32	平装	68
25053	电机绕组端面模拟彩图总集(第四分册)	大 32	平装	68
25894	袖珍电工技能手册	大 64	精装	48
25650	电工技术 600 问	大 32	平装	68
25674	电子制作 128 例	大 32	平装	48